太湖流域湖西区
调水试验实践与研究

范子武　陈卫东　费国松
潘　杰　胡尊乐　柳　杨　◎主编

河海大学出版社
·南京·

图书在版编目(CIP)数据

太湖流域湖西区调水试验实践与研究 / 范子武等主编. -- 南京：河海大学出版社，2024.12. -- ISBN 978-7-5630-9571-1

Ⅰ. TV68

中国国家版本馆 CIP 数据核字第 2025TQ2937 号

书　　名	太湖流域湖西区调水试验实践与研究 TAIHU LIUYU HUXIQU DIAOSHUI SHIYAN SHIJIAN YU YANJIU
书　　号	ISBN 978-7-5630-9571-1
责任编辑	吴　淼
特约校对	丁　甲
封面设计	槿容轩
出版发行	河海大学出版社
地　　址	南京市西康路 1 号(邮编:210098)
网　　址	http://www.hhup.com
电　　话	(025)83737852(总编室)　(025)83722833(营销部) (025)83787763(编辑室)
经　　销	江苏省新华发行集团有限公司
排　　版	南京布克文化发展有限公司
印　　刷	广东虎彩云印刷有限公司
开　　本	787 毫米×1092 毫米　1/16
印　　张	15.25
字　　数	352 千字
版　　次	2024 年 12 月第 1 版
印　　次	2024 年 12 月第 1 次印刷
定　　价	98.00 元

编委会

主　编　范子武　陈卫东　费国松
　　　　　潘　杰　胡尊乐　柳　杨

编写人员（按照姓氏笔画排序）
　　　　　王晓宇　卞英春　甘　琳　朱文杰　朱文涵
　　　　　仲兆林　华　晨　刘　颢　闫　浩　李　丹
　　　　　杨　帆　杨　畅　吴　几　吴金宁　何晓静
　　　　　汪　姗　张　喜　张鼎城　陈红波　陈春军
　　　　　周　俊　赵　文　夏玉林　黄　玄　粟一帆
　　　　　廖轶鹏　黎东洲

前　言

太湖流域是我国经济社会最为发达的地区之一。20世纪70年代以来，随着经济社会的快速发展和城市化进程的加快，太湖流域水环境污染日益严重，由此引起的水质型缺水和水污染在一定程度上影响了经济社会的可持续发展，影响了流域内大中型城市的供水安全和人民群众的生活质量。

党和国家高度重视太湖流域的水环境问题，早在2001年，国务院就确定了"以动治静、以清释污、以丰补枯、改善水质"的"引江济太"水资源调度方针，太湖流域管理局联手江苏、浙江以及上海两省一市的水行政主管部门积极响应并实施：通过望虞河向太湖调入优质的长江水源，有效增加了流域水资源的供给，流域主要水源地、太湖水体水质和流域河网地区水环境得到明显改善，保障了流域供水安全，提高了水资源和水环境的承载能力，促进了流域经济社会的发展。实践证明："引江济太"调水试验，是"积极探索太湖可持续发展之路"的新体现，是"充分利用长江水资源增加太湖流域水资源有效供给，可改善太湖及周边地区河网水环境"的新思路，是"探索实现流域防洪向水资源调度转变"的新理念，是"确定引江济太规模，制定工程规划，实施引江济太调水方案"的新方法。

太湖流域湖西区位于太湖上游，有着天然的地理优势，每年可通过京杭运河、九曲河、新孟河、德胜河、澡港河等沿江口门向太湖流域调入优质的长江水源。2011年起，为贯彻落实《太湖流域管理条例》中"削减入河（湖）排污总量、控制入太河流水质"的相关要求，太湖流域各级水利部门联合水文部门先后开展了太湖流域湖西区、太湖流域常州地区、常州主城区、常州市武进区调水引流，旨在利用沿江口门、防洪大包围节点工程和其他水利工程的联合调度，解决湖西区"引江济太"过程中的主要关键技术问题，合理确定湖西区"引江济太"规模，为制定湖西区引江济太长效实施方案、调度方案和工程规划提供依据，达到促进太湖流域的水资源配置、统筹考虑生活、生产和生态环境用水，从而达到"清水引进来、水体动起来、指标降下来、应急有办法"的目标。

目 录

第一章　湖西区水利概况 ……………………………………………………… 001
 1.1　自然地理概况 ……………………………………………………… 002
 1.2　地形地貌 …………………………………………………………… 002
 1.3　河流水系概况 ……………………………………………………… 003
 1.4　水文特征 …………………………………………………………… 005
 1.5　区域水利工程 ……………………………………………………… 007
  1.5.1　沿江水利工程 ……………………………………………… 007
  1.5.2　沿大运河水利工程 ………………………………………… 007
  1.5.3　环太水利工程 ……………………………………………… 008
  1.5.4　其他 ………………………………………………………… 008

第二章　调水引流概述 ………………………………………………………… 009
 2.1　调水引流 …………………………………………………………… 010
  2.1.1　调水引流的定义 …………………………………………… 010
  2.1.2　国内外研究现状 …………………………………………… 010
 2.2　调水引流研究主要内容 …………………………………………… 013
 2.3　调水引流主要技术 ………………………………………………… 014

第三章　太湖流域湖西区调水引流 …………………………………………… 017
 3.1　研究区概况 ………………………………………………………… 018
  3.1.1　研究范围 …………………………………………………… 018
  3.1.2　研究河道及水利工程 ……………………………………… 018
  3.1.3　研究区河道水力特性 ……………………………………… 019
 3.2　调水引流方案设计 ………………………………………………… 019
  3.2.1　调水引流方案 ……………………………………………… 020
  3.2.2　水文监测站点布设及量质监测 …………………………… 021
 3.3　调水引流影响分析 ………………………………………………… 033
  3.3.1　调水背景 …………………………………………………… 033

	3.3.2 调水水量影响分析	037
	3.3.3 调水水质影响分析	061
3.4	调水引流综合效果分析	112
	3.4.1 流速影响分析	112
	3.4.2 出入境水量分析	122
	3.4.3 水质影响分析	129

第四章 太湖流域常州地区调水引流 ... 137

4.1	研究区概况	138
	4.1.1 研究范围	138
	4.1.2 研究河道及水利工程	138
	4.1.3 研究区河道水力特性	138
4.2	调水引流方案设计	140
	4.2.1 调水引流方案	140
	4.2.2 水文监测站点布设及量质监测	146
4.3	调水引流影响分析	158
	4.3.1 调水背景	158
	4.3.2 影响区域划分	170
	4.3.3 调水水量影响分析	171
	4.3.4 调水水质影响分析	180
4.4	调水引流综合效果分析	227
	4.4.1 流速影响分析	227
	4.4.2 出入境水量分析	230
	4.4.3 水质影响分析	232

结论 ... 235

第一章

湖西区水利概况

1.1 自然地理概况

太湖流域位于长江三角洲南缘,北抵长江,东临东海,南濒钱塘江,西以天目山、茅山等山丘为界,地跨江苏、浙江、上海两省一市和安徽省一部分,流域总面积36 895 km²,是我国河湖水系最密布、人口最稠密、经济社会最发达的地区之一。

湖西区位于太湖流域的西北部,东自德胜河与澡港分水线龙江北路南下至新闸,从新闸下段西线沿武宜运河东岸经太滆运河北岸由百渎口至太湖,再沿太湖湖岸向西南至江苏、浙江两省行政分界线;南以江苏、浙江两省行政分界线为界;西与秦淮河流域接壤,以茅山分水岭为界;北以长江南堤岸线为界。区域总面积7 549 km²。湖西区行政区划大部分属江苏省,上游约0.9%的面积属安徽省。主要涉及江苏省镇江市、常州市和无锡市(宜兴市)。其中:

(1) 镇江市地处太湖流域湖西区西北部,北依长江,东南接常州市,西接南京市。全市横跨太湖流域湖西区和秦淮河水系,区域总面积3 847 km²,其中东南部(包括丹阳市、丹徒区和句容市的东北部)属太湖流域湖西区,面积为1 662 km²,约占湖西区总面积的22.0%。

(2) 常州市地处太湖流域湖西区北部,北依长江,南扼天目山麓与安徽省交界,东濒太湖与无锡市相邻,西倚茅山与镇江市、南京市接壤。全市横跨太湖流域湖西区和武澄锡虞区,区域总面积约4 372 km²;全市大部分地区(包括金坛区、溧阳市以及钟楼、武进区南部以及新北区西部)属太湖流域湖西区,面积为3 502 km²,约占湖西区总面积的46.4%。

(3) 无锡市地处太湖流域北部,北依长江,南控太湖,与浙江省交界,东邻苏州市,西接常州市。全市横跨太湖流域湖西区和武澄锡虞区,区域总面积4 788 km²,其中西南部宜兴市属太湖流域湖西区,面积为1 997 km²,约占湖西区总面积的26.5%。

1.2 地形地貌

太湖流域湖西区地形较为复杂,高低交错,地势呈西北高、东南低,周边高、腹部低,腹部低洼中又有高地,逐渐向太湖倾斜,山区高程一般为200~500 m,丘陵高程一般为10~32 m;中东部高亢平原区一般10 m以下,其他区域一般在5 m以下(吴淞基面,以下同)。其中:

(1) 镇江市地形呈西高东低、北高南低之势,波状起伏,形成以丘陵岗地为主的地貌特征。其中,宁镇山脉横贯东西,茅山山脉呈南北走向,形成天然的分水岭,将全市分为太湖水系和秦淮河水系。境内的湖西区地势相对平坦,地面高程6~10 m。

(2) 常州市境内地形复杂,山丘、平原、圩区兼有。西、南部为丘陵山区。茅山东侧、宜溧山区北麓分布有丘岗状裙状阶地,地面高程10~15 m。中部和东部大部分是平原,地面高程5~10 m。圩区主要分布在丘陵山脚和洮、滆两湖周围,部分在沿江地区和境内武澄锡虞区,地面高程3~5 m。

（3）无锡市境内以平原为主，星散分布着低山、残丘。南部为水网平原，地面高程3～5 m；北部为高沙平原，地面高程5～7 m；中部为低地辟成的水网圩田，地面高程1～3 m；西南部地势较高，为低山丘陵区，地面高程4～10 m。

1.3 河流水系概况

太湖流域是我国河流水系最为发达的地区之一，区域内河流水系纵横交错，湖泊星罗棋布。其中，河道总长约为12万km，河道密度达3.25 km/km^2；湖泊面积3 159 km^2，蓄水总量约为57.68亿m^3。

湖西区位于太湖流域上游，根据地形及水流情况，可分为三大水系：其中，北部运河水系是以京杭运河为骨干河道，通过京杭运河、九曲河、新孟河、德胜河以及澡港河等沟通长江。中部洮滆水系主要由胜利河、通济河等山区河道承接西部茅山及丹阳、金坛一带高地来水，经由湟里河、北干河、中干河等河道入洮、滆湖调节，经太滆运河、殷村港、烧香港及湛渎港等河道入太湖。南部南河水系发源于宜溧山区和茅山山区，以南河为干流包括南河、中河、北河及其支流，经溧阳、宜兴汇集两岸来水经西沉、东沉，由城东港及附近诸港入太湖。三大水系间有南北向河道丹金溧漕河、越渎河、扁担河、武宜运河等联结，形成南北东西相通的平原水网。此外，茅山山区及宜溧山区分布有沙河水库、大溪水库、横山水库等大型水库和众多的中小型水库塘坝。其中：

（1）京杭运河

京杭运河属湖西区运河水系，北起长江，向南经镇江市京口区谏壁镇、丹徒区辛丰镇，然后自西北向东南经丹阳市区、陵口镇及吕城镇以及常州市新北区奔牛镇和常州市区，在常州市武进区横林镇流入无锡市境内，是沟通长江和太湖的主要水道。河道全长约88.9 km，其中镇江市境内河长42.6 km，常州市境内河长46.3 km；河宽约60～90 m，河底高程约-1.0～-0.5 m。京杭运河常州市区改线段工程于2008年底投运，北起德胜河口，向南至武宜运河厚恕桥后，穿越常州市区，在天宁大桥处汇入老京杭运河。河段全长26.0 km，河宽约90 m，河底高程约-1.00 m。

（2）九曲河

九曲河属湖西区运河水系，北起长江夹江，向南经丹阳市后巷镇、新桥镇、访仙镇，在丹阳市区汇入京杭运河，是沿江口门之一。河道全长27.6 km，河宽约70～80 m，河底高程约-0.50 m。

（3）新孟河

新孟河属湖西区运河水系，北起长江小夹江，经常州市新北区孟河镇、西夏墅镇、罗溪镇和奔牛镇，在奔九桥处汇入京杭运河，是沿江口门之一；接小夹江处下游3 km建有小河水闸，1966年投入运行。河道全长约21.5 km，河宽约55 m，河底高程约-0.30 m。

2016年新孟河延伸拓浚工程获国家发展改革委批准，新孟河开展延伸拓浚工程建设，于2022年建成投运。工程北起长江，自大夹江向南新开河道至原小河闸北1.58 km处接老新孟河，沿老新孟河拓浚至京杭运河，立交过京杭运河后新开河道向南延伸至北干河，拓浚北干河连接洮湖、滆湖，拓浚太滆运河和漕桥河入太湖，工程全长116.47 km，河宽约130 m，河底高程约－2.50 m。其在入江口处建有丹阳枢纽，与京杭运河交接处建有奔牛水利枢纽。

（4）德胜河

德胜河属湖西区运河水系，北起长江，经常州市新北区春江镇、薛家镇和钟楼区新闸街道，在连江桥处入京杭运河，是沿江口门之一；接长江口门处建有魏村水利枢纽，1996年投入运行，2019年枢纽由航道部门进行改建并于2023年建成投运。河道现状河长约20.5 km，河宽约60 m，河底高程约－0.50 m。

（5）澡港河

澡港河属湖西区运河水系，北起长江，经常州市新北区春江镇、龙虎塘街道、天宁区天宁街道，在飞龙桥处汇入关河，是沿江口门之一，1996年完成改道工程，接长江口门处建有澡港水利枢纽，2003年投入运行。河道河长约23.5 km，河宽约55 m，河底高程约0.00 m。

（6）香草河

香草河属于湖西区运河水系，南接通济河（三叉河口处），向东北经镇江市丹徒区荣炳镇、九里镇，在丹阳市区城南门与分洪道汇合后入京杭运河，是镇江市通胜地区排洪的主要干河。河道全长约22.5 km，河宽约60~70 m，河底高程约0.00 m。

（7）胜利河

胜利河属湖西区运河水系，上接通济河，经镇江市丹徒区宝堰镇，在丹阳市延陵镇汇入香草河，是镇江市通胜地区重要的排洪干河。河道全长12.2 km，河宽约46~50 m，河底平均底高程约1.00 m。

（8）通济河

通济河属湖西区洮滆水系，北起句容市高骊山南麓，自镇江市丹徒区宝堰镇横林坝，向东经丹徒区荣炳镇、金坛区直溪镇、金城镇，在金坛区丹金闸南汇入丹金溧漕河。河道全长42.3 km，其中镇江市境内河16.4 km，常州市境内河长约25.9 km，河宽约50.0 m，河底高程约2.0 m。

（9）丹金溧漕河

丹金溧漕河属湖西区运河水系，北起京杭运河，向南经丹阳市区、珥陵镇，金坛市区、指前镇，溧阳市别桥镇，在溧阳市区凤凰桥处汇入南河，是沟通湖西区三大水系的主要干河。河道全长约66.9 km，其中镇江市境内河长约18.4 km，常州市境内河长约48.5 km；河宽约70.0 m，河底高程约－0.5 m。

（10）扁担河

扁担河属湖西区运河水系，北起京杭运河，经常州市钟楼区邹区镇、武进区嘉泽镇，在嘉泽港汇入滆湖，是沟通运河水系和洮滆水系的重要水道。河道全长约18.5 km，河宽约45 m，河底高程约1.00 m。

（11）武宜运河

武宜运河属湖西区洮滆水系，北起京杭运河，经常州市武进区牛塘镇、南夏墅镇、前黄镇和宜兴市和桥镇、屺亭街道、宜城街道，在宜兴市区汇入芜申运河改线段（南溪河），是沟通洮滆水系和南溪水系的重要水道，沿程穿越南运河、武南河、太滆运河、锡溧漕河、殷村港、烧香港以及湛渎港。河道全长约51.3 km,河宽约40~50 m,河底高程0.50 m。

（12）夏溪河

夏溪河属湖西区洮滆水系,西起金坛区城北丹金溧漕河,经金坛区金城镇、尧塘镇和常州市武进区嘉泽镇,在塘门港处入滆湖,是沟通丹金溧漕河和滆湖的重要水道。河道全长约24.4 km,河宽约50~64 m,河底高程约1.50 m。

（13）湟里河

湟里河属湖西区洮滆水系,西起长荡湖,经金坛区儒林镇、常州市武进区嘉泽镇,东入滆湖,是沟通长荡湖和滆湖的重要水道。河道全长约20.2 km,河宽约20~50 m,河底高程约1.00 m。

（14）中干河

中干河属于湖西区洮滆水系,西起长荡湖大涪山,经金坛区儒林镇、宜兴市新建镇、常州市武进区湟里镇,东入滆湖,是连接滆湖和长荡湖的重要水道,河道全长为19.7 km,河宽约50 m,河底高程约0.50 m。

（15）北干河

北干河湖西区洮滆水系,西起长荡湖湖头桥,经金坛区尧塘镇、常州市武进区湟里镇,东入滆湖,是连接滆湖和太湖的重要水道,为新孟河延伸拓浚工程重要组成部分。河长全长16.6 km,河宽约110 m,河底高程约−2.0 m。

（16）太滆运河

太滆运河属湖西区洮滆水系,西起滆湖团坊口,经常州市武进前黄镇、雪堰镇,在百渎港处东入太湖,是连接滆湖和太湖的重要水道,为新孟河延伸拓浚工程重要组成部分。河道全长约23.5 km,河宽约50 m,河底高程约−0.50 m。

（17）漕桥河

漕桥河位于武进雪堰填漕桥社区,全长21.5 km,大部分河段位于宜兴市。它上游与武宜运行交汇,下游与太滆运行交汇,最终汇入太湖。

（18）烧香港

烧香港属湖西区洮滆水系,西起滆湖,经宜兴市高塍镇、周铁镇,在沙塘港处东入太湖,是连接滆湖和太湖的重要水道。河道全长约27.6 km,河宽约50 m,河底高程约0.8 m。

（19）南河（南溪河）

南河（南溪河）属湖西区南河水系,西起溧阳市社渚镇河口,经过溧阳市南渡镇、溧城街道、宜兴市徐舍镇,宜城镇,接西氿、团氿、东氿,在城东港处入太湖,是南河水系汇流进入太湖的重要水道。河道全长约82.5 km,其中常州市境内河长约35.2 km,宜兴市境内河长约47.3 km;河宽约30~80.0 m,河底高程约−0.5~1.0 m。

1.4 水文特征

太湖流域北依长江,中嵌太湖,区域内水文情势与长江的潮汐现象有着极为密切的关系,尤其是湖西区,在平枯水季节,沿江口门利用长江涨潮,开闸引长江水补给京杭运河、丹金溧漕河、武宜运河、南河(南溪河)、长荡湖、滆湖及境内其他水网,供航行、灌溉以及城市用水,区域内河网水流基本为西北—东南流向;在洪水时期,沿江口门则利用长江落潮开闸排泄境内涝水,或利用泵站向外排水,区域内河网水流基本为西—东、南—北流向,水流大小与长江潮位以及沿江口门翻排能力密切相关。其中:

(1) 长江

长江湖西区段约为 75 km,约占太湖流域长江江苏段的 36.2%,处于长江潮流界的变动范围内。受潮汐影响,一天中有二涨二落,潮汐平均周期为 12 时 25 分,潮波前波陡后波缓,日潮和夜潮明显不等,高高潮一般高于低高潮约 0.70~0.80 m,低潮因受上游径流控制,相差不大。其中,镇江市境内最高潮位为 8.59 m(镇江站),最低潮位为 1.24 m;常州市境内最高潮位为 7.92 m(小河新闸站),最低潮位为 1.16 m。长江潮汛情况对湖西区的水文情势影响较大。

长江湖西区段水文特征值情况详见表 1.4-1。

表 1.4-1　长江湖西区段水文特征值统计表　　　　　　　　　　(水位单位:m)

	镇江站	小河新闸站
历年最高潮位	8.59	7.92
历年最低潮位	1.24	1.16
多年平均高潮潮位	4.89	4.12
多年平均低潮潮位	3.66	2.82

(2) 河网

湖西区内的河网受长江潮汐和沿江口门调入长江水的影响,水位变化呈现一定程度的弱感潮性,同时也与区域性降水有密切关系。一般情况下,河网水位在每年 5 月随着降水径流增多、引长江水量增多而起涨,7 月份达到最高值,高水期延至 10 月,10 月以后水位缓慢下降,到翌年 1~2 月达到最低值。

河网水位也与湖西区地形地势关系密切。一般情况下,水位呈西高东低、北高南低之势。其中,京杭运河常年水力坡降约为 10.0×10^{-6},丹金溧漕河水力坡降约为 6.1×10^{-6},南河(南溪河)水力坡降约为 3.1×10^{-6}。

主要河湖水文特征情况详见表 1.4-2。

表 1.4-2　湖西区主要水文站点水位特征值统计表　　　　　　　(水位单位:m)

站名	多年平均水位	资料系列	历年最高水位	发生年份	历年最低水位	发生年份
京杭运河常州	3.44	1950—2022	6.42	2015	2.42	1968
长荡湖王母观	3.47	1951—2022	6.55	2016	2.12	1958
滆湖坊前	3.38	1971—2022	5.81	2016	2.42	1979
丹金溧漕河金坛	3.59	1960—2022	6.65	2016	2.30	1966
南河溧阳	3.40	1951—2022	6.29	2016	2.14	1971

1.5 区域水利工程

1.5.1 沿江水利工程

太湖流域湖西区在沿江修建了5处主要水利工程,分属镇江、常州两市,分别为京杭运河谏壁闸、九曲河九曲河枢纽、新孟河丹阳枢纽(原小河新闸拆除)、德胜河魏村枢纽以及澡港河澡港枢纽。其中:

(1) 谏壁闸。位于镇江市京口区谏壁镇京杭运河入江口处,是京杭运河连接长江的控制性工程,由节制闸、船闸和泵站组成。其中,节制闸为15孔,孔口宽均为3.8 m,闸底高程为-0.40 m,设计流量为980 m^3/s。另外,谏壁抽水站位于镇江东郊京杭运河入江处,属太湖流域规划中湖西北部引排工程之一,设计抽水流量为160 m^3/s。

(2) 九曲河枢纽。位于丹阳市后巷镇九曲河入江口处,2005年建成,是湖西引排工程骨干控制工程之一,由节制闸、船闸和泵站组成。其中,节制闸为2孔,孔宽为12 m,闸底高程为0.00 m,设计排涝流量为300 m^3/s,引水流量为250 m^3/s。泵站设计流量为80 m^3/s。

(3) 小河新闸。位于常州市新北区孟河镇南约500 m新孟河上,1966年建成。节制闸为5孔,中孔宽为8.4 m,边孔宽为3.8 m,闸底高程为-1.00 m,设计引水流量为340 m^3/s,排水流量为110 m^3/s。2020年因新孟河延伸拓浚工程拆除。

(4) 丹阳枢纽。位于镇江市界牌镇新孟河入江口,2021年建成。节制闸为5孔,每孔宽16 m,一共孔宽80 m,闸底高程为-3.0 m,设计流量743 m^3/s,双向泵站设计流量300 m^3/s。

(5) 魏村枢纽。位于常州市新北区春江镇德胜河入长江口处,1996年建成,由节制闸、翻水站和套闸组成。其中,节制闸3孔,两边孔宽8 m,中孔宽为12 m,闸底高程为0.00 m,设计引排流量为300 m^3/s。翻水站由四台水泵组成,设计流量为60 m^3/s。因德胜河航道整治工程,于2022年拆除重建。重建后,节制闸总净宽40 m,泵站设计排涝流量160 m^3/s,引水流量60 m^3/s。

(6) 澡港枢纽。位于常州市新北区春江镇澡港河入江口处,2002年建成投运,由节制闸、翻水站和船闸组成。其中,节制闸单孔,孔宽为16 m,闸底高程为0.50 m,设计引排流量为190 m^3/s。翻水站由三台水泵组成,设计流量为60 m^3/s。

1.5.2 沿大运河水利工程

太湖流域湖西区沿大运河修建了2处水利工程,均位于常州市,其中:

(1) 新闸防洪控制工程。位于常州市钟楼区五星街道老京杭运河上,2008年建成投运,是湖西区高低片控制工程之一,可有效控制湖西区洪水流入太湖。枢纽采用单孔浮箱门新型结构,单孔净宽60 m,闸门采用可沉浮的钢质浮箱门,浮箱长64 m,宽10 m,高

4.2 m。2020年,新闸防洪控制工程改造完成,改造后有节制闸和泵站组成,节制闸总净宽24 m,节制闸、引排双向泵站设计流量20 m³/s。

(2)钟楼闸防洪控制工程。位于常州市钟楼区西林街道新京杭运河上,2008年建成投运,是湖西区高低片控制工程之一,可使湖西地区洪水北排入长江,减少湖西区高水东泄,减轻常州、无锡、苏州三大城市和武澄锡低洼地区防洪压力。节制闸设计单孔净宽90 m,采用有轨平面弧形双开箱型钢闸门,闸底最小通航水深4.0 m,通航最小净高7.0 m。

1.5.3　环太水利工程

太湖流域湖西区环太湖修建了2处水利工程,均位于常州市,其中:

(1)武进港枢纽。位于常州市武进区雪堰镇武进港入太湖口处,由净宽16 m的单孔节制闸和8(12)×135×2.5 m船闸各一座组成。上、下游引航道分别连通太湖与武进港。武进港枢纽和雅浦港枢纽既可控制湖西区洪水汇入太湖,又可在太湖流域发生大洪水时控制太湖洪水倒灌。

(2)雅浦港枢纽。位于常州市武进区雪堰镇雅浦港入太湖口处,东经120°05′、北纬31°30′,由8(12)×135×2.5 m船闸和净宽12 m的单孔节制闸各一座组成。上下游引航道分别连通太湖与雅浦港。

1.5.4　其他

太湖流域湖西区在新孟河、丹金溧漕河等区内流域性河道上修建了2处水利枢纽,均位于常州市,其中:

(1)奔牛水利枢纽。位于新孟河与京杭运河交汇处,于2021年建成投运,是新孟河延伸拓浚工程重要的节点工程之一,由地涵、节制闸和船闸组成。其中,地涵立交设计过水面积为618 m²;船闸规模为Ⅵ级船闸,闸室有效长度135 m,闸室及口门宽度16 m,门槛水深3.45 m。

(2)丹金闸水利枢纽。位于金坛区金城镇与丹阳市交界处,2002年建成投运,是湖西区高低片控制工程之一,由节制闸和船闸组成。其中,节制闸为一孔,孔口宽为16 m。

第二章

调水引流概述

2.1 调水引流

水是生物生存与发展必需的物质基础之一,其重要性不仅在于它是很多生物体的主要组成成分,还在于它也是生物赖以生存的生态系统的重要组成部分。对于水资源空间分布不均衡的国家或地区,通过调水引流引入优质水源,合理的调度运行,既可以增加引入清水量,有效增加河道水环境容量,也可以增大流速,提高河水的复氧、自净能力,是迅速有效改善水环境质量的综合治理措施之一。

2.1.1 调水引流的定义

调水引流改善区域水环境,又称为引清调水,是指在保证防洪安全、生产生活用水、航运及重要区域水环境前提下,充分利用清水资源,通过水闸、泵站等工程设施的合理调度,改善河湖水动力条件,提高水体自净能力,增加河湖环境容量,从而改善区域水体质量的一种水资源调度方式。

调水引流改善河湖水环境质量是国内外常用的方法之一。引清调水的作用不只是增加水量、稀释污水、增加水环境容量,更重要的是激活水流,增加流速,使水体中氧的浓度增加,水体的自净系数 k 值增大,水体的自净能力增强,水生微生物、植物的数量和种类也相应增加,水生生物活性增强,通过多种生物的新陈代谢作用达到净化水质的目的。在感潮河网地区,充分利用充沛的过境清水和感潮河网的潮汐水动力特性,发挥已建水利工程的作用进行调度,促进水体良性循环,具有效果好、费用低、运行管理相对简单的特点。

2.1.2 国内外研究现状

2.1.2.1 水动力模型研究进程

水动力模型是一种描述水流和污染物随时空变化的数值模型。近年来,对这项模型的研究已经趋于成熟,并在农业和商业灌溉、江河和海洋航运,以及水系水污染和特大河流和湖泊防洪中有广泛的应用。

水动力模型的理论是 1871 年由法国力学家圣维南(Saint-Venant)建立的。国际上公认的水动力模型大致划分为 4 类模型,包括节点-河道模型、混合模型、近些年流行的单元划分模型和新兴的人工神经网络模型。

(1) 节点-河道模型,其方程由法国力学家圣维南建立的方程组以及各河道节点方程组成。通过对研究河网概化,把河网分成单独的河流,河流和河流的连接点被称为节点,河流的每个节点都需要满足水量平衡方程和动量守恒方程,还需要对圣维南方程组、边界条件以及相应的汊点连接方程联立,目的在于建立一个新的闭合方程组,最终求解得到各个断面的各项水力参数。目前圣维南方程组的主要求解方法有:有限差分法、特征线法、间接解法、直接解法以及有限体积法等,其中间接解法是目前使用的较多的,已经衍生为多级解法。

(2) 单元划分模型,由模型专家 Cunge 首先提出,此模型可以用来模拟非河道水体。在复杂的河网计算过程中,此模型体现出无与伦比的优势。单元划分模型的核心思想是把水体概化为一个个小单元,这些水位相互接近、各项水利特性都相似,单元之间又能通过河道进行持续不断的流量交换。

(3) 混合模型,因为节点-河道模型的计算较为繁琐,以及单元划分模型虽计算简单,但应用较难,众多学者结合各自的优点整合出新的模型。模型的核心理论是:先对目标水域进行分类,包括大范围成片水域以及重要河道,在具体操作中对前者使用单元划分模型,第一步概化水网,第二步用节点-河道模型计算,同时对后者使用分化节点的河道模型计算。

(4) 人工神经网络模型,目前科学的快速发展,人工神经网络模型也逐渐应用于水动力模型的研究。该模型模拟并行的分布式系统,假设平原河网在结构上类似于人工神经网络,平原水网中的各个大大小小的节点就类似于"神经元",各个"神经元"间又以电路串联或并联的方式连接,从而组成一个新系统,系统内各元素相互制约,使系统变得平衡。

20 世纪 20 年代,Sterneck 和 Defant 首次采用一维水动力模拟对河流进行模拟,并取得一定的研究进展。1953 年 Stocks 初次将 Saint-Venant 方程成功应用于洪水的计算。一维水动力的提出为二维的水动力奠定了有效的基础。1970—1980 年,有限差分法的提出使得二维模型有了巨大的进展。1979 年 Van Leer 根据单调插值将一阶格式推广到了二阶精度。1980 年至今,三维模型得到快速的发展和成熟的应用,其在水动力垂向结构变化较大时的适用性比一维和二维更强。

我国在水动力模型的研究上已有大量的研究成果。2013 年,钱海平等人对平原地区的感潮河网进行研究分析,发现 MIKE11 模型能够模拟出感潮河网的水动力特征。2015 年,黄轶康等人建立 EFDC 模型对长江溢油事故的风险进行了预测,准确地反映研究区域内的溢油扩展与油膜迁移运动的规律。

利用水动力模型对调水引流后的河流流速、流量、水位等水动力要素进行模拟,可以更好地指导调水引流的设计方案,通过控导工程进行水资源配置,实现平原河网区河网按需配水、有序流动。

2.1.2.2 水质模型研究进程

水质模型是根据物质守恒的原理来描述不同污染物质在水中迁移转化过程和规律,也可以理解为用于表达各种大小型河流的河流污染物质在河流中的变化规律及其各种可能的影响因素之间相互作用的关系,可为预测未来水质及预防水污染提供决策支持。按照水质类型的时空分布,水质模型主要由零维水质模型、一维水质模型、二维水质模型和三维水质模型组成。

从 1925 年斯特里特(H. W. Streeter)和费尔普斯(E. B. Phelps)建立了 SP 模型开始水质模型至今已发展近百年,经历了五个发展阶段。第一阶段(1925—1960 年)以 SP 模型为代表,后来科学家在其基础上成功地发展了 BOD-DO 耦合模型,并应用于水质预测等方面;第二阶段(1960—1965 年)在 SP 模型的基础上又有了新的发展,引进了空间变量、物理、动力学系数,温度作为状态变量也被引入到一维河流和水库(湖泊)模型,同时考虑了空气和水表面的热交换,并将其用于比较复杂的系统;第三阶段(1965—1970 年)其他输入源和漏源包括氮化合物好氧、光合作用、藻类的呼吸以及沉降、再悬浮等等,计算机的成功应用使水质模型的研究取得了突破性的进展;第四阶段(1970—1975 年)水质模型已发展成相互作用的线性化体系,生态水质模型的研究初见端倪,有限元模型用于两维体系,有限差分技术应用于水质模型的计算;第五阶段科学家的注意力已逐渐地转移到改善模型的可靠性和评价能力的研究上。

我国水质模型的研究起步较晚,但经过一段时间的完善后也日益发展成熟。2011 年,赵琰鑫等人使用有限体积法巧妙地把一维大型河网水质模型以及二维大型河流水质模型进行耦合联用,设计出适用于无锡太湖流域及周边水域的水动力水质模型。2013 年,朱茂森采用了 MIKE11 模型对辽河流域的污染物在水体中迁移扩散进行模拟,模拟出污染物的迁移扩散和衰减过程。2014 年,张文时构建 EFDC 模型对重庆赵家溪的水动力水质进行模拟,模型的误差值均小于 30%。2021 年,常露等人选用 MIKE11 模块,率定模型参数,构建梁溪河-大运河水量水质耦合模型,量化分析不同工况下调水引流对梁溪河和大运河水量水质的影响程度,模拟结果符合实际。2021 年,赵子豪等人利用 WASP8.0 模型模拟了山区型河流古蔺河水质情况,并以污染物-水质响应关系为思路,制定了各排污口污染物控制方案。2023 年,奚斌等人利用 MIKE21FM 水动力模块建立了现状河道和汊流边界优化后的饮水源河道二维水动力数学模型,并通过物理模型试验对数学模型参数进行率定验证,模拟了现状和优化方案下的饮水源河道流场并计算了不同船行速度牵引进入饮水源河道的污水量。

利用水质模型对调水引流后的河流中高锰酸盐指数、氨氮、总磷、溶解氧、透明度、温度、pH 等水质要素进行模拟,可以更好地预见调水引流后的水质改善效果,为水质预测、水污染预防提供决策支持。

2.1.2.3 调水引流措施在水质治理中的研究进展

日本是世界范围内最早使用调水引水措施来改善河流水质环境的国家,1964 年日本政府为改善东京河流的水质,从利根川和荒川引入清水对隅田川进行冲污处理,使水质得到大大改善,生化需氧量等指标好转近一半,从而开启了引清调水的先河。美国密西西比河是路易斯安那州滨海湿地的主要水源,受河流沿线大量工程影响,河口来水日益减少,滨海湿地的生存环境受到破坏,各项生态功能逐渐退化。为了遏制湿地的退化速度并逐步恢复其生态功能,州政府实施了密西西比河引水工程;在引水的同时,为兼顾河口三角洲和湿地的稳定性,还配套了相应的引沙工程。调水调沙工程的实施,逐步遏制了河口湿地消失的速度。美国修建引水工程引清流水对水质污染严重的湖泊水体进行稀释,如引密西西比河水入庞恰特雷恩湖和引哥伦比亚河水入摩西湖,湖泊在经过一段时间的水体置换后,湖水水质得到明显改善;另外德国的鲁尔河、俄罗斯的莫斯科河在采用引清水修复污染水环境的方法后,都获得了良好的水质改善效果。

国内采用调水引流措施改善水质的起步较晚。自 20 世纪 80 年代中期,上海市开始利用水利工程进行引清调度的实践,开始了我国进行调水引流的先例。随后福建、江苏、浙江等地区也陆续开展了各类利用水资源调度改善水质的区域性试验研究和实践。福州市内河纵横交错,水网平均密度高,由于近年来大量的工业废水和生活污水直接排入内河,使其污染状况加剧,常年黑臭,福州市政府实施引水冲污方案,即通过引入闽江水,加大内河径流量,提高流速,使大部分河段水流呈单向流,通过一天换一次水,减少回荡;引水后内河的复氧能力增强,消除了河道黑臭,同时降低了闽江北港北岸边污染物浓度。为优化太湖流域水资源配置,改善太湖水环境,按照时任国务院总理温家宝 2001 年在太湖水污染防治第三次工作会议上提出的"以动治静、以清释污、以丰补枯、改善水质"方针,2002 年 1 月,太湖流域管理局启动了望虞河"引江济太"调水试验工程。为了改善城区水环境,太仓市有关部门于 2004 年 4 月进行了通过浏河与杨林塘引长江水入城的调水试验,整个引排水过程大约从城区带走 35.6 万 m^3 水量,带走了城区大量污染河水,水体得到有效交换,城区水环境得到显著改善。2007 年太湖贡湖湾发生供水危机后,为抑制贡湖、梅梁湖蓝藻暴发趋势,缓解供水危机,望虞河实行大流量调水,同时启动梅梁湖泵站抽水,调水引流后,水源地水质得到明显改善。21 世纪以来,常熟、昆山等地在引水试验现场监测水量、水质的基础上,结合 MIKE11 等水量水质数学模型,模拟不同工况下不同引水量的水质改善效果,以此指导引水方案的制定。上海市制定了引清调水的常规方案和应对雨天市政泵站放江或突发性船舶污染事故的应急预案,确保了引清调水效果的长效性。无锡、常州等沿江地区在泵引基础上利用长江潮差引水改善平原河网水环境,改善效果明显,且减少了能源消耗。南通市利用水量水质模型进行了不同分区的调水水量分配计算,分析了不同轮次调水对河网 COD、NH_3-N 浓度的改善效果。南京市分别对枯水期、汛期不同引水规模、闸控方式和引水方式的引调水方案进行了水量水质的数值模拟,很好地将水环境调度和防汛调度相结合,在稳步提升水环境的同时不影响防汛安全。浙江省杭嘉湖地区运用水量水质数学模型模拟发现,阶段性引调水的效率优于连续性引调水,能在减少实际引调水历时与水量的同时,达到与连续性引调水相近的改善水质效果。

2.2 调水引流研究主要内容

太湖流域是我国经济社会最为发达的地区之一。20 世纪 70 年代至 21 世纪初,随着经济快速发展,人口不断增长,城市化进程加快,水资源调控手段和水污染治理措施相对滞后,太湖流域的水环境逐步恶化,水的供需矛盾愈加突出,由此引起的水质型缺水和水污染问题在一定程度上影响了流域经济社会的可持续发展和人民群众的生活质量。党中央、国务院历来高度重视太湖水污染防治工作,早在 2001 年,国务院就确定了"以动治静、以清释污、以丰补枯、改善水质"的水资源调度方针,制订了《太湖水污染防治"十五"计划》。2007 年,太湖蓝藻暴发以后,时任国务院总理温家宝明确指出:要把治理"三湖"(太湖、巢湖、滇池)作为国家工程摆在更加突出、更加紧迫、更加重要的位置。坚持高标准、严要求,坚定信心,坚持不懈地把"三湖"整治好。2008 年 5 月,国务院批复了太湖流域水环境综合治理总体方案,其中,把流域调水工程作为太湖水环境综合治理的主要手段之一。2011年8月,国务院通过了《太湖流域管理条例》,其中,对太湖流域的水资源保护和水污染防治工作做出了明确要求。

常州市属于太湖流域湖西区,位于太湖流域上游,河流纵横交错,湖库星罗棋布,水力坡度较大,易受暴雨洪水影响。考虑到这一地理特征,本书将把湖西区作为一个有机的整体,通过太湖流域湖西区、常州地区、常州市主城区等调水试验,解决湖西区引江济太过程中的主要关键技术问题,合理确定湖西区引江济太规模,为制定湖西区引江济太长效实施方案、调度方案和工程规划提供依据,也为湖西区常年调水积累经验,达到促进太湖流域的水资源配置、统筹考虑生活、生产和生态环境用水,从而实现"以动治静、以清释污、以丰补枯、改善水质"的战略目标。

本书以太湖流域湖西区、常州地区、常州市主城区作为研究区域,在研究区域河道水利工程现状的基础上,通过分析不同的调水引流方案对研究区域河道水量、水质变化的影响,研究调水沿程的水量分配和水质变化特性,探索改善区域水环境的有效调度手段。主要研究内容包括:

(1) 研究区域水利工程分析。调查湖西区的自然地理条件、水文气象、水系情况等,以及湖西区、常州市沿长江、沿大运河、沿太湖等水利工程现状,为太湖流域湖西区改善水环境水量水质联合调度调水方案研究做好准备。

(2) 调水引流方案设计。本书根据研究区域的水利工程现状,设计不同调水引流方案,从洪水调度和满足引水改善区域水环境效果分析的要求出发,合理布设水量、水质监测站点,从总体上控制住区域内水流的运动特征和面上污染的分布特征,并开展水量、水质监测。

(3) 调水引流成果分析。研究在不同调水引流工况下,沿江口门引长江水的能力,引江水量与湖西区河网水量、入太水量的关系,以及京杭运河、丹金溧漕河、武宜运河、南河(南溪河)水量、水质沿程演变规律,充分反映调水试验前后的效果。

(4) 调水引流效益分析。本文在水量、水质监测分析成果的基础上,根据太湖流域湖西区、常州地区、常州市主城区等不同区域的水量、水质沿程变化情况,验证调水效益,研究提出优化调度建议方案和对策措施,供防汛防旱部门水量调度决策参考。

2.3 调水引流主要技术

本书以太湖流域湖西区、常州地区、常州市主城区作为研究区域,通过合理布设水文、水质监测站点,开展水量、水质监测,研究在不同调水引流工况下,研究区域河道水量、水质沿程演变规律,探索改善区域水环境的有效调度手段。技术路线见图2.3-1。

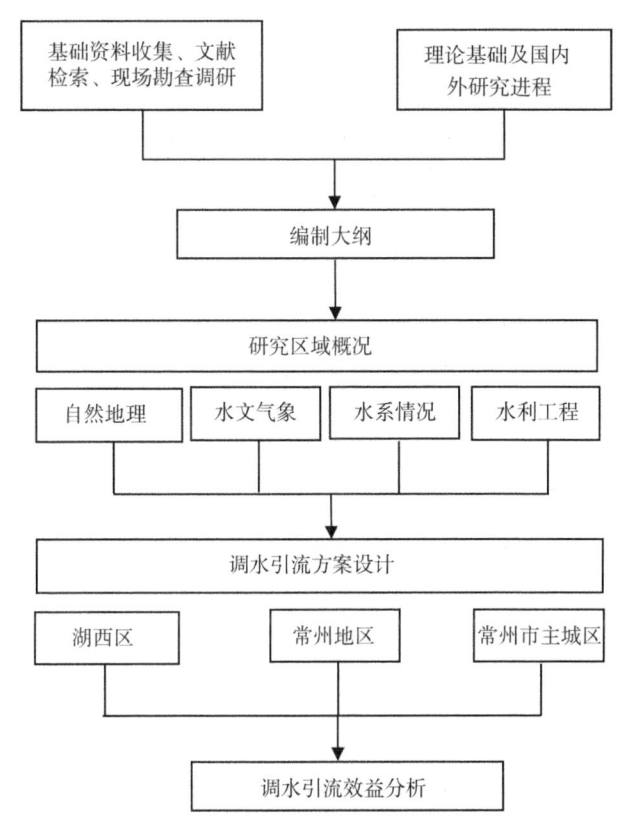

图 2.3-1　调水引流分析技术路线图

第三章

太湖流域湖西区调水引流

3.1 研究区概况

3.1.1 研究范围

太湖流域湖西区调水引流试验研究区域为太湖流域湖西区范围，主要包括镇江市、常州市、无锡市，区域总面积 7 549 km²。具体范围见图 3.1.1-1。

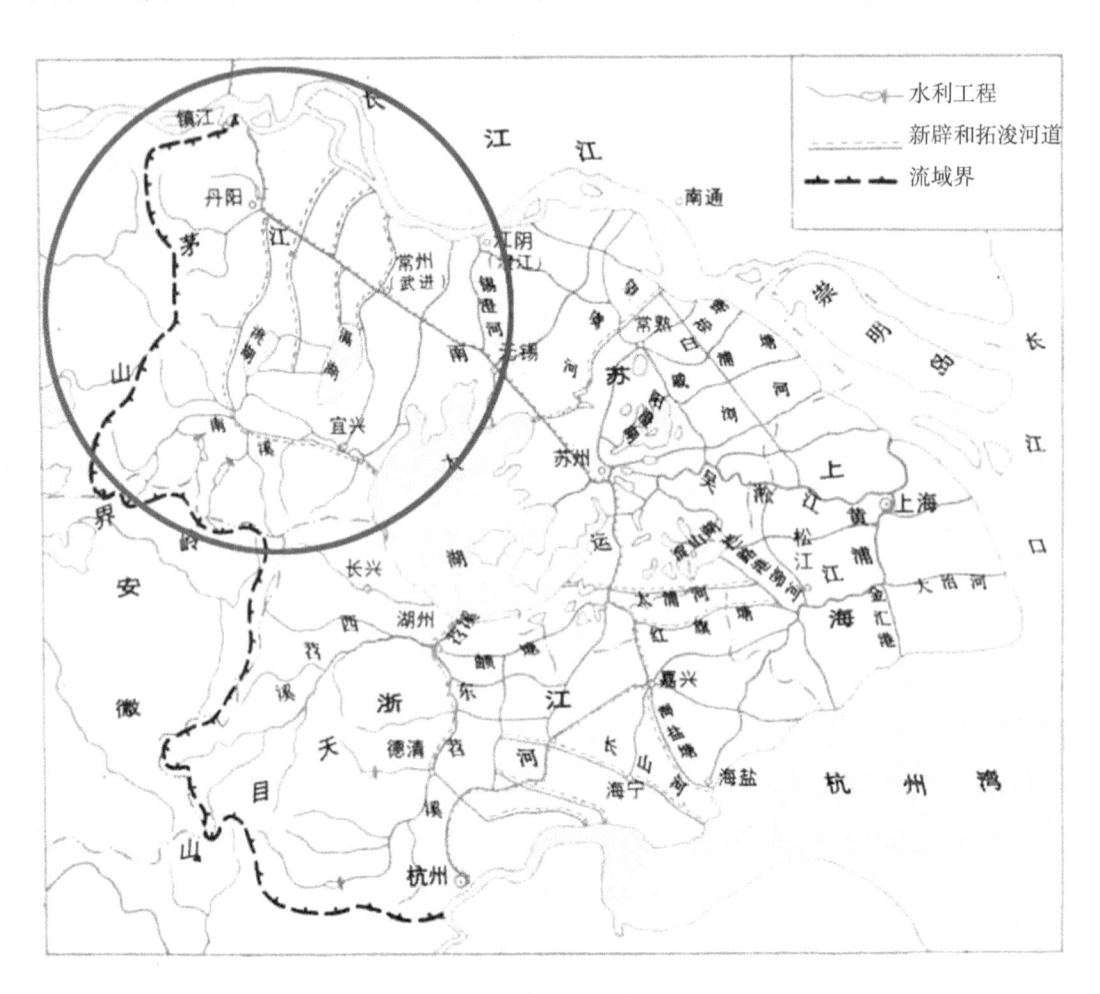

图 3.1.1-1 湖西区研究范围示意图

3.1.2 研究河道及水利工程

太湖流域湖西区调水引流研究河道有京杭运河、九曲河、新孟河、德胜河、澡港河、香草河、胜利河、通济河、丹金溧漕河、扁担河、武宜运河、夏溪河、湟里河、太滆运河、烧香港、南河（南溪河）、关河、老京杭运河、南运河等共19条河道。其中，京杭运河、丹金溧漕河、武宜运河以及南河（南溪河）是湖西区河网水系的纽带。

太湖流域湖西区调水引流调度或研究的水利工程有谏壁闸、九曲河枢纽、小河水闸、魏村枢纽以及澡港枢纽等5处沿江口门工程，丹金闸水利枢纽、新闸防洪控制工程、钟楼闸防洪控制工程、武进港枢纽、雅浦港枢纽等5处流域控制性水利工程，京杭运河苏南段整治工程、九曲河整治工程、丹金溧漕河整治工程、武宜运河整治工程、锡溧漕河常州段整治工程、芜申运河整治工程、常州市城市防洪大包围工程、武澄锡西控制线工程等8处其他骨干工程。

3.1.3 研究区河道水力特性

湖西区是太湖流域的主要水源地。根据地形及水流情况，可分为三大水系：北部运河水系以京杭运河为骨干河道，通过京杭运河、九曲河、新孟河、德胜河以及澡港河等沟通长江；中部洮滆水系主要由胜利河、通济河等山区河道承接西部茅山及丹阳、金坛一带高地来水，经由湟里河、北干河、中干河等河道入洮、滆湖调节，经太滆运河、殷村港、烧香港及湛渎港等河道入太湖；南部南河水系，发源于宜溧山区和茅山山区，以南河为干流包括南河、中河、北河及其支流，经溧阳、宜兴汇集两岸来水经西氿、东氿，由城东港及附近诸港入太湖。三大水系间有南北向河道丹金溧漕河、越渎河、扁担河、武宜运河等联结，形成南北东西相通的平原水网。此外，茅山山区及宜溧山区分布有沙河水库、大溪水库、横山水库等大型水库和众多的中小型水库塘坝。其中：

镇江市主要河道有31条，全长325 km，南北向有京杭运河、丹金溧漕河、香草河、通济河、简渎河以及越渎河等；东西向有九曲河、鹤溪河、永丰河、中心河以及胜利河等。常州市主要河道有28条，全长325 km，南北向有新孟河、德胜河、澡港河、舜河、丹金溧漕河、扁担河、武宜运河以及武进港等，东西向有京杭运河、南河、中河、北河、湟里河、太滆运河以及漕桥河等。宜兴市主要河道有21条，全长369 km，南北向有孟津河、武宜运河、屋溪河以及横塘河等，东西向有殷村港、烧香港、湛渎港、北溪河以及南溪河等。

京杭运河、丹金溧漕河、武宜运河以及南河（南溪河）是湖西区河网水系的纽带。京杭运河横贯湖西区北部，一般情况下承担沿江口门引长江水，并向下游太湖输送；暴雨洪水期，汇集区域内降雨径流，向长江外排或向下游太湖内排。丹金溧漕河和武宜运河分别纵穿湖西区西部和东部，常年承担京杭运河引长江水，补充下游宜溧河网水系。南河（南溪河）横贯湖西区南部，常年承接丹金溧漕河、武宜运河来水和区域降水径流，向下游太湖输送。因此，从常州市区的水动力条件来看，京杭运河来水和沿江口门引长江水，一部分通过京杭运河进入无锡市境内，一部分经滆湖、太滆运河、武进港、漕桥河流入太湖，一部分通过武宜运河进入宜兴市境内。

3.2 调水引流方案设计

通过分析太湖流域湖西区调水引流不同的调水引流方案对研究河道水量、水质变化的影响,研究调水沿程的水量分配和水质变化特性,探索改善区域水环境的有效调度手段。调水引流方案设计主要考虑两方面因素:(1)引水与排水;(2)口门自流引排水与泵站开机引排水。

3.2.1 调水引流方案

湖西区由于其天然的地理条件,在正常情况下,沿江口门可趁长江高潮时开启闸门自引长江水(工况一)。这种工况是沿江口门运行调度中较为普遍的工况,约占全年各种工况的85%～90%。另外,1991年太湖流域大水以后,湖西区沿江口门陆续修建了翻水泵站。这些泵站可通过翻引方式在沿江口门自引长江水量相对较小情况下调入长江水。同时,随着近几年来湖西区经济社会的快速发展,在某些时段,沿江口门自引长江水已无法满足内河航运、水环境改善、应急供水等需求,因而沿江口门泵站翻水(工况二)出现频次越来越多,约占全年各种工况的5%～10%。

本方案综合考虑工况一、工况二的情况,试验和分析在不同长江潮汛时,沿江口门调引长江水的能力和引水水质,调水对湖西区内京杭运河等骨干河道水量、水质影响及其分布,以及对太湖的水资源补给和水质改善的影响。根据长江潮汐的特性,沿江五处口门由东向西开启闸门有一定的时差,对京杭运河等骨干河道的影响时间不一。此外,根据以往的调水试验成果,沿江口门其影响区域相对集中,对京杭运河等骨干河道的影响程度也大小不一。因此,本方案要充分考虑沿江口门的调度运用状况和沿江潮位变化情况,分析京杭运河等骨干河道以及大浦港等入太湖口门受调水影响的时间和程度。

根据预测,本方案实施时,长江水依次由沿江口门调入京杭运河,随后自西北向东南方向单向流动、扩散至京杭运河以南支流。其中,镇江市境内沿江口门引水大约20～30 h影响到通济河紫阳桥断面、丹金溧漕河丹金闸断面以及京杭运河吕城泰定桥断面,大约50～60 h影响到丹金溧漕河别桥断面,大约80～90 h影响到南溪河潘家坝断面,大约200～230 h影响到入太湖口门城东港断面。常州市境内沿江口门引水大约40～60 h影响到京杭运河横林断面和武宜运河钟溪大桥断面,大约80～90 h影响到太滆运河分水桥断面,大约110～130 h影响到烧香港棉堤桥断面。因此,根据长江潮汛变化和沿江口门调度情况,水量水质同步测验安排11～13天1个轮次。

测验安排:在强降雨前取水样一次作为背景值,当相应量级降雨发生后,每4小时取水样、测流一次,洪峰到来时应加密测次,避免错过洪峰,测验持续到洪峰过后2～6 h结束。一次强降水过程安排测验取样、测流3～4天共约12次,考虑不同的降雨量级,暂按开展2次试验计算,共需取样、测流24次。试验时市防汛抗旱指挥部适时掌握汛情,视雨情大小采取不同的调度方案,以观测调度的效果。

测验方案:测验开始(农历十三、十四或农历二十八、九),第一、第二天,沿江口门高潮期关闭,利用低潮期开闸排水;第三到第十天,利用高潮全力引水,低潮期关闸(工况一);第十一到第十二天,根据省防指以及常州、镇江两市防指的调度,开启泵站引水(工况二)。第十三天,沿江口门恢复正常调度。水量水质同步监测断面每天9:00～10:00、15:00～

16:00各取水样、测流一次(沿江口门在引水期间每1小时1次)。其中,以第一次取样作为背景值。

方案调度及监测任务具体见表3.2.1-1。

表3.2.1-1 调水试验方案调度情况及监测任务一览表

项目	方案
试验天数	11~13天
降水情况	
潮汛情况	半月潮汛周期
调度计划	自排(2天)+自引(8天)+翻引(2天)
监测频次	每天水量、水质1~7次(视断面而定)

3.2.2 水文监测站点布设及量质监测

3.2.2.1 水文监测站点布设

站点的布设既要从洪水调度的要求出发,又要满足引水改善区域水环境效果分析的要求,既要充分利用现有的水量水质监测站点,避免重复设站,又要合理增设站点,从总体上控制住区域内水流的运动特征和面上污染的分布特征。同时还要考虑本试验周期短的特点和试验经费有限的客观因素,以点带面,避免顾此失彼。经分析,拟定测验站点如下:

本次调水试验扩充到整个湖西区,拟设水量、水质同步监测站点共32个。湖西区调水试验监测站点情况见表3.2.2-1和图3.2.2-1。

表3.2.2-1 湖西区调水试验方案监测站点一览表

序号	河道名称	监测站点	实施单位	序号	河道名称	监测站点	实施单位
1	京杭运河	谏壁闸	镇江分局	18	新孟河	小河水闸	常州分局
2	京杭运河	云阳桥		19	德胜河	魏村枢纽	
3	抽水站引河	谏壁抽水站		20	澡港河	澡港枢纽	
4	九曲河	九曲河枢纽		21	京杭运河	新泰定桥	
5	九曲河	普善大桥		22	京杭运河	天宁大桥	
6	丹金溧漕河	邓家桥		23	京杭运河	横林大桥	
7	香草河	太阳城桥		24	丹金溧漕河	丹金闸	
8	通济河	紫阳桥		25	扁担河	桥东桥	

续表

序号	河道名称	监测站点	实施单位	序号	河道名称	监测站点	实施单位
9	胜利河	拖板桥	镇江分局	26	武宜运河	钟溪大桥	常州分局
10	香草河	黄固庄桥		27	关河	丹青桥	
11	南溪河	潘家坝	常州分局	28	夏溪河	友谊桥	
12	烧香港	棉堤桥		29	湟里河	湟里河桥	
13	锡溧漕河	锡溧漕河大桥		30	太滆运河	分水桥	
14	南溪河	城东港		31	丹金溧漕河	别桥	
15	京杭运河	钟楼大桥		32	南河	濑江桥	
16	老京杭运河	新闸					
17	南运河	丫河桥					

3.2.2.2 量质监测

3.2.2.2.1 监测方案

1）监测要求

（1）每次监测行动均应由常州、镇江两市防办统一协调指挥，与各监测站保持通讯畅通，以保证监测行动统一有效，有利于数据分析。

（2）各方案测验原则上应观测一次背景值。在不影响方案测验目标的前提下，也可以第一次测验值作为背景值。

（3）水位、流量观测与水质监测在同一断面上应做到准同步进行；各断面水位观测应同步进行。

（4）因试验期内测验次数较多，且部分断面不满足桥测条件，流量观测采用走航式ADCP进行。

（5）在水位变化较为剧烈的时段应于洪峰到来前后2小时加密一次，并应抓住引水最大潮流量。

（6）各监测站点均应将水位、流量监测成果通过网络或无线数传（尽量以报汛方式）及时传至江苏省防办、常州和镇江两市防办、常州和镇江两市水文分局。

2）技术依据

（1）GB/T 50138—2010《水位观测标准》；

（2）GB 50179—2015《河流流量测验规范》；

（3）SL 195—2015《水文巡测规范》；

（4）SL 58—2014《水文测量规范》；

（5）SL 187—96《水质采样技术规程》；

（6）SL 219—2013《水环境监测规范》；

（7）SL/T 247—2020《水文资料整编规范》；

（8）GB 3838—2002《地表水环境质量标准》；

（9）《引江济太调水试验》；

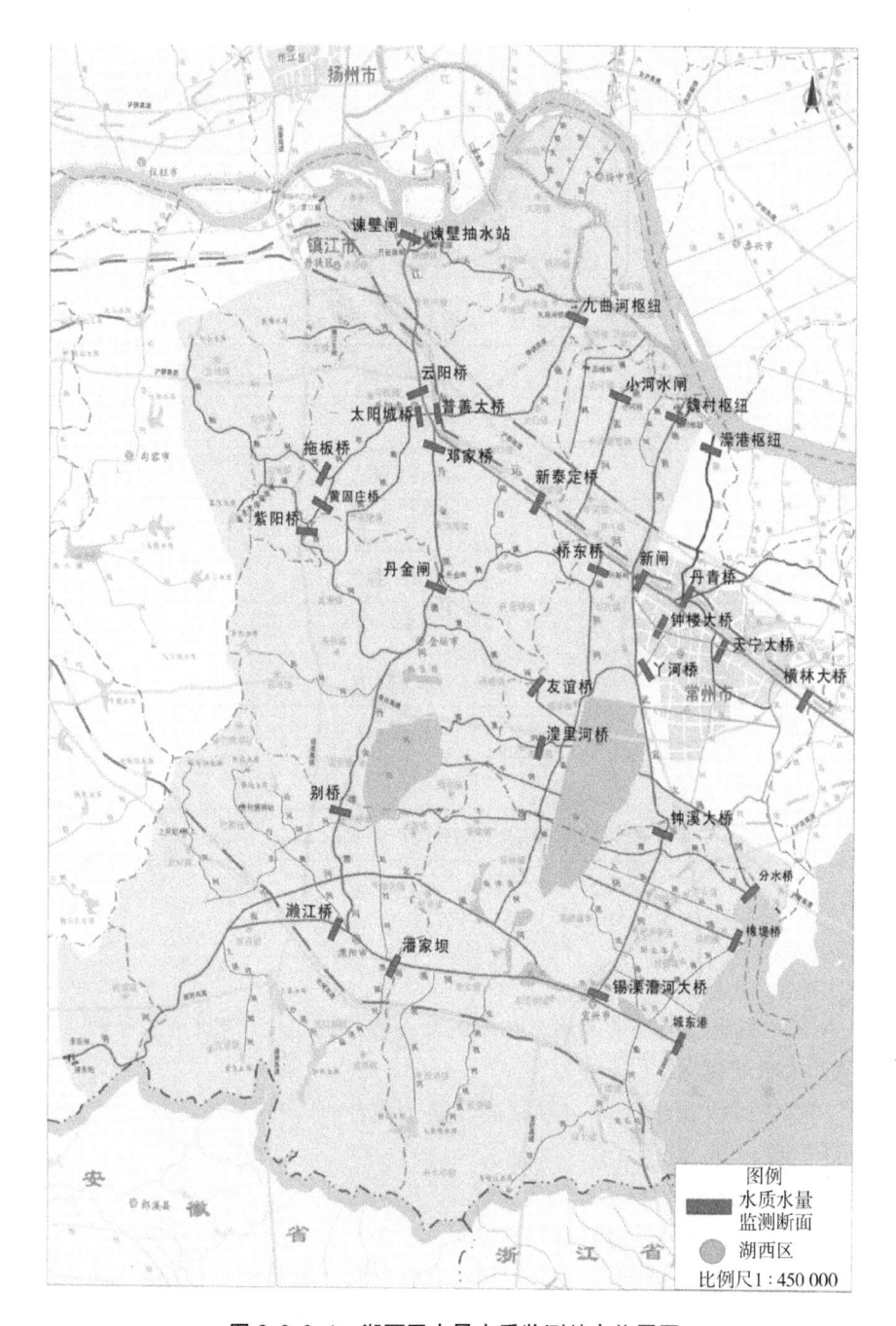

图 3.2.2-1　湖西区水量水质监测站点位置图

(10) 江苏省水利厅《江苏省防汛抗旱应急预案》。

3) 监测指标

(1) 水文监测项目(3项)

水位、流量、流向。

(2) 水质监测项目(9项)

氨氮、高锰酸盐指数、总磷、水温、pH、浊度、溶解氧、化学需氧量、总氮。

4) 测验方法

(1) 水位:已建站点使用现有设备和方法,凡具备遥测设施的使用遥测数据,无遥测设施的另设水尺。各水位的观测必须同步,水位的观测应与水质监测时间尽量同步。

(2) 流量:以流速仪桥测法为主,ADCP自动监测为辅。

(3) 水质:水质的监测方法按相关规范进行,具体见表3.2.2-2。

表 3.2.2-2　水质监测分析方法表

序号	项目	分析方法	备注
1	水温	温度计	现场测定
2	pH	玻璃电极法	
3	浊度	目测	
4	溶解氧	碘量法	
5	氨氮	纳氏试剂分光光度法	
6	高锰酸盐指数	酸性高锰酸盐滴定法	
7	化学需氧量	重铬酸盐法	
8	总磷	钼酸铵分光光度法	过硫酸钾消解
9	总氮	碱性过硫酸钾消解紫外分光光度法	

5) 质控措施

(1) 水文测验质量控制

①对比监测

检查ADCP测流技术与常规测流技术的监测数据并对比,判断是否合理。

②流量、大断面、水位

检查流量、大断面、水位等水文项目测验是否符合《水文测量规范》(SL 58—2014)。

③资料整编

检查资料整编是否符合《水文测量规范》(SL 58—2014)。

(2) 水质采样和现场监测质控措施

①水质样品使用有机玻璃采样器在监测断面中泓水面下0.5m处采集。采样时应避开漂浮物等,并注意避免扰动沉积物。水样按要求采用硬质玻璃瓶或聚乙烯容器存放,存样容器在使用前应清洗干净,并取现场水样洗涤2~3次。

②要求水样在6h之内送到分析室,4℃以下保存。

③每天每批次监测采样,采集现场平行样一个、全程序空白样一个,同其他水样一起送检。

④水温在现场监测。

各监测中心质控员负责将所有分析项目的质控数据汇总,并在上报监测结果的同时附上质量控制结果。

6）测验成果

水位、流速、流量、水质等原始记录表格整编数据,以及各断面水准测量点点之记、引据点点之记。

3.2.2.2.2 监测情况

1）工程运行调度情况

本次试验中水利工程调度安排在2013年9月4日（农历七月廿九）—9月16日（农历八月十二）进行,共计13天。

(1) 沿江口门

根据长江澡港闸站、魏村闸站、小河新闸站、九曲河闸站、谏壁站2013年8月5日—8月18日的潮位资料以及2012年9月14日—9月15日（农历七月廿九—七月三十）的潮位资料,预测2013年9月3日—9月6日澡港河口、德胜河口、新孟河口、九曲河口以及京杭运河口的高低潮位出现时间情况,详见表3.2.2-3。

表 3.2.2-3 沿江口门高低潮位出现时间预测表

	潮位	澡港河口	德胜河口	新孟河口	九曲河口	京杭运河口
9月3日 （农历七月廿八）	低潮	11:35	12:05	12:45	13:40	14:50
	高潮	15:20	15:50	16:00	16:35	17:50
9月4日 （农历七月廿九）	低潮	23:40	0:00	0:30	1:30	2:45
	高潮	3:30	3:45	4:05	4:45	6:25
	低潮	12:40	12:55	13:25	14:15	15:35
	高潮	16:15	16:25	16:45	17:30	18:40
9月5日 （农历八月初一）	低潮	0:50	1:00	1:10	2:10	3:00
	高潮	4:05	4:15	4:40	5:30	6:40
	低潮	13:30	13:35	14:05	14:30	15:50
	高潮	16:55	17:00	17:15	17:50	19:05
9月6日 （农历八月初二）	低潮	1:35	1:45	2:00	2:50	3:50
	高潮	4:40	5:00	5:05	6:00	7:20

根据表中各沿江口门预测高低潮时间以及沿江口门一般的调度规则,调水试验期间沿江口门按如下安排进行调度：

9月3日13:20～15:10,沿江各口门根据长江涨潮情况,按正常的调度规则开启闸门引长江水；至9月4日（第一天）1:20～3:10,待长江又一次涨潮时关闭闸门挡水。

9月4日8:30～10:00,沿江口门根据长江落潮情况,按《太湖流域湖西区水量调度与水环境改善试验实施方案》的要求,趁长江低潮开启闸门排水；至13:20～15:30,待长江涨潮时关闭闸门；至20:20～22:00,沿江口门开闸排水；至9月5日（第二天）1:30～3:20,关闭闸门；9:30～11:20,开闸排水；至14:10～16:00,关闭闸门；至21:00～2:30,沿江口门趁落潮时开闸。其间,沿江口门排水按照京杭运河常州站水位不低于3.20 m、丹阳站水位不低于3.50 m控制。

9月6日(第三天)起,沿江口门开始按正常的调度规则开启闸门,趁长江涨潮时全力引水,落潮时关闭闸门,直到9月14日(第十一天)凌晨;期间只引不排。

9月14日(第十一天)10:00起,澡港枢纽、魏村枢纽、九曲河枢纽、谏壁枢纽开启泵站翻引长江水,直至9月16日(第十三天)10:00结束;期间小河水闸按正常规则调度引水。

以上开关闸时间仅供参考,各沿江口门应根据长江潮位、内河水位变化情况适时操作运行。

为确保调水试验效果,在正常调度规则引长江水时(第三天~第十天),在长江落潮期,沿江口门应根据潮位变化情况,及时关闭闸门,以免内河水过多外排长江。

具体运行时间详见表3.2.2-4~表3.2.2-8。

表3.2.2-4 测验期间谏壁闸(含谏壁抽水站)调度运行时间表 （水量单位:万 m³）

时间	开闸时间	关闸时间	开机时间	关机时间	自引水量	自排水量	翻引水量	翻排水量	备注
9月4日	关闸								
9月5日	3:00	12:20			450.2				
	16:05	23:55			335.6				
9月6日	4:10	12:15			369.6				
	16:50	23:25			298.6				
9月7日	4:55	12:00			285.6				
	17:20	23:25			273.8				
9月8日	5:30	11:55			254.1				
	17:50	0:05			292.5				
9月9日	6:05	11:30			249.6				
	18:30	0:30			274.3				
9月10日	6:45	11:15			189.5				
	19:05	0:20			224.9				
9月11日	7:25	12:15			182.7				
	19:40	1:05			220.4				
9月12日	8:30	12:35			123.9				
	20:25	1:50			195.0				
9月13日	10:00	12:55			46.23				
	21:40	3:15			170.2				
9月14日	关闸		10:10						
9月15日	关闸								
9月16日	14:45	18:05	10:00		75.72				

表 3.2.2-5　测验期间九曲河枢纽调度运行时间表　　　（水量单位：万 m³）

时间	开闸时间	关闸时间	开机时间	关机时间	自引水量	自排水量	翻引水量	翻排水量	备注
9月4日	1:30	12:10			157.1				
	15:40	21:15			198.2				
9月5日	2:35	8:50			267.7				
	15:25	21:30			213.5				
9月6日	3:25	8:45			222.7				
	15:55	20:45			169.5				
9月7日	4:00	9:00			196.2				
	16:30	20:35			147.0				
9月8日	4:35	9:45			195.3				
	17:00	21:25			162.2				
9月9日	5:15	9:35			150.1				
	17:40	21:45			140.2				
9月10日	5:55	10:30			139.7				
	18:05	22:20			137.7				
9月11日	6:45	10:20			92.49				
	18:50	23:00			127.5				
9月12日	7:45	10:45			56.26				
	19:50	23:45			99.83				
9月13日	20:45	0:25			91.08				
9月14日	关闸		10:10						
9月15日	关闸								
9月16日	14:15	16:35		10:00	24.61				

表 3.2.2-6　测验期间小河水闸调度运行时间表　　　（水量单位：万 m³）

时间	开闸时间	关闸时间	开机时间	关机时间	自引水量	自排水量	翻引水量	翻排水量	备注
9月4日	10:30	13:45				−17.43			
9月5日	关闸								
9月6日	6:10	10:05			63.87				
9月7日	3:45	10:30			124.4				
	16:15	21:10			106.0				
9月8日	4:20	9:15			92.03				

续表

时间	开闸时间	关闸时间	开机时间	关机时间	自引水量	自排水量	翻引水量	翻排水量	备注
	16:45	21:10			95.24				
9月9日	4:55	10:55			131.5				
	17:15	22:40			113.5				
9月10日	5:35	10:15			87.86				
	17:50	22:30			84.00				
9月11日	6:25	10:30			63.94				
	18:35	22:45			67.65				
9月12日	7:20	10:30			39.33				
	10:30	12:45			−12.88				
	19:20	23:10			48.44				
9月13日	10:15	12:50			−16.93				
	20:35	23:40			29.86				
9月14日	23:40		10:10						
9月15日	2:00				19.32				
9月16日	0:05	4:30			58.67				
	13:10	16:20			32.26				

表3.2.2-7 测验期间魏村枢纽调度运行时间表　　（水量单位：万 m³）

时间	开闸时间	关闸时间	开机时间	关机时间	自引水量	自排水量	翻引水量	翻排水量	备注
9月4日	10:05	13:50			−20.11				
9月5日	关闸								
9月6日	2:55	9:25			118.9				
	15:15	20:45			131.5				
9月7日	3:30	9:15			129.0				
	16:00	21:05			123.9				
9月8日	4:10	9:35			110.8				
	16:30	21:20			113.3				
9月9日	4:45	9:30			111.0				
	9:30	11:50			−21.50				
	17:00	22:15			128.9				
9月10日	5:20	10:40			116.5				

续表

时间	开闸时间	关闸时间	开机时间	关机时间	自引水量	自排水量	翻引水量	翻排水量	备注
	17:35	22:30			112.9				
9月11日	6:05	10:10			80.26				
	10:10	12:50			−21.98				
	18:20	22:10			64.03				
9月12日	7:15	10:10			42.95				
	10:10	13:05				−26.36			
	19:15	23:20			53.66				
9月13日	8:45	11:55				−16.42			
	20:30				53.36				
9月14日	0:35		10:10						
	9:55	24:00			160.2				
9月15日	0:00	24:00			156.4				
9月16日	0:05	4:30			144.1				
	13:10	16:20			37.23				

表3.2.2-8 测验期间澡港枢纽调度运行时间表　　　　　（水量单位：万 m³）

时间	开闸时间	关闸时间	开机时间	关机时间	自引水量	自排水量	翻引水量	翻排水量	备注
9月4日	9:30	13:55				−36.73			
9月5日	关闸								
9月6日	2:40	9:30			107.7				
	15:15	19:40			101.4				
9月7日	3:40	9:30			96.60				
	15:45	20:50			86.74				
9月8日	3:55	9:30			99.09				
	16:15	22:20			90.45				
9月9日	4:30	10:00			86.13				
	16:50	22:25			82.61				
9月10日	5:10	10:20			91.69				
	17:25	23:00			78.79				
9月11日	5:55	10:10			70.69				
	18:10	22:45			60.72				

续表

时间	开闸时间	关闸时间	开机时间	关机时间	自引水量	自排水量	翻引水量	翻排水量	备注
9月12日	7:10	9:55			40.59				
	19:05	22:40			68.24				
9月13日	20:15	23:50			52.25				
9月14日	9:30	24:00	10:10		211.5				
9月15日	0:00	24:00			353.4				
9月16日	0:00	10:00			166.8				
	13:00	15:30			31.59				

(2) 其他

本次湖西区水量调度与水环境改善试验主要基于正常水情下进行，其他流域或区域性水利控制工程基本保持正常状态。其中：

武澄锡西控制线上新闸、钟楼闸、南运河闸、大寨河闸、武南河闸、渡船浜闸、曹尧港闸、丁舍浜闸、永安河闸、南宅河闸以及横扁担河闸等处于敞开状态。

丹金闸控制线上丹金闸处于敞开状态。

沿太控制线上武进港枢纽、雅浦港枢纽处于关闭状态。

2) 水量、水质监测情况

沿江5个口门中，考虑沿江口门引长江感潮水的特殊性，京杭运河谏壁闸、九曲河九曲河闸、新孟河小河水闸、德胜河魏村闸、澡港河澡港闸等5站每日9～15时每小时测流一次，每站每日计7次；每日9时、15时各水质采样一次，每站每日计2次。考虑南河、武宜运河南段、沿太3个口门水流较为平稳，南河溧江桥、武宜运河（锡溧漕河）锡溧漕河大桥、太滆运河分水桥、烧香港棉堤桥以及南溪河城东港等5站，每日12时测流一次，采样一次，每站每日各计1次。其余18处站点每日9时、16时测流一次，水质采样二次，每站每日各计2次。以上测流共983次，水质采样630次。

京杭运河谏壁闸、抽水站引河谏壁抽水站、九曲河九曲河闸、新孟河小河水闸、德胜河魏村闸、澡港河澡港枢纽等6处站点在第一天至第十三天测验采样，京杭运河云阳桥、九曲河普善大桥、丹金溧漕河邓家桥、香草河太阳城桥、京杭运河新泰定桥、京杭运河天宁大桥、京杭运河横林大桥、扁担河桥东桥、关河丹青桥、丹金溧漕河丹金闸、通济河紫阳桥、胜利河拖板桥、香草河黄固庄桥等13处站点在第三天至第十三天测验采样，武宜运河钟溪大桥、夏溪河友谊桥、湟里河湟里桥、丹金溧漕河别桥、南河溧江桥、南溪河潘家坝等6处站点在第三天至第十四天测验。太滆运河分水桥、烧香港棉堤桥、武宜运河（锡溧漕河）锡溧漕河大桥、南溪河城东港等4处站点在第四天至第十六天测验（延长一天）。

京杭运河钟楼大桥、新闸和南运河丫河桥等3处站点在第三天至第十三天测验。测验时间安排详见表3.2.2-9。

表 3.2.2-9　湖西区调水试验方案测验时间安排表

9月	4日	5日	6日	7日	8日	9日	10日	11日	12日	13日	14日	15日	16日	17日	18日	19日
谏壁闸	7(0)	7(1)	7(2)	7(2)	7(2)	7(2)	7(2)	7(2)	7(2)	7(2)	7(2)	7(2)	7(2)			
云阳桥		2(1)	2(2)	2(2)	2(2)	2(2)	2(2)	2(2)	2(2)	2(2)	2(2)	2(2)	2(2)			
谏壁抽水站	2(0)	2(1)	2(2)	2(2)	2(2)	2(2)	2(2)	2(2)	2(2)	2(2)	2(2)	2(2)	2(2)			
九曲河闸	7(0)	7(1)	7(2)	7(2)	7(2)	7(2)	7(2)	7(2)	7(2)	7(2)	7(2)	7(2)	7(2)			
普善大桥		(1)	2(2)	2(2)	2(2)	2(2)	2(2)	2(2)	2(2)	2(2)	2(2)	2(2)	2(2)			
邓家桥		(1)	2(2)	2(2)	2(2)	2(2)	2(2)	2(2)	2(2)	2(2)	2(2)	2(2)	2(2)			
大阳坡桥		(1)	2(2)	2(2)	2(2)	2(2)	2(2)	2(2)	2(2)	2(2)	2(2)	2(2)	2(2)			
紫阳桥		(1)	2(2)	2(2)	2(2)	2(2)	2(2)	2(2)	2(2)	2(2)	2(2)	2(2)	2(2)			
拖板桥		(1)	2(2)	2(2)	2(2)	2(2)	2(2)	2(2)	2(2)	2(2)	2(2)	2(2)	2(2)			
黄固庄桥		(1)	2(2)	2(2)	2(2)	2(2)	2(2)	2(2)	2(2)	2(2)	2(2)	2(2)	2(2)			
小河水闸	7(0)	7(1)	7(2)	7(2)	7(2)	7(2)	7(2)	7(2)	7(2)	7(2)	7(2)	7(2)	7(2)			
魏村闸	7(0)	7(1)	7(2)	7(2)	7(2)	7(2)	7(2)	7(2)	7(2)	7(2)	7(2)	7(2)	7(2)			
青松桥	7(0)	7(1)	7(2)	7(2)	7(2)	7(2)	7(2)	7(2)	7(2)	7(2)	7(2)	7(2)	7(2)			
新秦定桥		(1)	2(2)	2(2)	2(2)	2(2)	2(2)	2(2)	2(2)	2(2)	2(2)	2(2)	2(2)	2(2)		
新闸			1	1	1	1	1	1	1	1	1	1	1	不监测水质		
钟楼大桥			1	1	1	1	1	1	1	1	1	1	1			
丫河桥			1	1	1	1	1	1	1	1	1	1	1			
天宁大桥		(1)	2(2)	2(2)	2(2)	2(2)	2(2)	2(2)	2(2)	2(2)	2(2)	2(2)	2(2)			
横林大桥		(1)	2(2)	2(2)	2(2)	2(2)	2(2)	2(2)	2(2)	2(2)	2(2)	2(2)	2(2)			
丹金闸		(1)	2(2)	2(2)	2(2)	2(2)	2(2)	2(2)	2(2)	2(2)	2(2)	2(2)	2(2)			
桥东桥		(1)	2(2)	2(2)	2(2)	2(2)	2(2)	2(2)	2(2)	2(2)	2(2)	2(2)	2(2)			

续表

9月	4日	5日	6日	7日	8日	9日	10日	11日	12日	13日	14日	15日	16日	17日	18日	19日
钟溪大桥		(1)	2(2)	2(2)	2(2)	2(2)	2(2)	2(2)	2(2)	2(2)	2(2)	2(2)	2(2)	2(2)		
丹青桥		(1)	2(2)	2(2)	2(2)	2(2)	2(2)	2(2)	2(2)	2(2)	2(2)	2(2)	2(2)	2(2)		
友谊桥		(1)	2(2)	2(2)	2(2)	2(2)	2(2)	2(2)	2(2)	2(2)	2(2)	2(2)	2(2)	2(2)		
湟里桥		(1)	2(2)	2(2)	2(2)	2(2)	2(2)	2(2)	2(2)	2(2)	2(2)	2(2)	2(2)	2(2)		
分水桥			(1)	1(1)	1(1)	1(1)	1(1)	1(1)	1(1)	1(1)	1(1)	1(1)	1(1)	1(1)	1(1)	1(1)
别桥		(1)	2(2)	2(2)	2(2)	2(2)	2(2)	2(2)	2(2)	2(2)	2(2)	2(2)	2(2)	2(2)		
溧江桥		(1)	1(1)	1(1)	1(1)	1(1)	1(1)	1(1)	1(1)	1(1)	1(1)	1(1)	1(1)	1(1)		
潘家坝		(1)	2(2)	2(2)	2(2)	2(2)	2(2)	2(2)	2(2)	2(2)	2(2)	2(2)	2(2)	2(2)		
稍堤桥				1(1)	1(1)	1(1)	1(1)	1(1)	1(1)	1(1)	1(1)	1(1)	1(1)	1(1)	1(1)	1(1)
锡溧漕河大桥			(1)	1(1)	1(1)	1(1)	1(1)	1(1)	1(1)	1(1)	1(1)	1(1)	1(1)	1(1)	1(1)	1(1)
城东港			(1)	1(1)	1(1)	1(1)	1(1)	1(1)	1(1)	1(1)	1(1)	1(1)	1(1)	1(1)	1(1)	1(1)
水量	37	37	77	81	81	81	81	81	81	81	81	81	81	17	4	4
水质	0	24	53	53	53	53	53	53	53	53	53	53	53	17	4	4

注：表中 7 代表水量每日监测 7 次，(2) 表示水质每日监测 2 次 (9 时、15 时或 16 时)。下同。

3.3 调水引流影响分析

3.3.1 调水背景

1) 气象

(1) 前期(8月)气象分析

2013年8月以来,影响我国长江中下游地区的夏季风持续加强,西太平洋副热带高压(以下简称副高)的脊线位置持续偏北且阶段性加强西伸明显,副高西侧偏南气流与来自南方偏强的季风水汽汇合后,向北方地区输入异常偏多的暖湿水汽,造成北方地区降水异常偏多。与此同时,副热带高压总体表现为面积偏大、脊线位置偏北,且阶段性加强西伸特征明显,副高主体持续控制湖西区所在的长江中下游地区,导致这一地区被异常下沉的热空气运动控制,对流活动受到抑制,高温少雨。

根据气象资料,湖西区2013年8月平均气温较常年偏高。上旬平均气温为31.9℃,较常年同期偏高3.6℃;中旬平均气温为31.3℃,较常年同期偏高4.0℃;下旬平均气温为27.7℃,较常年同期偏高1.7℃。月平均气温30.2℃,较常年同期偏高3.0℃。月最高气温40.2℃,出现在11日。

(2) 测验期间的气象分析

测验期间(9月4日—16日),随着副高南移,北方冷空气活动趋于活跃,长江中下游地区气温逐渐下降,降水增多。其中,9月5—6日、11—13日,湖西区出现两次明显的降温降水过程。

测验期间,湖西区平均气温为24.4℃,最高气温为32.2℃,出现在9月10日;最低气温为17.8℃,出现在9月6日。

2) 雨情

(1) 前期(8月)降水情况

2013年8月,太湖流域降水量为87.4 mm,较常年同期偏少36%。其中,湖西区降水量为86.0 mm,较常年同期偏少33%;降水主要集中在丹阳市区、常州市区以及滆湖以南地区。

(2) 测验期间降水情况

测验期间(9月4—16日),湖西区累计降水量为49.2 mm,其中6—16日累计降水量为26.7 mm。降水主要发生在5日、11日和13日,最大面日降水量为6日的19.3 mm;暴雨中心主要出现在常州市区和溧阳市区,最大点降水量为常州站的29.5 mm。另外,根据湖西区降水产流公式,9月4—16日,湖西区降水产流量约为13 000万 m³。

测验期间,湖西区主要站点降水情况详见表3.3.1-1、图3.3.1-1。

表3.3.1-1 测验期间湖西区主要站点降水量统计表 (单位:mm)

日期	丹阳	常州	溧阳	宜兴
9月4日	4.2	1.5	6.5	

续表

日期	丹阳	常州	溧阳	宜兴
9月5日	14.1	14.0	25.5	24.2
9月6日	6.2	4.5	3.0	2.0
9月7日	0.2			
9月8日				
9月9日				
9月10日				
9月11日	11.2	15.5		7.0
9月12日				
9月13日	0.9	29.5	28.0	10.4
9月14日				
9月15日				
9月16日				
合计	36.8	65.0	63.0	43.6

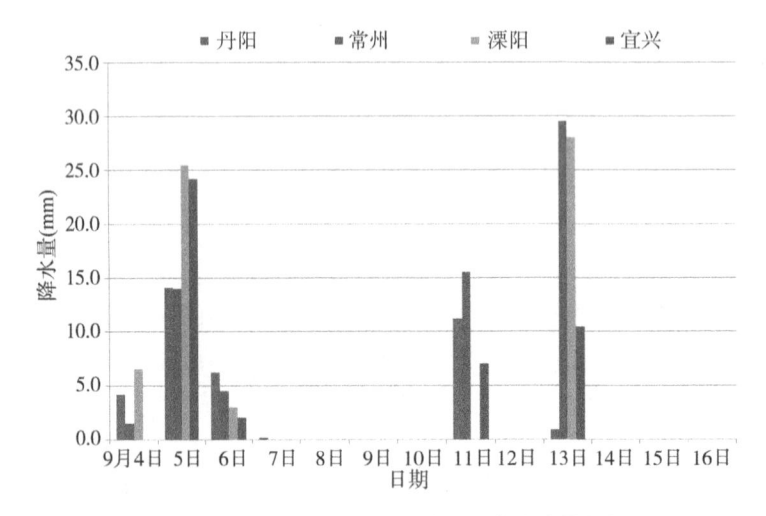

图 3.3.1-1　测验期间湖西区主要站点降水量柱状图

3) 水情

(1) 前期(8月)的总体水情

2013年8月以来,长江水位总体呈持续下降趋势,下旬略有回升。其中,大通站月平均水位为 9.88 m,比历年同期(11.78 m)偏低 1.90 m,最高水位为 10.89 m,出现在 1 日;最低水位为 9.10 m,出现在 31 日。

长江谏壁站平均高潮位为 5.27 m,比 2012 年同期偏低 1.35 m,最高潮位为 6.17 m,

出现在23日;平均低潮潮位为5.38 m,比2012年偏低1.32 m;最低低潮潮位为3.71 m,出现在29日,长江小河水闸站平均高潮潮位为4.62 m,比2012年同期偏低0.92 m,最高潮位为5.69 m,出现在23日;平均低潮潮位为3.12 m,比2012年偏低0.95 m,最低低潮潮位为2.88 m,出现在29日。

8月以来,京杭运河沿程水位均呈逐渐下降趋势。其中,丹阳站8月平均水位为4.04 m,较2012年同期偏低0.24 m;九里铺站8月平均水位为3.92 m,较2012年同期偏低0.30 m;常州站8月平均水位为3.71 m,较2012年同期偏低0.34 m;洛社站8月平均水位为3.58 m,较2012年同期偏低0.40 m。

8月以来,太湖水位波动较大。其中,上中旬受降水偏少的影响,太湖(百渎口)水位从8月1日(最高水位为3.18 m)起持续下降,到8月18日跌至月最低值3.05 m;下旬受第12号台风"潭美"外围影响和北方冷空气的影响,太湖流域降水增多,太湖水位呈上涨趋势。太湖(百渎口站)月平均水位为3.17 m,比2012年同期偏低0.14~0.24 m。

另外,8月19日—9月3日(农历七月十三—七月廿八),长江大通站平均水位为9.28 m,平均流量为30 250 m³/s。沿江口门总引江水量为8 440万 m³,长江谏壁站平均高潮潮位为5.13 m,平均低潮潮位为3.91 m;小河水闸站平均高潮潮位为4.69 m,平均低潮潮位为3.11 m。京杭运河丹阳站平均水位为4.03 m,九里铺站平均水位为3.92 m,常州站平均水位为3.76 m,洛社站平均水位为3.51 m。丹金溧漕河丹金闸站平均水位为3.97 m。南河溧阳站平均水位为3.42 m,宜兴站平均水位为3.31 m,大浦口站平均水位为3.23 m。太滆运河黄埝桥站平均水位为3.33 m。长荡湖王母观站平均水位为3.61 m,滆湖坊前站平均水位为3.39 m,太湖百渎口站平均水位为3.13 m。

(2)测验期间的总体水情

测验期间(9月4—16日),长江水位总体呈下降趋势,流量趋缓。其中,长江大通站4日8时水位为8.78 m,流量为28 300 m³/s;16日8时水位为7.61 m,流量为22 500 m³/s。其间,平均水位为8.20 m,日平均下降0.10 m;平均流量为25 500 m³/s,流量日平均下降483 m³/s。与多年平均(大通站9月多年平均水位为11.13 m,平均流量为39 500 m³/s,1951—2012年资料系列)相比,水位偏低2.93 m,保证率约为93.5%,与1992年同期接近;流量偏小35.4%,保证率约为88.7%,与1971年同期接近。与8月19日—9月3日相比,水位偏低1.08 m,流量偏小15.7%。

长江谏壁站平均高潮潮位为4.99 m,最高高潮潮位为5.32 m,出现在9月7日;平均低潮潮位3.49 m,最低低潮潮位为3.24 m,出现在9月13日。小河水闸站平均高潮潮位为4.60 m,最高高潮潮位为4.90 m,出现在9月6日;平均低潮潮位为2.80 m,最低低潮潮位为2.68 m,出现在9月13日。与8月19日—9月3日相比,谏壁站平均高潮潮位偏低0.14 m,平均低潮潮位偏低0.42 m;小河水闸站平均高潮潮位偏低0.09 m,平均低潮潮位偏低0.31 m。

测验期间,京杭运河沿程水位波动较大。其中,在湖西区沿江口门正常引水期间(9月6—13日),京杭运河沿程水位先上升后下降,且每日有两次明显的涨落过程;在沿江口门泵站翻水期间,京杭运河沿程水位较高,但变化平稳。测验期间(9月4—16日),丹阳站平均水位为3.98 m,最高水位为4.33 m,出现在8日,最低水位为3.39 m,出现在

4日;九里铺站平均水位为3.82 m,最高水位为4.08 m,出现在11日,最低水位为3.23 m,出现在4日;常州站平均水位为3.74 m,最高水位为3.95 m,出现在11日,最低水位为3.33 m,出现在4日;洛社站平均水位为3.59 m,最高水位为3.80 m,出现在11日,最低水位为3.39 m,出现在5日。与8月19日—9月3日相比,京杭运河丹阳站平均水位偏低0.05 m,九里铺站偏低0.10 m,常州站偏低0.02 m,洛社站偏高0.08 m。

测验期间(9月4—16日),太湖水位变化不大,总体呈平缓上升趋势。其中,大浦口站平均水位为3.28 m,最高水位为3.46 m,出现在13日,最低水位为3.13 m,出现在5日。与8月19日—9月3日相比,大浦口站平均水位偏高0.05 m。

测验期间(9月4—16日),长江大通站、京杭运河常州站、太湖大浦口站水位变化情况详见图3.3.1-2。

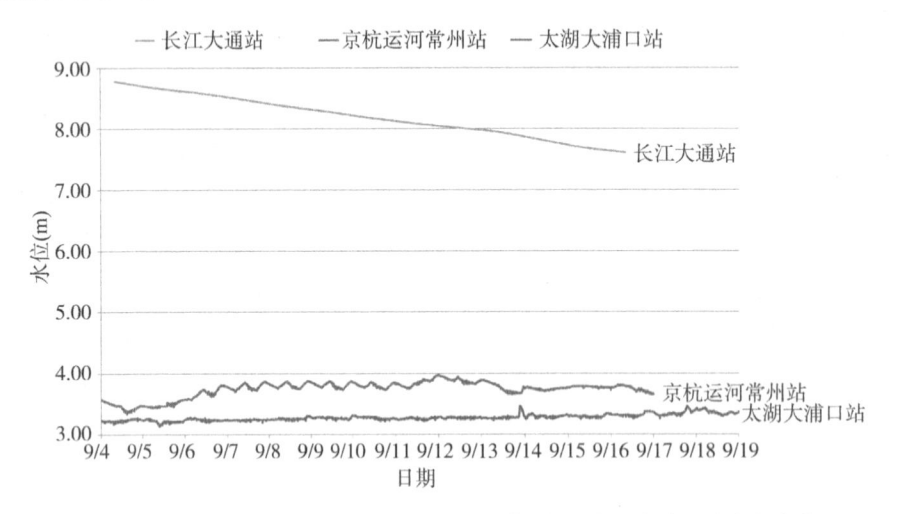

图3.3.1-2 测验期间长江大通站、京杭运河常州站、太湖大浦口站水位变化图

4) 水环境

(1) 前期(8月)的水环境状况

长江湖西区段8月总体水质与2012年同期基本持平。其中,长江镇江段总体水质类别为Ⅱ~Ⅲ类(长江镇江谏壁闸段氨氮超标),长江常州段总体水质类别为Ⅱ~Ⅲ类。

京杭运河8月总体水质与2012年同期基本持平。其中,京杭运河丹阳段总体水质类别为Ⅲ~Ⅳ类(京杭运河镇江越河桥断面氨氮超标,浓度为1.18 mg/L),京杭运河常州段总体水质类别为Ⅳ类,各水功能区均达标,无超标项目。

太湖(湖西区入太湖口门处)8月总体水质亦与2012年同期基本持平,水质类别为Ⅳ类。

另外,8月19日—9月3日,长江镇江段总体水质类别为Ⅱ~Ⅲ类,氨氮浓度为0.65 mg/L,高锰酸盐指数浓度为3.2 mg/L,总磷浓度为0.159 mg/L。长江常州段总体水质类别为Ⅱ类,氨氮浓度为0.10 mg/L,高锰酸盐指数浓度为3.0 mg/L,总磷浓度为0.078 mg/L。京杭运河丹阳段总体水质类别为Ⅲ类,氨氮浓度为0.62 mg/L,高锰酸盐指数浓度为4.1 mg/L,总磷浓度为0.212 mg/L;常州段总体水质类别为Ⅳ类,氨氮浓度为0.81 mg/L,高锰酸盐指数浓度为4.4 mg/L,总磷浓度为0.237 mg/L。太湖湖西区总体水质为Ⅳ类,氨氮浓度为0.82 mg/L,高锰酸盐指数浓度为4.3 mg/L,总磷浓度为0.212 mg/L。

(2)测验期间水环境状况

测验期间,长江总体水质较好,长江镇江段水质达到Ⅱ类水标准。其中,氨氮浓度为0.11 mg/L,高锰酸盐指数浓度为3.1 mg/L,总磷浓度为0.093 mg/L,与8月19日—9月3日相比,氨氮浓度减少83.1%,高锰酸盐指数浓度减少3.1%,总磷浓度减少41.5%。长江常州段水质达到Ⅲ类水标准,其中,氨氮浓度为0.17 mg/L,高锰酸盐指数浓度为2.8 mg/L,总磷浓度为0.112 mg/L。与8月19日—9月3日相比,氨氮浓度增加70.0%,高锰酸盐指数浓度减少36.4%,总磷浓度增加43.6%。

京杭运河总体水质达到Ⅲ～Ⅳ类水标准,其中,丹阳段氨氮浓度为0.65 mg/L,高锰酸盐指数浓度为3.2 mg/L,总磷浓度为0.159 mg/L,与8月19日—9月3日相比,氨氮浓度增加4.8%,高锰酸盐指数浓度减少22.0%,总磷浓度减少25.0%。常州段氨氮浓度为0.62 mg/L,高锰酸盐指数浓度为4.1 mg/L,总磷浓度为0.212 mg/L,与8月19日—9月3日相比,氨氮浓度减少23.5%,高锰酸盐指数浓度减少6.8%,总磷浓度减少10.5%。

太湖湖西区总体水质达到Ⅳ类水标准,其中,氨氮浓度为0.82 mg/L,高锰酸盐指数浓度为4.9 mg/L,总磷浓度为0.200 mg/L。与8月19日—9月3日相比,氨氮浓度增加0.0%,高锰酸盐指数浓度增加14.0%,总磷浓度减少5.7%。

测验期间,长江、京杭运河、太湖各水质指标情况详见表3.3.1-2。

表3.3.1-2　测验期间长江、京杭运河、太湖水质指标统计表　　(浓度单位:mg/L)

河段	氨氮	高锰酸盐指数	总磷
长江镇江段	0.11(Ⅰ)	3.1(Ⅱ)	0.093(Ⅱ)
长江常州段	0.17(Ⅱ)	2.8(Ⅱ)	0.112(Ⅲ)
京杭运河丹阳段	0.65(Ⅲ)	3.2(Ⅱ)	0.159(Ⅲ)
京杭运河常州段	0.62(Ⅲ)	4.1(Ⅲ)	0.212(Ⅳ)
太湖(湖西入湖口门)	0.82(Ⅲ)	4.9(Ⅲ)	0.200(Ⅲ)

注:表中数据为多日平均值。

3.3.2　调水水量影响分析

1)沿江口门

(1)谏壁闸(含谏壁抽水站)(京杭运河)

9月4—5日,谏壁闸外江潮汐受闸门挡潮影响,依次出现低潮、高潮变化各4次。其中,最高潮位为5.37 m,出现时间为4日6:00;最低潮位为3.57 m,出现时间为5日15:35。闸内水位先是受谏壁闸挡潮影响,下降较快,至4日13:00谏壁闸开闸引水前,出现最低值3.30 m;在开闸引水后,则上涨较快。其间,谏壁闸共自引潮水2次,起讫时间分别为4日15:30～5日3:00、5日3:00～12:20、5日16:05～23:55,引水总量为1091万 m^3,最大引水流量为 276 m³/s,出现时间约为 5 日 18:25。谏壁闸 4 日早上挡潮时,京杭运河下游河段亦受影响,水位下降,流量减缓。

9月6—13日,谏壁闸外江潮汐波动正常,每日潮位有2次明显的涨落过程,表现出"涨潮快、落潮也快,涨潮大、落潮也大"的特点。其中,6—10日,高潮潮位变化不大,最高高潮位为 5.32 m,出现时间为 7 日 7:40;10 日以后,高潮潮位逐渐回落,潮位变幅逐渐减小,到 13 日 11:35 出现最低高潮位 4.07 m。低潮潮位相对变化不大,最高低潮位为 3.59 m,最低低潮位为 3.24 m,出现时间为 13 日 19:50。其间,平均高潮潮位为 4.99 m,潮位变幅为 1.25 m;平均低潮潮位为 3.49 m,潮位变幅为 0.35 m。平均涨潮历时为 3 h 35 min,最大涨潮历时为 4 h 25 min,最小涨潮历时为 3 h 15 min;平均涨潮潮差为 1.48 m,最大涨潮潮差为 1.75 m,最小涨潮潮差为 0.61 m;平均落潮历时为 8 h 43 min,最大落潮历时为 9 h 20 min,最小落潮历时为 8 h 25 min;平均落潮潮差为 1.50 m,最大落潮潮差为 1.77 m,最小落潮潮差为 0.83 m。

由于谏壁闸设控制闸门开高,闸内水位流量的变化与外江潮汐变化比较相应,表现出较强的感潮特性:当谏壁闸开闸时,随着潮汐的增强,闸内水位抬高,感潮水流也逐渐增大,最大流量一般发生在最高水位之前;当谏壁闸关闸时,水位逐步回落,回落速率在 0.05 m/h 左右。外江潮汛变小时,引江水量也相应减小,闸内水位逐渐回落。其间,闸内最高水位为 5.05 m,出现时间为 8 日 12:15;谏壁闸共自引潮水 15 次,引水量为 3 792 万 m³,最大引水流量为 300 m³/s,出现时间约为 8 日 19:35。而 5 日、11 日、13 日的区域强降水对谏壁闸工程调度和京杭运河引江水量的大小影响并不明显。另外,谏壁闸引水时,京杭运河下游河段亦出现相应的感潮水流现象。

9月14—16日,谏壁闸抽水站翻水约 48 h(14 日 9:55~16 日 10:00),谏壁闸外江潮汐强度减弱,高潮位下降;闸内水位受谏壁抽水站翻水影响,逐渐抬升,基本稳定在 4.42 m 左右,流量则变化不大,平均流量为 130 m³/s。其间,闸内外平均水位差(闸内水位与闸外水位之差,下同)为 0.63 m,最大水位差为 1.27 m,出现时间为 15 日 11:40,相应翻水流量为 129 m³/s,最小水位差为 0.17 m,出现时间为 16 日 3:30,相应翻水流量为 132 m³/s,由此可见,谏壁闸外江潮汐的强弱对泵站翻水流量的大小影响较小。另外,谏壁抽水站翻引长江水时,京杭运河下游河段的水位流量变化相对平稳。

测验期间(9月6—16日),谏壁闸(含抽水站)引江水量为 7 287 万 m³。其中,谏壁抽水站翻引水量为 3 495 万 m³。

总体而言,谏壁闸(京杭运河)北引长江来水,水位流量变化与谏壁闸(含抽水站)工程调度、长江潮汐强弱关系密切,长江上游来水量越大,潮汐作用越强,其引江水量越大,且当其开闸引水时,由于闸内水位流量变化潮汐特性明显,对下游京杭运河及其支流的水位流量变化及水量分配的影响也相对较大。

测验期间,京杭运河谏壁闸水文站闸外潮位变化情况,闸内最高最低水位变化情况以及引水流量变化情况详见图 3.3.2-1。

(2)九曲河枢纽(九曲河)

九曲河枢纽段

测验期间,九曲河枢纽工程调度情况,闸外潮位、闸内水位、九曲河枢纽引江水量的变

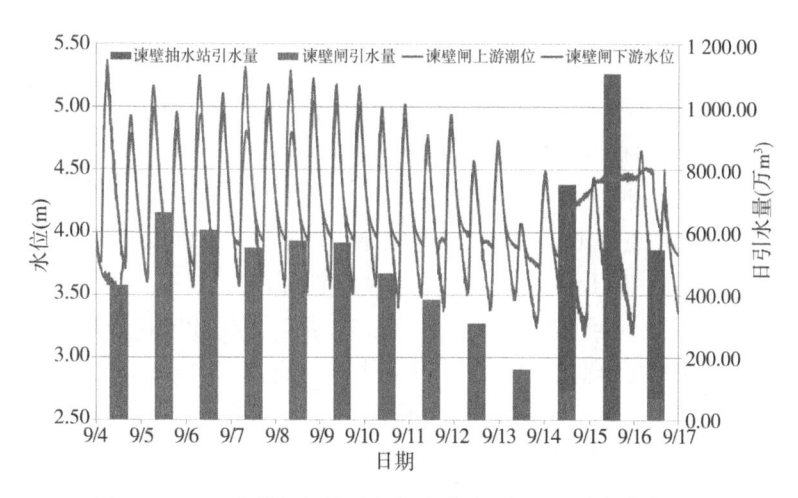

图 3.3.2-1　京杭运河谏壁闸闸内外水（潮）位、引水量变化图

化情况，对下游河段的影响与谏壁闸类似。

9月4—5日，闸外最高潮位为4.90 m，出现时间为4日4:40（比同期谏壁闸外江最高潮位低0.47 m，出现时间提前1 h 20 min）；最低潮位为2.95 m，出现时间为5日14:15（比同期谏壁闸外江最低潮位低0.62 m，出现时间提前1 h 20 min）。闸内平均水位为3.79 m，最高水位为4.74 m，出现时间为5日5:50；最低水位3.09 m，出现时间为4日13:40。其间，九曲河枢纽共自引潮水4次，起讫时间分别为4日1:30～12:10、4日15:40～21:15、5日2:35～8:50、5日15:25～21:30，引水总量为840万 m³，最大引水流量为220 m³/s，出现时间为5日5:00。九曲河枢纽挡潮时，下游河段亦受影响，水位下降，流量减缓。

9月6—13日，闸外最高高潮位为4.86 m，出现时间为6日5:40，最低高潮位为3.82 m，高潮潮位变幅为1.04 m。最高低潮位为2.97 m，最低低潮位为2.76 m，出现时间为13日18:45，低潮潮位变幅为0.21 m。与同期谏壁闸外江潮位相比，高潮位平均偏低0.39 m，时间提前1 h 20 min，低潮位平均偏低0.58 m，时间提前1 h。闸内最高水位为4.83 m，出现时间为7日6:15；关闸时，稳定水位保持在3.60～4.20 m之间。其间，九曲河枢纽共自引潮水15次，引水量为2 079万 m³，最大引水流量为213 m³/s，出现时间为6日5:25。九曲河枢纽引水时，下游河段亦出现相应的感潮水流现象。

9月14—16日，九曲河枢纽泵站翻水48 h（14日10:00～16日10:00），翻江水量为1 032万 m³，平均流量为59.7 m³/s，实测最大流量为70.1 m³/s，出现时间为15日13:00，相应的闸内外水位差为0.74 m；实测最小流量为53.0 m³/s，出现时间为15日10:00，相应的闸内外水位差为1.44 m。显然，闸内外水位差影响泵站翻水流量的大小，相对来说，闸内外水位差越大，翻水流量越小。翻水时，闸内外平均水位差为0.87 m，最大水位差为1.57 m，最小水位差为0.11 m。另外，九曲河枢纽自引潮水1次，起讫时间为16日14:15～16:35，引水量为24.61万 m³。其间，闸内稳定水位为4.24 m，与同期谏壁闸闸内稳定水位相比，偏低0.18 m左右。

测验期间（9月6—16日），九曲河总引江水量为3 135万 m³。其中，泵站翻引水量为

1 032 万 m³；无排水量。

普善大桥段

9月4—5日，受九曲河枢纽引江水量的影响，普善大桥段亦出现相应的感潮水流，水位流量变化大：水位先降后升，4日16:15出现最低水位3.39 m（比同期九曲河枢纽闸下游最低水位高0.24 m，时间滞后2 h 5 min）；5日8:20出现最高水位4.09 m（比同期九曲河枢纽闸下游最高水位低0.65 m，时间滞后2 h 30 min）。其间，平均水位为3.70 m（比同期九曲河枢纽闸下游平均水位低0.09 m），水位变幅为0.76 m。

9月6—13日，受九曲河上游感潮水流的影响，普善大桥段水位每日有两次明显的涨落过程。其中，涨潮平均历时约4 h 45 min，平均涨差为0.41 m，落潮平均历时约7 h 25 min，平均落差为0.39 m。其间，平均水位为4.03 m，最高水位为4.25 m（与同期九曲河枢纽闸下游水位相比，平均水位低0.13 m，最高水位平均低0.45 m，时间平均滞后2 h 50 min）。流量每日也有两次明显的起伏过程：当九曲河枢纽引江水量时，流量逐渐增大；当九曲河枢纽关闸时，流量减缓。流量的变化也相对滞后于九曲河枢纽，滞后时间与水位滞后时间接近。也就是说，当九曲河枢纽开闸引水时，大约1 h影响到普善大桥。其间，受5日、11日、13日的降水影响，普善大桥段水位略有上涨，流量明显增大。

9月14—16日，受九曲河枢纽翻江水量的影响，普善大桥段水位缓慢上涨，涨幅为0.43 m；流量变化则相对平稳。其间（14日10:00～16日10:00），平均水位为4.04 m（比同期九曲河枢纽闸下游平均水位低0.16 m），平均流量为48.7 m³/s（比同期九曲河枢纽闸下游流量低18.4%）。

测验期间（9月6—16日），普善大桥段上游来水量为2 571万 m³（是同期九曲河枢纽引江水量的82.0%）。平均流量为27.1 m³/s，实测最大流量为118 m³/s，出现时间为11日9时，实测最小流量为11.9 m³/s，出现时间为13日16时。

九曲河沿程水位流量变化综合分析

九曲河东承长江来水，南入京杭运河，水位流量变化与九曲河枢纽工程调度、长江潮汐强弱关系密切，也与区域强降水径流关系密切。总体而言，九曲河上游段感潮水流变化较为强烈，下游段亦出现相应的感潮水流变化，但相对平缓，同时，受下游京杭运河丹阳段上游来水顶托的影响和区域降水径流的影响，水位流量变化更为复杂。

根据九曲河闸下游站水位资料和京杭运河丹阳站水位资料，正常引水期间（9月6—13日），当九曲河枢纽开闸后，九曲河枢纽段水位平均涨幅为0.73 m，平均历时为4 h 20 min，而普善大桥段水位平均涨幅为0.35 m，平均历时为12 h左右，且水位起涨时间略滞后2 h左右。当九曲河枢纽关闸后，大约40 min后，普善大桥段水位到达极值。而泵站翻水期间（9月14—16日），九曲河枢纽段与普善大桥段水位差约为0.16 m。

测验期间，九曲河九曲河闸水文站闸外潮位变化情况，闸内最高最低水位变化情况以及水位、引水量演变情况详见图3.3.2-2。九曲河普善大桥站水位流量演变情况，九曲河上下游水位演变情况详见图3.3.2-3～图3.3.2-4。

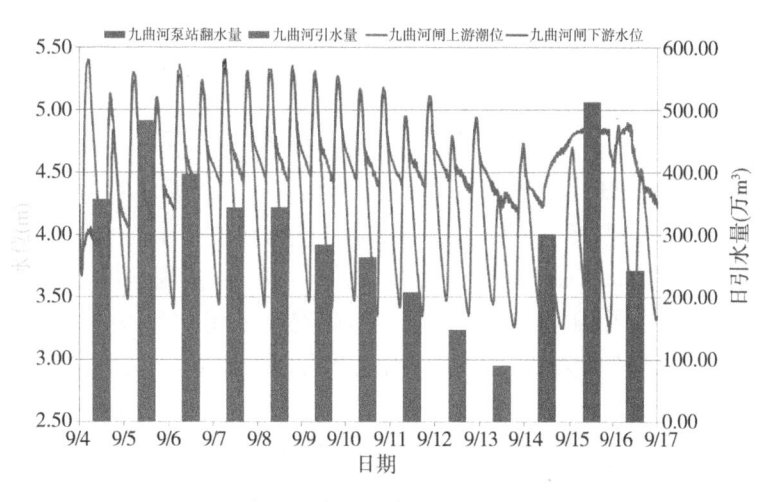

图 3.3.2-2　九曲河九曲河闸内外水(潮)位、引水量变化图

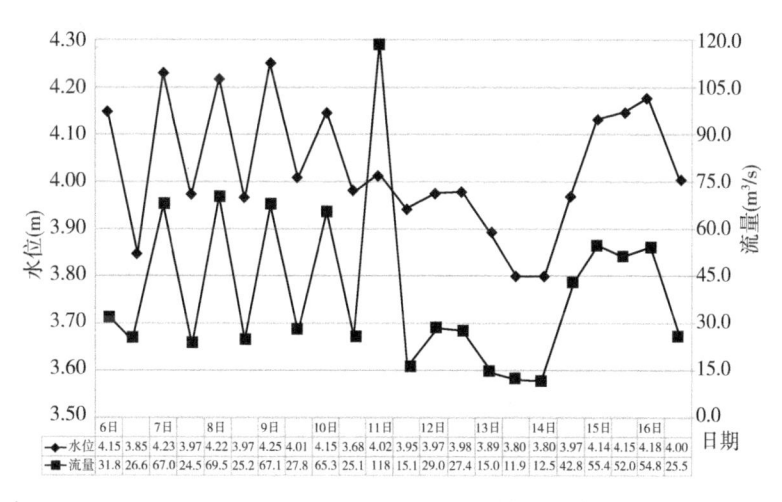

图 3.3.2-3　九曲河普善大桥站水位流量变化图

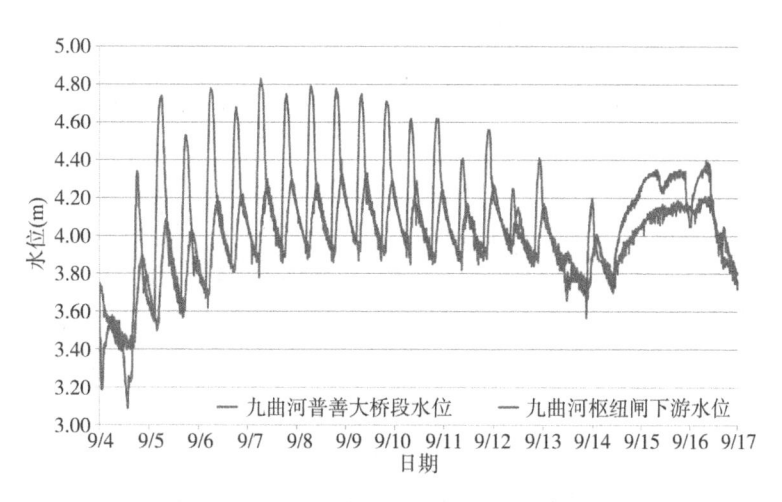

图 3.3.2-4　九曲河上下游水位变化图

(3) 小河水闸(新孟河)

测验期间,小河水闸工程调度情况,闸外潮位、闸内水位、小河水闸引江水量的变化情况与魏村枢纽(德胜河)类似。

9月4—5日,闸外最高潮位为4.90 m,出现时间为4日4:00(比同期谏壁闸外江高潮位低0.47 m,时间提前2 h);最低潮位为2.76 m,出现时间为5日14:15(比同期谏壁闸外江低潮位低0.81 m,出现时间提前1 h 20 min)。闸内水位受小河水闸排水影响,于4日13:30出现最低值3.03 m。其间,闸内平均水位为3.42 m,最高水位为3.72 m,出现时间为5日9:10。另外,小河水闸共自排潮水1次,起讫时间为4日10:45~13:45,排水量为21.95万 m³,最大排水流量为25.0 m³/s,出现时间为4日13时。小河水闸排水时,下游京杭运河新泰定桥段水位逐渐下降。

9月6—13日,闸外最高高潮位为4.90 m,出现时间为6日5:10(同期德胜河高潮位为4.87 m,出现时间为6:00),最低低潮位为3.79 m,高潮潮位变幅为1.11 m。最高低潮位为2.88 m,最低低潮位为2.68 m,出现时间为13日18:45(同期德胜河低潮位为2.63 m,出现时间为13日18:20),低潮潮位变幅为0.20 m。与同期谏壁闸外江潮位相比,高潮位平均偏低0.36 m,时间提前1 h 25 min,低潮位平均偏低0.69 m,时间提前1 h 7 min。受小河水闸限制闸门开高影响,开闸时,闸内外水位不完全相应,其中,闸内最高水位为4.69 m,出现时间为8日19:20。关闸时,闸内稳定水位则保持在3.60~4.10 m。其间,小河水闸共自引潮水15次,引水量为1 076万 m³,最大引流量为103 m³/s,出现时间为9日7:05;共自排潮水2次,排水量为10万 m³,净引水量为1 066万 m³;最高水位为4.74 m,出现时间为8日19:20。小河水闸引水时,下游河段亦出现相应的感潮水流现象。

9月14—16日,小河水闸共自引潮水3次,引水量为90.85万 m³;自排潮水1次,排水量为1.81万 m³,净引水量为89.04万 m³。其间,稳定水位为3.81 m,与同期谏壁闸闸内稳定水位相比,偏低0.61 m左右。

测验期间(9月6—16日),新孟河引江水量为1 155万 m³。

总体而言,新孟河北承长江来水,南入京杭运河,水位流量变化与小河水闸工程调度、长江潮汐强弱关系密切。另外,由于新孟河口门段感潮水流的影响,下游河段亦出现相应的感潮水流变化。

测验期间,新孟河小河水闸水文站闸外潮位变化情况,闸内最高最低水位变化情况及水位流量演变情况详见图3.3.2-5。

(4) 魏村枢纽(德胜河)

9月4—5日,魏村枢纽外江潮位变化未受排水影响,依次出现低潮、高潮各4次;其中,最高潮位为4.85 m,出现时间为4日4:00(比同期谏壁闸外江高潮位低0.52 m,时间提前2 h),最低潮位为2.72 m,出现时间为5日13:50(比同期谏壁闸外江最低潮位低0.85 m,时间提前1 h 45 min)。闸内水位先是受魏村枢纽挡潮影响,呈缓慢下降趋势;在4日10:05开闸排水时,明显下降,到13:30出现最低值2.97 m;在13:50关闸时,则有所恢复。其间,闸内平均水位为3.42 m,最高水位为3.56 m,出现时间为4日4:30。另外,魏村枢纽共自排潮水1次,起讫时间为4日10:05~13:50,排水量为52.70万 m³,最大排

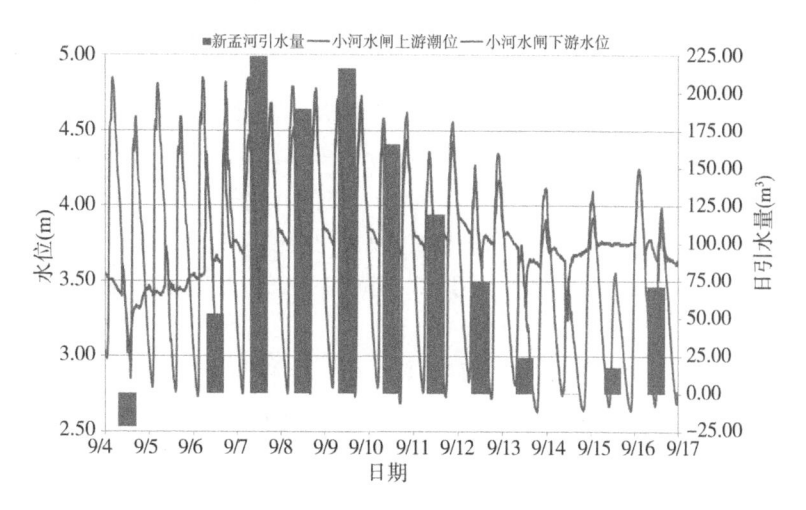

图 3.3.2-5　新孟河小河水闸闸内外水(潮)位、引水量变化图

水流量为 53.3 m³/s,出现时间为 4 日 13:00。魏村枢纽排水时,下游京杭运河常州段水位下降。

9 月 6—13 日,魏村枢纽外江潮汐波动正常,每日潮位有 2 次明显的涨落过程,表现出"涨潮快、落潮慢,早高潮相对高于晚高潮"的特征。高潮潮位先是缓慢抬升,潮位变幅缓慢增大,到 7 日 6:00 出现最高潮位 4.87 m;随后高潮潮位逐渐回落,潮位变幅逐渐减小,到 13 日 9:25 出现最低高潮位 3.73 m。低潮潮位变化不大,最高低潮位为 2.84 m,最低低潮位为 2.63 m,出现时间为 13 日 18:20。其间,平均高潮潮位为 4.57 m,潮位变幅为 1.14 m;平均低潮潮位为 2.74 m,潮位变幅为 0.21 m。平均涨潮历时为 3 h 29 min,最大涨潮历时为 4 h 35 min,最小涨潮历时为 2 h 45 min;平均涨潮潮差为 1.82 m,最大涨潮潮差为 2.15 m,最小涨潮潮差为 0.91 m;平均落潮历时为 8 h 52 min,最大落潮历时为 9 h 25 min,最小落潮历时为 8 h 30 min;平均落潮潮差为 1.85 m,最大落潮潮差为 2.17 m,最小落潮潮差为 1.10 m。与同期谏壁闸外江潮位相比,高潮潮位平均偏低 0.39 m,时间提前 1 h 37 min,低潮潮位平均偏低 0.75 m,时间提前 1 h 46 min。

闸内水位流量的变化表现出较强的感潮特性:潮汛较大时,为了安全起见,魏村枢纽闸门没有完全启开,引江水量受限,闸内水位逐渐抬升,闸内外水位不完全相应;潮汛变小时,引江水量也相应减小,闸内水位逐渐回落;其中,最高水位为 4.51 m,出现时间为 9 日 19:15。其间,魏村枢纽共自引潮水 15 次,引江水量为 1 477 万 m³,最大引水流量为 119 m³/s(闸门没控制),出现时间为 9 日 19:05;共自排潮水 8 次(魏村枢纽在每潮引水后期没及时关闭闸门,德胜河会出现排水现象),排水量为 108 万 m³,最大排水流量为 38.0 m³/s,出现时间为 12 日 13:00;净引水量为 1 369 万 m³。另外,区域强降水对魏村枢纽工程调度和德胜河引江水量的大小影响不明显,而魏村枢纽引水时,下游京杭运河常州段亦出现相应的感潮水流现象。

9 月 14—16 日,魏村枢纽闸外潮汐强度减弱,高潮位下降;闸内水位受泵站翻水影响,逐渐抬升,基本稳定在 3.82 m 左右,流量则几乎无变化。其中,14 日 10:00~16 日 10:00,魏村枢纽泵站翻水 48 h,共翻引长江水量为 714.5 万 m³,平均流量为 27.6 m³/s,

实测最大流量为 42.1 m³/s,出现时间为 14 日 13:00,相应的闸内外水位差(闸下游水位减去闸上游水位)为 0.60 m;实测最小流量为 13.4 m³/s,出现时间为 14 日 10:00,相应的闸内外水位差为 0.40 m。显然,泵站翻水流量的大小与闸内外水位差关系不大。翻水时,闸内外平均水位差为 0.60 m,最大水位差为 1.25 m,最小水位差为 0.23 m。另外,魏村枢纽自引潮水 1 次,起讫时间为 16 日 14:10～16:00,引水量为 37.15 万 m³。其间,闸内稳定水位为 3.85 m,与同期谏壁闸闸内稳定水位相比,偏低 0.57 m 左右。

测验期间(9 月 6—16 日),德胜河引江水量为 2 123 万 m³;其中,泵站翻江水量为 714.5 万 m³。

总体而言,德胜河北承长江来水,南入京杭运河,水位流量变化与魏村枢纽工程调度、长江潮汐强弱关系密切。另外,由于德胜河口门段感潮水流的影响,下游河段亦出现相应的感潮水流变化。

测验期间,德胜河魏村闸站水文站闸外潮位变化情况,闸内最高最低水位变化情况及水位流量演变情况详见图 3.3.2-6。

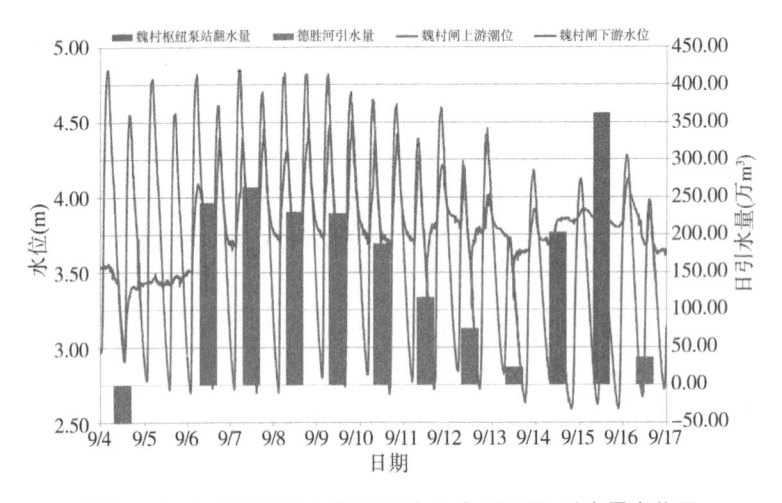

图 3.3.2-6 德胜河魏村枢纽闸内外水(潮)位、引水量变化图

(5) 澡港枢纽

测验期间,澡港枢纽工程调度情况,闸外潮位、闸内水位、澡港河引江水量的变化情况与魏村枢纽(德胜河)类似。

9 月 4—5 日,闸外最高潮位为 4.83 m,出现时间为 4 日 3:25(比同期谏壁闸外江高潮位低 0.54 m,时间提前 2 h 35 min);最低潮位为 2.68 m,出现时间为 5 日 13:30(比同期谏壁闸外江低潮位低 0.89 m,出现时间提前 2 h 5 min)。闸内水位受澡港枢纽排水影响,于 4 日 12:55 出现最低值 2.96 m。其间,闸内平均水位为 3.44 m,最高水位为 3.63 m,出现时间为 4 日 0:00。另外,澡港枢纽共自排潮水 2 次,起讫时间分别为 4 日 9:30～14:20、5 日 9:50～11:30,排水总量为 43.90 万 m³,最大排水流量为 33.0 m³/s,出现时间为 4 日 13:00。澡港枢纽排水时,下游老京杭运河和关河水位均呈下降趋势。

9 月 6—13 日,闸外最高高潮位为 4.91 m,出现时间为 7 日 5:05(同期德胜河高潮位为 4.87 m,出现时间为 7 日 6:00),最低高潮位为 3.73 m,高潮潮位变幅为 1.18 m。最高低潮位为 2.76 m,最低低潮位为 2.59 m,出现时间为 13 日 17:35(同期德胜河最低低潮位为 2.63 m,出现时间为 13 日 18:20),低潮潮位变幅为 0.17 m(与同期谏壁闸外江潮位相比,高潮位平均偏低 0.38 m,时间提前 2 h 16 min;低潮位平均偏低 0.80 m,时间提前 1 h 53 min)。受澡港枢纽限制闸门开高影响,开闸时,闸内外水位不完全相应;其中,闸内最高水位为 4.41 m,出现时间为 6 日 16:55。关闸时,闸内稳定水位则保持在 3.60～3.80 m。其间,澡港枢纽共自引潮水 15 次,引水量为 1 323 万 m³,最大引水流量为 105 m³/s,出现时间为 9 日 17:10;无排水。澡港枢纽引水时,下游老京杭运河和关河亦出现相应的感潮水流现象。

9 月 14—16 日,澡港枢纽共引水 832.0 万 m³。其中,14 日 10:00～16 日 10:00,澡港枢纽泵站翻水 48 h,共翻引长江水量为 800.1 万 m³,平均流量为 46.3 m³/s,最大流量为 63.9 m³/s,出现时间为 16 日 3:00,相应的闸内外水位差(闸下游水位减去闸上游水位)为 0.03 m;实测最小流量为 33.0 m³/s,出现时间为 14 日 10:00,相应的闸内外水位差为 0.61 m。显然,闸内外水位差影响泵站翻水流量的大小,相对来说,闸内外水位差越大,翻水流量越小。翻水时,闸内外平均水位差为 0.73 m,最大水位差为 1.39 m,最小水位差为 0.18 m。另外,澡港枢纽自引潮水 1 次,引水量为 32.13 万 m³,无排水。其间,闸内稳定水位为 3.99 m,与同期谏壁闸闸内稳定水位相比,偏低 0.43 m 左右。

测验期间(9 月 6—16 日),澡港河引江水量为 2 156 万 m³,其中,泵站翻水量为 800.1 万 m³。

总体而言,澡港河北承长江来水,南入关河和老京杭运河,水位流量变化与澡港枢纽工程调度、长江潮汐强弱关系密切。同时,澡港枢纽工程调度对下游关河和老京杭运河的水位流量变化及关河的水量分配有重要影响。

测验期间,澡港河澡港闸水文站闸外潮位变化情况,闸内最高最低水位变化情况及水位流量演变情况详见图 3.3.2-7。

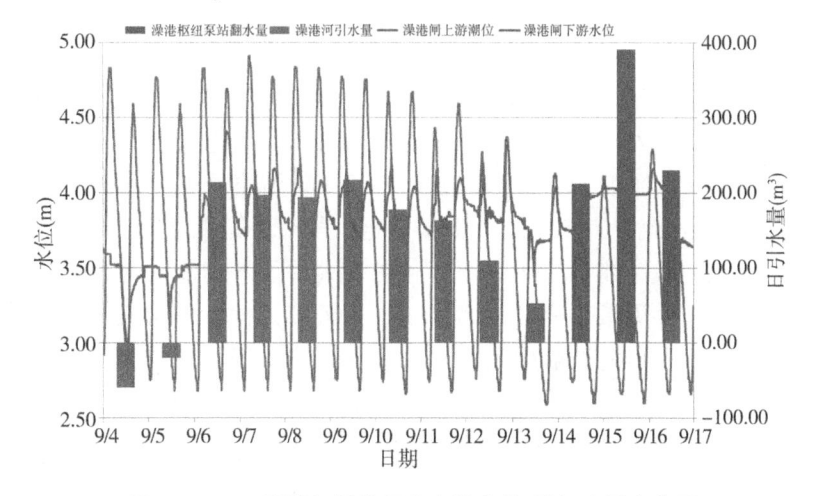

图 3.3.2-7 澡港河澡港闸水文站水位、引江水量变化图

2) 京杭运河

京杭运河上承长江,沿程接纳九曲河、新孟河、德胜河以及澡港河等沿江河道汇水,并向香草河、丹金溧漕河、扁担河、武宜运河等河道分流,水位流量变化表现出明显的感潮特性,同时在区域强降水后又表现出明显的洪水特性。其中,上游云阳桥段主要受谏壁闸和九曲河枢纽引江水量的影响,感潮水流强,水位流量变幅大,尤其是当上游来水不足时,水位降落快,容易对下游航运、防旱产生不利影响。一般情况下,当流量小于 30 m³/s 时,水位会逐渐下降。中上游新泰定桥段同时受上游来水和小河水闸引江水量的影响,感潮特性明显,水位流量变化较大,尤其当小河水闸引江水量大时,对京杭运河上游来水有一定的顶托作用,易与云阳桥段同时出现高水位。一般情况下,当流量小于 55 m³/s 时,水位会逐渐下降。中下游新京杭运河段受上游来水和魏村枢纽引江水量的影响,水位流量变化表现出一定的感潮特性,同时易受区域强降水的影响,一般情况下,当流量小于 30 m³/s 时,水位会逐渐下降。横林大桥段易受区域强降水和下游无锡市排涝顶托的影响,洪水特性更为明显,一般情况下,当流量小于 40 m³/s 时,水位会逐渐下降。根据京杭运河丹阳站、九里铺站、钟楼闸站以及横林大桥站(四站相距依次为 24.0 km、21.9 km、23.7 km)的同期(9 月 4—6 日)水位资料,上下游河段水位变化比较相应。其中,京杭运河云阳桥段平均水位为 3.98 m,最高水位为 4.33 m,出现时间为 8 日 21:40,最低水位为 3.39 m,出现时间为 4 日 15:45;水位变幅为 0.94 m。新泰定桥站平均水位为 3.82 m,最高水位为 4.08 m,出现时间为 11 日 23:20,最低水位为 3.23 m,出现时间为 4 日 17:50;水位变幅为 0.85 m。钟楼大桥段平均水位为 3.74 m,最高水位为 3.95 m,出现时间为 11 日 22:55,最低水位为 3.33 m,出现时间为 4 日 14:55;水位变幅为 0.62 m。横林大桥段平均水位为 3.59 m,最高水位为 3.80 m,出现时间为 11 日 17:15,最低水位为 3.39 m,出现时间为 5 日 6:15;水位变幅为 0.41 m。据计算,新泰定桥段水位与云阳桥段水位相关系数为 0.87,钟楼大桥段水位与新泰定桥水位相关系数为 0.95,横林大桥段水位与钟楼大桥段水位相关系数为 0.96。显然,京杭运河上游段水位流量变幅最大,钟楼大桥段水位流量变化与上游来水关系最为密切,横林大桥段水位流量受下游顶托作用最强。

总体而言,长江感潮水流依次通过沿江口门进入京杭运河后,对京杭运河水位流量变化的影响呈沿程减弱趋势;而区域强降水径流对京杭运河水位流量变化呈沿程增加趋势。

测验期间(9 月 6—16 日),京杭运河云阳桥段平均流量为 73.2 m³/s,实测最大流量为 157 m³/s,实测最小流量为 23.2 m³/s;新泰定桥段平均流量为 49.7 m³/s,实测最大流量为 84.2 m³/s,实测最小流量为 40.4 m³/s;钟楼大桥段平均流量为 36.1 m³/s,实测最大流量为 49.7 m³/s,实测最小流量为 23.2 m³/s;天宁大桥段平均流量为 23.3 m³/s,实测最大流量为 64.6 m³/s,实测最小流量为 0 m³/s;横林大桥段平均流量为 44.1 m³/s,实测最大流量为 66.7 m³/s,实测最小流量为 19.3 m³/s。显然,由于丹金溧漕河等河道的分流作用,京杭运河沿程水流逐渐减弱;同时,又由于区域降水径流的影响,下游水流变化更为复杂。

京杭运河沿程水位、流量变化情况详见图 3.3.2-8~图 3.3.2-9。

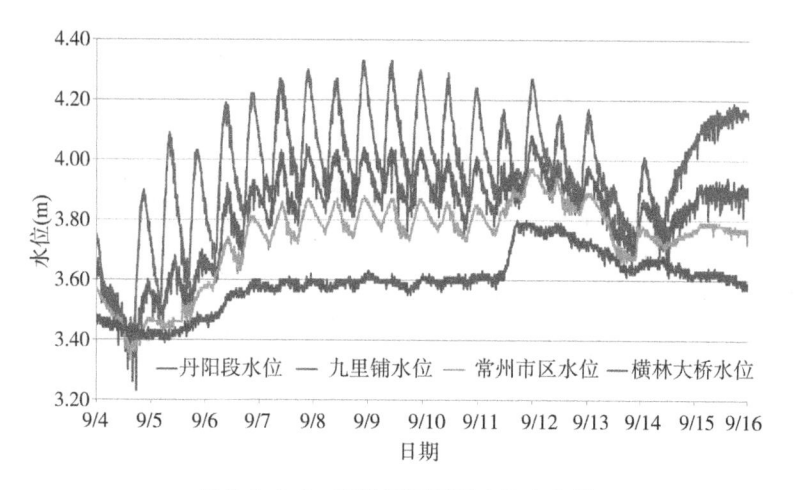

图 3.3.2-8　京杭运河沿程水位变化图

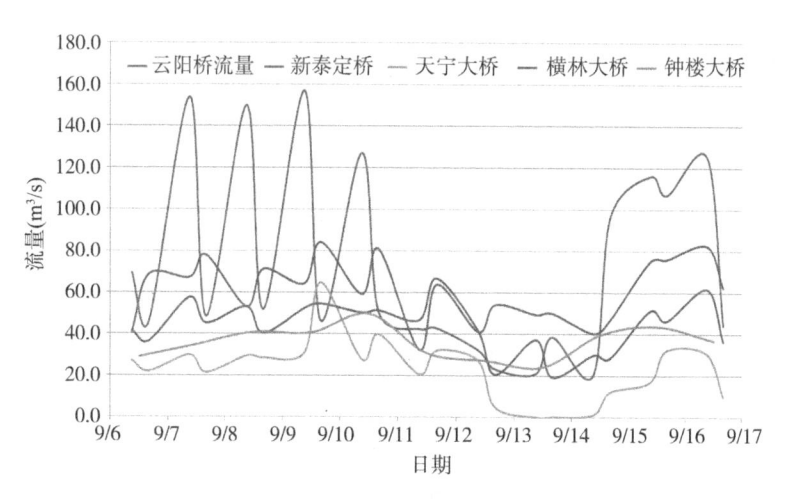

图 3.3.2-9　京杭运河沿程流量变化图

3）香草河、胜利河、通济河

（1）香草河

香草河上承通济河和胜利河来水，下接京杭运河，水位流量变化与上游（通胜地区）降水径流以及沿江口门沿江水量有着密切的关系：当上游降水径流较小且农业灌溉用水较大时，水位流量变化主要受沿江口门引江水量的影响，表现出较强的感潮性，且变幅与引江水量的大小有关，来水越大，水位抬升越高，且京杭运河云阳桥流量小于 30 m³/s 时，水位会逐渐下降。当上游降水径流较大时，水位流量变化则表现出一定的洪水特性，对下游京杭运河水位流量的变化产生一定影响。

测验期间，香草河太阳城桥站、黄固庄桥站水位流量变化情况详见图 3.3.2-10～图 3.3.2-11。

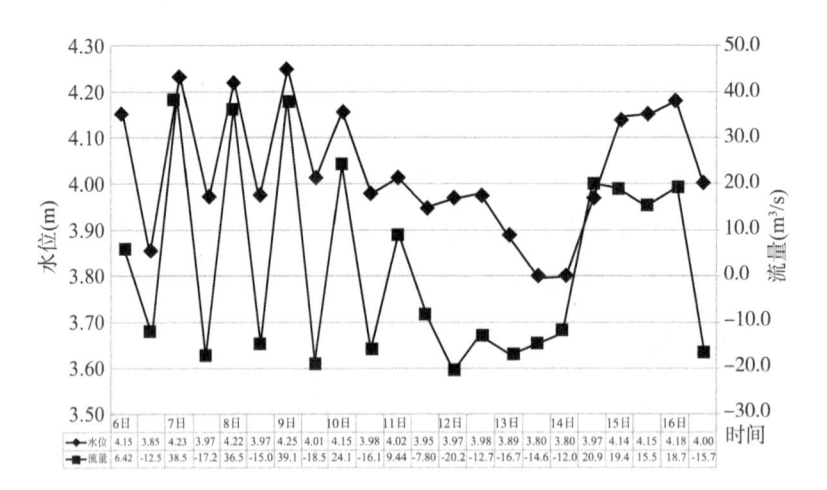

图 3.3.2-10　香草河太阳城桥站水位、流量变化图

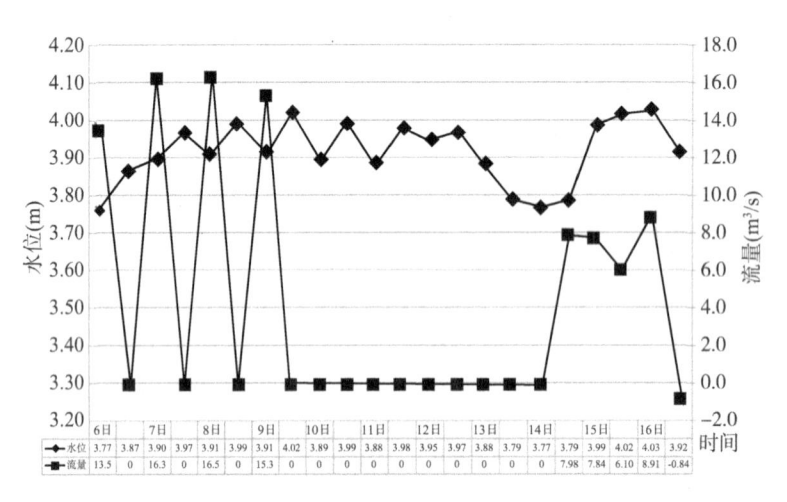

图 3.3.2-11　香草河黄固庄桥站水位、流量变化图

（2）胜利河

测验期间（9月6—16日），胜利河水位流量变化与香草河类似，但受沿江口门的影响相对弱于香草河，也出现明显的反复流现象：当沿江口门引江水量较大时，水流向上游，水位抬升；当沿江口门引江水量较小时，水流向下游（香草河）。总体上，以水流向下游为主。其中，在引水初期和末期，均以胜利河引香草河水为主。

测验期间，胜利河上游来水量为 95.24 万 m^3，约占香草河黄固庄桥段来水量的 21.2%；最大（正）流量（流入香草河）为 3.90 m^3/s，出现时间为 8 日 16 时；最小（负）流量为 -3.92 m^3/s，出现时间为 6 日 9 时。

测验期间，胜利河拖板桥站水位流量变化情况详见图 3.3.2-12。

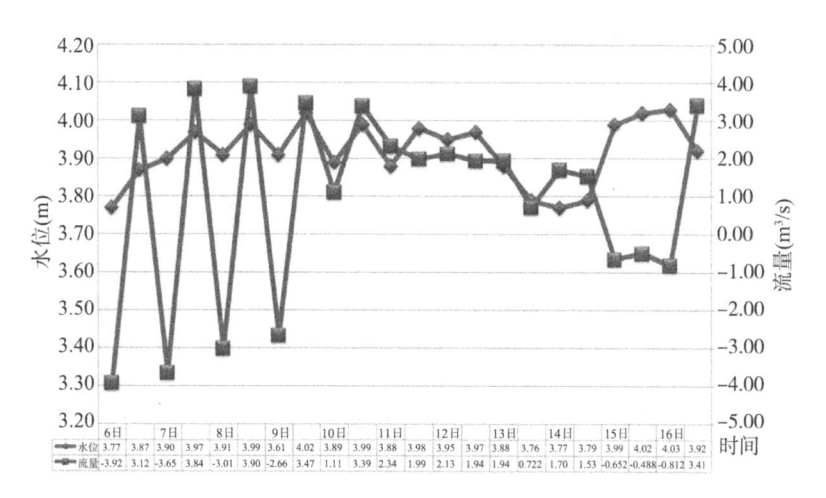

图 3.3.2-12　胜利河拖板桥站水位流量变化图

(3) 通济河

9月4—16日,通济河水位流量变化与胜利河类似,但受沿江口门的影响弱于香草河。一般情况下,当沿江口门引江水量较大时,通济河从香草河引水,水位抬升;当沿江口门引江水量较小时,水反流向香草河。总体上,以水流向下游(丹金溧漕河)为主。其间,通济河平均水位为 3.85 m,比同期京杭运河平均水位低 0.11 m;最高水位为 4.05 m,出现时间为 9 日 1:35(比同期京杭运河最高水位低 0.28 m,时间滞后 5 h 55 min);最低水位为 3.33 m,出现时间为 4 日 16:30(比同期京杭运河最高水位低 0.04 m,时间滞后 45 min)。

测验期间(9月6—16日),上游来水量为 543.7 万 m^3,其中香草河汇入量为 448.7 万 m^3。平均流量为 4.72 m^3/s,最大流量为 7.79 m^3/s,出现时间为 15 日 17 时;最小(负)流量为 -3.68 m^3/s,出现时间为 13 日 17 时。

总体而言,通济河上承通胜地区降水径流,北接香草河来水,与区域降水径流、沿江口门引江水量均有一定的关系:当上游降水径流较小时,来水主要为香草河,沿江口门引江水量的大小与历时对其水位流量的变化有一定影响,且当京杭运河云阳桥流量小于 30 m^3/s 时,水位会逐渐下降;当上游降水径流较大时,一部分向北流入香草河,进而进入京杭运河,一部分向东进入金坛区境内,水位流量变化表现出明显的洪水特性。

测验期间,通济河紫阳桥站水位、流量变化情况详见图 3.3.2-13。

4) 丹金溧漕河、扁担河、武宜运河(锡溧漕河)

(1) 丹金溧漕河

丹金溧漕河上承京杭运河来水,沿程接纳通济河、北河、中河的汇水,最终流入南河,水位流量变化与京杭运河来水、区间降水径流以及通济河等河道汇水有着极为密切的关系。

根据京杭运河丹阳站、丹金溧漕河丹金闸站、南河溧阳站(三站相距依次为 22.8 km、47.5 km)的同期(9月4—17日)水位资料,上下游河段水位变化比较相应。其中,丹金溧漕河邓家桥段平均水位为 3.97 m,最高水位为 4.33 m,出现时间为 8 日 21:40,最低水位为 3.39 m,出现时间为 4 日 15:45;水位变幅为 0.94 m。丹金闸段平均水位为 3.93 m,最高水位为 4.05 m,出现时间为 12 日 3:40(与丹阳段相应高水位相比,水位偏低 0.22 m,时

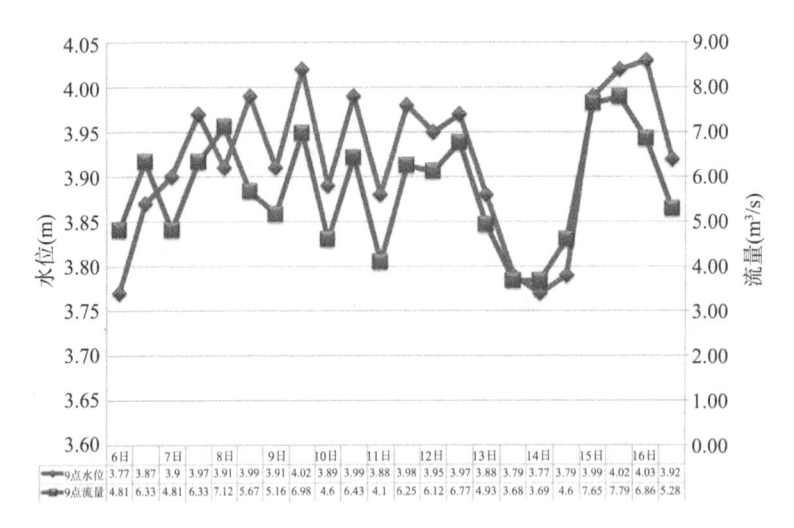

图 3.3.2-13　通济河紫阳桥站水位、流量变化图

间滞后 4.5 h),最低水位为 3.55 m,出现时间为 4 日 16:55;水位变幅为 0.50 m。别桥段平均水位为 3.30 m,最高水位为 3.40 m,出现时间为 14 日 4:45,最低水位为 3.20 m,出现时间为 4 日 19:00;水位变幅为 0.20 m。另外,丹金闸段水位与邓家桥段水位相关系数为 0.74,溧阳段水位与丹金闸水位相关系数为 0.86。显然,丹金溧漕河上游段最易受沿江口门引江水量的影响,水位高,每日变幅大,且当邓家桥段分流量小于 20 m³/s 时,水位会逐渐下降;而下游段水位变化则相对平缓,上下游水位关系更相应。总体上,丹金溧漕河水位变化受沿江口门引江水量的影响沿程减弱,且受区域强降水的影响相对较弱。

9 月 4—18 日,京杭运河丹阳站、丹金溧漕河丹金闸站、南河溧阳站水位变化过程详见图 3.3.2-14。

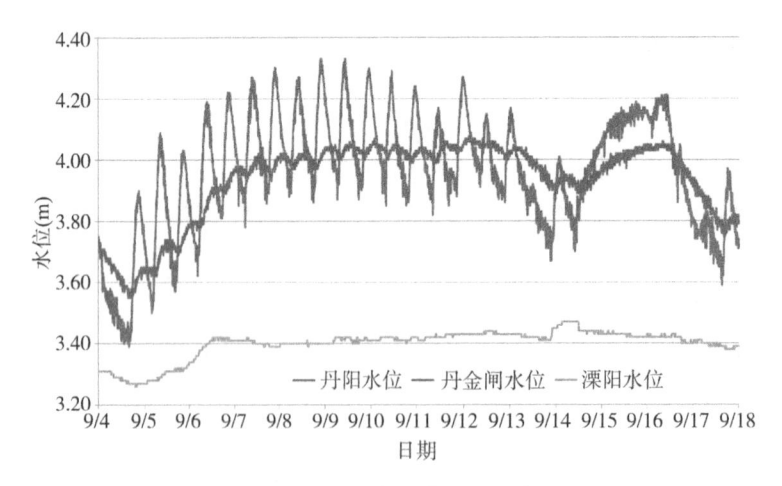

图 3.3.2-14　丹金溧漕河沿程水位图

丹金溧漕河是贯穿湖西区南北三大水系的重要河道,来水主要受沿江口门引江水量和区间降水径流、出入支流调蓄的影响,并沿程补给下游丹阳、金坛、溧阳、宜兴等地区的河网用水。其中,丹金溧漕河邓家桥段来水主要受沿江口门引江水量的影响,流量变化与

水位类似,呈较强的感潮性,每日有明显的涨落过程;测验期间,流量变差系数为 0.52;丹金闸及以下河段流量每日也有相应的涨落过程,但变化相对平缓,其中丹金闸段流量变差系数为 0.20,溧阳段流量变差系数为 0.12。总体而言,丹金溧漕河流量变化比水位变化更为复杂,沿江口门引江水量对其影响呈沿程减弱趋势。

9月6—16日,丹金溧漕河引京杭运河水量为 4 032 万 m³;入金坛区境内水量约为 3 733 万 m³;入溧阳市境内水量约为 3 943 万 m³;入宜兴市境内水量约为 2 553 万 m³。

测验期间,丹金溧漕河邓家桥站、丹金闸站以及别桥站流量变化比较情况详见图 3.3.2-15。

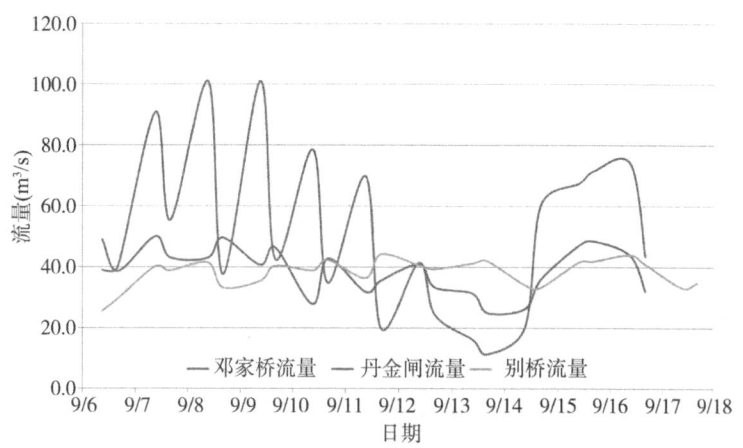

图 3.3.2-15　丹金溧漕河上下游流量变化过程对比图

(2) 扁担河

沿江口门排水期间,扁担河水位变化较大,先是在小河水闸门排水时,水位明显下降,到 4 日 17:45 出现最低水位 3.20 m;随后在小河水闸引水时,水位明显上升,到 5 日 22:50,出现最高水位 3.65 m。期间,平均水位为 3.49 m,水位变幅为 0.45 m。

正常引水期间,扁担河水位流量变化表现出一定的弱感潮性:先是随着长江潮汐增强、上游沿江口门引江水量增大而增高(增大),后是随着长江潮汐减弱、上游沿江口门引江水量减小而下降(减小);且由于长江早潮相对较强,扁担河每日最高水位、最大流量一般都出现在上午。同时,受水流传播速度的影响,扁担河水位变化过程相对滞后于沿江口门引水过程,且变幅相对较小;经对比,扁担河桥东桥站每日最高水位一般滞后于新孟河小河水闸水文站相应的高潮位 2~3 h。另外,扁担河同时受京杭运河上游来水影响,当上游来水较大时(大于 55 m³/s)时,水位呈上升趋势。

泵站翻水期间,扁担河水位流量变化相对平稳,平均水位为 3.84 m,最高水位为 3.95 m,最低水位为 3.59 m。

测验期间(9月6—16日),扁担河总来水量为 1 858 万 m³,约占新孟河同期引江水量(1 155 万 m³)与京杭运河上游(新泰定桥)来水量(4 726 万 m³)之和的 31.6%;平均流量为 19.6 m³/s,最大流量为 25.1 m³/s,出现时间为 7 日(农历八月初三)10 时,最小流量为 11.9 m³/s,出现时间为 13 日(农历八月初九)14 时。其间,受 5 日、11 日、13 日降水影响,扁担河水位上涨较快,流量增大;其中,13 日有个小幅的洪水上涨过程。

总体而言,扁担河上承京杭运河来水,水位流量变化易受新孟河感潮水流的影响,表现出一定的弱感潮性。而在遭遇区域性强降水时,又表现出明显的洪水特性。

测验期间,扁担河桥东桥站水位流量变化情况详见图 3.3.2-16。

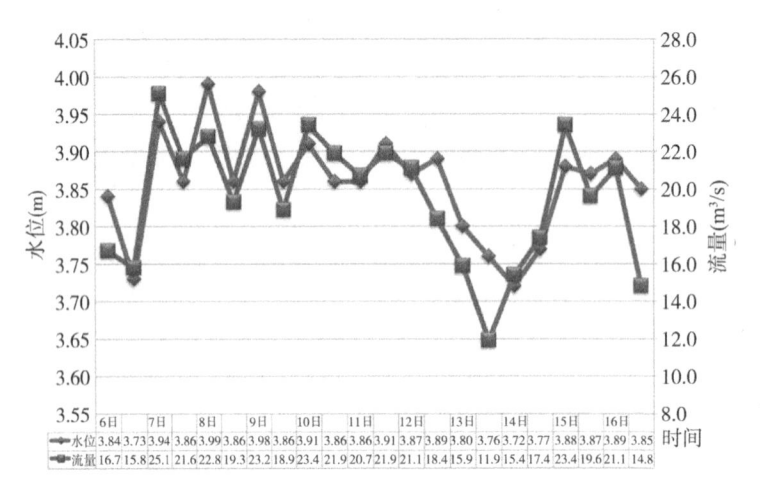

图 3.3.2-16 扁担河桥东桥站水位、流量变化图

(3) 武宜运河(锡溧漕河)

武宜运河上承京杭运河来水,沿程接纳锡溧漕河、滆湖等的汇水,最终流入南溪河,水位流量变化与区域降水径流、锡溧漕河来水有着极为密切的关系。

根据京杭运河常州钟楼站、钟溪大桥、南溪河西氿站(三站之间距离依次为 25.3 km、21.3 km)的同期(9 月 4—19 日)水位资料,武宜运河钟溪大桥段水位与上游(厚恕桥段)水位变化基本一致,相关系数为 0.80,锡溧漕河锡溧漕河大桥段水位与钟溪大桥段水位变化更为相近,相关系数为 0.90。其中,厚恕桥段平均水位为 3.71 m,最高水位为 3.92 m,出现时间为 11 日 23:25,最低水位为 3.41 m,出现时间为 4 日 15:20;钟溪大桥段平均水位为 3.41 m,最高水位为 3.48 m,出现时间为 13 日 7:25,最低水位为 3.21 m,出现时间为 5 日 8:45。锡溧漕河大桥段平均水位为 3.30 m,最高水位为 3.40 m,出现时间为 13 日 21:30,最低水位为 3.20 m,出现时间为 4 日 15:15。与厚恕桥段平均水位相比,钟溪大桥段平均水位低 0.30 m,锡溧漕河大桥段平均水位低 0.41 m,且锡溧漕河大桥段最高水位比钟溪大桥段最高水位滞后 14 小时 5 分出现。这表明武宜运河上游段水位更受沿江口门引江水量和上游洪水的影响,变化更为频繁,一般情况下,钟溪大桥段流量小于 70 m^3/s,即魏村枢纽日引江水量小于 25 m^3/s 时,水位呈下降趋势。下游段受沿程支流汇入的影响,水位变化相对平稳。

9 月 4—19 日,京杭运河钟楼站、钟溪大桥以及南溪河西氿站水位变化过程详见图 3.3.2-17。

武宜运河上承京杭运河来水,下接南溪河,上游段水位流量变化主要受京杭运河来水的影响,表现一定程度的弱感潮性;下游段(钟溪大桥段)水位流量主要受区域降水以及区间支流(含滆湖)汇水的影响,变化相对平缓。而锡溧漕河上承滆湖和武宜运河来水,由于滆湖的调蓄作用和下游南溪河的顶托作用,水位流量变化受沿江口门引江水量的影响不

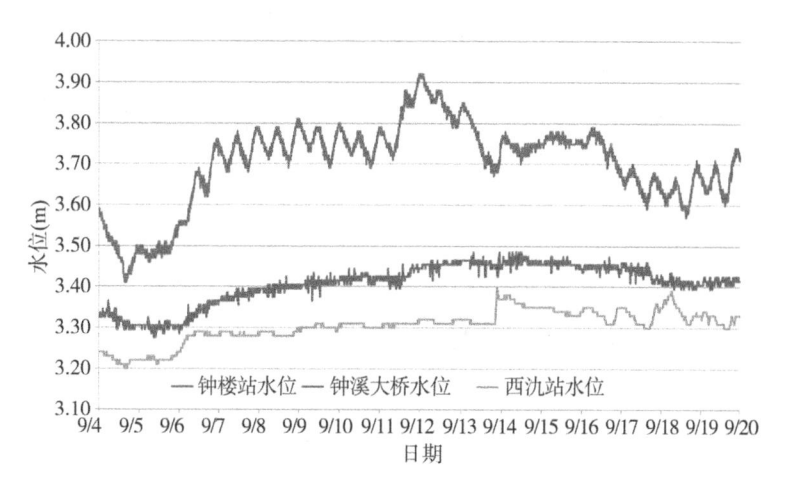

图 3.3.2-17　京杭运河钟楼站、钟溪大桥以及南溪河西氿站水位过程线图

明显。相比而言,锡溧漕河大桥段流量变化比钟溪大桥段流量滞后 1～2 h。

测验期间(9月 7—17 日),钟溪大桥段来水量为 6 336 万 m^3,锡溧漕河大桥段来水量为 3 337 万 m^3,约占前者的 52.7%。

测验期间,武宜运河钟溪大桥站和锡溧漕河锡溧漕河大桥流量变化比较情况详见图 3.3.2-18。

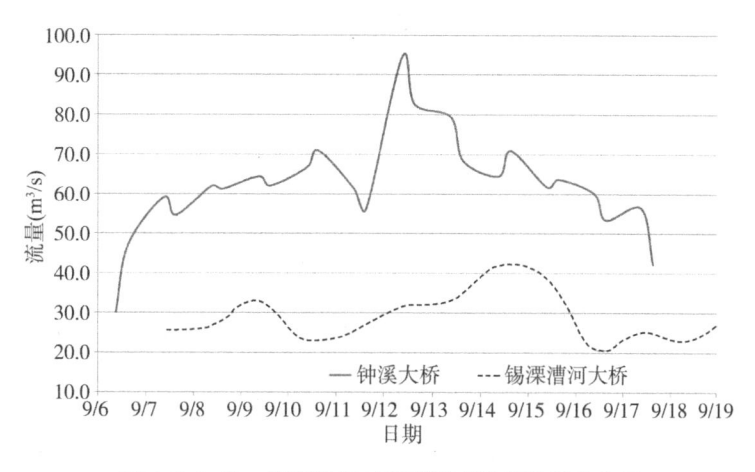

图 3.3.2-18　武宜运河(锡溧漕河)沿程流量变化图

5) 夏溪河、湟里河

(1) 夏溪河

沿江口门排水期间,夏溪河水位有所下降,先是在沿江口门(谏壁闸和九曲河枢纽)挡潮时,水位明显下降,到 4 日 17:20 出现最低水位 3.32 m;然后随着沿江口门引水,水位有所上升,到 5 日 22:50,出现最高水位 3.40 m。其间,平均水位为 3.35 m,水位变幅为 0.08 m。

正常引水期间,夏溪河水位流量变化较为缓慢。由于前期沿江口门排水(挡潮)以及上游农业灌溉用水的影响,夏溪河先是出现倒流现象(流向丹金溧漕河);而随着沿江口门引江水量的持续增多,丹金溧漕河水位的抬升,以及区域强降水的影响,夏溪河水流转向下游(滆湖),水位有所增高,流量明显增大。

泵站翻水期间,夏溪河水位有所下降,但受上游来水的影响,以及区域农业用水减少的影响,流量仍呈小幅上涨的趋势。

测验期间(9月6—17日),夏溪河总来水量为27.48万 m^3,平均流量为0.27 m^3/s,最大流量为4.16 m^3/s,出现时间为17日16时,最小流量为2.89 m^3/s,出现时间为9日9时。

总体而言,夏溪河上承丹金溧漕河来水,易受区域降水和农业用水的影响:当区域降水较少而农业用水较大时,会出现倒流现象。相应地,沿江口门引排长江水对其影响并不明显。一般情况下,沿江口门引江水量6～7天后,且丹金溧漕河丹金闸来水量大于40 m^3/s 时,夏溪河流量相对增大。

测验期间,夏溪河友谊桥站水位流量变化情况详见图3.3.2-19。

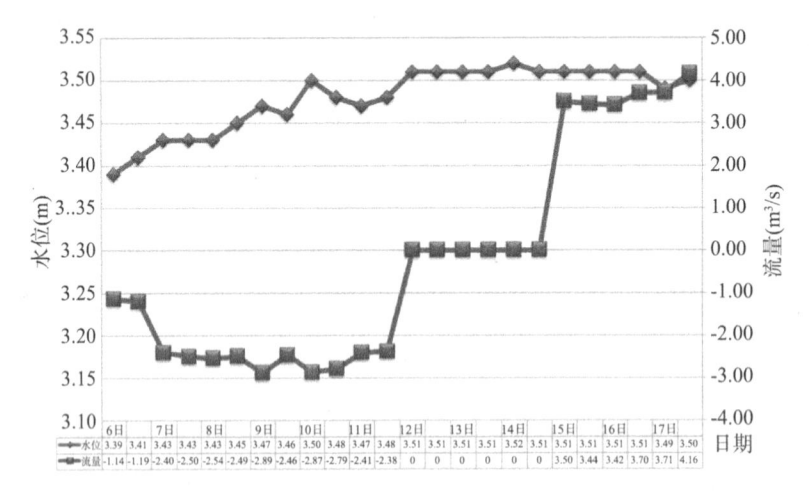

图 3.3.2-19　夏溪河友谊桥站水位流量变化图

(2) 湟里河

测验期间(9月6—17日),湟里河水位变化较为平稳,呈缓慢上升趋势;平均水位为3.48 m,最高水位为3.52 m,出现时间为14日9时,最低水位为3.39 m,出现时间为6日9时。

测验期间,湟里河流量变化较小,但呈明显的波动性,主要受5日、11日降水影响;另外,上午流量相对大于下午流量。其间,湟里河上游来水量为68.16万 m^3,平均流量为0.667 m^3/s,最大流量为3.27 m^3/s,出现时间为7日9时,最小流量为0 m^3/s,首次出现时间为9日9时。

总体而言,湟里河上承长荡湖来水,水位流量变化主要受长荡湖调蓄的影响。而沿江口门(谏壁闸和九曲河闸)引江水经京杭运河、丹金溧漕河以及长荡湖调蓄后,对其影响已经很小;一般情况下,丹金溧漕河丹金闸持续来水量大于45 m^3/s 时,湟里河来水受到影响。相对而言,其水位流量变化受区域降水影响更为明显。

测验期间,湟里河湟里桥站水位流量变化情况详见图3.3.2-20。

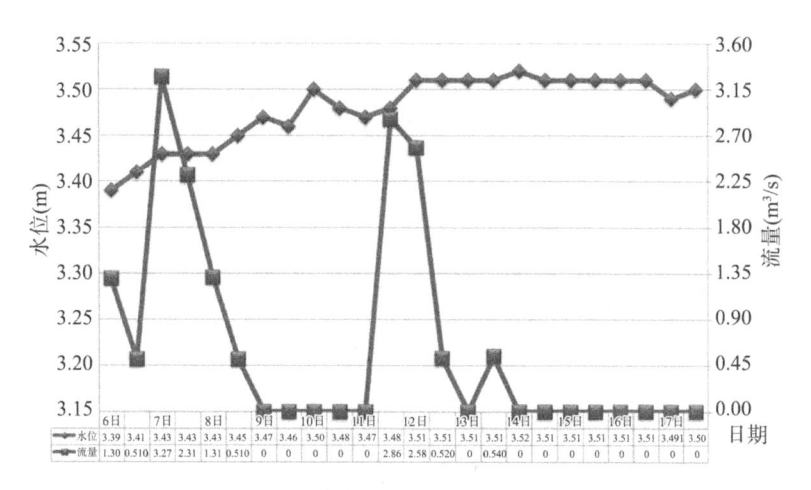

图 3.3.2-20　湟里河湟里桥站水位流量变化图

6）太滆运河、烧香港、南河（南溪河）

（1）太滆运河

沿江口门排水期间，太滆运河（分水桥段）水位先是缓慢下降，到 5 日 10:30 出现最低水位 3.01 m（与京杭运河常州水位站同期最低水位相比，水位低 0.31 m，时间滞后约 20 小时），然后缓慢上升。其间，平均水位为 3.11 m，水位变幅为 0.16 m。

正常引水期间，太滆运河水位呈缓慢上升趋势，6 日平均水位为 3.28 m，13 日平均水位为 3.32 m，上涨 0.04 m。流量变化则有一个明显的波动过程，先是小幅上涨，然后缓慢回落；据分析，主要是受 11 日、13 日区域强降水的影响。

泵站翻水期间，太滆运河水位继续缓慢上升，但流量呈缓慢下降趋势。

测验期间（9 月 7—19 日），太滆运河总来水量为 3 999 万 m^3，占入太（太滆运河、烧香港、南河城东港，下同）总水量（10 745 万 m^3）的 37.2%；平均流量为 35.6 m^3/s，最大流量为 46.0 m^3/s，出现时间为 12 日 9 时，最小流量为 26.4 m^3/s，出现时间为 17 日 12 时；平均水位为 3.20 m，最高水位为 3.40 m，出现时间为 13 日 22 时，最低水位 3.13 m（估计风浪影响），出现时间为 11 日 6 时。

总体而言，太滆运河上承武宜运河、漕桥河、武进港以及锡溧漕河来水，下受太湖顶托，水位流量变化相对平缓，易受区域降水的影响。相应地，沿江口门引排长江水对其影响并不明显，且影响时间滞后 2~3 天。一般情况下，当上游来水大于 35 m^3/s 时，水位逐渐抬升。

另外，根据历史巡测资料推算：太滆运河来水 75% 左右为武进港和锡溧漕河（东段）来水，即 9 月 7—19 日，武澄锡虞区汇入太湖水量约为 3 000 万 m^3。

测验期间，太滆运河分水桥站水位流量变化情况详见图 3.3.2-21。

（2）烧香港

测验期间（9 月 7—19 日），烧香港水位流量变化与太滆运河类似，但更加平缓。总来水量为 1 455 万 m^3，占入太总水量的 13.5%；平均流量为 13.0 m^3/s，最大流量为 17.9 m^3/s，出现时间为 14 日 10 时，最小流量为 0 m^3/s，出现时间为 17 日 10 时。

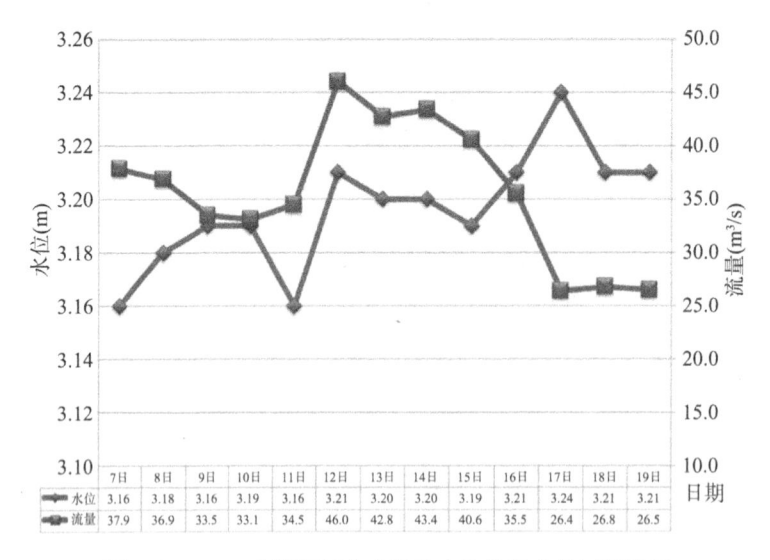

图 3.3.2-21　太滆运河分水桥站水位流量变化过程线图

总体而言，烧香港上承滆湖和武宜运河来水，由于滆湖的调蓄作用，水位流量变化受沿江口门引江水量的影响更不明显。同时，由于河道比太滆运河窄浅，更容易受到区域性强降水的影响和下游太湖顶托的影响。一般情况下，当上游来水小于 10 m³/s，水位会明显下降。

测验期间，烧香港棉堤桥站水位流量变化情况详见图 3.3.2-22。

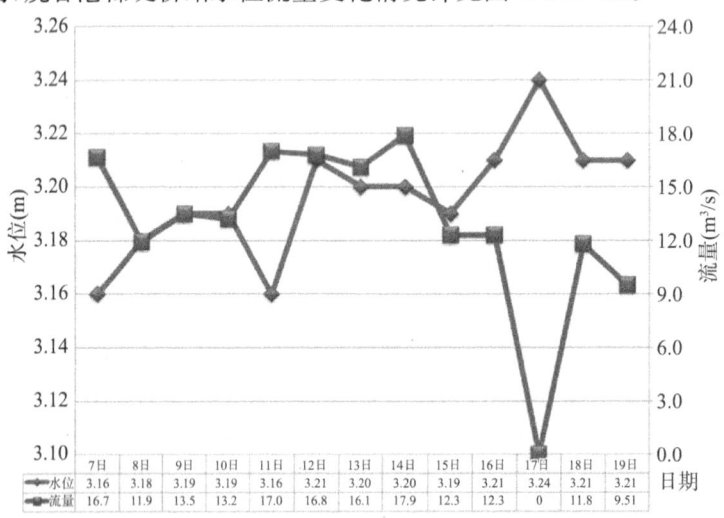

图 3.3.2-22　烧香港棉堤桥站水位流量变化图

（3）南河（南溪河）

南河上承溧阳市西部丘陵山区的降水径流，沿程接纳丹金溧漕河、武宜运河（锡溧漕河）的汇水，经宜兴市三氿调蓄后，最终流入太湖，水位流量变化与区域降水径流、丹金溧漕河、武宜运河（锡溧漕河）有着极为密切的关系。其中：

根据南河溧阳水位站和南溪河西氿站（两站相距为 28.3 km）的同期（9 月 4—19 日）水

位资料,南溪河宜兴城区段水位与南河溧阳城区段水位变化比较一致,相关系数为 0.84。其中,溧阳城区段平均水位为 3.39 m,最高水位为 3.47 m,出现时间为 13 日 22:55,最低水位为 3.26 m,出现时间为 4 日 15:55。宜兴城区段平均水位为 3.30 m,最高水位为 3.40 m,出现时间为 14 日 4:45,最低水位为 3.20 m,出现时间为 4 日 19:00。两者相比,宜兴城区段平均水位低 0.09 m,最高水位滞后 5 h 50 min,最低水位滞后 3 h 5 min,这表明南溪河宜兴城区段更容易受支流(锡溧漕河)等汇水的影响。

9 月 4—19 日,南河溧阳站和南溪河西氿站水位变化过程详见图 3.3.2-23。

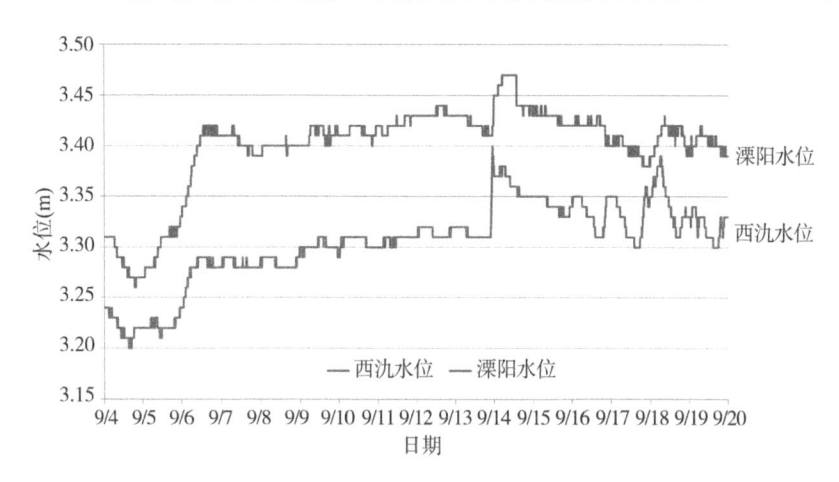

图 3.3.2-23 南河溧阳站和南溪河西氿站水位过程线图

南河瀨江桥及以上河段来水主要为区域降水径流,强降水时,上游汇流较快,洪水特性明显;正常天气情况下,来水较少,基本不受沿江口门引江水量的影响;南河潘家坝以下河段来水主要为丹金溧漕河、南溪河及其他支流汇水,流量变化则相对平缓,沿江口门引江水量对其有一定的影响。城东港段由于河道宽浅,更易受太湖风浪顶托的影响,流量变化最为复杂。相比而言,南河(南溪河)上游河段流量变化更易受区域强降水影响,洪峰提前 17~20 h;下游河段流量变化易受沿江口门引江水量的影响,而且入太水量基本为长江水。

测验期间,南河上游来水量为 510.7 万 m³,约占南河城东港同期入太水量(5 265 万 m³)的 9.7%,占入太总水量的 4.8%。丹金溧漕河汇入量约为 2 553 万 m³,锡溧漕河汇入量为 3 337 万 m³。

测验期间,南河瀨江桥站、潘家坝站以及城东港站流量变化比较情况详见图 3.3.2-24。

7) 关河、老京杭运河、南运河

(1) 关河

沿江口门排水期间,关河水位变化明显:先是在澡港河澡港闸排水时,水位下降较快,到 4 日 14:40 出现最低水位 3.32 m;随后在澡港闸挡潮时,水位缓慢上升。其间,平均水位为 3.47 m,水位变幅为 0.25 m。

正常引水期间,关河水位流量变化表现出弱感潮性,每日有两次明显的上涨(增大)和下降(减缓)过程。其中,在澡港闸开启时,由于澡港河感潮水流的影响,水位上涨,水流增大;

图 3.3.2-24　南河（南溪河）上下游流量变化过程对比图

在澡港闸关闭时，由于澡港河来水减少，水位下降，水流减缓。同时，受水流传播速度的影响，关河水位流量变化过程相对滞后于澡港闸引水过程，且变幅相对较小。经对比，关河丹青桥站每日高水位一般滞后澡港河澡港闸水文站相应的高潮位 5～6 h。

泵站翻引水期间，关河水位流量变化相对平缓，平均水位为 3.77 m，最高水位为 3.81 m，最低水位为 3.70 m；平均流量为 8.04 m³/s，最大流量为 9.04 m³/s，最小流量为 7.19 m³/s。

测验期间（9 月 6—16 日），关河丹青桥段总的来水量为 505.2 万 m³，约占澡港闸同期的引江水量（2 156 万 m³）的 23.4%；平均流量为 5.21 m³/s，最大流量为 10.6 m³/s，出现时间 11 日 9 时，最小流量为 0 m³/s，出现时间为 13 日 16 时。其间，受 11 日、13 日降水影响，关河水位上涨较快，流量增幅不明显；最高水位为 3.97 m，出现在 12 日 9 时。

总体而言，关河上承澡港河来水，水位流量变化主要受澡港河感潮水流的影响，表现出明显的弱感潮性；一般情况下，当上游来水量小于 5 m³/s 时，水位开始下降。而在遭遇区域性强降水时，又表现出明显的洪水特性。

测验期间，关河丹青桥站水位流量变化情况详见图 3.3.2-25。

（2）老京杭运河

测验期间（9 月 6—16 日），老京杭运河水位流量变化与关河类似，但受德胜河和澡港河感潮水流的双重影响，表现出弱感潮性。另外，在魏村枢纽和澡港枢纽泵站翻引水时，水位流量变化较为平稳。而在受 11 日、13 日降水影响时，老京杭运河来水明显增大。

测验期间，老京杭运河总的来水量为 1 250 万 m³，约占德胜河同期引江水量（2 123 万 m³）的 58.9%，与新京杭运河分流比约为 1∶3。平均流量为 13.2 m³/s，最大流量为 24.0 m³/s，出现时间 10 日 14 时，最小流量为 0 m³/s（据分析，为澡港河感潮水流顶托的影响），出现时间为 12 日 14 时。

测验期间，老京杭运河新闸站水位流量变化情况详见图 3.3.2-26。

（3）南运河

测验期间（9 月 6—16 日），南运河水位流量变化与新京杭运河类似，亦受德胜河感潮水流的影响，表现出一定的弱感潮性。另外，在魏村枢纽泵站翻引水时，水位流量变化较

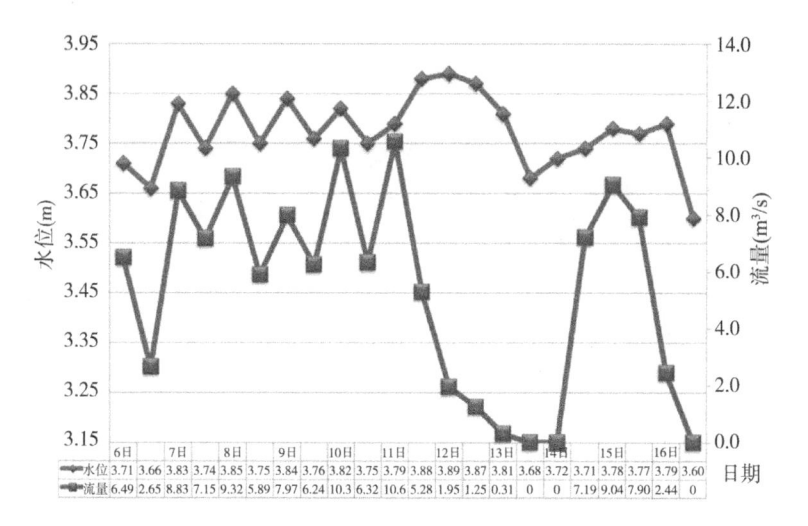

图 3.3.2-25　关河丹青桥站水位流量变化图

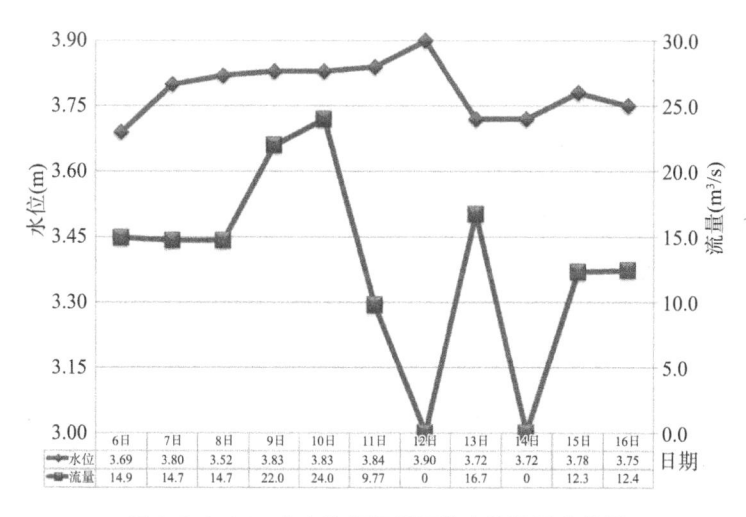

图 3.3.2-26　老京杭运河新闸站水位流量变化图

为平稳。而在受 11 日、13 日降水影响时，南运河水位有所增高，流量有所增加。

测验期间，南运河总的来水量为 1 778 万 m^3，约占新京杭运河钟楼大桥段来水量的 51.8%；平均流量为 18.7 m^3/s，最大流量为 25.1 m^3/s，出现时间 10 日 10 时，最小流量为 9.44 m^3/s（据分析，为魏村枢纽排水的影响），出现时间为 6 日 10 时。

测验期间，南运河丫河桥站水位流量变化情况详见图 3.3.2-27。

8）其他河湖

（1）长荡湖

正常引水期间（9 月 6—13 日），受丹金溧漕河汇水影响，长荡湖水位呈"前期缓慢上升、后期有所回落"的趋势。其中，6—7 日水位涨幅最大，7 日平均水位比 6 日高 0.07 m，13 日平均水位比 12 日下降 0.02 m。

泵站翻水期间（9 月 14—16 日），由于丹金溧漕河的持续汇水，长荡湖水位又有所回

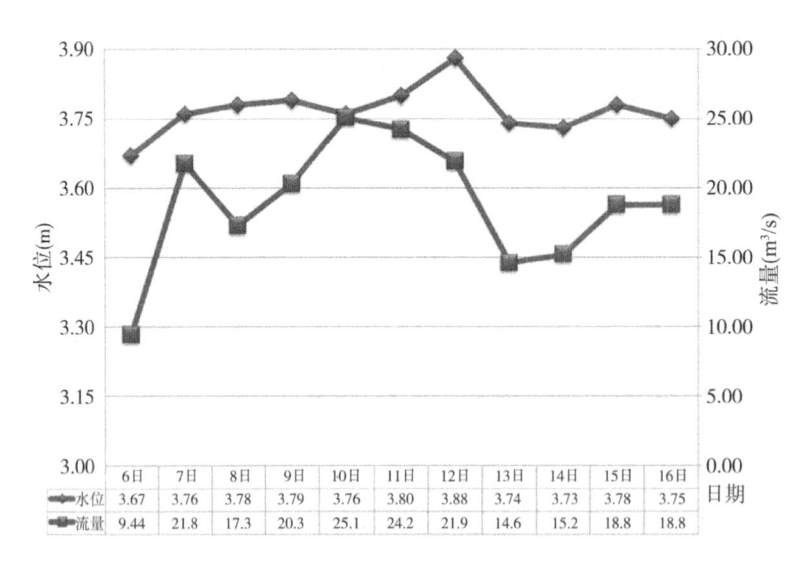

图 3.3.2-27　南运河丫河桥站水位流量变化图

升。16日平均水位比14日高0.04 m。

测验期间,长荡湖平均水位3.62 m,水位变幅为0.25 m;最高水位为3.69 m,出现时间为8日6:00,最低水位为3.44 m,出现时间为6日0:00。其间,区域降水对长荡湖的水位变化影响不明显。

(2) 滆湖

测验期间(9月6—16日),受扁担河、武宜运河汇水影响,滆湖水位呈缓慢上升趋势。其中,6—7日水位涨幅最大,7日平均水位比6日高0.04 m。

测验期间,滆湖平均水位3.42 m,水位变幅为0.19 m;最高水位为3.48 m,出现时间为14日6:35,最低水位为3.29 m,出现时间为6日0:00。与长荡湖相比,滆湖平均水位偏低0.20 m,水位变化受沿江口门泵站翻水影响、区域降水影响更不明显。

测验期间,长荡湖、滆湖水位变化情况详见图3.3.2-28。

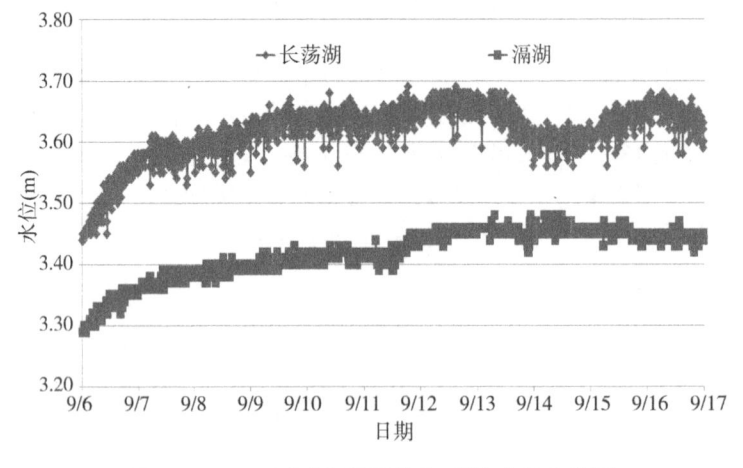

图 3.3.2-28　测验期间长荡湖、滆湖水位变化图

3.3.3 调水水质影响分析

3.3.3.1 水质评价计算方法

在本次湖西区水量调度与水环境改善试验中，水质分类和综合评价采用地图重叠法和水质指数法。

(1) 地图重叠法

地图重叠法，即以水质最差的单项指标所属类别来确定水体综合水质类别。其方法是用水体各监测项目的监测值对照该项目的分类标准，确定该项目的水质类别，在所有项目的水质类别中选取水质最差类别作为该水体的水质类别。采用《地表水环境质量标准》(GB 3838—2002)中近期各水功能区水质目标为达标评价标准。

(2) 水质指数法

水质指数法，其方法是用水体各监测项目的监测值与其评价标准之比作为各单项污染标准指数，然后累加各标准指数作为该水体的综合污染指数。区域范围内各水功能区均以Ⅲ类水作为标准计算。

各单项标准指数计算公式为：

$$S_{ij}=\frac{C_{ij}}{C_{si}} \tag{3-1}$$

式中：S_{ij} ——标准指数；

C_{ij} ——评价因子 i 在 j 点的实测浓度值(mg/L)；

C_{si} ——评价因子 i 的地表水水质标准(mg/L)。

考虑湖西区水体的有机污染特点，结合太湖流域主要输水河道水质目标，从本次调水试验水质监测成果中选取总磷、氨氮、高锰酸盐指数 3 项指标作为水质分类和综合评价因子。

3.3.3.2 调水水质影响分析

1) 沿江口门

(1) 谏壁闸

9月4—5日，谏壁闸各污染物指标背景值浓度分别为：氨氮 1.40 mg/L、高锰酸盐指数 3.2 mg/L、总磷 0.119 mg/L，综合污染指数为 0.84，水质类别为Ⅳ类。

9月6—13日，谏壁闸高锰酸盐指数浓度仅在 7 日有明显升高(仍为Ⅲ类水标准)，总磷浓度上下波动频繁(仍为Ⅲ类水标准)，氨氮浓度总体呈下降趋势，水质类别维持在Ⅲ类，与长江水质接近。正常引水前期，随着谏壁闸引江水量的持续增加，各污染物指标浓度逐步下降并趋向稳定，至 9 日水质达到最好，综合污染指数下降至 0.51(与背景值相比，降幅为 39.3%)；其中，氨氮浓度降幅为 77.1%，高锰酸盐指数浓度降幅为 6.2%，而总磷浓度涨幅为 17.6%。正常引水后期，随着闸外潮汐强度减弱，引江水量逐渐减少，谏壁闸各污染物指标浓度略有上升。其间，受 11 日、13 日降水径流影响，各污染物指标浓度均大幅上升。

9月14—16日，谏壁闸无长江引水，各污染物指标浓度明显上升，水质类别为Ⅳ类。其中，15日综合污染指数上升至0.86(与背景值相比，增幅为2.4%)。

测验期间(9月6—16日)，谏壁闸平均综合污染指数为0.64(与背景值相比，降幅为23.8%)。其中，氨氮平均浓度为0.68 mg/L，最大浓度为1.29 mg/L，出现时间为15日12时；最小浓度为0.32 mg/L，出现时间为9日12时；浓度变差系数为0.49。高锰酸盐指数平均浓度为3.1 mg/L，最大浓度为4.2 mg/L，出现时间为7日12时；最小浓度为2.9 mg/L，出现时间为14日12时；浓度变差系数为0.12。总磷平均浓度为0.145 mg/L，最大浓度为0.172 mg/L，出现时间为7日12时；最小浓度为0.110 mg/L，出现时间为12日12时；浓度变差系数为0.12。与背景值相比，氨氮浓度平均降幅为51.4%，高锰酸盐指数浓度平均降幅为3.1%，总磷浓度平均增幅为21.8%。

显然，测验期间，谏壁闸各污染物指标浓度变化受沿江口门引江水量的影响程度和影响时间不一。一般情况下，在正常引水期间，水质明显改善，各污染物指标浓度下降，水质类别与长江水质接近，维持在Ⅲ类，且引水持续时间越长、引江水量越大，水质改善情况越明显；停止引水或者排水期间，水质恶化，各污染物指标浓度上升。其中，总磷浓度增幅最大，这表明：谏壁闸上游有区间生活点源污染。

测验期间，谏壁闸各污染物指标浓度与引水量变化情况详见图3.3.3-1～图3.3.3-4。

图3.3.3-1　测验期间谏壁闸氨氮浓度变化图

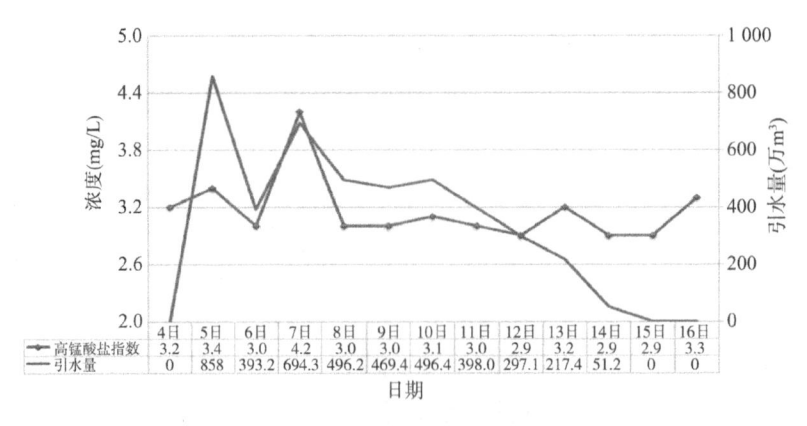

图3.3.3-2　测验期间谏壁闸高锰酸盐指数浓度变化图

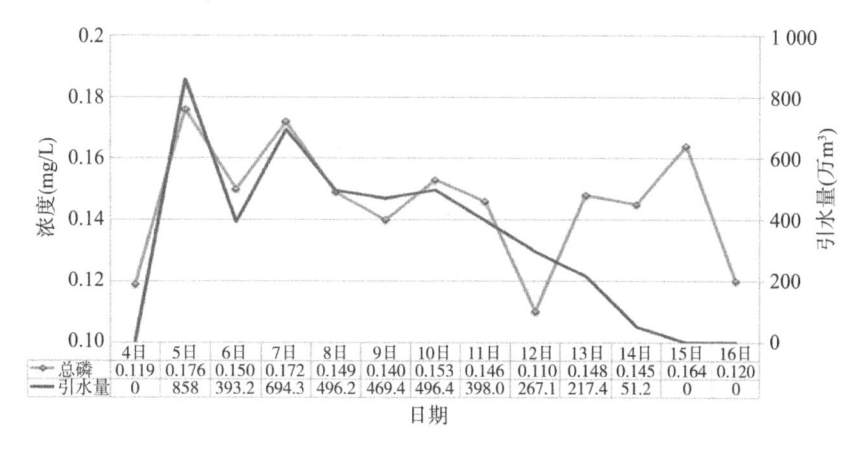

图 3.3.3-3　测验期间谏壁闸总磷浓度变化图

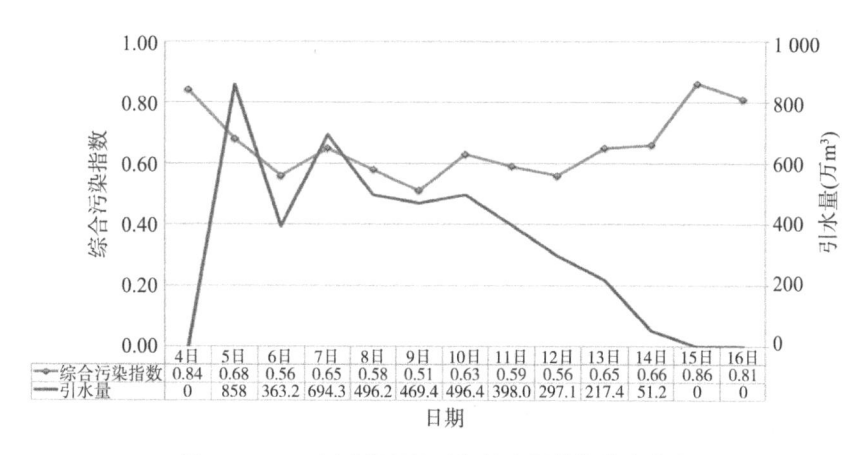

图 3.3.3-4　测验期间谏壁闸综合污染指数变化图

(2) 九曲河

九曲河枢纽

9月4—5日，九曲河枢纽各污染物指标背景值浓度分别为：氨氮 0.11 mg/L、高锰酸盐指数 3.1 mg/L、总磷 0.150 mg/L，综合污染指数为 0.46，水质类别为Ⅲ类。

9月6—13日，九曲河枢纽各污染物指标浓度起伏变化较大，但水质类别仍维持在Ⅲ类，与长江水质接近。其中，正常引水前期，随着九曲河枢纽引江水量的持续增加，各污染物指标浓度逐步下降并趋向稳定，6日水质最好，综合污染指数下降至 0.33（与背景值相比，降幅为 28.3%）；其中，氨氮浓度涨幅为 81.8%，高锰酸盐指数浓度降幅为 22.6%，总磷浓度降幅为 48.0%。正常引水后期，随着闸外潮汐强度减弱，九曲河枢纽引水量逐渐减小，各污染物指标浓度略有上升。其间，受 11 日、13 日降水径流影响，各污染物指标浓度均大幅上升，其中氨氮增幅最高。

9月14—16日，九曲河枢纽泵站翻水，各污染物指标浓度先上升后下降，但水质类别仍维持在Ⅲ类，其中，15日综合污染指数上升至 0.52（与背景值相比，增幅为 13.0%）。

测验期间(9月6—16日)，九曲河枢纽平均综合污染指数为 0.44（与背景值相比，降幅为 4.3%)。其中,氨氮平均浓度为 0.14 mg/L,最大浓度为 0.28 mg/L,出现时间为 16 日 12 时;最小浓度为 0.04 mg/L,出现时间为 8 日 12 时;浓度变差系数为 0.52。高锰酸盐指数平均浓度为 2.9 mg/L,最大浓度为 3.6 mg/L,出现时间为 13 日 12 时;最小浓度为 2.4 mg/L,出现时间为 6 日 12 时;浓度变差系数为 0.11。总磷平均浓度为 0.135 mg/L,最大浓度为 0.171 mg/L,出现时间为 15 日 12 时;最小浓度为 0.078 mg/L,出现时间为 6 日 12 时;浓度变差系数为 0.19。与背景值相比,氨氮浓度平均增幅为 27.3%,高锰酸盐指数浓度平均降幅为 6.4%,总磷浓度平均降幅为 10.0%。

显然,测验期间,九曲河枢纽各污染物指标浓度变化受沿江口门引江水量的影响程度和影响时间不一。一般情况下,在正常引水期间,水质明显改善,各污染物指标浓度均明显下降,水质类别与长江水质接近,维持在Ⅲ类,且引水持续时间越长、引江水量越大,水质改善情况越明显;停止引水或者排水期间,水质恶化。其中,氨氮浓度增幅最大,这表明:九曲河枢纽上游有区间农业面源污染。

测验期间,九曲河枢纽各污染物指标浓度与引水量变化情况详见图 3.3.3-5～图 3.3.3-8。

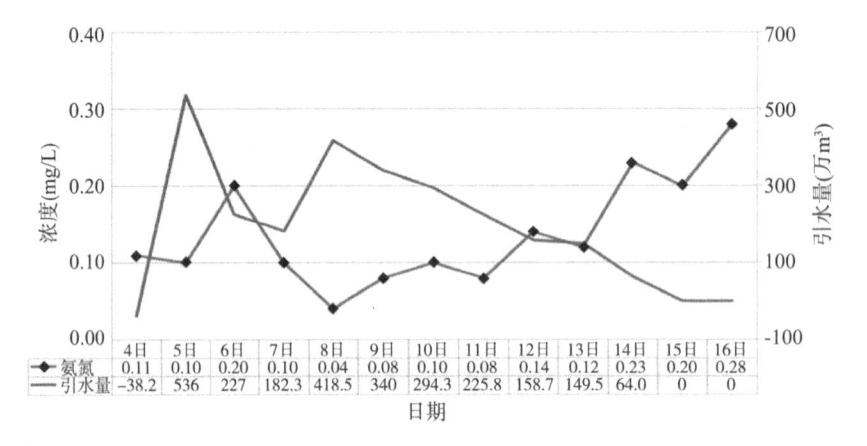

图 3.3.3-5　测验期间九曲河枢纽氨氮浓度变化图

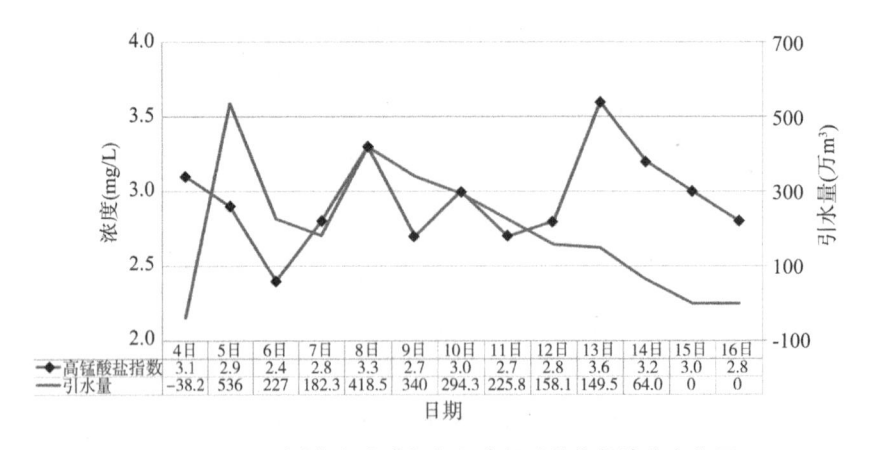

图 3.3.3-6　测验期间九曲河枢纽高锰酸盐指数浓度变化图

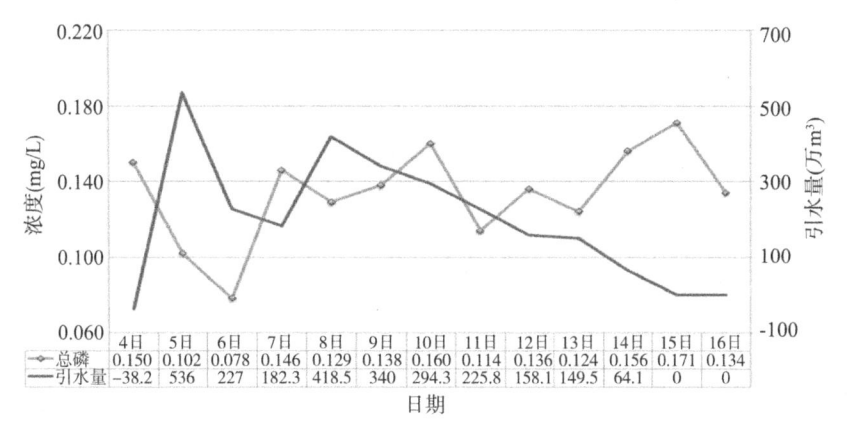

图 3.3.3-7　测验期间九曲河枢纽总磷浓度变化图

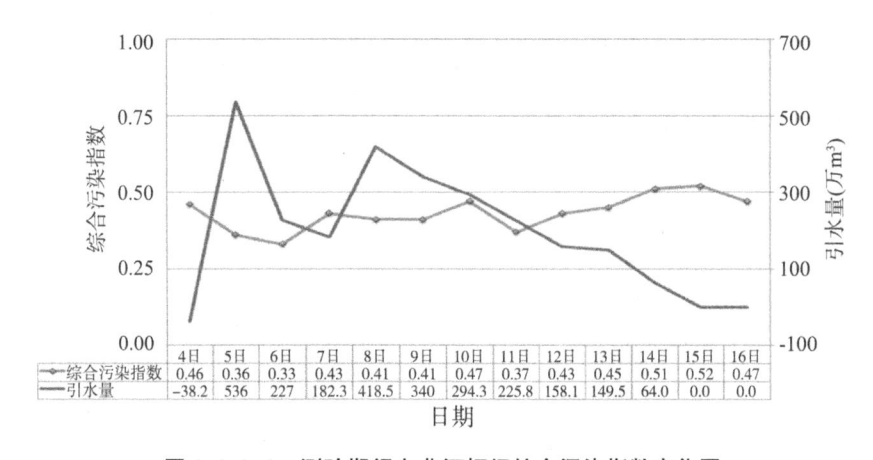

图 3.3.3-8　测验期间九曲河枢纽综合污染指数变化图

普善大桥

9月5日，九曲河普善大桥段各污染物指标背景值浓度分别为：氨氮0.13 mg/L、高锰酸盐指数3.0 mg/L、总磷0.144 mg/L，综合污染指数为0.45，水质类别为Ⅲ类。

正常引水期间，九曲河普善大桥段各污染物指标浓度变化存在一定幅度的波动，但总体上呈缓慢下降趋势。其中，正常引水初期，随着上游污染物汇入，各污染物指标浓度有所上升，综合污染指数上升至0.75；正常引水2~3天后，各污染物指标浓度开始下降，最后趋于平稳，至8日上午，综合污染指数下降至最低值0.41（与背景值相比，降幅为8.9%）。另外，受11、13日区域强降水的影响，面源污染随降水径流汇入，各污染物指标浓度又有所上升，至11日上午，综合污染指数上升至最高值0.83（与背景值相比，增幅为84.4%）。正常引水后期，随着沿江口门引江水量的减少，各污染物指标浓度又有所回升。

泵站翻水期间，九曲河普善大桥段各污染物指标浓度总体上呈缓慢下降趋势，综合污染指数接近背景值。

测验期间（9月6—16日），九曲河普善大桥段平均综合污染指数为0.60（与背景值相比,增幅为33.3%)。其中,氨氮平均浓度为0.38 mg/L,最大浓度为0.79 mg/L,出现时间为11日16时;最小浓度为0.08 mg/L,出现时间为10日9时;浓度变差系数为0.55。高锰酸盐指数平均浓度为3.3 mg/L,最大浓度为4.1 mg/L,出现时间为11日16时;最小浓度为2.8 mg/L,出现时间为8日9时;浓度变差系数为0.10。总磷平均浓度为0.175 mg/L,最大浓度为0.237 mg/L,出现时间为7日9时;最小浓度为0.117 mg/L,出现时间为7日16时;浓度变差系数为0.20。与背景值相比,氨氮浓度平均增幅为192.3%,高锰酸盐指数浓度平均增幅为10.0%,总磷浓度平均增幅为21.5%。

显然,测验期间,九曲河普善大桥段各污染物指标浓度变化受沿江口门引江水量的影响程度和影响时间总体是一致的。其中,氨氮浓度增幅最大,高锰酸盐指数浓度和总磷浓度也有一定的增幅,这表明:九曲河普善大桥上游有区间农业面源污染,以及少量的工业污染和生活点源污染。

比较九曲河普善大桥、九曲河枢纽的同期(9月6—16日)各污染物指标浓度,其中:

普善大桥平均综合污染指数为0.60,九曲河枢纽为0.44。前者比后者增加36.4%。

普善大桥氨氮平均浓度为0.37 mg/L,九曲河枢纽为0.14 mg/L。前者比后者增加164.3%,两者相关系数为0.10。

普善大桥高锰酸盐指数平均浓度为3.3 mg/L,九曲河枢纽为2.9 mg/L。前者比后者增加13.8%,两者相关系数为-0.43。

普善大桥总磷平均浓度为0.175 mg/L,九曲河枢纽为0.135 mg/L。前者比后者增加29.6%,两者相关系数为0.51。

从上可以发现,九曲河普善大桥上游沿程有区间农业面源污染以及少量的工业污染和生活点源污染,水质变化相对平稳。

测验期间,九曲河普善大桥段各污染物指标浓度与来水量变化情况详见图3.3.3-9～图3.3.3-12;各污染物指标浓度与上游来水水质变化情况详见图3.3.3-13～图3.3.3-16。

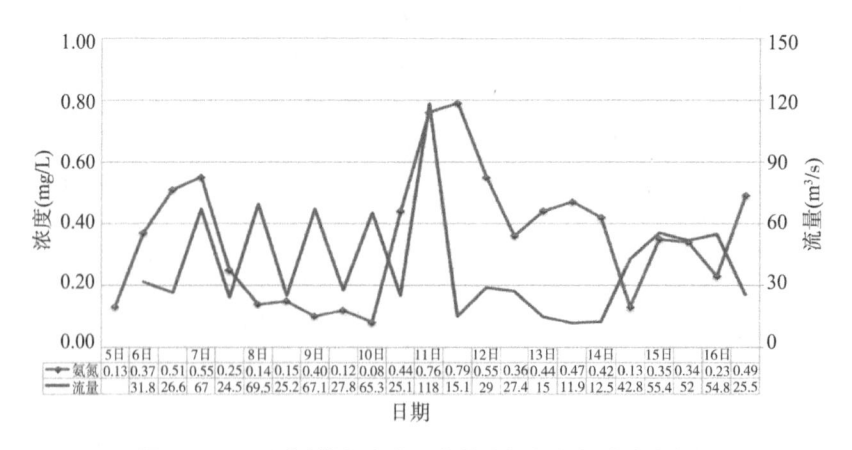

图3.3.3-9 测验期间九曲河普善大桥段氨氮浓度变化图

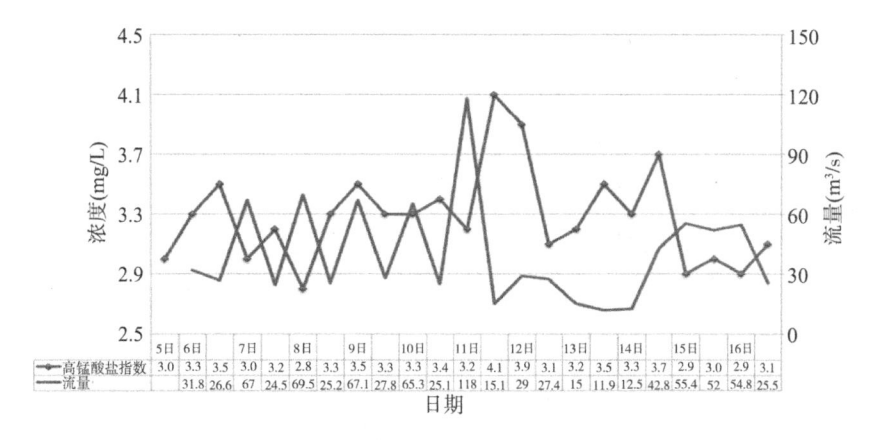

图 3.3.3-10　测验期间九曲河普善大桥段高锰酸盐指数浓度变化图

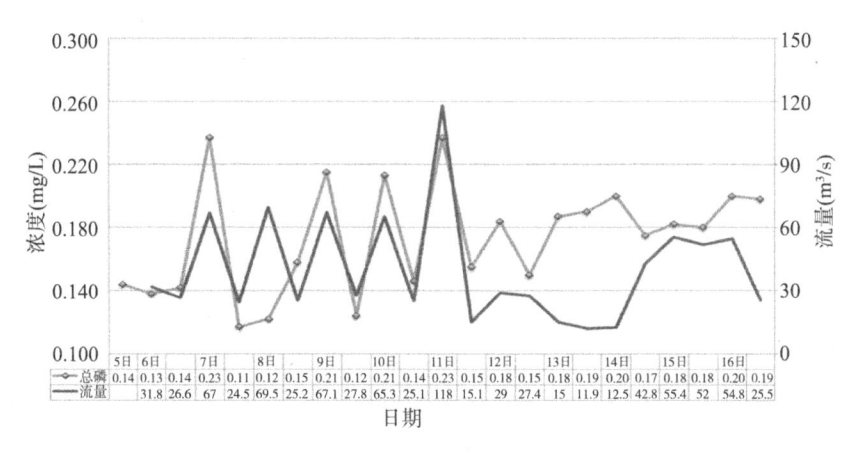

图 3.3.3-11　测验期间九曲河普善大桥段总磷浓度变化图

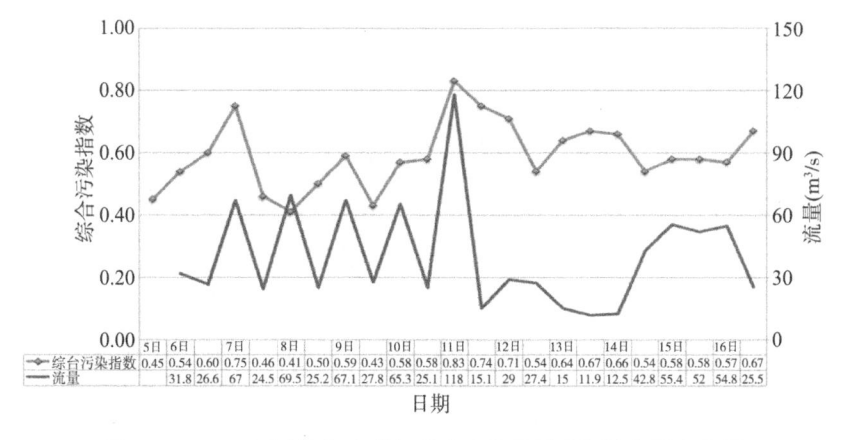

图 3.3.3-12　测验期间九曲河普善大桥段综合污染指数变化图

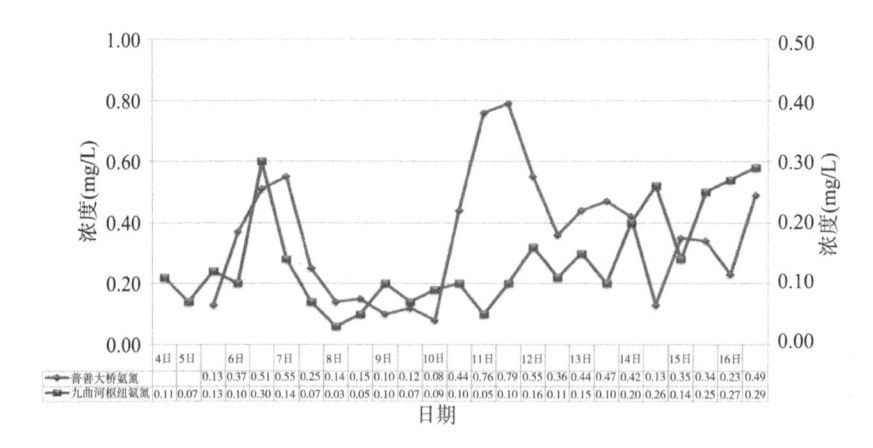

图 3.3.3-13 测验期间九曲河上下游氨氮浓度关系图

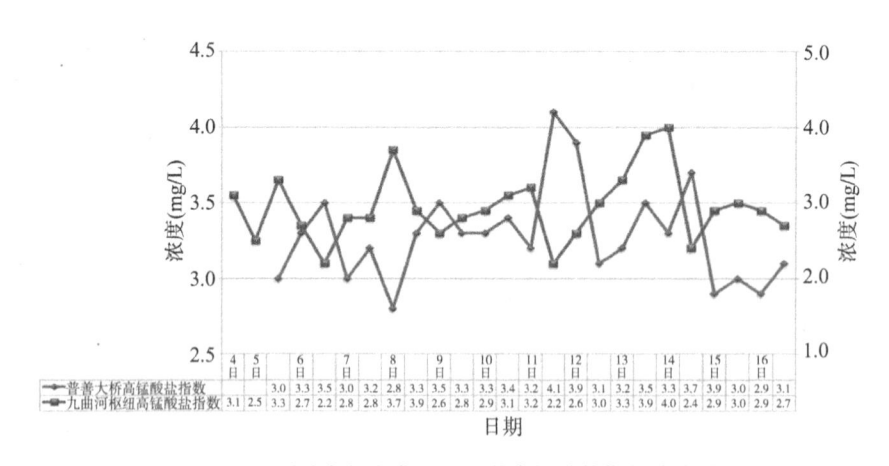

图 3.3.3-14 测验期间九曲河上下游高锰酸盐指数浓度关系图

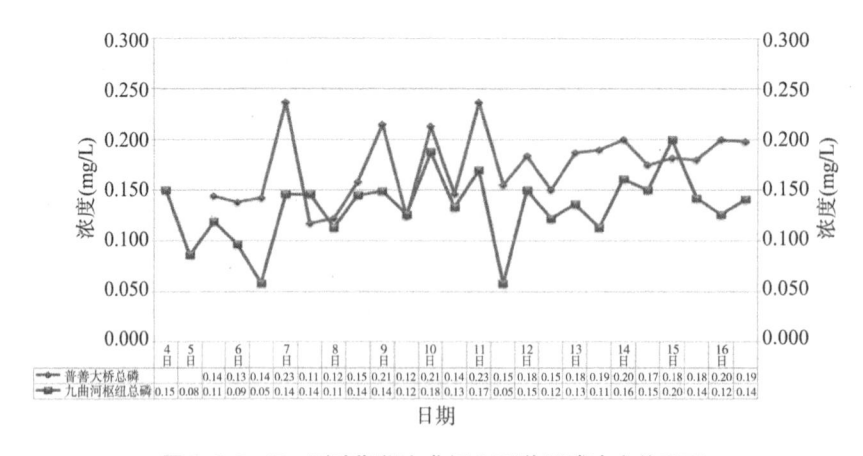

图 3.3.3-15 测验期间九曲河上下游总磷浓度关系图

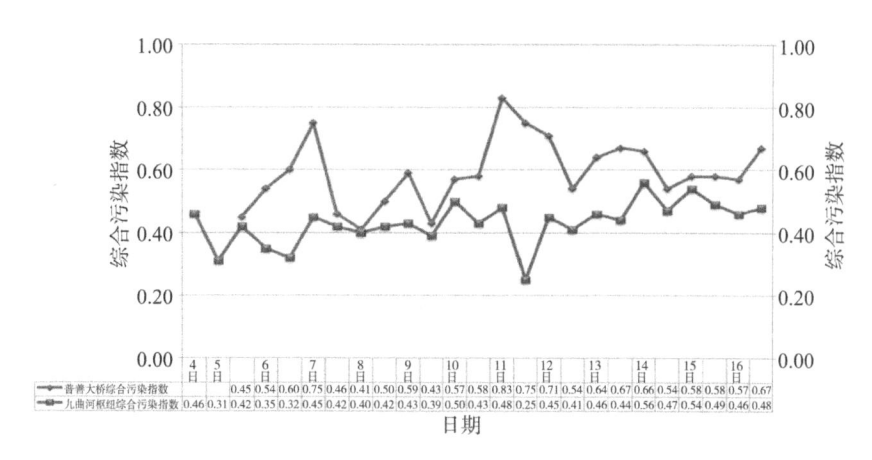

图 3.3.3-16　测验期间九曲河上下游综合污染指数关系图

（3）小河水闸（新孟河）

9月4—5日，小河水闸各污染物指标背景值浓度分别为：氨氮 0.63 mg/L、高锰酸盐指数 2.9 mg/L、总磷 0.251 mg/L，综合污染指数为 0.79，水质类别为Ⅳ类。

9月6—13日，小河水闸各污染物指标浓度总体上呈明显下降趋势，水质类别维持在Ⅲ类，与长江水质接近。其中，随着沿江口门引江水量的持续增加，各污染物指标浓度逐步下降并趋向稳定，至11日水质达到最好，综合污染指数下降至 0.32（与背景值相比，降幅为 59.5%）；氨氮浓度降幅为 93.7%、高锰酸盐指数浓度降幅为 13.8%、总磷浓度降幅为 60.2%。期间，受11日、13日降水径流影响，各污染物指标浓度均大幅上升。

9月14—16日，小河水闸基本无长江引水，各污染物指标浓度略有上升，15日综合污染指数上升至 0.48（与背景值相比，降幅为 39.2%）。16日下午，小河水闸引江水量增加后，综合污染指数又有所下降。

测验期间（9月6—16日），小河水闸平均综合污染指数为 0.42（与背景值相比，降幅为 46.8%）。其中，氨氮平均浓度为 0.11 mg/L，最大浓度为 0.28 mg/L，出现时间为10日15时；最小浓度为 0.04 mg/L，出现时间为11日9时；浓度变差系数为 1.20。高锰酸盐指数平均浓度为 2.6 mg/L，最大浓度为 4.3 mg/L，出现时间为7日9时；最小浓度为 2.0 mg/L，出现时间为8日9时；浓度变差系数为 0.28。总磷平均浓度为 0.139 mg/L，最大浓度为 0.167 mg/L，出现时间为6日9时；最小浓度为 0.095 mg/L，出现时间为10日9时；浓度变差系数为 0.27。与背景值相比，氨氮浓度平均降幅为 82.5%，高锰酸盐指数浓度平均降幅为 10.3%，总磷浓度平均降幅为 44.6%。

显然，测验期间，小河水闸各污染物指标浓度变化受沿江口门引江水量的影响程度和影响时间不一。一般情况下，正常引水期间，水质明显改善，各污染物指标浓度均明显下降，水质类别与长江水质接近，维持在Ⅲ类，且引水持续时间越长、引江水量越大，水质改善情况越明显；停止引水或者排水期间，各污染物指标浓度略有上升。其中，氨氮浓度最大。这表明：小河水闸先期农业面源污染较重。

测验期间，小河水闸各污染物指标浓度与引水量变化情况详见图 3.3.3-17～图 3.3.3-20。

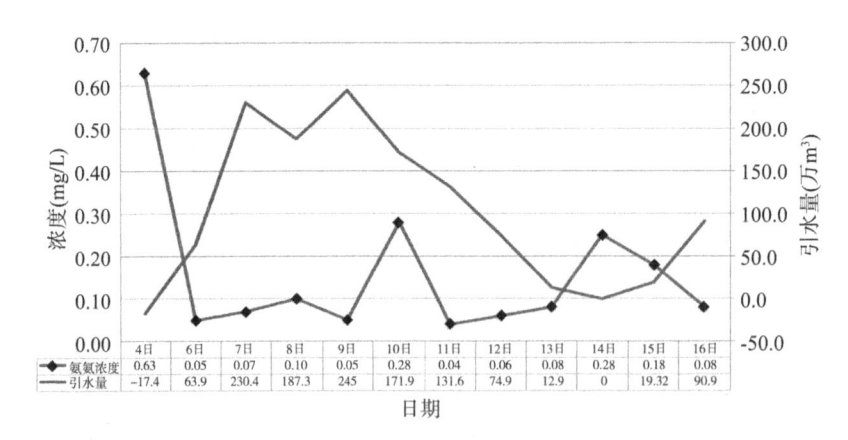

图 3.3.3-17　测验期间小河水闸氨氮浓度变化图

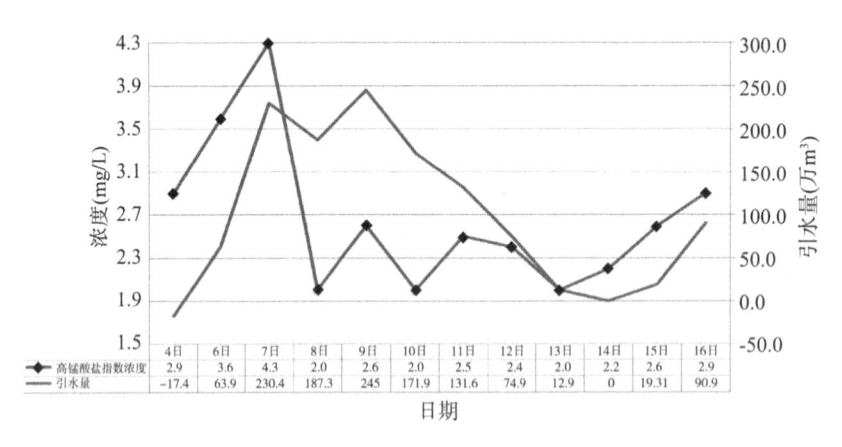

图 3.3.3-18　测验期间小河水闸高锰酸盐指数浓度变化图

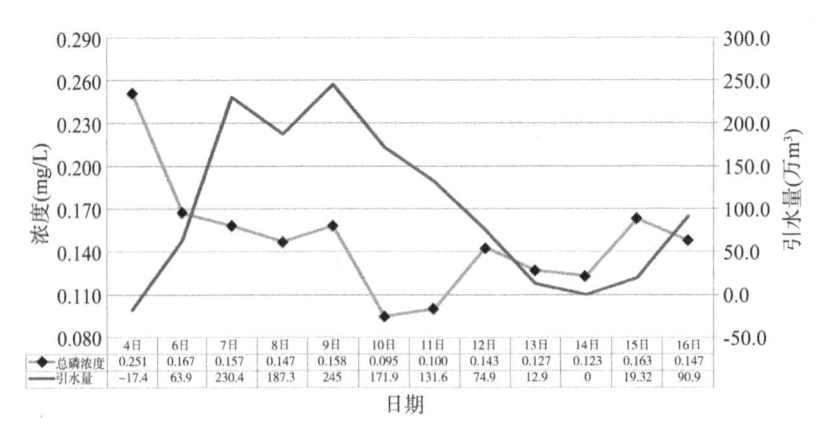

图 3.3.3-19　测验期间小河水闸总磷浓度变化图

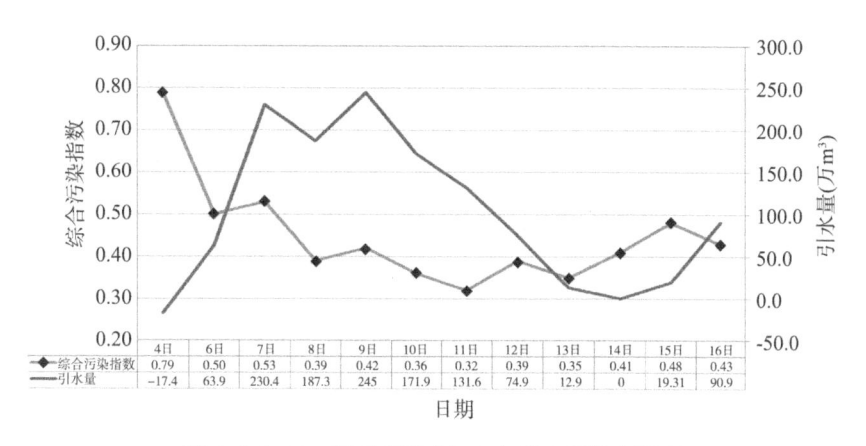

日期	4日	6日	7日	8日	9日	10日	11日	12日	13日	14日	15日	16日
综合污染指数	0.79	0.50	0.53	0.39	0.42	0.36	0.32	0.39	0.35	0.41	0.48	0.43
引水量	-17.4	63.9	230.4	187.3	245	171.9	131.6	74.9	12.9	0	19.31	90.9

图 3.3.3-20 测验期间小河水闸综合污染指数图

(4) 魏村枢纽（德胜河）

9月4—5日，魏村枢纽各污染物指标背景值浓度分别为：氨氮 0.05 mg/L、高锰酸盐指数 2.9 mg/L、总磷 0.167 mg/L，综合污染指数为 0.46，水质类别为Ⅳ类。与小河水闸相比，水质略好。

9月6—13日，魏村枢纽除氨氮指标浓度 8日略有升高（仍为Ⅲ类水标准）外，各污染物指标浓度均总体呈下降趋势，水质类别维持在Ⅲ类，与长江水质接近。正常引水前期，随着魏村枢纽引江水量的持续增加，各污染物指标浓度逐步下降并趋向稳定，至 11 日水质达到最好，综合污染指数下降至 0.35（与背景值相比，降幅为 23.9%）；其中，氨氮浓度增幅为 240%、高锰酸盐指数浓度降幅为 27.6%、总磷浓度降幅为 36.5%。与小河水闸相比，氨氮浓度增幅较大，高锰酸盐指数降幅略大。正常引水后期，闸外潮汐强度减弱，魏村枢纽引江水量减小，各污染物指标浓度略有上升。其间，受 11 日、13 日降水径流影响，各污染物指标浓度大幅上升，其中，氨氮浓度最大日增幅为 525%。

9月14—16日，随着魏村枢纽泵站翻江水量的增加，各污染物指标浓度又开始下降，综合污染指数下降至最低值 0.26（与背景值相比，降幅为 43.5%）。显然，泵站翻水，魏村枢纽水质改善最为明显。

测验期间（9月6—16日），魏村枢纽平均综合污染指数为 0.36（与背景值相比，降幅为 21.7%）。其中，氨氮平均浓度为 0.12 mg/L，最大浓度为 0.32 mg/L，出现时间为 8日 9 时；最小浓度为 0.04 mg/L，出现时间为 16 日 9 时；浓度变差系数为 0.96。高锰酸盐指数平均浓度为 2.6 mg/L，最大浓度为 3.7 mg/L，出现时间为 6 日 9 时；最小浓度为 2.1 mg/L，出现时间为 11 日 9 时；浓度变差系数为 0.23。总磷平均浓度为 0.108 mg/L，最大浓度为 0.163 mg/L，出现时间为 7 日 15 时；最小浓度为 0.071 mg/L，出现时间为 15 日 9 时；浓度变差系数为 0.28。与背景值相比，氨氮浓度平均增幅为 140%，高锰酸盐指数浓度平均降幅为 10.3%，总磷浓度平均降幅为 35.3%。

显然，测验期间，魏村枢纽除氨氮外，各污染物指标浓度变化受沿江口门引江水量的影响程度和影响时间不一。一般情况下，在正常引水期间，水质明显改善，各污染物指标浓度均明显下降，水质类别与长江水质接近，维持在Ⅲ类，且引水持续时间越长、引江水量越大,水质改善情况越明显;停止引水或者排水期间,各污染物指标浓度略有上升。其间,氨氮浓度增幅最大。这表明:魏村枢纽沿程有农业面源污染不断汇入。

测验期间,魏村枢纽各污染物指标浓度与引水量变化情况详见图 3.3.3-21～图 3.3.3-24。

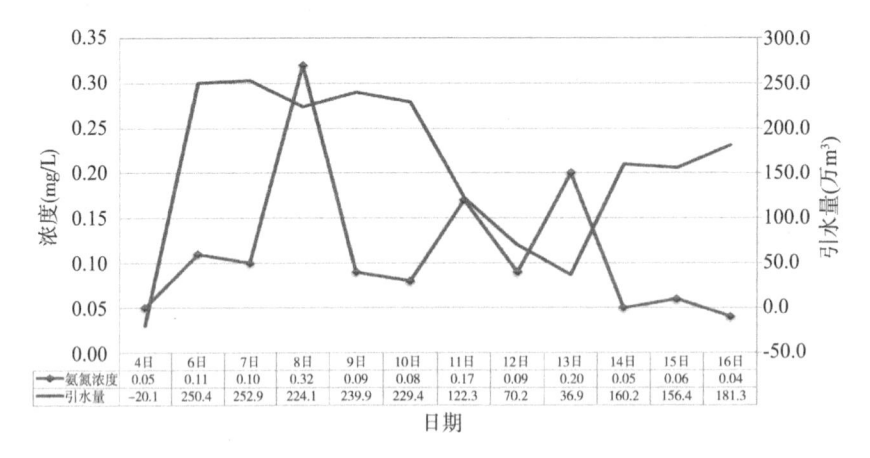

日期	4日	6日	7日	8日	9日	10日	11日	12日	13日	14日	15日	16日
氨氮浓度	0.05	0.11	0.10	0.32	0.09	0.08	0.17	0.09	0.20	0.05	0.06	0.04
引水量	-20.1	250.4	252.9	224.1	239.9	229.4	122.3	70.2	36.9	160.2	156.4	181.3

图 3.3.3-21　测验期间魏村枢纽氨氮浓度变化图

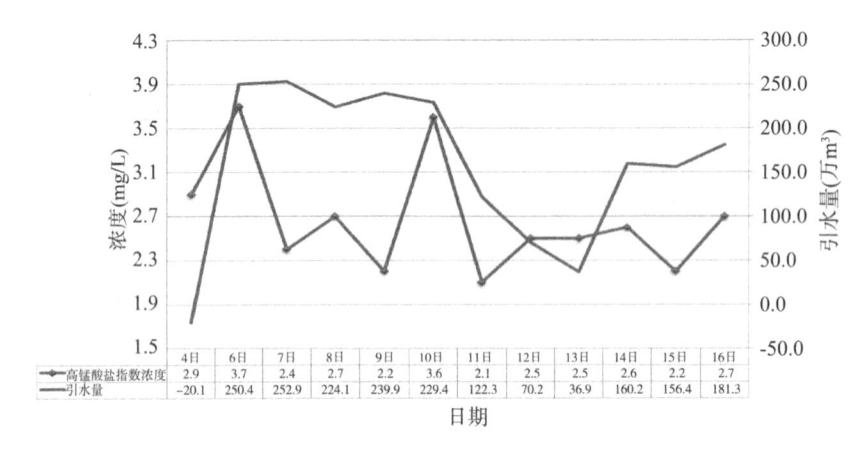

日期	4日	6日	7日	8日	9日	10日	11日	12日	13日	14日	15日	16日
高锰酸盐指数浓度	2.9	3.7	2.4	2.7	2.2	3.6	2.1	2.5	2.5	2.6	2.2	2.7
引水量	-20.1	250.4	252.9	224.1	239.9	229.4	122.3	70.2	36.9	160.2	156.4	181.3

图 3.3.3-22　测验期间魏村枢纽高锰酸盐指数浓度变化图

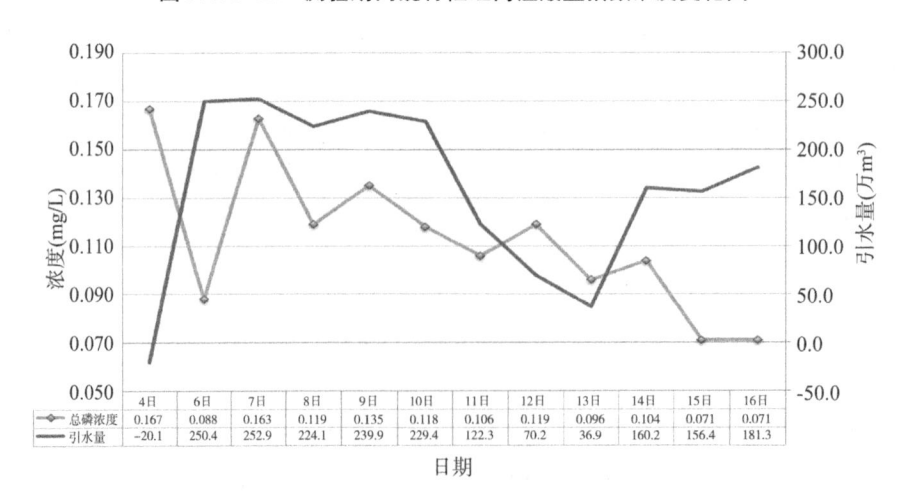

日期	4日	6日	7日	8日	9日	10日	11日	12日	13日	14日	15日	16日
总磷浓度	0.167	0.088	0.163	0.119	0.135	0.118	0.106	0.119	0.096	0.104	0.071	0.071
引水量	-20.1	250.4	252.9	224.1	239.9	229.4	122.3	70.2	36.9	160.2	156.4	181.3

图 3.3.3-23　测验期间魏村枢纽总磷浓度变化图

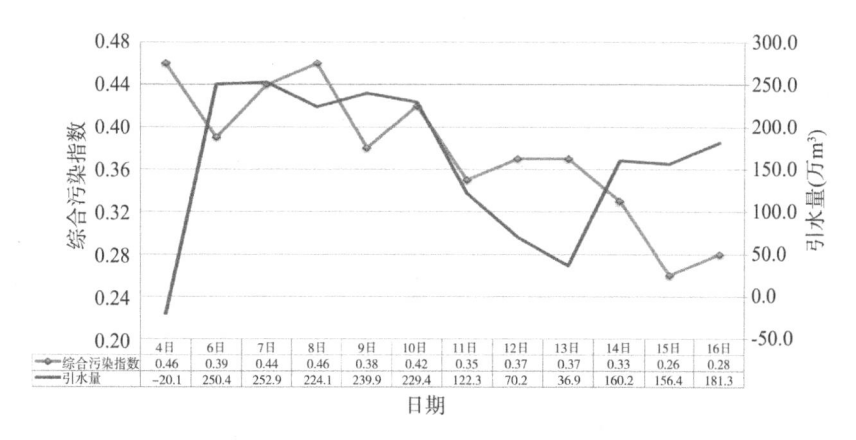

	4日	6日	7日	8日	9日	10日	11日	12日	13日	14日	15日	16日
综合污染指数	0.46	0.39	0.44	0.46	0.38	0.42	0.35	0.37	0.37	0.33	0.26	0.28
引水量	-20.1	250.4	252.9	224.1	239.9	229.4	122.3	70.2	36.9	160.2	156.4	181.3

图 3.3.3-24　测验期间魏村枢纽综合污染指数变化图

(5) 澡港河

9月4—5日，澡港枢纽各污染物指标背景值浓度分别为：氨氮0.86 mg/L、高锰酸盐指3.2 mg/L、总磷0.186 mg/L，综合污染指数为0.77，水质类别为劣Ⅴ类（溶解氧为劣Ⅴ类）。

9月6—13日，澡港枢纽各污染物指标浓度均明显下降，水质类别维持在Ⅲ类，与长江水质接近。正常引水前期，随着澡港枢纽引江水量的持续增加，各污染物指标浓度逐步下降并趋向稳定，至11日水质达到最好，综合污染指数下降至0.31（与背景值相比，降幅为59.7%）；其中，氨氮浓度降幅为95.3%、高锰酸盐指数浓度降幅为12.5%、总磷浓度降幅为53.2%。正常引水后期，各污染物指标浓度在小范围内波动。其间，受11日、13日降水径流影响，各污染物浓度上升幅度不一，其中，12日氨氮浓度比11日增加825%。总磷浓度比11日增加93.1%。显然，澡港枢纽附近有较大的污染源排放。

9月14—16日，澡港枢纽泵站翻水期间，各污染物指标浓度持续下降，综合污染指数最低下降至最低值0.28（与背景值相比，降幅为63.6%）。

测验期间（9月6—16日），澡港枢纽平均综合污染指数为0.41（与背景值相比，降幅为46.8%）。其中，氨氮平均浓度为0.18 mg/L，最大浓度为0.48 mg/L，出现时间为6日9时；最小浓度为0.04 mg/L，出现时间为7日9时；浓度变差系数为1.02。高锰酸盐指数平均浓度为2.5 mg/L，最大浓度为3.8 mg/L，出现时间为6日15时；最小浓度为2.1 mg/L，出现时间为14日9时；浓度变差系数为0.24。总磷平均浓度为0.124 mg/L，最大浓度为0.178 mg/L，出现时间为10日9时；最小浓度为0.07 mg/L，出现时间为16日9时；浓度变差系数为0.29。与背景值相比，氨氮浓度平均降幅为79.1%，高锰酸盐指数浓度平均降幅为21.9%，总磷浓度平均降幅为33.3%。

显然，测验期间，澡港枢纽各污染物指标浓度变化受沿江口门引江水量的影响程度和影响时间是基本一致的。一般情况下，在正常引水期间，水质明显改善，各污染物指标浓度均明显下降，水质类别与长江水质接近，维持在Ⅲ类，且引水持续时间越长、引江水量越大，水质改善情况越明显；停止引水或者排水期间，各污染物指标浓度略有上升。其间，氨氮浓度降幅最大。这表明：澡港枢纽前期氨氮污染较重。

测验期间，澡港河各污染物指标浓度与引水量变化情况详见图 3.3.3-25～图 3.3.3-28。

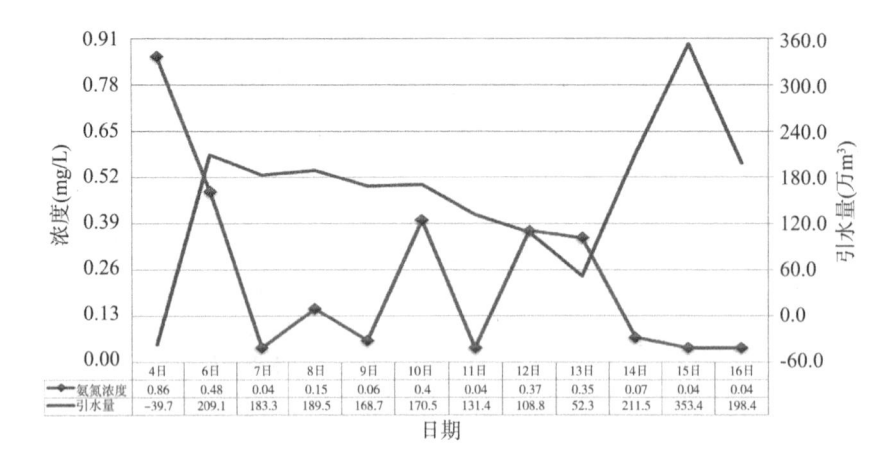

图 3.3.3-25　测验期间澡港枢纽氨氮浓度变化图

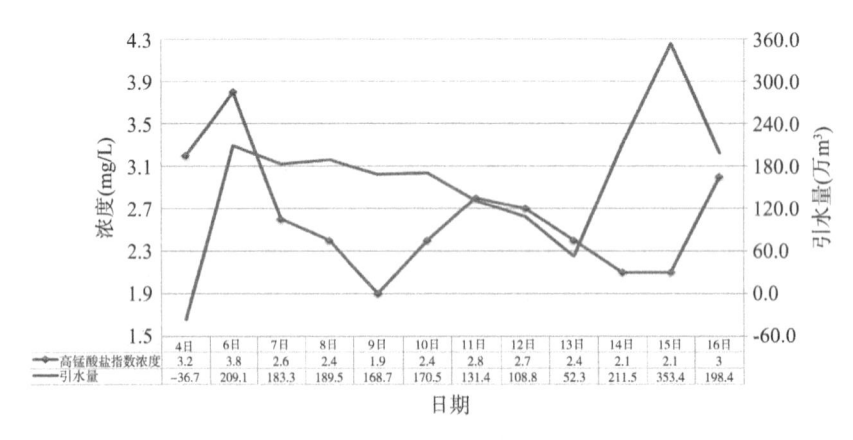

日期	4日	6日	7日	8日	9日	10日	11日	12日	13日	14日	15日	16日
氨氮浓度	0.86	0.48	0.04	0.15	0.06	0.4	0.04	0.37	0.35	0.07	0.04	0.04
引水量	-39.7	209.1	183.3	189.5	168.7	170.5	131.4	108.8	52.3	211.5	353.4	198.4

图 3.3.3-26　测验期间澡港枢纽高锰酸盐指数浓度变化图

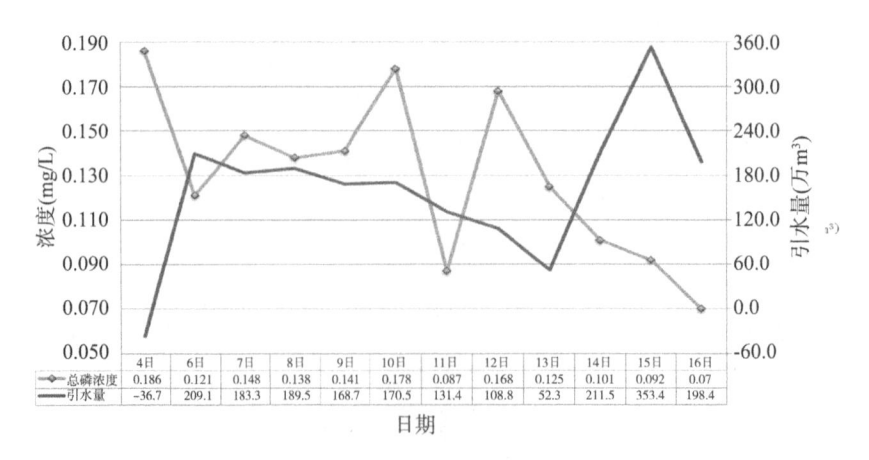

日期	4日	6日	7日	8日	9日	10日	11日	12日	13日	14日	15日	16日
高锰酸盐指数浓度	3.2	3.8	2.6	2.4	1.9	2.4	2.8	2.7	2.4	2.1	2.1	3
引水量	-36.7	209.1	183.3	189.5	168.7	170.5	131.4	108.8	52.3	211.5	353.4	198.4

图 3.3.3-27　测验期间澡港枢纽总磷浓度变化图

日期	4日	6日	7日	8日	9日	10日	11日	12日	13日	14日	15日	16日
总磷浓度	0.186	0.121	0.148	0.138	0.141	0.178	0.087	0.168	0.125	0.101	0.092	0.07
引水量	-36.7	209.1	183.3	189.5	168.7	170.5	131.4	108.8	52.3	211.5	353.4	198.4

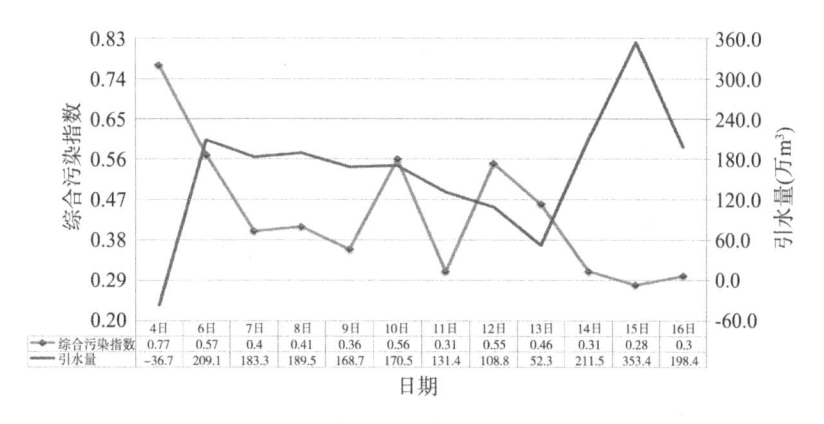

图 3.3.3-28　测验期间澡港枢纽综合污染指数变化图

2) 京杭运河

京杭运河上承长江,沿程接纳九曲河、新孟河、德胜河和澡港河等沿江河道汇水,并向香草河、丹金溧漕河、扁担河、武宜运河等河道分流。沿程各污染物指标浓度变化分析如下:

氨氮:京杭运河丹阳段来水氨氮浓度较高,经丹金溧漕河分流后,至新泰定桥断面,氨氮浓度减小;新泰定桥段至天宁大桥段,经新孟河、德胜河汇流并受常州城区污染物汇入影响,氨氮浓度沿程升高;天宁大桥至横林大桥段,经关河汇流,并受到无锡下游顶托影响,氨氮浓度进一步升高。

高锰酸盐指数:京杭运河高锰酸盐指数浓度沿程升高,且天宁大桥至横林大桥段增幅最为明显。这表明:区间有大量工业污染汇入。

总磷:京杭运河总磷变化与氨氮变化类似。

总体而言,京杭运河沿程受有机污染物排放影响,高锰酸盐指数浓度沿程升高。京杭运河常州区域内,受城区生活污水及通江河道汇流影响,氨氮和总磷浓度沿程升高。

京杭运河沿程水质演变情况详见图 3.3.3-29～图 3.3.3-32。

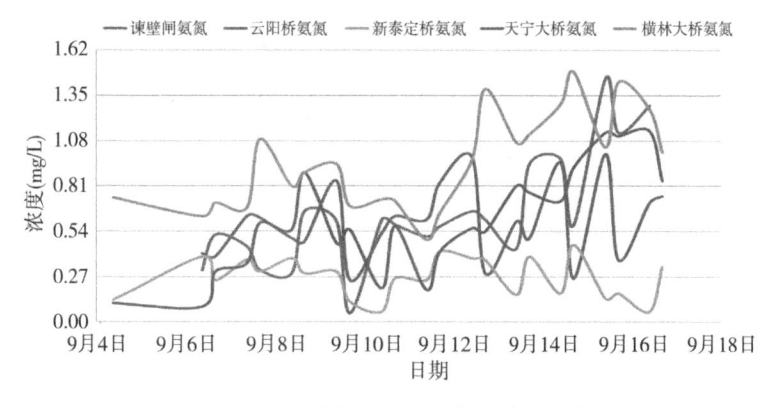

图 3.3.3-29　京杭运河沿程氨氮浓度演变图

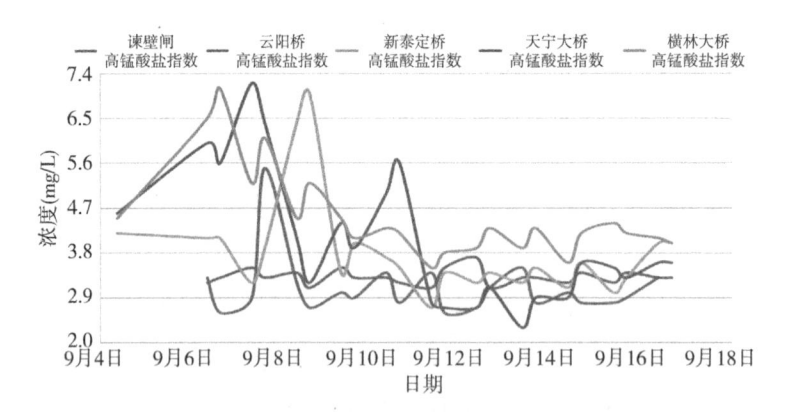

图 3.3.3-30　京杭运河沿程高锰酸盐指数浓度演变图

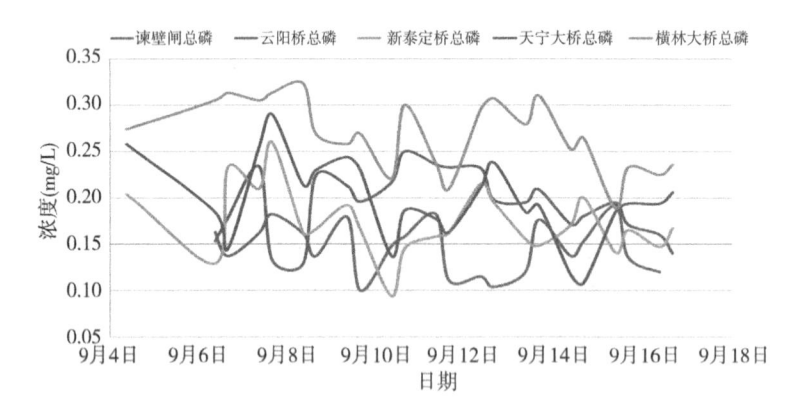

图 3.3.3-31　京杭运河沿程总磷浓度演变图

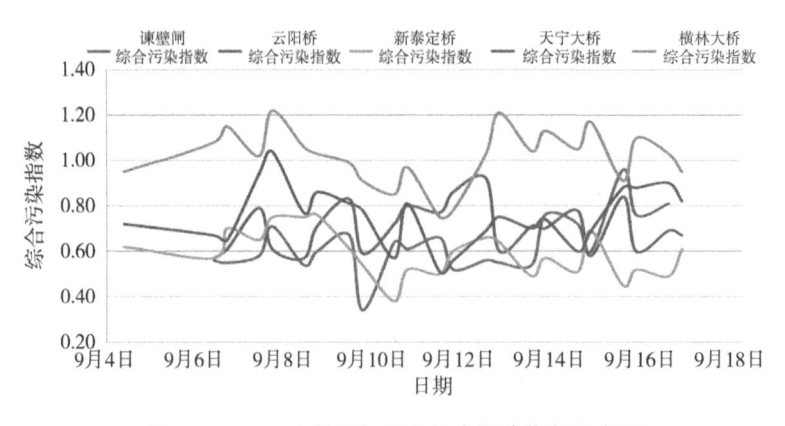

图 3.3.3-32　京杭运河沿程综合污染指数演变图

3）香草河、胜利河、通济河

(1) 香草河

太阳城桥段

①水质变化及成因

沿江口门排水期间，太阳城桥段各污染物指标背景值浓度分别为：氨氮 0.21 mg/L、高锰酸盐指数 3.3 mg/L、总磷 0.133 mg/L，综合污染指数为 0.48，水质类别为Ⅲ类。

正常引水期间，太阳城桥段出现明显的往复流现象，导致各污染物指标浓度变化存在一定幅度的波动。其中，在 6—7 日，随着上游污染物的汇入，各污染物指标浓度逐渐上升，综合污染指数上升至 0.81。8—9 日，随着沿江口门引江水量的持续增加，各污染物指标浓度又缓慢下降。至 10 日，由于上游香草河污染源汇入，高锰酸盐指数和总磷浓度大幅上升，综合污染指数上升至 1.11。另外，受 11 日、13 日区域降水影响，面源污染随降水径流汇入，各污染物指标浓度又有所上升，其中，12 日总磷浓度比 11 日增加 176.5%。

泵站翻水期间，太阳城桥段各污染物指标浓度变化也存在一定幅度的波动。其中，16 日下午，氨氮浓度达到最高值 1.84 mg/L，综合污染指数上升至最高值 1.27（与背景值比较，增幅为 164.6%）。

测验期间（9 月 6—16 日），太阳城桥段平均综合污染指数为 0.90（与背景值相比，增幅为 87.5%）。其中，氨氮平均浓度为 0.91 mg/L，最大浓度为 1.84 mg/L，出现时间为 16 日 16 时；最小浓度为 0.30 mg/L，出现时间为 15 日 16 时；浓度变差系数为 0.46。高锰酸盐指数平均浓度为 3.8 mg/L，最大浓度为 5.8 mg/L，出现时间为 13 日 9 时；最小浓度为 2.9 mg/L，出现时间为 11 日 9 时；浓度变差系数为 0.19。总磷平均浓度为 0.235 mg/L，最大浓度为 0.345 mg/L，出现时间为 10 日 16 时；最小浓度为 0.133 mg/L，出现时间为 7 日 16 时；浓度变差系数为 0.24。与背景值相比，氨氮浓度平均增幅为 333.3%，高锰酸盐指数浓度平均增幅为 15.2%，总磷浓度平均增幅为 76.7%。

显然，测验期间，太阳城桥段各污染物指标浓度变化受沿江口门引江水量的影响程度和影响时间总体是一致的。其中，氨氮浓度增幅最大，高锰酸盐指数和总磷浓度也存在一定的增幅。这表明：太阳城桥段下游存在区间农业面源污染以及少量的工业污染和生活点源污染。

②与上游来水关系

太阳城桥段上承京杭运河来水和区间降水径流，水质变化主要受京杭运河来水和区间污染汇入的影响。比较香草河太阳城桥、京杭运河云阳桥、九曲河普善大桥的同期（9 月 6—16 日）各污染物指标浓度，其中：

太阳城桥、云阳桥、普善大桥平均综合污染指数分别为 0.90、0.71、0.60。前者比后二者分别增加 26.8%、50.0%。

太阳城桥、云阳桥、普善大桥氨氮平均浓度为 0.91 mg/L、0.60 mg/L、0.37 mg/L。前者比后二者分别增加 51.7%、145.9%，相关系数分别为 0.25、0.31。

太阳城桥、云阳桥、普善大桥高锰酸盐指数平均浓度为 3.8 mg/L、3.3 mg/L、3.3 mg/L。前者比后二者分别增加 15.2%、15.2%，相关系数分别为 −0.08、0.19。

太阳城桥、云阳桥、普善大桥总磷平均浓度为 0.235 mg/L、0.193 mg/L、0.175 mg/L。前者比后二者分别增加 21.8%、34.2%，相关系数分别为 0.44、0.49。

从上可以看出，太阳城桥段水质主要受上游来水的影响，但上游沿程工业污染较为严重。

测验期间，太阳城桥段各污染物指标浓度与流量变化情况详见图 3.3.3-33～图 3.3.3-36，各污染物指标浓度与上游来水水质变化情况详见图 3.3.3-37～图 3.3.3-40。

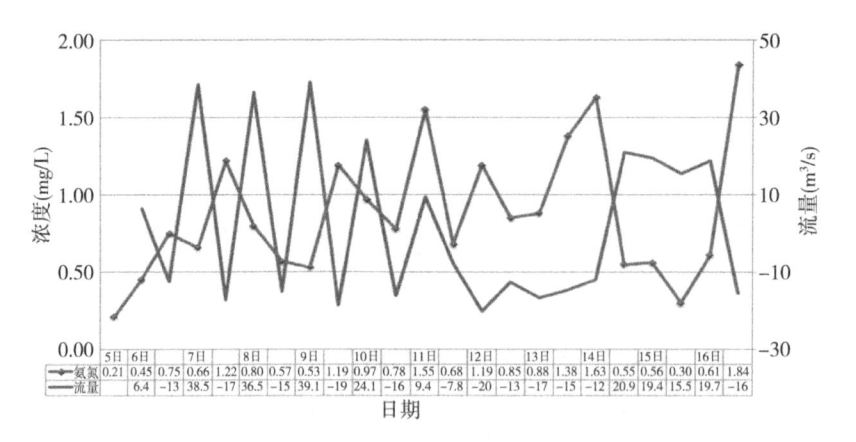

图 3.3.3-33　测验期间香草河太阳城桥段氨氮浓度变化图

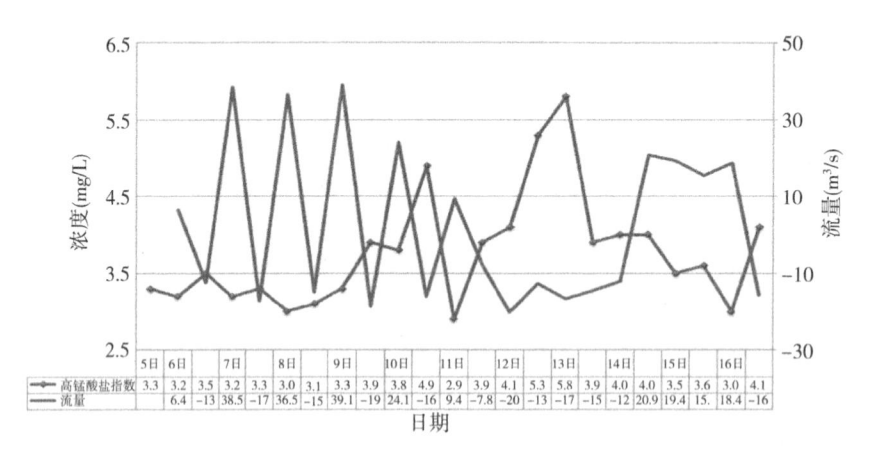

图 3.3.3-34　测验期间香草河太阳城桥段高锰酸盐指数浓度变化图

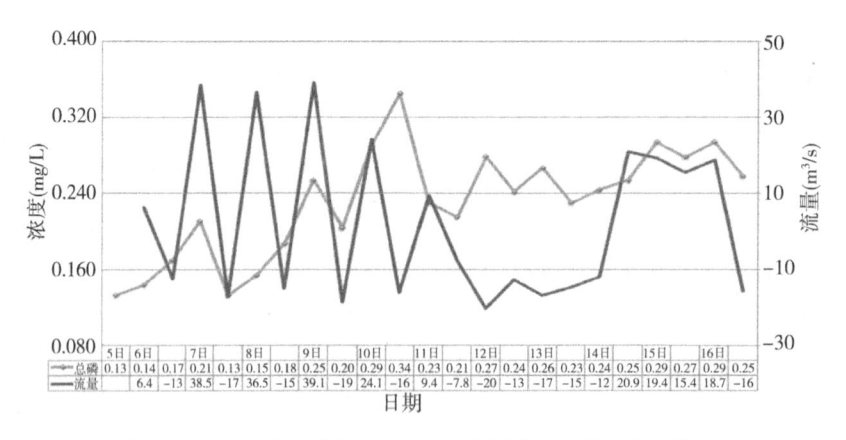

图 3.3.3-35　测验期间香草河太阳城桥段总磷浓度变化图

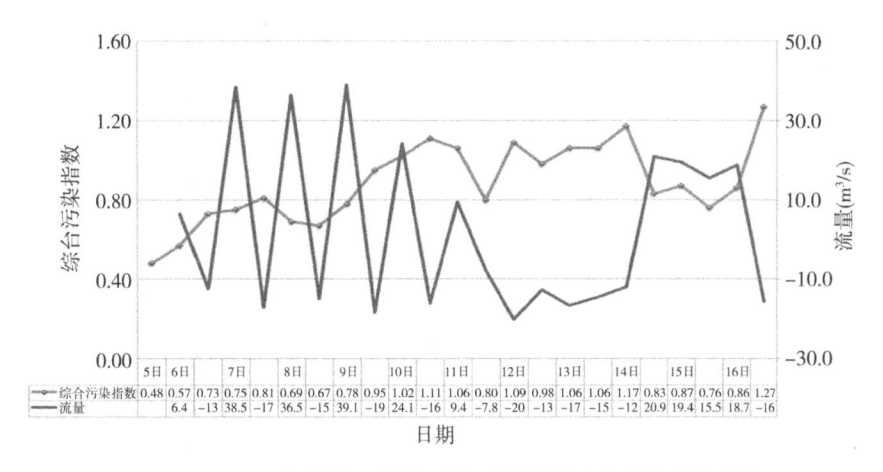

图 3.3.3-36　测验期间香草河太阳城桥段综合污染指数变化图

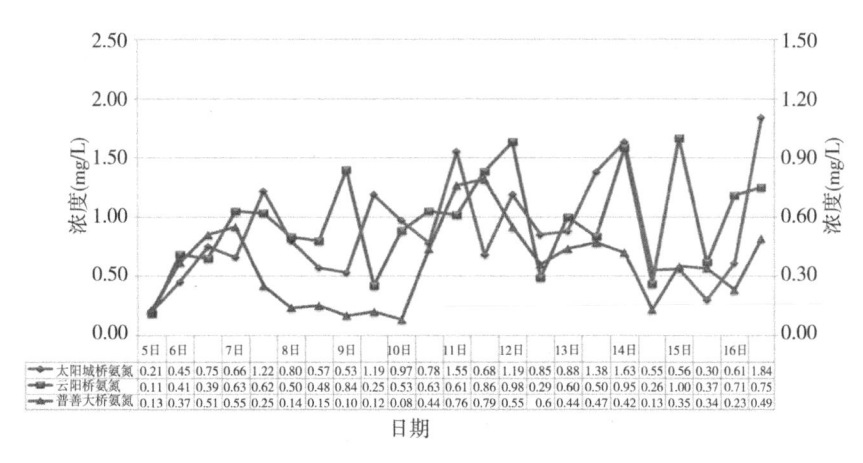

图 3.3.3-37　测验期间香草河太阳城桥段上下游氨氮浓度关系图

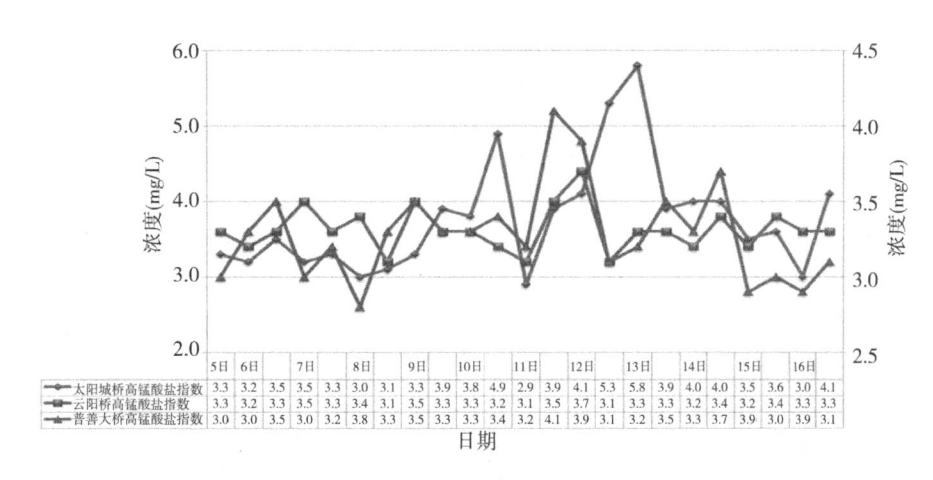

图 3.3.3-38　测验期间香草河太阳城桥段上下游高锰酸盐指数浓度关系图

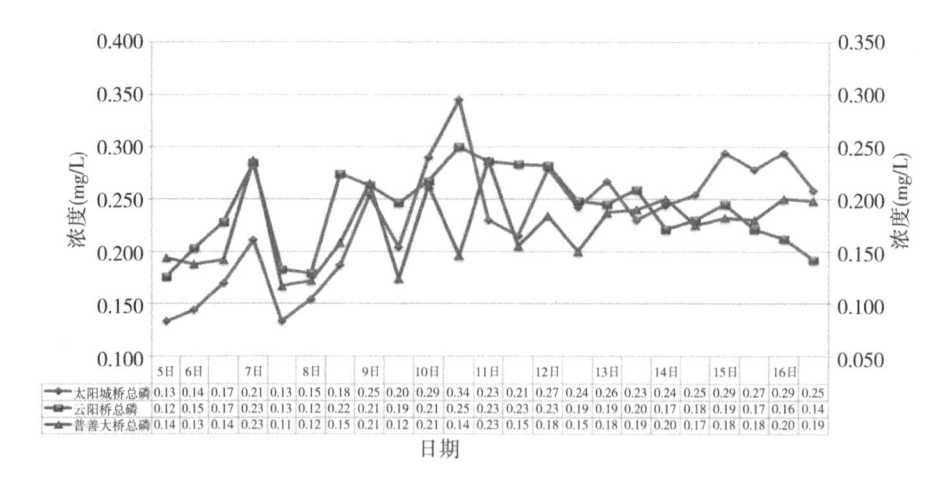

图 3.3.3-39　测验期间香草河太阳城桥段上下游总磷浓度关系图

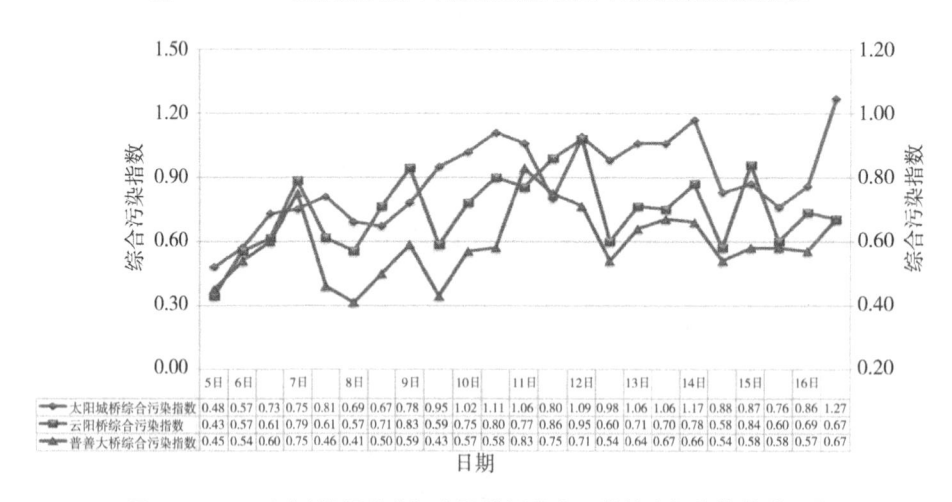

图 3.3.3-40　测验期间香草河太阳城桥段上下游综合污染指数关系图

黄固庄桥段

①水质变化及成因

沿江口门排水期间，黄固庄桥段各污染物指标背景值浓度分别为：氨氮 0.80 mg/L、高锰酸盐指数 4.2 mg/L、总磷 0.267 mg/L，综合污染指数为 0.95，水质类别为Ⅳ类。

正常引水期间，黄固庄桥段各污染物指标浓度总体上呈缓慢下降趋势。其中，6—7日，黄固庄桥段各污染物指标浓度下降较快，至 7 日下午，综合污染指数下降至最低值 0.74（与背景值相比，降幅为 22.1%）。9—13日，香草河水流停滞，各污染物指标浓度又有所回升，氨氮和高锰酸盐指数浓度上升趋势最为明显，到 9 日下午，综合污染指数上升为最高值 1.19（与背景值相比，增幅为 25.3%），这表明：在无上游来水的情况下，香草河沿程农田排水及生活污水排放对其水质产生一定影响。随后，香草河水质又有所改善，到 12 日下午，综合污染指数降为 0.69。

泵站翻水期间，黄固庄桥段各污染物指标浓度总体上呈缓慢上升趋势。其中，14—15日上午，随着翻江水量的增加，上游面源污染的沿程汇入，香草河水质有所恶化，至 15 日上午，综合污染指数上升至 1.12。15 日下午—16 日，随着上游来水水质的改善，香草河综合污染指数逐渐下降,至 16 日下午,下降至最低值为 0.66(与背景值相比,降幅为 30.5%)。

测验期间,黄固庄桥段平均综合污染指数为 0.88(与背景值相比,降幅为 7.4%)。其中,氨氮平均浓度为 0.90 mg/L,最大浓度为 1.85 mg/L,出现时间为 15 日 9 时;最小浓度为 0.29 mg/L,出现时间为 12 日 16 时;浓度变差系数为 0.43。高锰酸盐指数平均浓度为 4.9 mg/L,最大浓度为 6.3 mg/L,出现时间为 10 日 9 时;最小浓度为 3.0 mg/L,出现时间为 7 日 16 时;浓度变差系数为 0.16。总磷平均浓度为 0.182 mg/L,最大浓度为 0.284 mg/L,出现时间为 7 日 9 时;最小浓度为 0.097 mg/L,出现时间为 13 日 16 时;浓度变差系数为 0.31。与背景值相比,氨氮浓度增幅为 12.5%,高锰酸盐指数浓度增幅为 16.7%,总磷浓度降幅为 31.8%。

显然,测验期间,黄固庄桥段高锰酸盐指数和总磷受沿江口门引江水量的影响较为敏感,总磷浓度变幅最大,这表明:时值农业灌溉期,香草河沿程区间受农业面源污染影响较大。另外,本次调水仅使香草河黄固庄桥段总磷浓度有所降低。

②与上游来水关系

总体而言,黄固庄桥段水质变化与水位流量变化表现为明显的一致性,但变化过程相对滞后,且水质浓度与上游来水的大小并无明显的相关关系。比较香草河黄固庄桥、太阳城桥的同期(9 月 6—16 日)各水质指标浓度,其中:

黄固庄桥平均综合污染指数为 0.88,太阳城桥为 0.90。前者比后者减少 2.2%。

黄固庄桥氨氮平均浓度为 0.90 mg/L,太阳城桥为 0.91 mg/L。前者与后者基本持平,两者相关系数为 -0.12(无相关)。

黄固庄桥高锰酸盐指数平均浓度为 4.9 mg/L,太阳城桥为 3.8 mg/L。前者比后者增加 28.9%,两者相关系数为 0.36。

黄固庄桥总磷平均浓度为 0.182 mg/L,太阳城桥为 0.235 mg/L。前者比后者减少 22.6%,两者相关系数为 -0.17。

从上可以发现,香草河黄固庄桥段上游沿程主要为农业面源污染和少量的工业污染,且主要污染物为氨氮和总磷。

测验期间,香草河黄固庄桥段各污染物指标浓度与流量变化情况详见图 3.3.3-41～图 3.3.3-44,各污染物指标浓度与上游来水水质变化情况详见图 3.3.3-45～图 3.3.3-48。

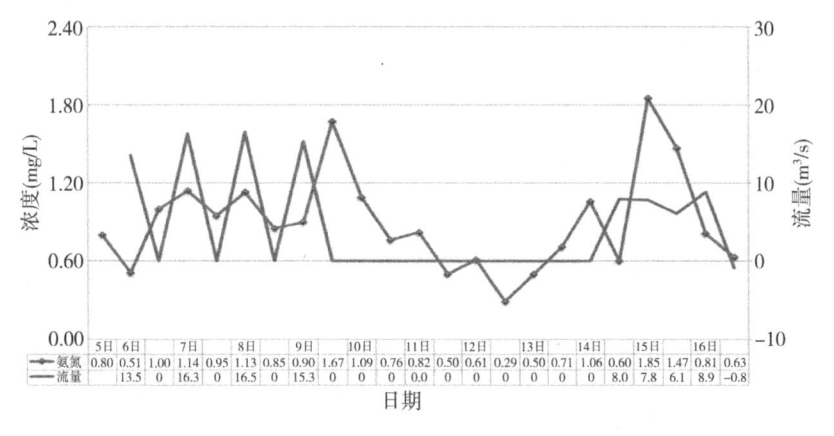

图 3.3.3-41 测验期间香草河黄固庄桥段氨氮浓度变化图

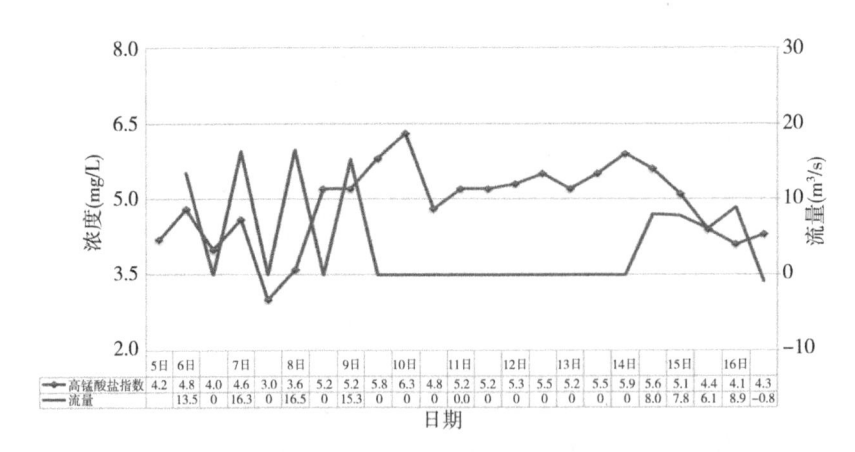

图 3.3.3-42　测验期间香草河黄固庄桥段高锰酸盐指数浓度变化图

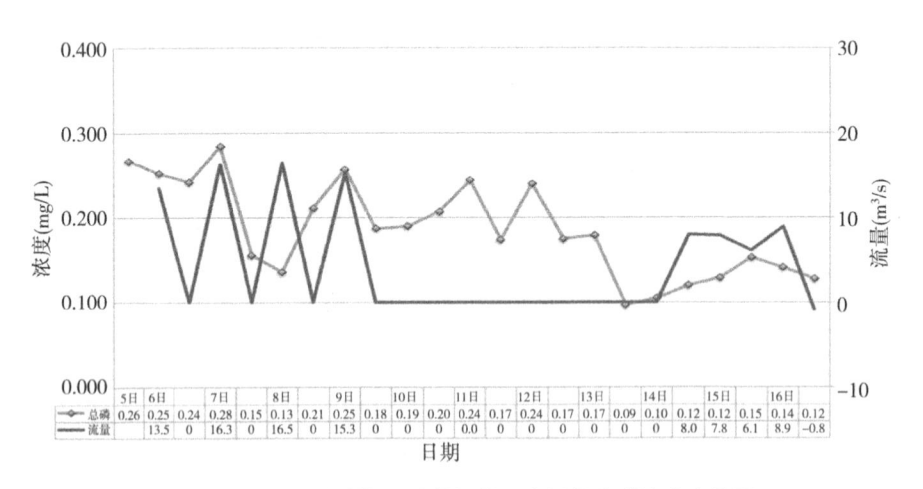

图 3.3.3-43　测验期间香草河黄固庄桥段总磷浓度变化图

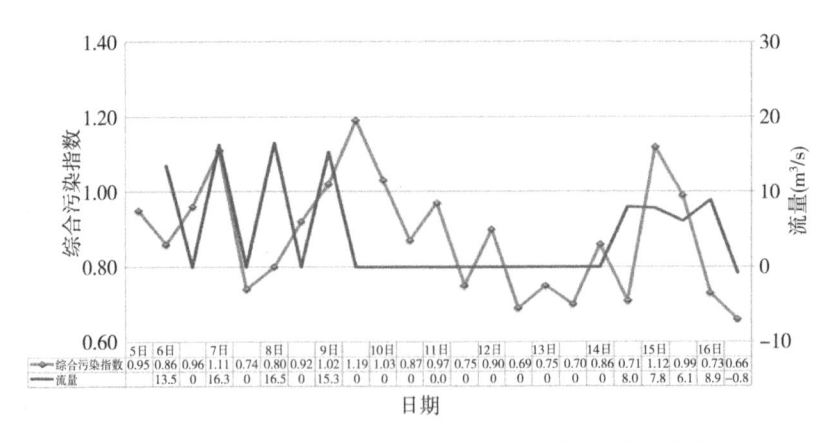

图 3.3.3-44　测验期间香草河黄固庄桥段综合污染指数变化图

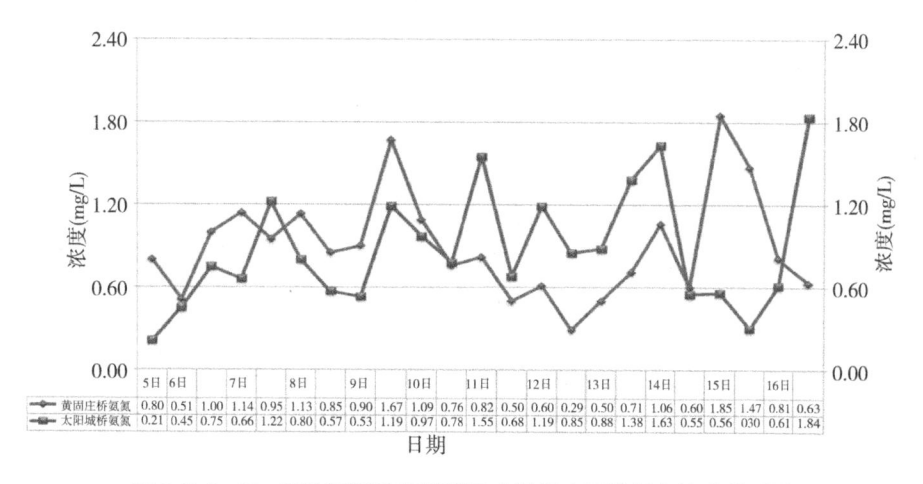

图 3.3.3-45 测验期间香草河黄固庄桥段上下游氨氮浓度关系图

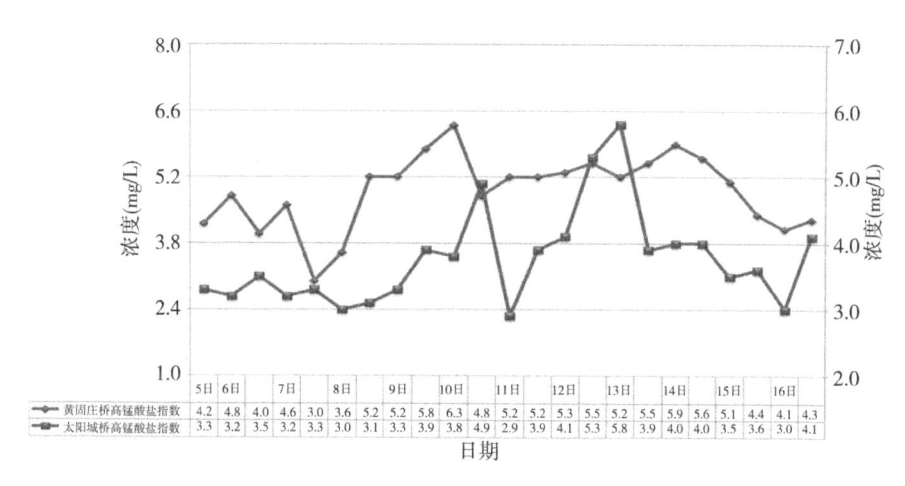

图 3.3.3-46 测验期间香草河黄固庄桥段上下游高锰酸盐指数浓度关系图

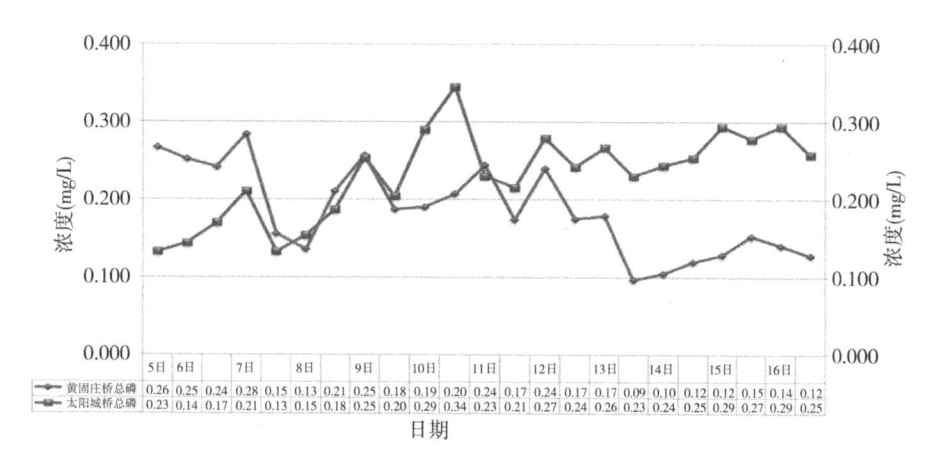

图 3.3.3-47 测验期间香草河黄固庄桥段上下游总磷浓度关系图

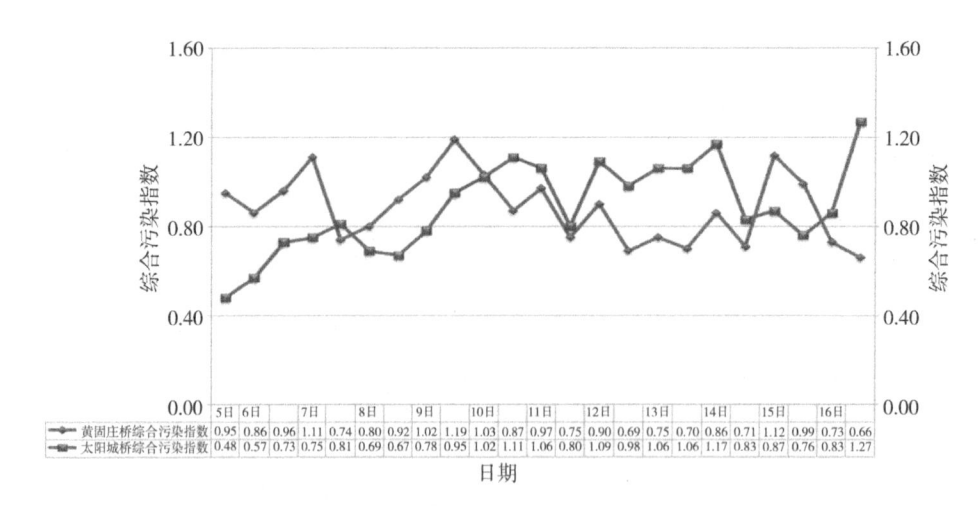

图 3.3.3-48　测验期间香草河黄固庄桥段上下游综合污染指数关系图

(2) 胜利河

水质变化及成因

沿江口门排水期间，胜利河（拖板桥段）各污染物指标背景值浓度分别为：氨氮1.24 mg/L、高锰酸盐指数 4.5 mg/L、总磷 0.261 mg/L，综合污染指数为 1.10，水质类别为Ⅳ类。

正常引水期间，胜利河和香草河类似，也出现明显的往复流现象，各污染物指标浓度变化存在一定幅度的波动。其中，正常引水初期，随着上游污染物的汇入，各污染物指标浓度大幅上升，至 6 日下午，综合污染指数上升至最高值 1.43（与背景值相比，增幅为30.0%）；正常引水 2～3 天后，各污染物指标浓度开始下降，最后趋于平稳。另外，受11 日、13 日区域强降水的影响，面源污染随降水径流汇入，各污染物指标浓度又有所上升。

泵站翻水期间，胜利河（拖板桥段）各污染物指标浓度也存在一定的起伏变化，总体上呈先升高后回落趋势。其中，15 日下午，综合污染指数降至最低值 0.60（与背景值相比，降幅为 45.4%）。

测验期间（9 月 6—16 日），胜利河（拖板桥段）平均综合污染指数为 0.87（与背景值相比，降幅为 20.9%）。其中，氨氮平均浓度为 1.15 mg/L，最大浓度为 2.55 mg/L，出现时间为 6 日 16 时；最小浓度为 0.31 mg/L，出现时间为 15 日 16 时；浓度变差系数为 0.43。高锰酸盐指数平均浓度为 5.3 mg/L，最大浓度为 6.3 mg/L，出现时间为 11 日 9 时；最小浓度为 2.9 mg/L，出现时间为 8 日 9 时；浓度变差系数为 0.17。总磷平均浓度为0.115 mg/L，最大浓度为 0.267 mg/L，出现时间为 6 日 9 时；最小浓度为 0.059 mg/L，出现时间为 15 日 9 时；浓度变差系数为 0.48。与背景值相比，氨氮浓度平均降幅为 7.3%，高锰酸盐指数浓度平均增幅为 17.8%，总磷浓度平均降幅为 55.9%。

显然，测验期间，胜利河（拖板桥段）各污染物指标浓度变化受沿江口门引江水量的影响程度和影响时间总体是一致的。其中，只有高锰酸盐指数浓度存在一定的增幅，这表明：胜利河（拖板桥段）区间有少量的工业污染。

与上游来水关系

胜利河(拖板桥段)上承香草河来水和区域降水径流,水质主要受香草河来水水质和上游面源污染的共同影响。比较胜利河拖板桥、太阳城桥同期(9月6—16日)的各污染物指标监测浓度,其中:

拖板桥平均综合污染指数为0.87,太阳城桥为0.90。前者比后者减少3.3%。

拖板桥氨氮平均浓度为1.15 mg/L,太阳城桥为0.91 mg/L。前者比后者增加26.4%,两者相关系数为0.16。

拖板桥高锰酸盐指数平均浓度为5.3 mg/L,太阳城桥为3.8 mg/L。前者比后者增加39.5%,两者相关系数为−0.09。

拖板桥总磷平均浓度为0.115 mg/L,太阳城桥为0.235 mg/L。前者比后者减少51.1%。两者相关系数为−0.57。

这表明,胜利河拖板桥以上河段存有大量农业污染。

测验期间,胜利河(拖板桥段)各污染物指标浓度与流量变化情况详见图3.3.3-49~图3.3.3-52,各污染物指标浓度与上游来水水质变化情况详见图3.3.3-53~图3.3.3-56。

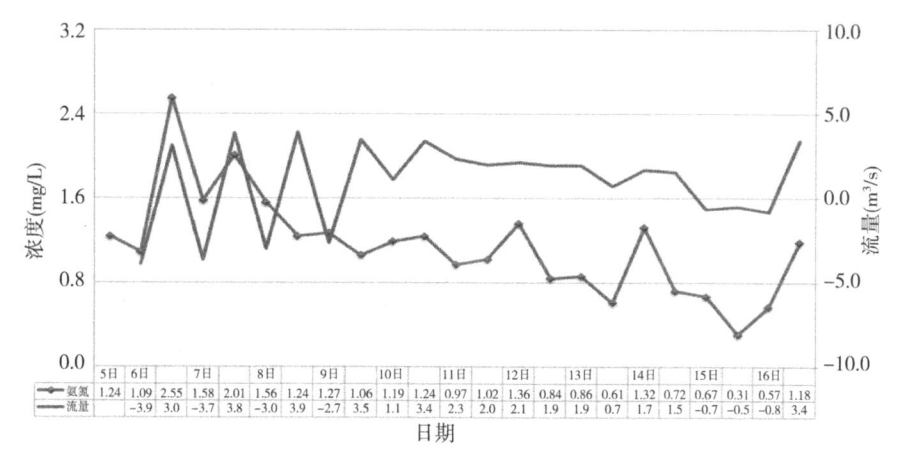

图3.3.3-49 测验期间胜利河拖板桥段氨氮浓度变化图

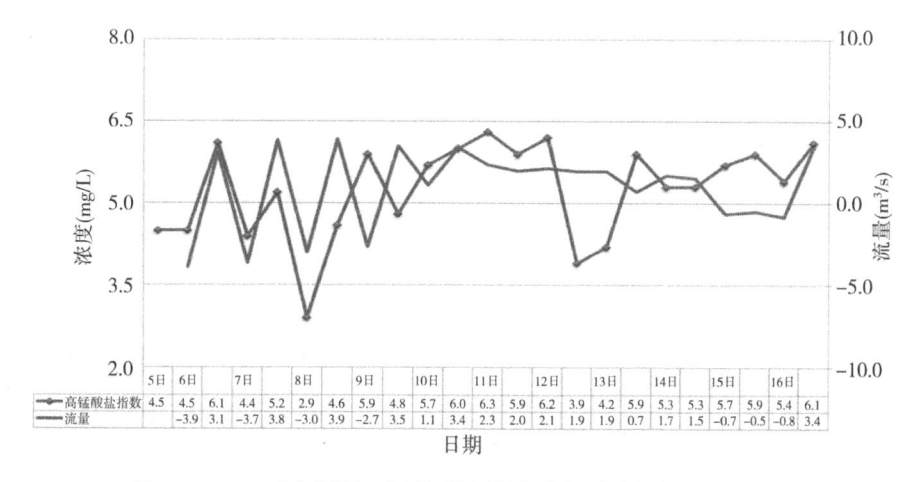

图3.3.3-50 测验期间胜利河拖板桥段高锰酸盐指数浓度变化图

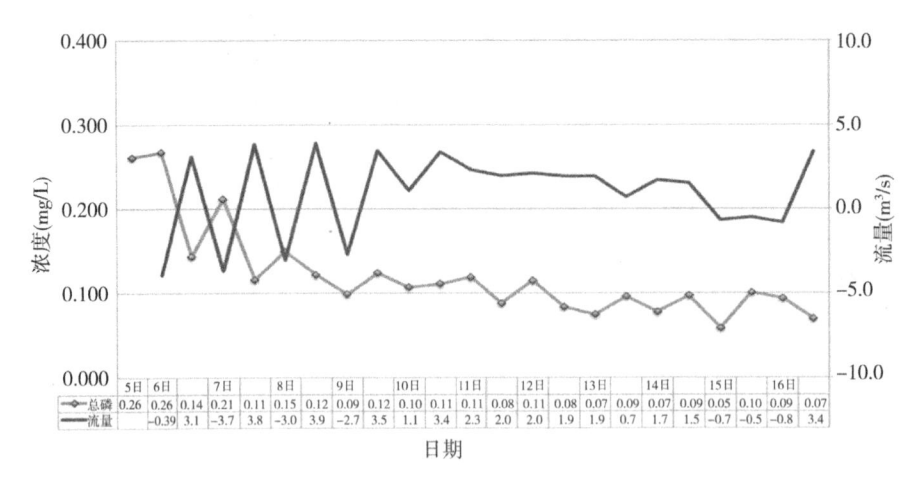

图 3.3.3-51　测验期间胜利河拖板桥段总磷浓度变化图

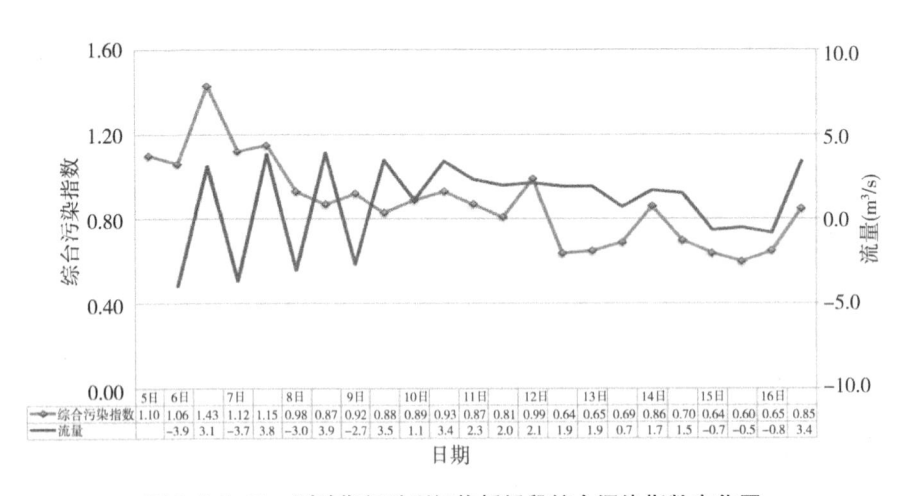

图 3.3.3-52　测验期间胜利河拖板桥段综合污染指数变化图

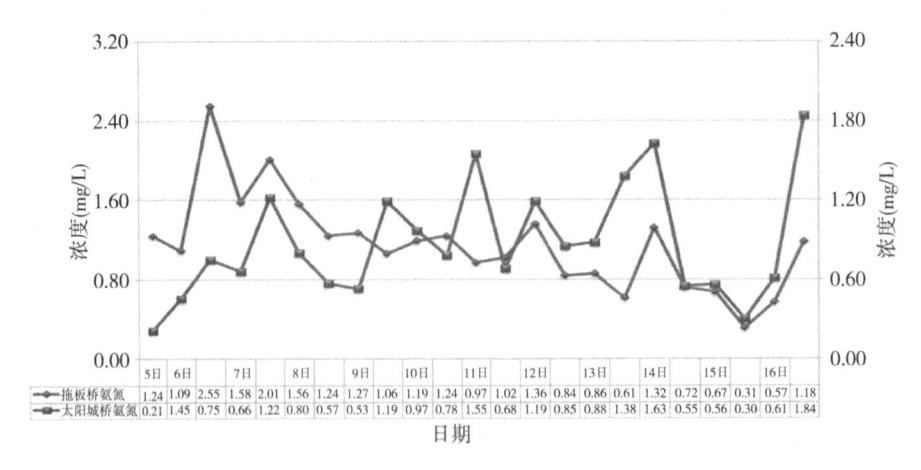

图 3.3.3-53　测验期间胜利河拖板桥段上下游氨氮浓度关系图

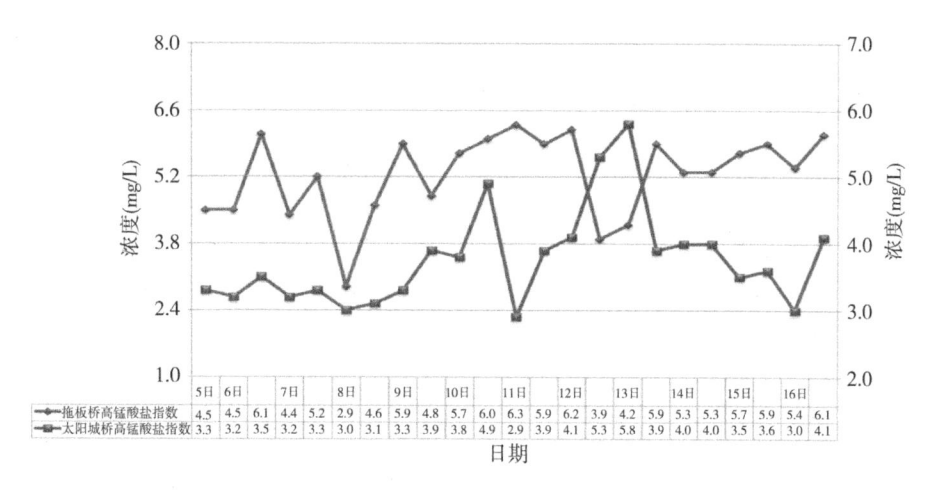

图 3.3.3-54 测验期间胜利河拖板桥段上下游高锰酸盐指数浓度关系图

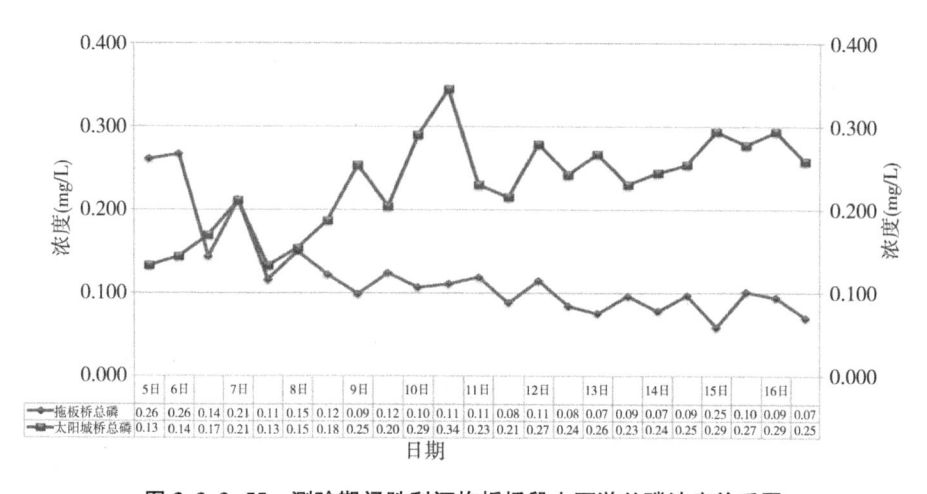

图 3.3.3-55 测验期间胜利河拖板桥段上下游总磷浓度关系图

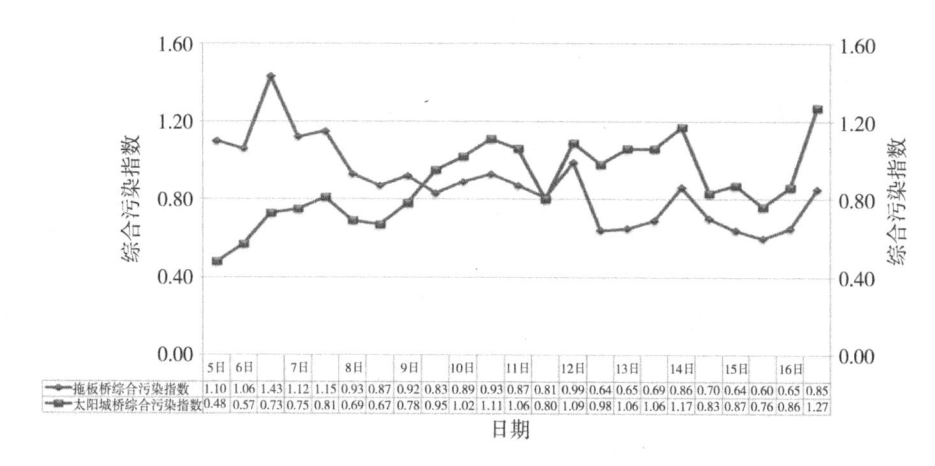

图 3.3.3-56 测验期间胜利河拖板桥段上下游综合污染指数关系图

(3) 通济河

水质变化及成因

9月5日,通济河(紫阳桥段)各污染物指标背景值浓度分别为:氨氮1.83 mg/L、高锰酸盐指数5.6 mg/L、总磷0.249 mg/L,综合污染指数为1.34,水质类别为Ⅴ类。

受沿江口门正常引水的影响,通济河(紫阳桥段)各污染物指标浓度变化存在一定幅度的波动。其中,正常引水初期,随着上游污染物汇入,各污染物指标浓度有所上升,至7日下午,综合污染指数上升至1.74;正常引水3～4天后,各污染物指标浓度开始下降,最后趋于平稳,至10日下午,综合污染指数下降至引水以来最低值1.29(与背景值相比,降幅为3.7%)。另外,受11日、13日区域强降水的影响,面源污染随降水径流大量汇入,各污染物指标浓度迅速上升,至11日下午,综合污染指数上升至最高值1.89(与背景值相比,增幅为41.0%)。

受泵站翻水的影响,通济河(紫阳桥段)各污染物指标浓度变化也存在一定幅度的波动,总体上呈先升高后回落趋势。

测验期间(9月6—16日),通济河紫阳桥段平均综合污染指数为1.41(与背景值相比,增幅为5.2%)。其中,氨氮平均浓度为2.52 mg/L;最大浓度为4.17 mg/L,出现时间为11日16时;最小浓度为1.52 mg/L,出现时间为15日16时;浓度变差系数为0.29。高锰酸盐指数平均浓度为5.4 mg/L;最大浓度为6.9 mg/L,出现时间为13日16时;最小浓度为3.3 mg/L,出现时间为7日16时;浓度变差系数为0.14。总磷平均浓度为0.157 mg/L;最大浓度为0.26 mg/L,出现时间为7日9时;最小浓度为0.09 mg/L,出现时间为13日16时;浓度变差系数为0.28。与背景值相比,氨氮浓度平均增幅为37.7%,高锰酸盐指数浓度平均降幅为3.6%,总磷浓度平均降幅为36.9%。

显然,测验期间,通济河(紫阳桥段)各污染物指标浓度变化受沿江口门引江水量影响的时间和程度基本是一致的。其中,氨氮浓度增幅最大,这表明通济河(紫阳桥段)存在大量的农业面源污染。

与上游来水关系

通济河(紫阳桥段)上承香草河和区域降水径流,水质受香草河水质和上游来水的双重影响。比较通济河紫阳桥、香草河黄固庄桥的同期(9月6—16日)各污染物指标浓度,其中:

紫阳桥平均综合污染指数为1.41,黄固庄桥为0.88。前者比后者增加60.2%。

紫阳桥氨氮平均浓度为2.52 mg/L,黄固庄桥为0.90 mg/L。前者比后者增加180.0%,两者相关系数为−0.22。

紫阳桥高锰酸盐指数平均浓度为5.4 mg/L,黄固庄桥为4.9 mg/L。前者比后者增加10.2%,两者相关系数为0.51。

紫阳桥总磷平均浓度为0.157 mg/L,黄固庄桥为0.178 mg/L。前者比后者减少11.8%。两者相关系数为0.56。

从上文可以发现,通济河上游存在大量的农业面源污染,工业污染和生活污染主要来自香草河。

测验期间,通济河(紫阳桥段)各污染物指标浓度与流量变化情况详见图3.3.3-57～图3.3.3-60,各污染物指标浓度与上游来水水质变化情况详见图3.3.3-61～图3.3.3-64。

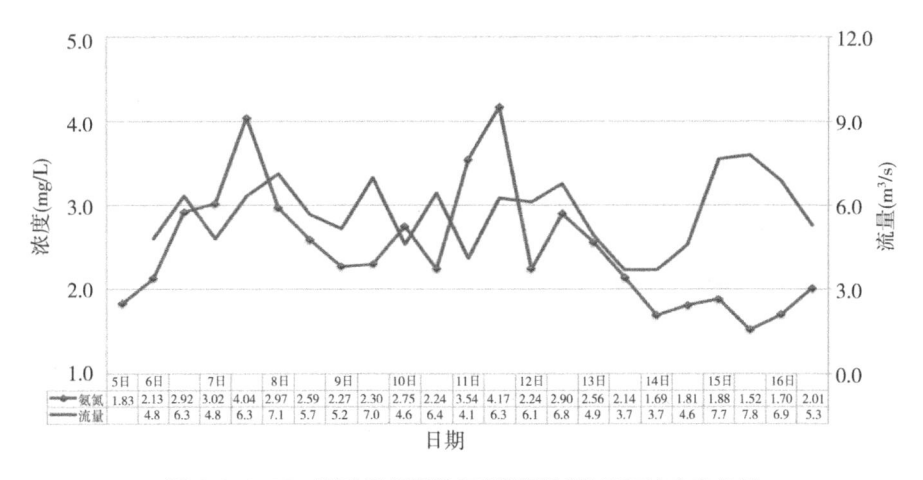

图 3.3.3-57 测验期间通济河(紫阳桥段)氨氮浓度变化图

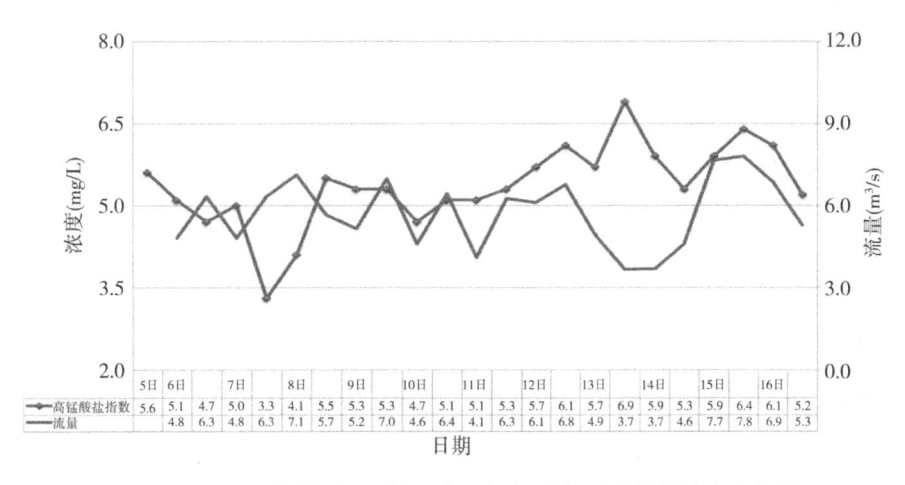

图 3.3.3-58 测验期间通济河(紫阳桥段)高锰酸盐指数浓度变化图

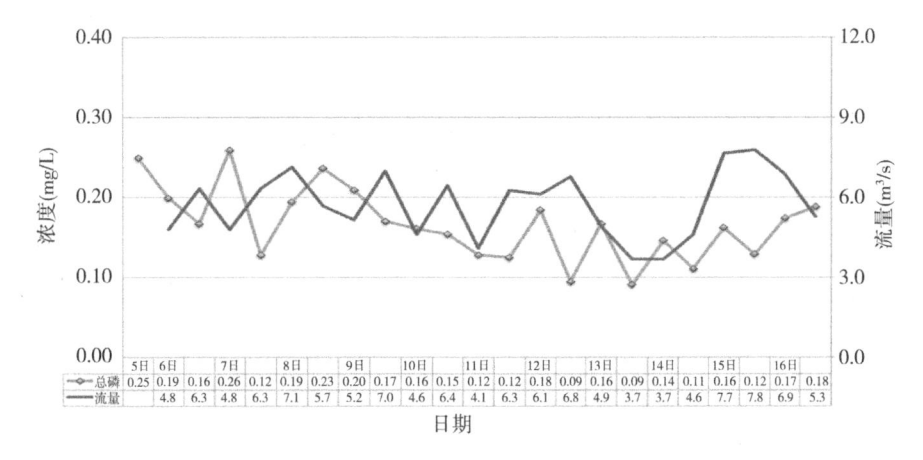

图 3.3.3-59 测验期间通济河(紫阳桥段)总磷浓度变化图

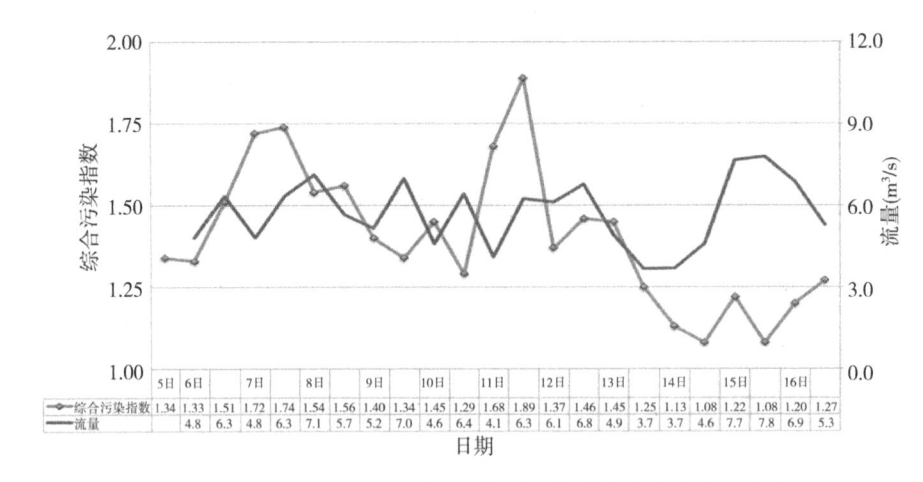

图 3.3.3-60　测验期间通济河(紫阳桥段)综合污染指数变化图

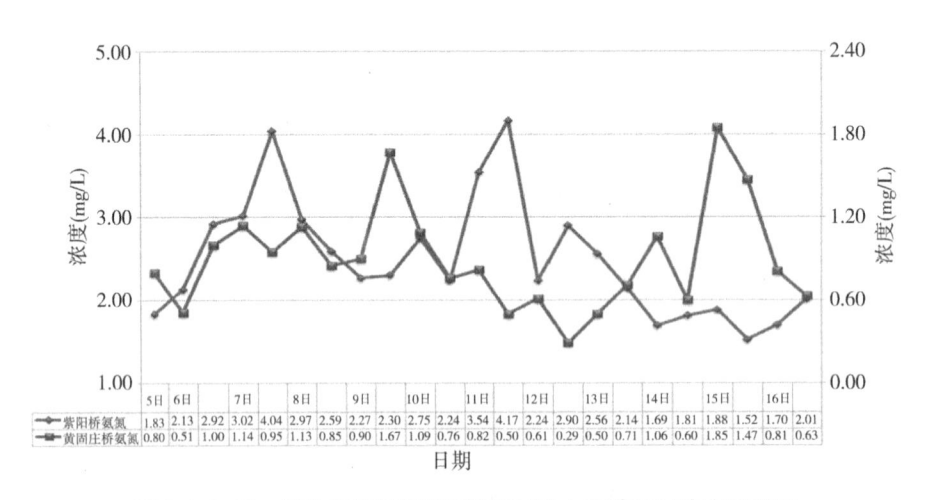

图 3.3.3-61　测验期间通济河(紫阳桥段)上下游氨氮浓度关系图

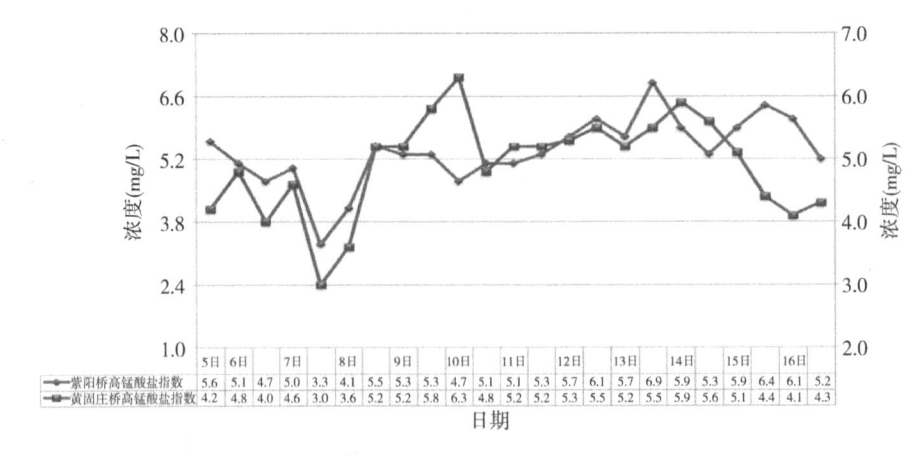

图 3.3.3-62　测验期间通济河(紫阳桥段)上下游高锰酸盐指数浓度关系图

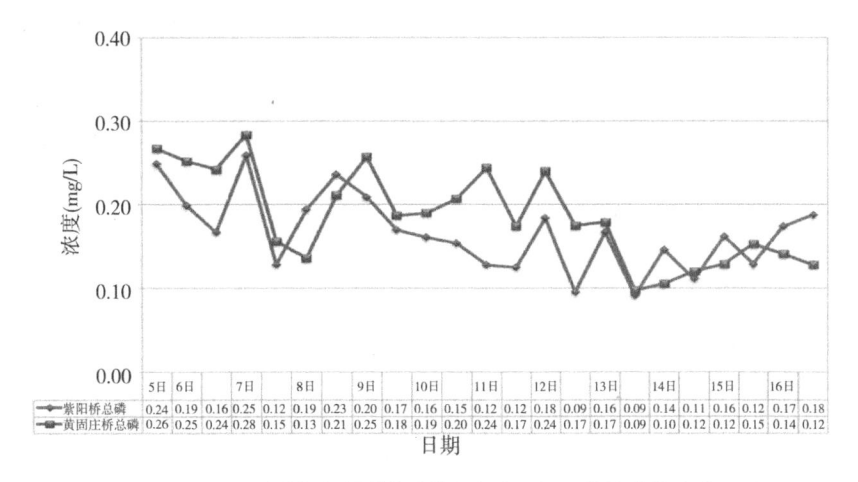

图 3.3.3-63　测验期间通济河(紫阳桥段)上下游总磷浓度关系图

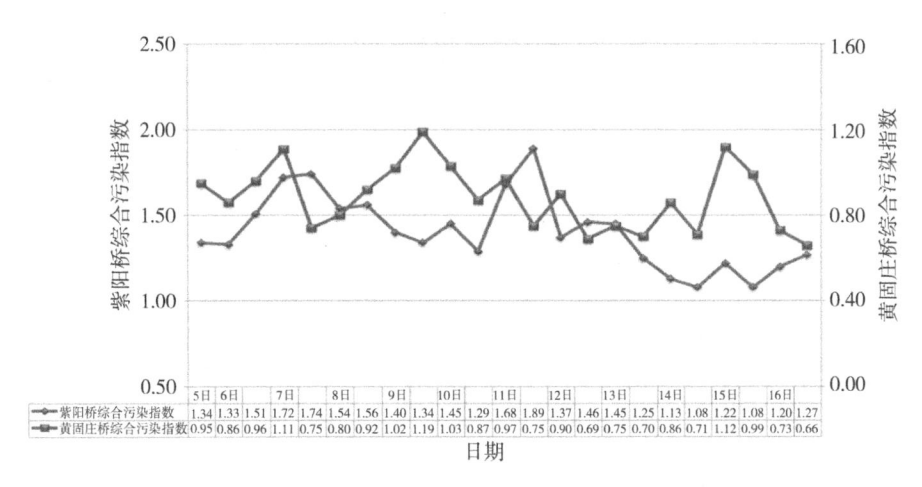

图 3.3.3-64　测验期间通济河(紫阳桥段)上下游综合污染指数关系图

4) 丹金溧漕河、扁担河、武宜运河

(1) 丹金溧漕河

丹金溧漕河上承京杭运河来水,沿程接纳通济河、北河、中河的汇水和区间降水径流,最终流入南河。沿程各污染物指标浓度变化主要表现为:

氨氮:丹金溧漕河受上游京杭运河来水影响,氨氮浓度较高。沿程通过降解作用,氨氮浓度总体呈降低趋势。但遇区域强降水后,随着农业面源污染物汇入,有局部升高的现象。其中,别桥段的氨氮敏感程度最强。

高锰酸盐指数:丹金溧漕河邓家桥段至丹金闸段,高锰酸盐指数沿程总体呈下降趋势;丹金闸段至别桥段,高锰酸盐指数总体呈升高趋势,与区间支流汇入及区间污染物排放有关。

总磷:丹金溧漕河总磷浓度总体均呈沿程升高趋势,与区间污染物排放有关。

总体而言,丹金溧漕河除总磷外,其余各污染物浓度指标均呈波状变化,与区间汇流及污染物排放有关。其中,别桥段水质响应滞后邓家桥段 24～48 h,滞后丹金闸段 12～

24 h。另外,沿江口门引江水量会使上游污染物向下游推进,在短期内增加下游水质恶化趋势。

丹金溧漕河沿程水质变化情况详见图 3.3.3-65～图 3.3.3-68。

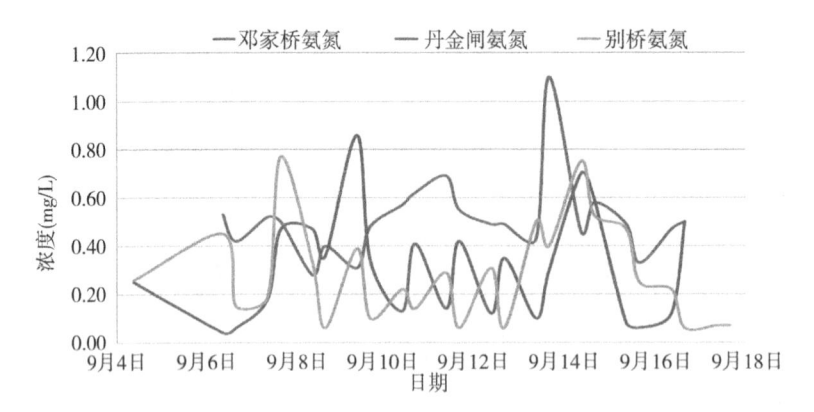

图 3.3.3-65　丹金溧漕河沿程氨氮浓度演变图

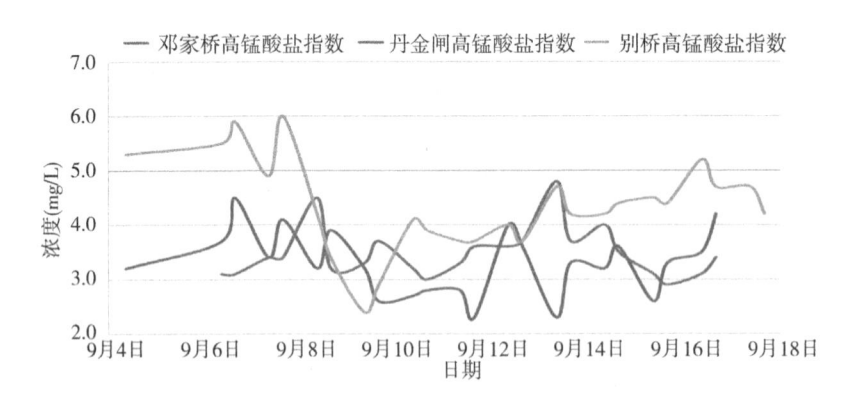

图 3.3.3-66　丹金溧漕河沿程高锰酸盐指数浓度演变图

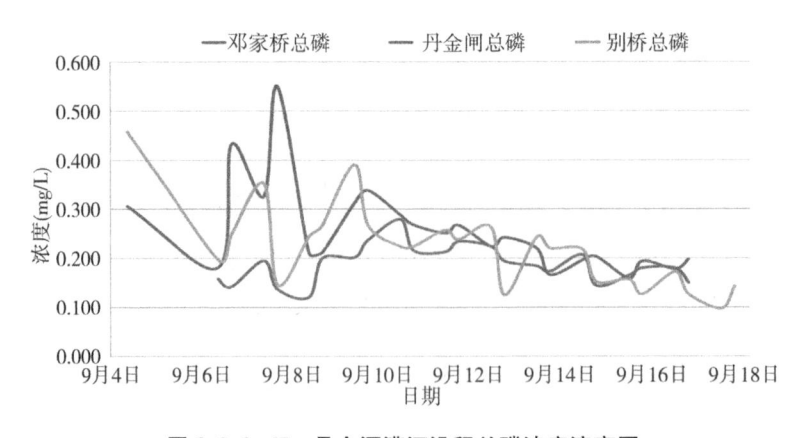

图 3.3.3-67　丹金溧漕河沿程总磷浓度演变图

图 3.3.3-68　丹金溧漕河沿程综合污染指数演变图

（2）扁担河

水质变化及成因

沿江口门排水期间，扁担河桥东桥段各污染物水质背景值浓度分别为：氨氮 0.21 mg/L、高锰酸盐指数 4.7 mg/L、总磷 0.220 mg/L，综合污染指数为 0.70，水质类别为 V 类。

正常引水期间，扁担河各污染物指标浓度总体上呈缓慢下降趋势。其中，引水初期受上游污染物汇入影响和 5 日降水径流影响，各污染物指标浓度均有所上升，7 日综合污染指数上升至最高值 1.05（与背景值相比，增幅为 50.0%）。而随着沿江口门引江水量的持续增加，各污染物指标浓度逐步下降并趋向稳定，至 10 日上午水质达到最好，综合污染指数下降至 0.46（与背景值相比，降幅为 34.3%）；其中，氨氮浓度降幅为 61.9%、高锰酸盐指数浓度降幅为 21.3%、总磷浓度降幅为 36.4%。

泵站翻水期间，扁担河流量稳定，各污染物指标浓度呈小幅度波动变化，水质类别维持在 IV 类，综合污染指数介于 0.49～0.74。

测验期间（9 月 6—16 日），扁担河桥东桥段平均综合污染指数为 0.69（与背景值相比，降幅为 1.4%）。其中，氨氮平均浓度为 0.33 mg/L；最大浓度为 0.57 mg/L，出现时间为 14 日 16 时；最小浓度为 0.08 mg/L，出现时间为 10 日 9 时；浓度变差系数为 0.48。高锰酸盐指数平均浓度为 4.8 mg/L；最大浓度为 7.6 mg/L，出现时间为 7 日 9 时；最小浓度为 2.8 mg/L，出现时间为 11 日 9 时；浓度变差系数为 0.30。总磷平均浓度为 0.185 mg/L；最大浓度为 0.27 mg/L，出现时间为 7 日 16 时；最小浓度为 0.09 mg/L，出现时间为 13 日 16 时；浓度变差系数为 0.27。与背景值相比，氨氮浓度平均增幅为 57.1%，高锰酸盐指数浓度平均增幅为 2.1%，总磷浓度平均降幅为 15.9%。

显然，测验期间，扁担河桥东桥段各污染物指标浓度变化受沿江口门引江水量影响的时间和程度是基本一致的。一般情况下，在正常引水期间，受上游污染汇入的影响，水质趋于恶化，而随着引江水量的持续增加，水质趋于好转。其中，氨氮浓度增幅较大。这表明上游有区间农业面源污染。

与上游来水关系

总体而言，扁担河水质浓度与来水量大小并无明显的相关关系。相对而言，当沿江口门引长江水时,扁担河水质趋向好转,且随着引长江水时间的增长,水质趋向稳定;而沿江口门引水较小甚至无引水时,扁担河水质主要受京杭运河上游来水水质影响。另外,由于扁担河来水主要受上游京杭运河和新孟河影响,水质受上游京杭大运河水质及新孟河水质共同影响。主要表现为:扁担河水质变化趋势与京杭运河水质变化趋势基本一致,且滞后于新孟河水质变化24小时以上。比较扁担河桥东桥、京杭运河新泰定桥、新孟河小河水闸的同期(9月6—16日)各污染物指标浓度,其中:

扁担河桥东桥、京杭运河新泰定桥、新孟河小河水闸平均综合污染指数分别为0.69、0.59、0.41。前者比后二者分别增加16.9%、68.3%。

扁担河桥东桥、京杭运河新泰定桥、新孟河小河水闸氨氮平均浓度为0.33 mg/L、0.27 mg/L、0.11 mg/L。前者比后二者分别增加22.2%、200.0%,相关系数分别为0.19、0.43。

扁担河桥东桥、京杭运河新泰定桥、新孟河小河水闸高锰酸盐指数平均浓度为4.8 mg/L、3.8 mg/L、2.6 mg/L。前者比后二者分别26.3%、84.6%,相关系数分别为0.60、0.46。

扁担河桥东桥、京杭运河新泰定桥、新孟河小河水闸总磷平均浓度为0.185 mg/L、0.172 mg/L、0.139 mg/L。前者比后二者分别增加7.6%、33.1%,相关系数分别为0.17、0.43。

从上文可以看出,扁担河桥东桥段水质主要受上游来水的影响,上游沿程工业污染较为严重。

从综合污染指数来看,扁担河最大,新孟河最小,这说明扁担河水质除受上游来水影响外,还与区间污染物汇入有关。从各污染物指标浓度来看,扁担河各污染物指标浓度均与京杭运河接近,说明扁担河水质主要受京杭运河来水水质的影响,而区间污染物主要表现为有机污染物。

测验期间,扁担河各污染物指标浓度与流量变化情况详见图3.3.3-69～图3.3.3-72,各污染物指标浓度与上游来水水质关系变化情况详见图3.3.3-73～图3.3.3-76。

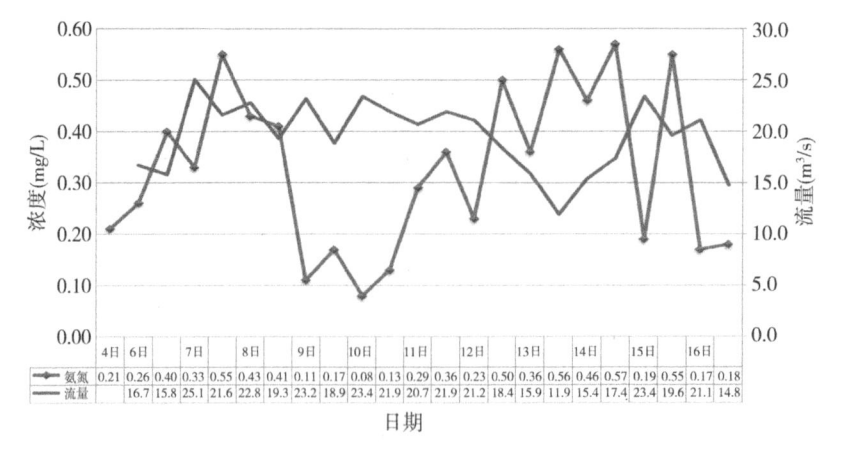

图3.3.3-69 测验期间扁担河桥东桥段氨氮浓度变化图

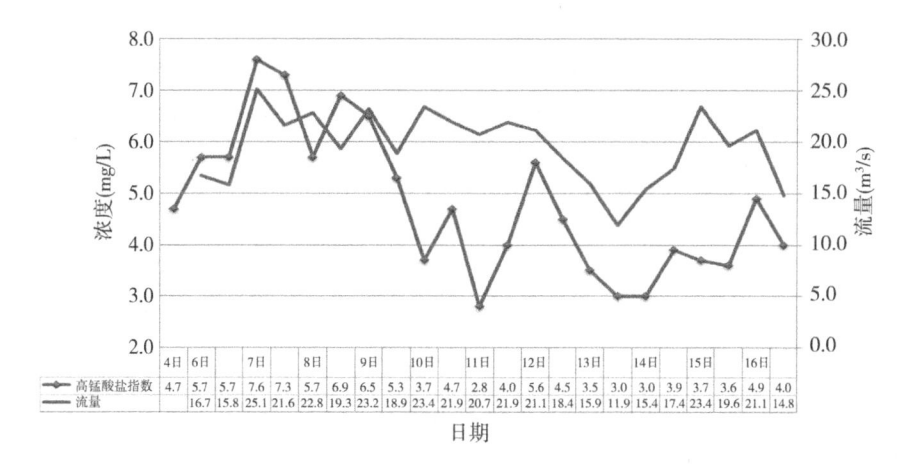

图 3.3.3-70　测验期间扁担河桥东桥段高锰酸盐指数浓度变化图

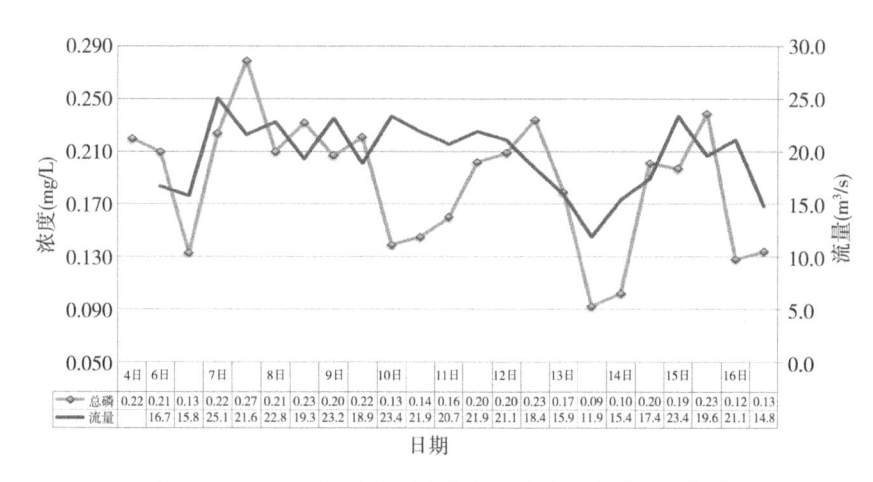

图 3.3.3-71　测验期间扁担河桥东桥段总磷浓度变化图

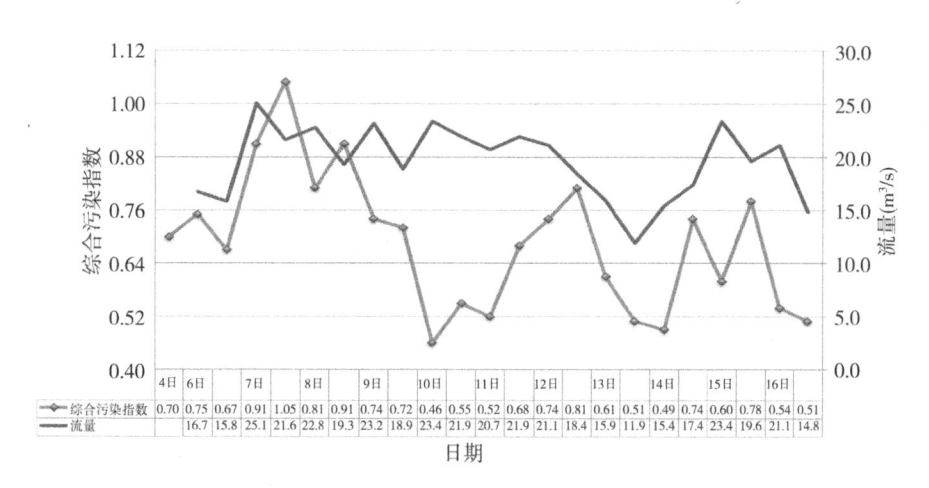

图 3.3.3-72　测验期间扁担河桥东桥段综合污染指数变化图

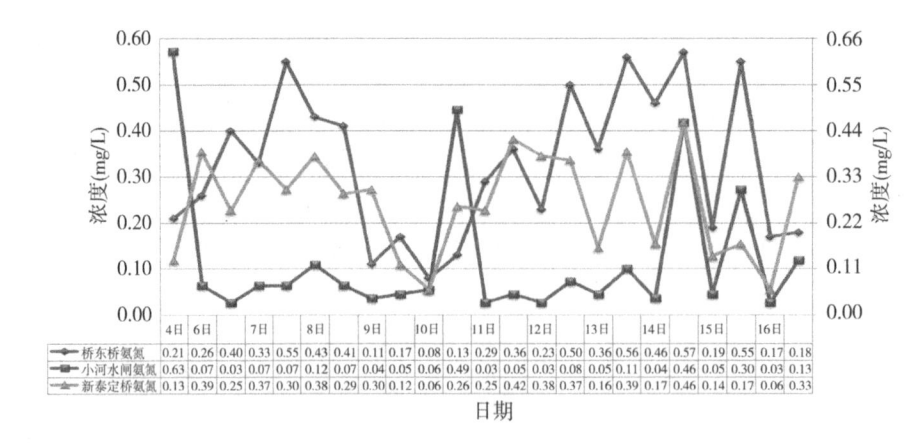

图 3.3.3-73 测验期间扁担河桥东桥段上下游氨氮关系图

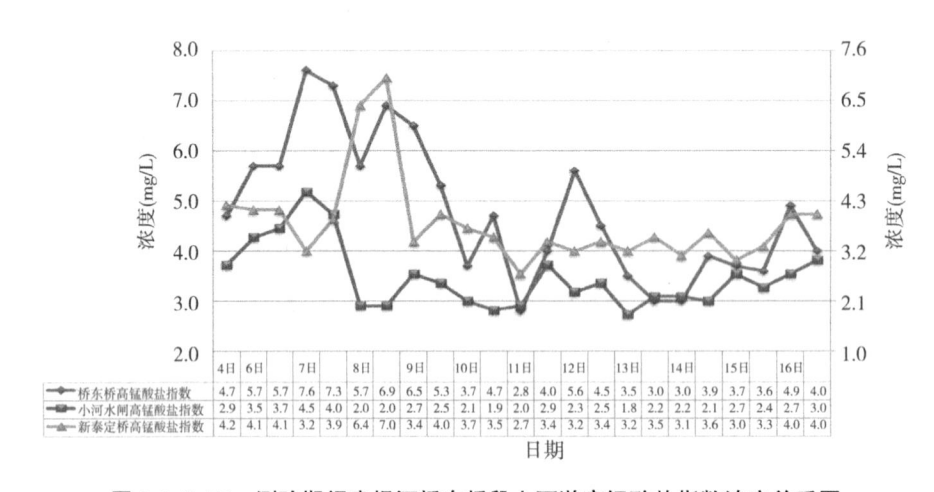

图 3.3.3-74 测验期间扁担河桥东桥段上下游高锰酸盐指数浓度关系图

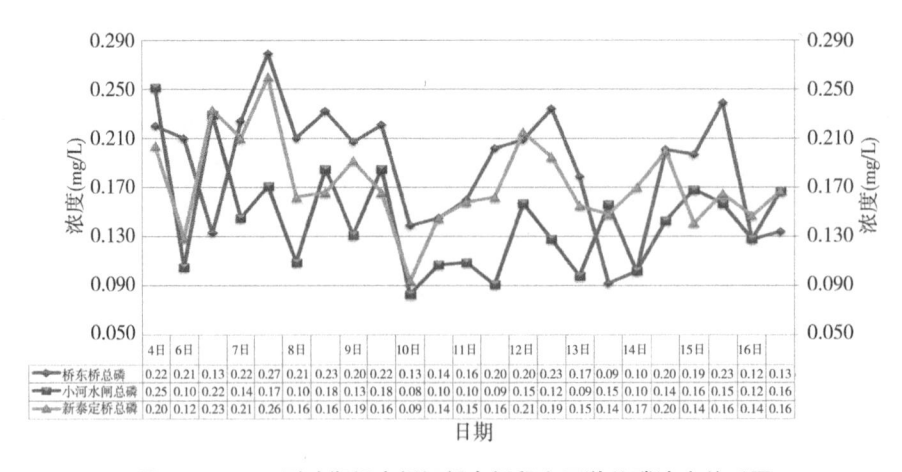

图 3.3.3-75 测验期间扁担河桥东桥段上下游总磷浓度关系图

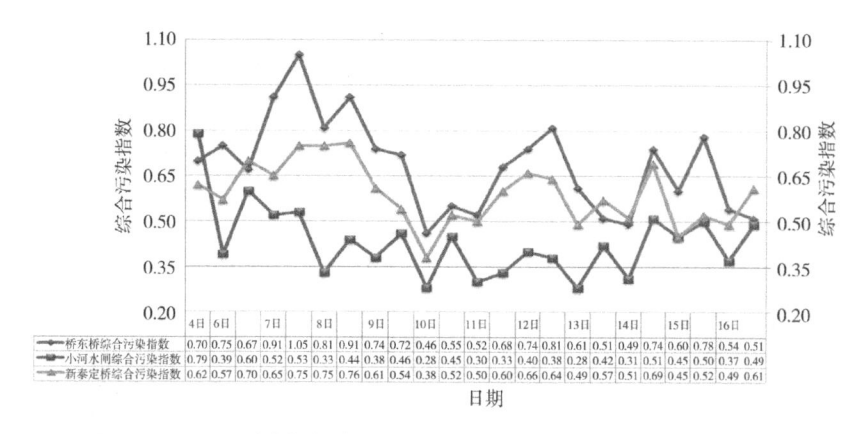

图 3.3.3-76　测验期间扁担河桥东桥段上下游综合污染指数关系图

（3）武宜运河（锡溧漕河）

武宜运河上承京杭运河来水，沿程接纳锡溧漕河、滆湖等的汇水，最终流入南溪河。沿程各污染物指标浓度变化分析如下：

氨氮：从武宜运河入口处到钟溪大桥断面，氨氮浓度沿程变化平稳，总体呈上升趋势，与沿程区间污染物的汇入有关。随着持续引水，钟溪大桥断面浓度与武宜运河入口处浓度逐渐接近，钟溪大桥断面水质响应时间滞后武宜运河入口处48小时左右。

钟溪大桥断面到锡溧漕河大桥断面，氨氮浓度变化也较平稳，沿程浓度总体呈上升趋势，受区间污染物汇入影响，波动性强于武宜运河来水。

高锰酸盐指数：武宜运河入口处到锡溧漕河大桥断面，高锰酸盐指数变化与氨氮变化均类似。通过观察趋势线变化情况，可以看出锡溧漕河大桥断面水质浓度响应滞后钟溪大桥断面12小时左右，滞后武宜运河入口处48小时左右，且锡溧漕河大桥断面高锰酸盐指数浓度显著高于上游，说明该区间以有机污染为主。

总磷：武宜运河入口处到锡溧漕河大桥断面，总磷变化与氨氮变化均类似。但沿程增加幅度不大。

总体而言，武宜运河入口到锡溧漕河大桥断面各污染物指标浓度均沿程升高，武宜运河段以氮磷污染物为主，锡溧漕河段以有机物污染为主。

武宜运河（锡溧漕河）沿程水质演变情况详见图3.3.3-77～图3.3.3-80。

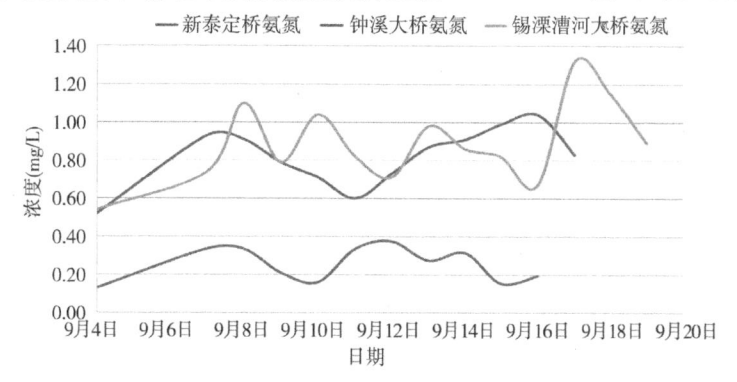

图 3.3.3-77　武宜运河（锡溧漕河）沿程氨氮浓度演变图

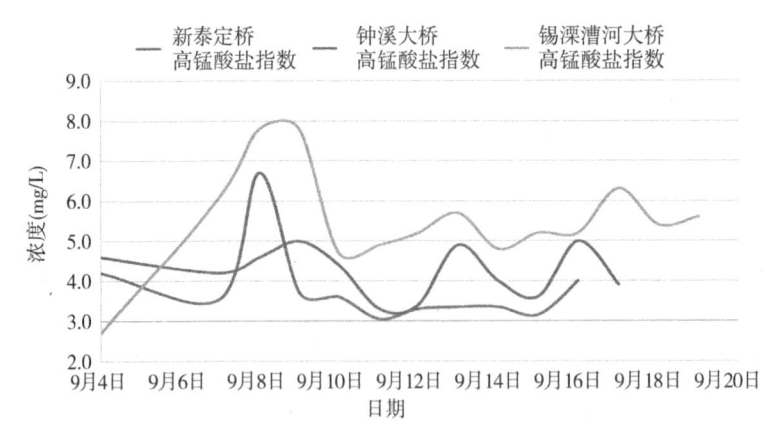

图 3.3.3-78　武宜运河(锡溧漕河)沿程高锰酸盐指数浓度演变图

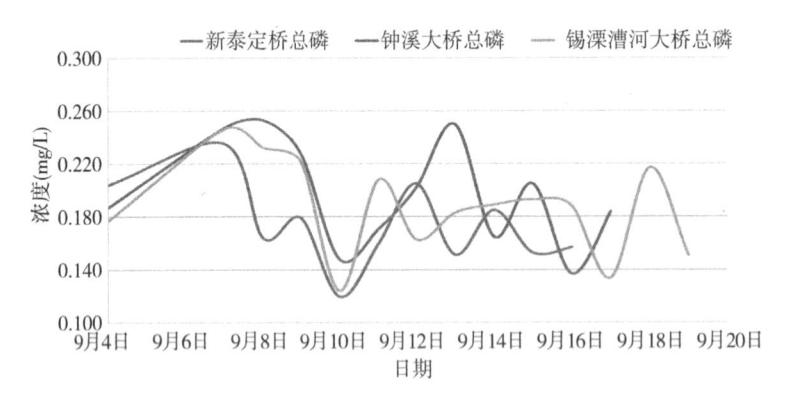

图 3.3.3-79　武宜运河(锡溧漕河)沿程总磷浓度演变图

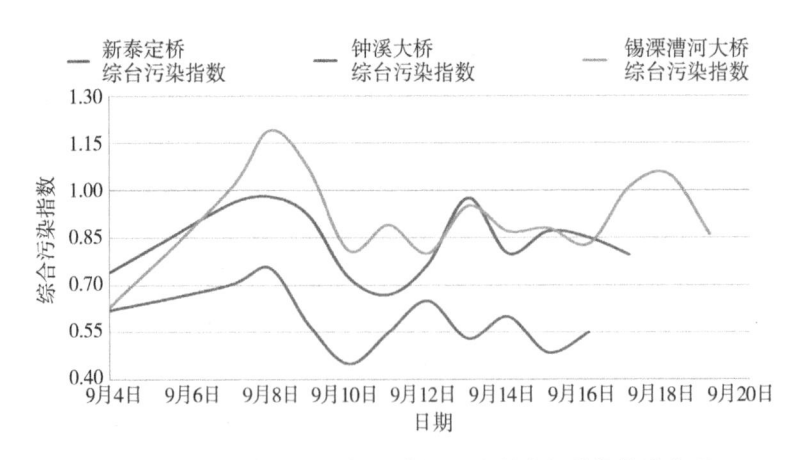

图 3.3.3-80　武宜运河(锡溧漕河)沿程综合污染指数演变图

5) 夏溪河、湟里河

（1）夏溪河

水质变化及成因

沿江口门排水期间，夏溪河友谊桥段各污染物背景值浓度分别为：氨氮 1.45 mg/L、高锰酸盐指数 5.3 mg/L、总磷 0.255 mg/L，综合污染指数为 1.20，水质类别为Ⅴ类。

正常引水期间，受前期沿江口门排水以及上游农业灌溉用水的影响，夏溪河在正常引水前期出现倒流现象（滆湖流向丹金溧漕河）；6—11 日，夏溪河各污染物指标浓度总体呈缓慢下降趋势，至 11 日下午综合污染指数下降至最低值 0.67（与背景值相比，降幅为 44.2%）。12—13 日，夏溪河水流停滞，各污染物指标浓度有所回升；其中，总磷指标增幅最为明显，主要原因是周边生活污水排放。

泵站翻引水期间，丹金溧漕河水位抬升，夏溪河水流改为顺流（丹金溧漕河流向滆湖），各污染物指标浓度随着来水量的增加而缓慢上升，同时受上游面源污染汇入影响，至 17 日，夏溪河综合污染指数上升至 1.18（与背景值基本持平），其中，氨氮浓度增幅最为明显。

测验期间（9 月 6—17 日），夏溪河平均综合污染指数为 0.88。其中，氨氮平均浓度为 0.89 mg/L；最大浓度为 1.82 mg/L，出现时间为 6 日 9 时；最小浓度为 0.13 mg/L，出现时间为 16 日 16 时；浓度变差系数为 0.45。高锰酸盐指数平均浓度为 5.1 mg/L；最大浓度为 7.7 mg/L，出现时间为 10 日 9 时；最小浓度为 3.7 mg/L，出现时间为 15 日 9 时；浓度变差系数为 0.21。总磷平均浓度为 0.178 mg/L；最大浓度为 0.270 mg/L，出现时间为 13 日 9 时；最小浓度为 0.120 mg/L，出现时间为 10 日 16 时；浓度变差系数为 0.22。与背景值相比，氨氮浓度平均降幅为 38.6%，高锰酸盐指数浓度平均降幅为 3.8%，总磷浓度平均降幅为 30.2%。

显然，测验期间，夏溪河各污染物指标均有所下降，其中，氨氮浓度降幅最大，变幅最大。这表明夏溪河上游来水水质较差，而下游滆湖水质较好，沿江口门引江水量会使上游污水汇入，水质变差。

与上游来水关系

总体而言，夏溪河上承丹金溧漕河，下接滆湖，水质变化与水位流量的变化无明显的相关性。当夏溪河倒流时，滆湖来水汇入夏溪河，水质趋于好转；而顺流时，夏溪河各污染物指标浓度上升，水质趋于恶化。这也表明：滆湖水质相对好于丹金溧漕河和夏溪河。

另外，夏溪河水质浓度与上游来水的大小并无明显的相关关系。根据夏溪河友谊桥断面与丹金溧漕河丹金闸断面各水质指标浓度比较来看，丹金闸断面水质指标均优于友谊桥断面，因此夏溪河水质变化主要受沿程农业及生活污染汇入影响，且主要污染物为氨氮和总磷。

测验期间，夏溪河各污染物指标浓度与流量关系变化情况详见图 3.3.3-81～图 3.3.3-84。

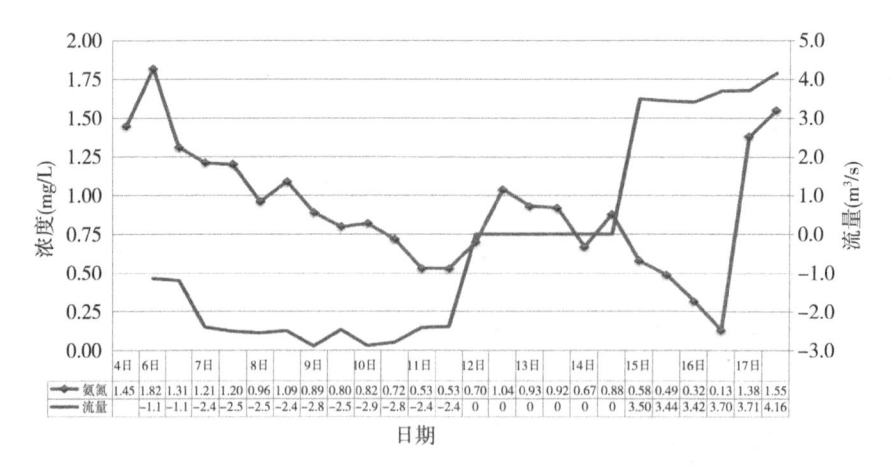

图 3.3.3-81　测验期间夏溪河友谊桥段氨氮浓度变化图

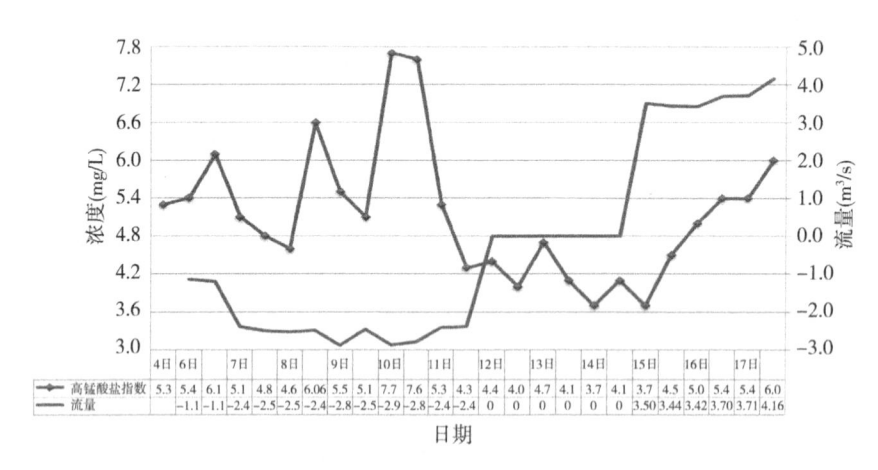

图 3.3.3-82　测验期间夏溪河友谊桥段高锰酸盐指数浓度变化图

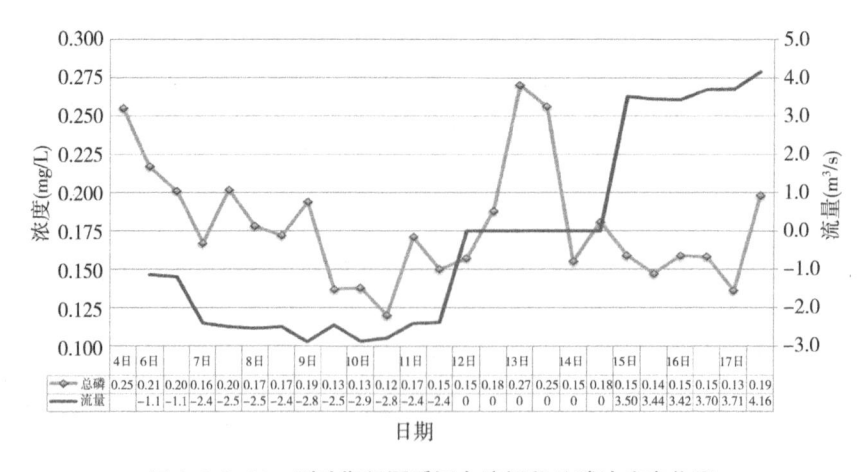

图 3.3.3-83　测验期间夏溪河友谊桥段总磷浓度变化图

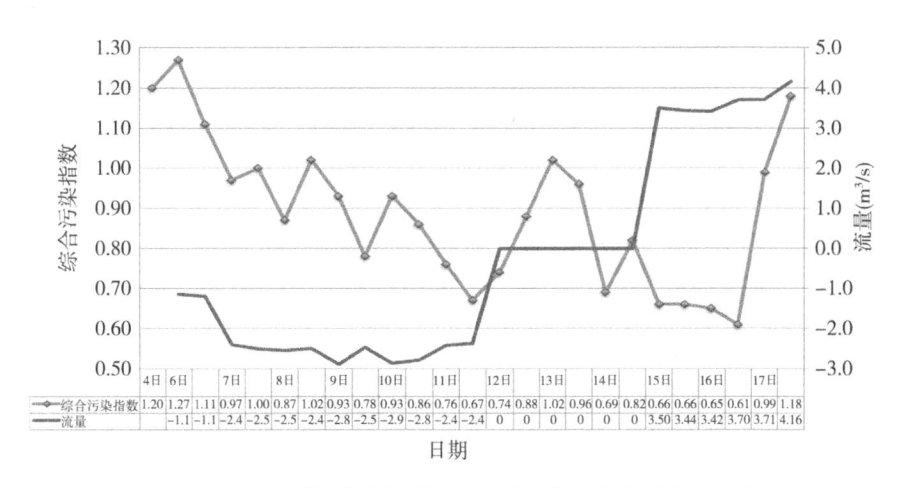

图 3.3.3-84　测验期间夏溪河友谊桥段综合污染指数变化图

(2) 湟里河

水质变化与成因

沿江口门排水期间,湟里河湟里河桥段各污染物指标背景值浓度分别为:氨氮 0.29 mg/L、高锰酸盐指数 6 mg/L、总磷 0.140 mg/L,综合污染指数为 0.66,水质类别为 Ⅳ 类。

测验期间(9月6—17日),湟里河湟里河桥段各污染物指标浓度呈波动性变化,综合污染指数介于 0.52~1.02,水质类别介于 Ⅳ~Ⅴ 类。其中,受 11 日、13 日区域强降水的影响,大量面源污染汇入河道,湟里河有机污染物和氨氮、总磷含量均有所上升,氨氮浓度最大增幅为 140%,高锰酸盐指数浓度最大增幅为 926.7%,总磷浓度最大增幅为 110%。

测验期间,湟里河湟里河桥段平均综合污染指数为 0.72。其中,氨氮平均浓度为 0.62 mg/L;最大浓度为 1.22 mg/L,出现时间为 8 日 9 时;最小浓度为 0.12 mg/L,出现时间为 13 日 16 时;浓度变差系数为 0.45。高锰酸盐指数平均浓度为 5.5 mg/L;最大浓度为 7.6 mg/L,出现时间为 6 日 16 时;最小浓度为 3.7 mg/L,出现时间为 15 日 16 时;浓度变差系数为 0.19。总磷平均浓度为 0.126 mg/L;最大浓度为 0.208 mg/L,出现时间为 6 日 16 时;最小浓度为 0.090 mg/L,出现时间为 10 日 16 时和 16 日 9 时;浓度变差系数为 0.24。与背景值相比,氨氮浓度平均增幅为 113.8%,高锰酸盐指数浓度平均降幅为 8.3%,总磷浓度平均降幅为 10.0%。

显然,测验期间,湟里河湟里河桥段氨氮浓度平均增幅最大,变幅也最大,这表明时值农业灌溉期,湟里河受沿程区间农业面源污染影响较大。另外,本次调水使湟里河桥段高锰酸盐指数和总磷浓度有所降低。

与上游来水关系

总体而言,湟里河上承长荡湖来水,水质变化主要受长荡湖来水和区域面源污染物汇入的影响。

测验期间,湟里河湟里河桥段各污染物指标浓度与流量变化情况详见图 3.3.3-85~图 3.3.3-88。

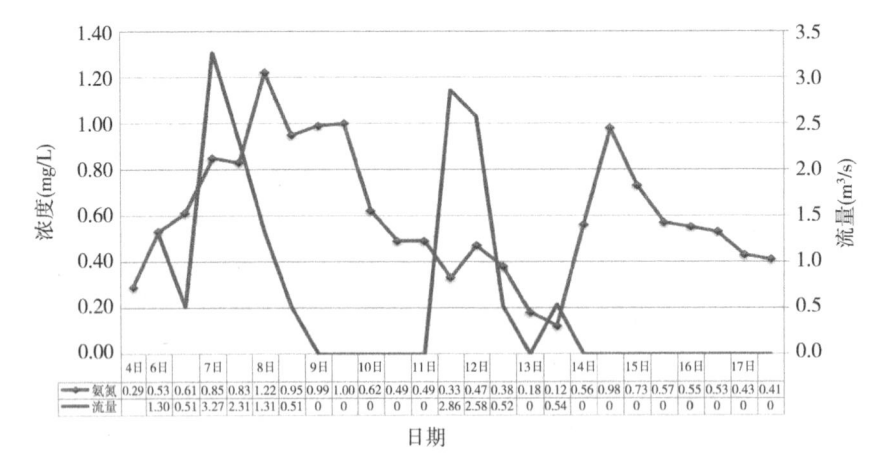

图 3.3.3-85 测验期间湟里河湟里河桥段氨氮浓度变化图

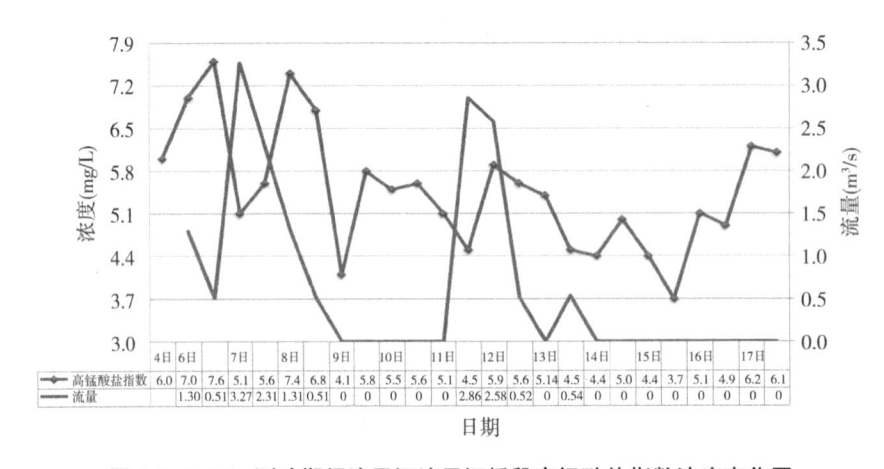

图 3.3.3-86 测验期间湟里河湟里河桥段高锰酸盐指数浓度变化图

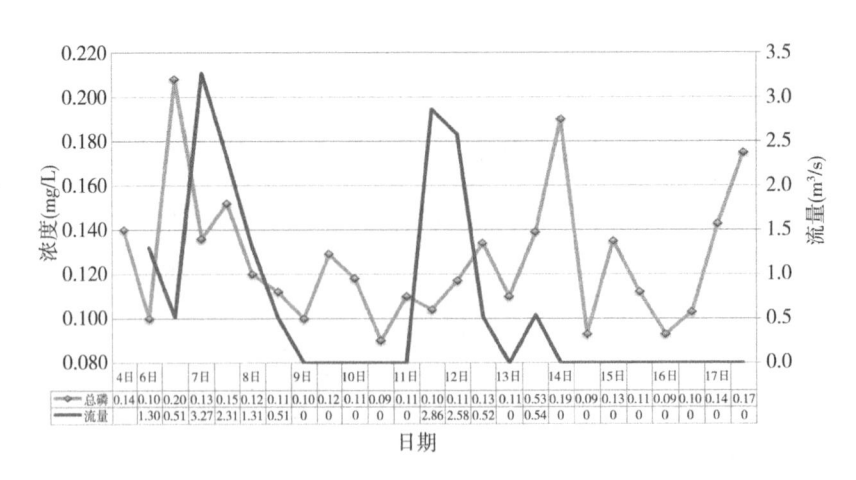

图 3.3.3-87 测验期间湟里河湟里河桥段总磷浓度变化图

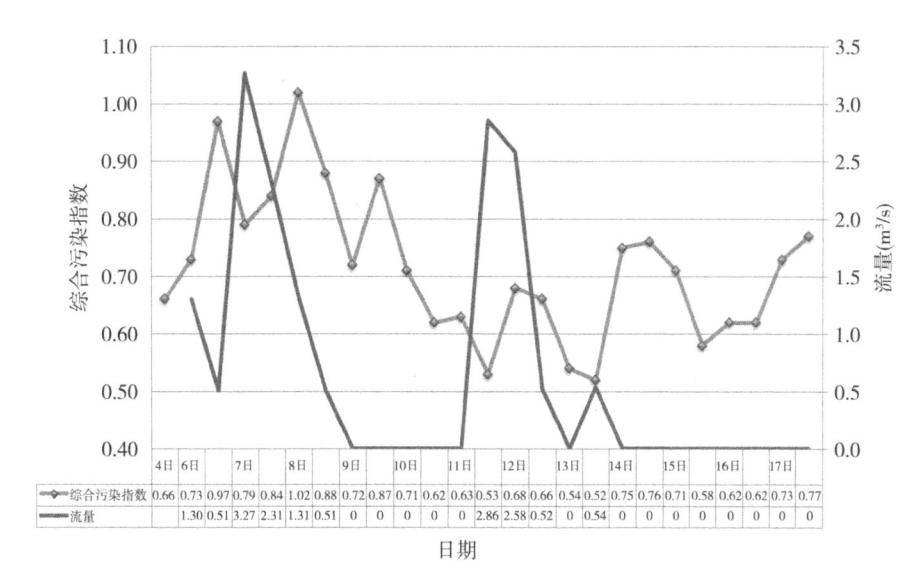

图 3.3.3-88　测验期间湟里河湟里河桥段综合污染指数变化图

6) 太滆运河、烧香港、南河(南溪河)

(1) 太滆运河

水质变化及成因

沿江口门排水期间,太滆运河分水桥段水质背景值浓度分别为:氨氮 0.48 mg/L、高锰酸盐指数 4.8 mg/L、总磷 0.221 mg/L,综合污染指数为 0.80,水质类别为Ⅳ类。

受正常引水的影响,太滆运河分水桥段各污染物指标浓度存在一定的起伏变化,但总体上呈缓慢下降趋势。主要表现为:正常引水初期,随着上游污染物汇入,分水桥段各污染物指标浓度有所上升,综合污染指数上升至最大值 0.96(与背景值相比,增幅为 20.0%);在引水 3~4 天后,各污染物指标浓度开始下降,最后趋于平稳;另外,受 11、13 日区域强降水的影响,面源污染随降水径流汇入,各污染物指标浓度又有所上升。

受泵站翻水的影响,分水桥段各污染物指标浓度也存在一定的起伏变化,总体上呈先升高后回落趋势。

测验期间(9月 7—19 日),太滆运河分水桥段平均综合污染指数为 0.81(与背景值相比,增幅为 1.3%)。其中,氨氮平均浓度为 0.82 mg/L;最大浓度为 1.16 mg/L,出现时间为 15 日 12 时;最小浓度为 0.57 mg/L,出现时间为 12 日 12 时;浓度变差系数为 0.20。高锰酸盐指数平均浓度为 4.1 mg/L;最大浓度为 5.8 mg/L,出现时间为 10 日 12 时;最小浓度为 2.8 mg/L,出现时间为 13 日 12 时;浓度变差系数为 0.21。总磷平均浓度为 0.184 mg/L;最大浓度为 0.235 mg/L,出现时间为 7 日 12 时;最小浓度为 0.132 mg/L,出现时间为 10 日 12 时;浓度变差系数为 0.18。与背景值相比,氨氮浓度平均增幅为 70.8%,高锰酸盐指数浓度平均降幅为 14.6%,总磷浓度平均降幅为 16.7%。

显然,测验期间,太滆运河分水桥段各污染物指标浓度变化受沿江口门引江水量的影响程度和影响时间总体是一致的,但氨氮浓度相对大幅增加,这表明由于区域降水径流影响,太滆运河及上游漕桥河、武进港、锡溧漕河受沿程农业面源污染影响较大。

与上游来水关系

总体而言,太滆运河分水桥段水质浓度主要取决于上游来水的水质状况,与来水量大小并无明显的相关关系。一般情况下,当沿江口门引江水 3～4 天后,太滆运河水质趋于好转;而当区域强降水 1～2 天后,水质又趋于恶化。

测验期间,太滆运河各污染物指标浓度与流量变化情况详见图 3.3.3-89～图 3.3.3-92。

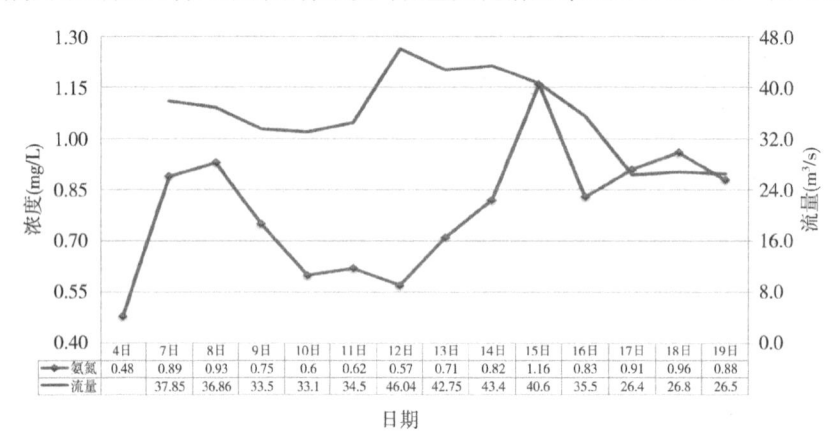

日期	4日	7日	8日	9日	10日	11日	12日	13日	14日	15日	16日	17日	18日	19日
氨氮	0.48	0.89	0.93	0.75	0.6	0.62	0.57	0.71	0.82	1.16	0.83	0.91	0.96	0.88
流量		37.85	36.86	33.5	33.1	34.5	46.04	42.75	43.4	40.6	35.5	26.4	26.8	26.5

图 3.3.3-89　测验期间太滆运河分水桥段氨氮浓度变化图

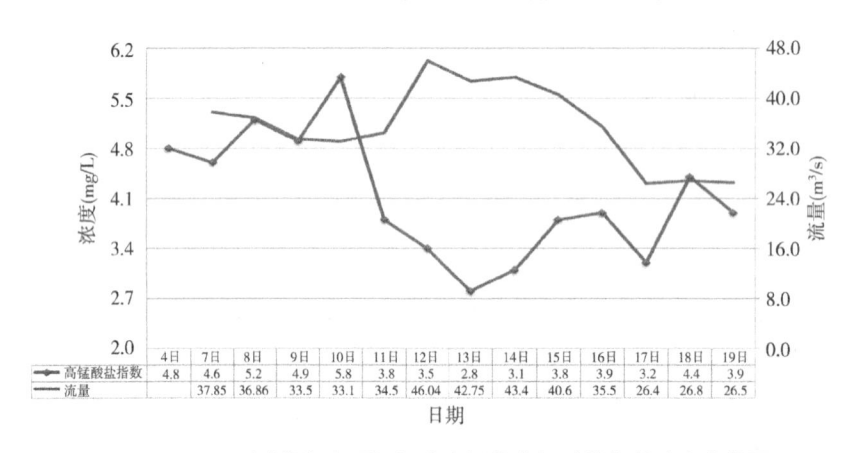

日期	4日	7日	8日	9日	10日	11日	12日	13日	14日	15日	16日	17日	18日	19日
高锰酸盐指数	4.8	4.6	5.2	4.9	5.8	3.8	2.8	3.1	3.8	3.8	3.9	3.2	4.4	3.9
流量		37.85	36.86	33.5	33.1	34.5	46.04	42.75	43.4	40.6	35.5	26.4	26.8	26.5

图 3.3.3-90　测验期间太滆运河分水桥段高锰酸盐指数浓度变化图

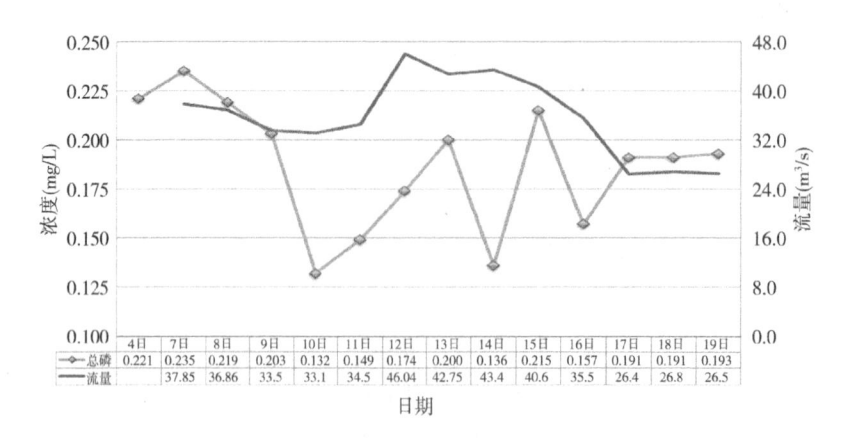

日期	4日	7日	8日	9日	10日	11日	12日	13日	14日	15日	16日	17日	18日	19日
总磷	0.221	0.235	0.219	0.203	0.132	0.149	0.174	0.200	0.136	0.215	0.157	0.191	0.191	0.193
流量		37.85	36.86	33.5	33.1	34.5	46.0	42.75	43.4	40.6	35.5	26.4	26.8	26.5

图 3.3.3-91　测验期间太滆运河分水桥段总磷浓度变化图

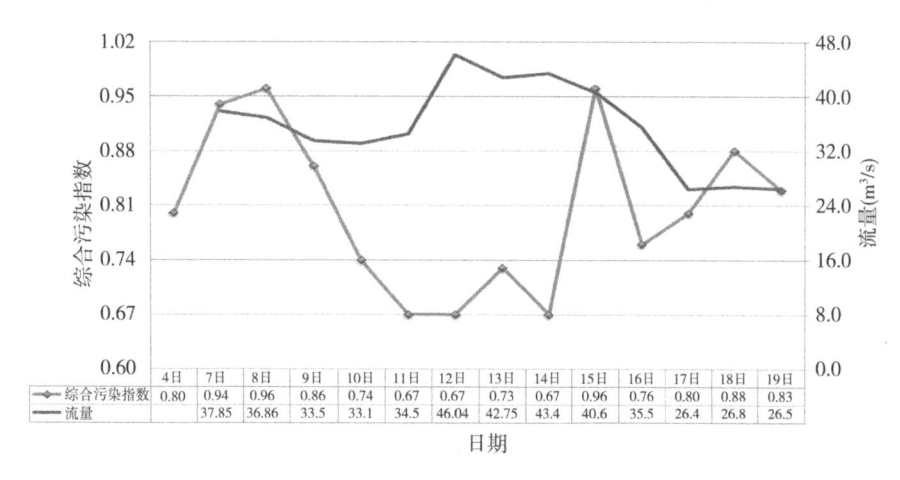

图 3.3.3-92　测验期间太滆运河分水桥段综合污染指数变化图

（2）烧香港

水质变化及成因

沿江口门排水期间，烧香港棉堤桥段各污染物指标背景值浓度分别为：氨氮 0.11 mg/L、高锰酸盐指数 6.3 mg/L、总磷 0.221 mg/L，综合污染指数为 0.76，水质类别为Ⅳ类。

受正常引水的影响，烧香港棉堤桥段水位流量变化与太滆运河类似，水质变化趋势也与太滆运河类似，有明显的起伏变化：随着上游来水的持续增加，烧香港水质先是趋于恶化，到 8 日中午，综合污染指数达到最大值 1.38（与背景值相比，增幅为 81.6%）；在沿江口门引江水量 3~4 天后，水质趋于好转。另外，受 11、13 日区域强降水的影响，面源污染随降水径流汇入，各污染物指标浓度又有所上升。

受泵站翻水的影响，烧香港水质也有一定的起伏变化，但相对平稳。

测验期间（9月7—19日），烧香港棉堤桥段平均综合污染指数为 0.87（与背景值相比，增幅为 14.5%）。其中，氨氮平均浓度为 0.84 mg/L；最大浓度为 1.94 mg/L，出现时间为 8 日 12 时；最小浓度为 0.16 mg/L，出现时间为 15 日 12 时；浓度变差系数为 0.61。高锰酸盐指数平均浓度为 5.1 mg/L；最大浓度为 6.6 mg/L，出现时间为 8 日 12 时；最小浓度为 3.8 mg/L，出现时间为 11 日 12 时和 13 日 12 时；浓度变差系数为 0.18。总磷平均浓度为 0.184 mg/L；最大浓度为 0.235 mg/L，出现时间为 7 日 12 时；最小浓度为 0.132 mg/L，出现时间为 10 日 12 时；浓度变差系数为 0.12。与背景值相比，氨氮浓度平均增幅为 663.6%，高锰酸盐指数浓度平均降幅为 19.0%，总磷浓度平均降幅为 16.7%。与太滆运河相比，烧香港水质略差，且总体上趋于恶化。

显然，测验期间，烧香港各污染物指标变化受沿江口门引江水量的影响程度和影响时间不完全一致，且氨氮浓度大幅增加，这表明受区域降水径流影响，烧香港及上游武宜运河沿程农业面源污染影响很大。

与上游来水关系

总体而言，烧香港上承滆湖和武宜运河来水，水质浓度主要取决于上游来水的水质状况,与来水量大小并无明显的相关关系。一般情况下,当沿江口门引江水量3~4天后,烧香港水质趋于好转;而当区域强降水1~2天后,水质又趋于恶化。比较烧香港棉堤桥和武宜运河钟溪大桥的同期(9月7—19日)各污染物指标浓度,其中:

烧香港棉堤桥的平均综合污染指数为0.87,而武宜运河钟溪大桥综合污染指数为0.85。前者比后者增加2.4%。

烧香港棉堤桥的氨氮平均浓度为0.84 mg/L,而武宜运河钟溪大桥氨氮平均浓度为0.84 mg/L。前者与后者持平,两者相关系数为−0.40。

烧香港棉堤桥的高锰酸盐指数平均浓度为5.1 mg/L,而武宜运河钟溪大桥高锰酸盐指数平均浓度为4.2 mg/L。前者比后者增加21.4%,两者相关系数为0.21。

烧香港棉堤桥的总磷平均浓度为0.184 mg/L,而武宜运河钟溪大桥总磷平均浓度为0.199 mg/L。前者比后者减少7.5%,两者相关系数为0.80。

从上可以发现,烧香港沿程农业面源污染和工业污染较重,而生活污染相对较少,水质逐步恶化;相对太滆运河而言,水质变化更易受区间各种污染影响。

测验期间,烧香港各污染物指标浓度与流量变化情况详见图3.3.3-93~图3.3.3-96,各污染物指标浓度与上游来水水质关系变化情况详见图3.3.3-97~图3.3.3-100。

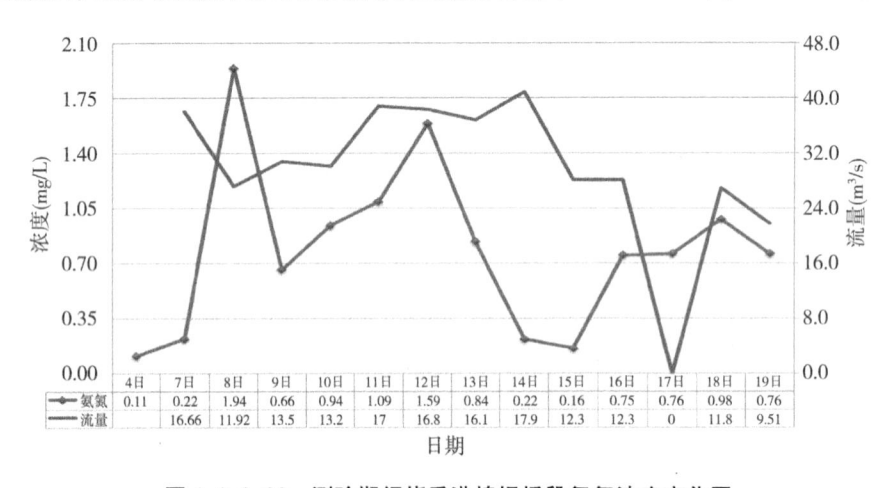

图3.3.3-93 测验期间烧香港棉堤桥段氨氮浓度变化图

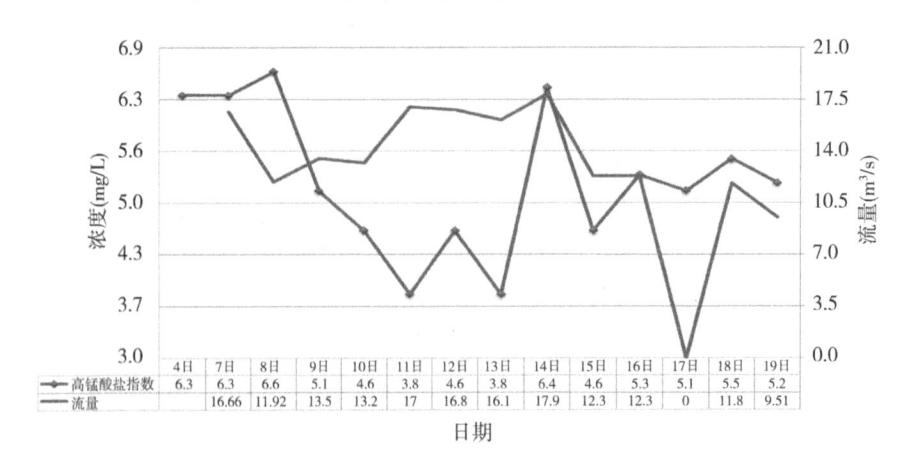

图3.3.3-94 测验期间烧香港棉堤桥段高锰酸盐指数浓度变化图

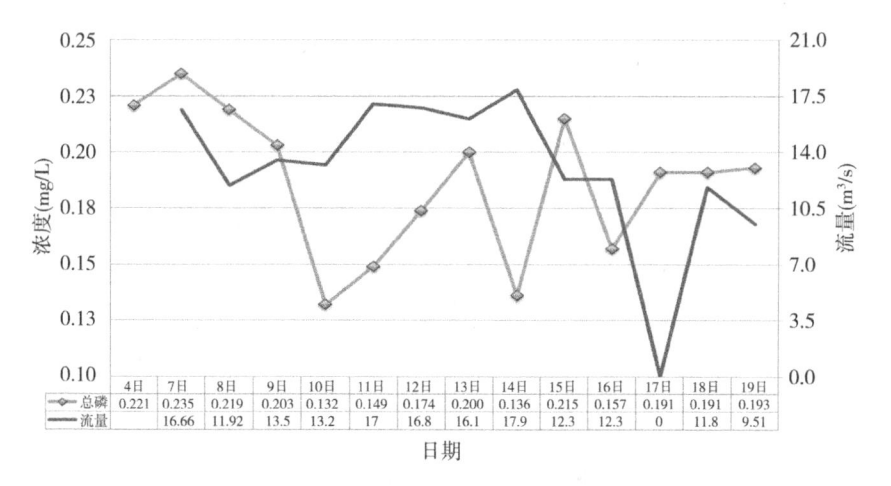

图 3.3.3-95　测验期间烧香港棉堤桥段总磷浓度变化图

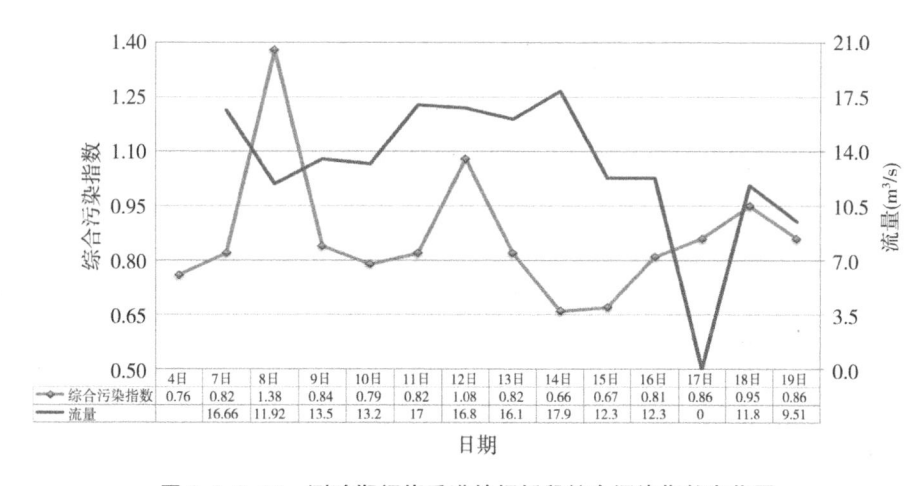

图 3.3.3-96　测验期间烧香港棉堤桥段综合污染指数变化图

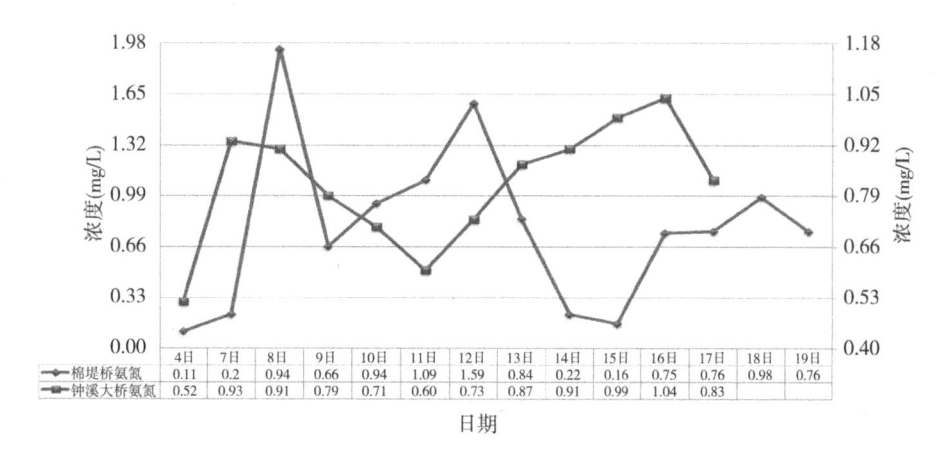

图 3.3.3-97　测验期间烧香港棉堤桥段上下游氨氮浓度关系图

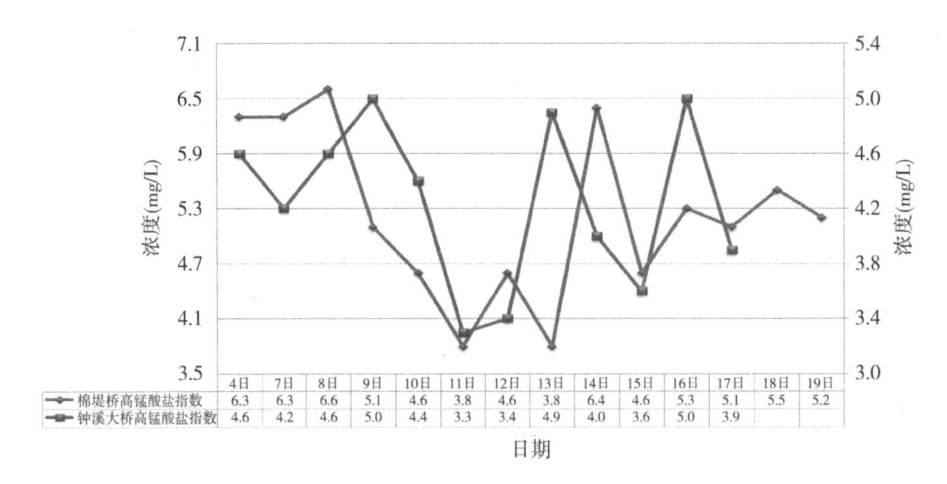

图 3.3.3-98　测验期间烧香港棉堤桥段上下游高锰酸盐指数浓度关系图

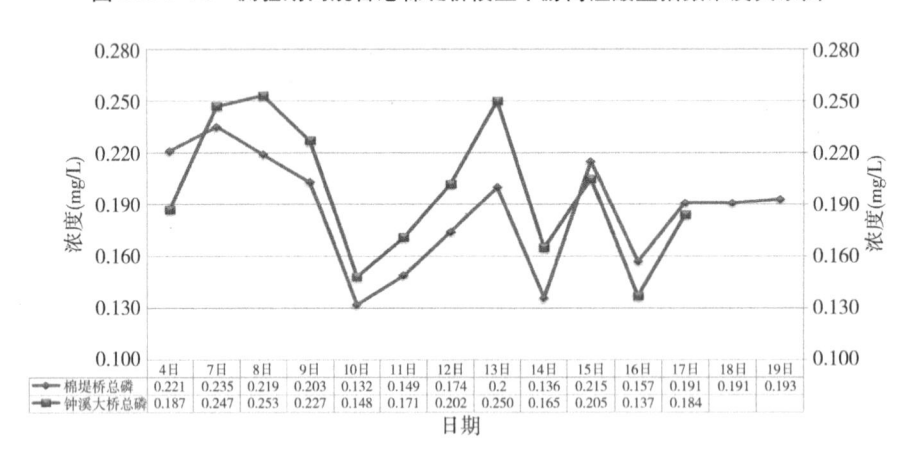

图 3.3.3-99　测验期间烧香港棉堤桥段上下游总磷浓度关系图

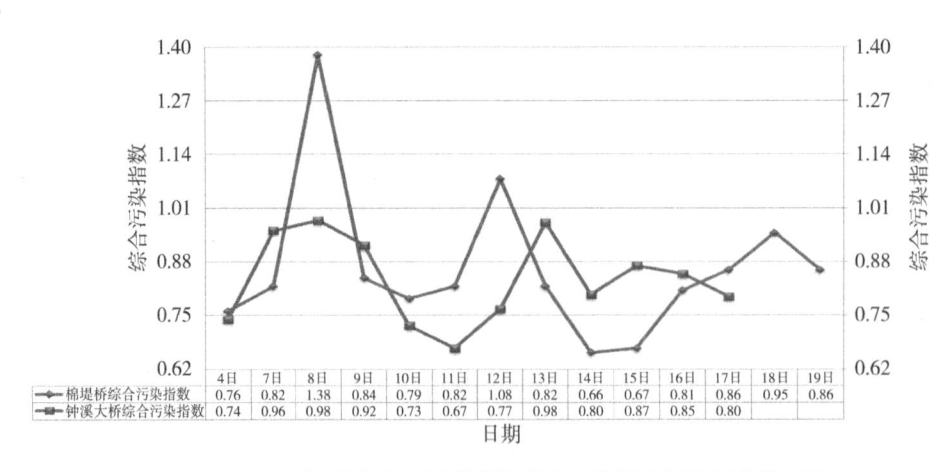

图 3.3.3-100　测验期间烧香港棉堤桥段上下游综合污染指数关系图

(3) 南河(南溪河)

南河上承溧阳西部丘陵山区的降水径流,沿程接纳丹金溧漕河、武宜运河(锡溧漕河)的汇水,经宜兴三氿后,进入太湖。沿程各污染物指标浓度变化分析见下:

氨氮：南河溧江桥段到潘家坝段，氨氮沿程变化较平稳。沿江口门正常引水初期，丹金溧漕河对南河溧江桥段顶托作用不明显，由于沿程丹金溧漕河的汇入，下游宜溧交界段浓度高于溧江桥段。随着引水流量的增大，丹金溧漕河水位抬高，对溧江桥段产生顶托作用，下游潘家坝段浓度逐渐接近溧江桥段，并最终低于溧江桥段，说明丹金溧漕河汇流起到稀释作用。南河潘家坝段到太湖口段，氨氮变化也较平稳。由于武宜运河（锡溧漕河）的汇入以及宜兴市城区污染物的汇入，下游城东港段浓度均大于潘家坝段。

高锰酸盐指数：南河溧江桥段到太湖口段，高锰酸盐指数变化与氨氮变化类似。通过趋势线变化情况，可以看出城东港段水质浓度响应滞后溧阳溧江桥段48～72小时，滞后潘家坝段24～48小时。

总磷：南河溧江桥段到城东港段，总磷变化与氨氮变化均类似。下游城东港段浓度明显高于潘家坝段，与该区域内农业及生活污水汇入有关。

总体而言，南河溧江桥段到潘家坝段各污染物指标浓度与丹金漕河对南河顶托作用有关：顶托作用较小时，潘家坝段浓度高于溧江桥段；顶托作用大时，潘家坝段浓度反而会优于溧阳溧江桥段。南河潘家坝段到太湖口段，各污染物指标浓度均有所上升，其中总磷最为明显，表明该区间内以磷类污染物排放为主。

南河（南溪河）沿程水质演变情况详见图3.3.3-101～图3.3.3-104。

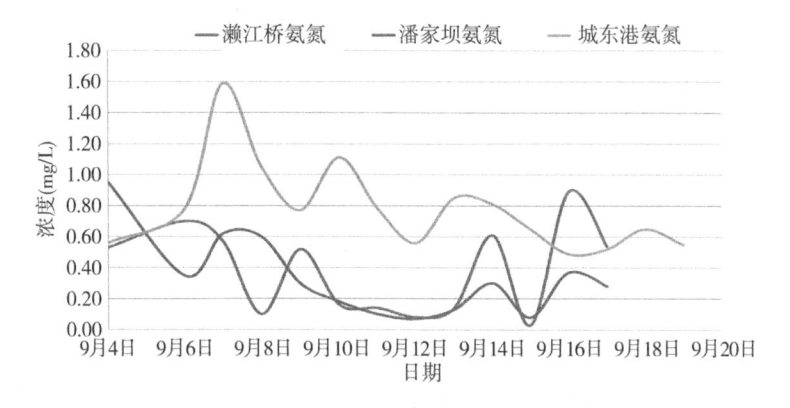

图3.3.3-101 南河（南溪河）沿程氨氮浓度演变图

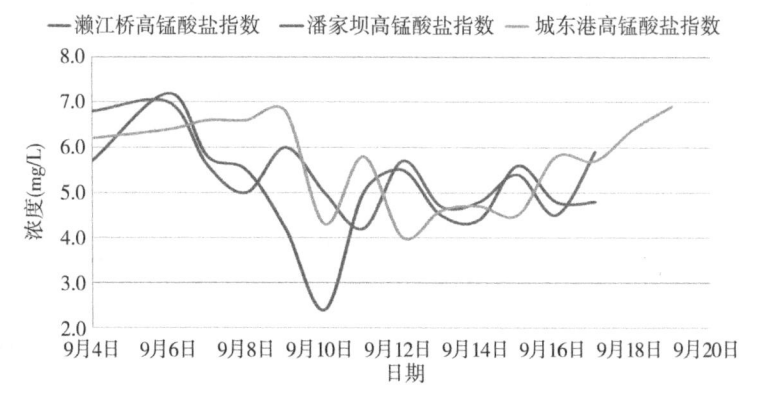

图3.3.3-102 南河（南溪河）沿程高锰酸盐指数浓度演变图

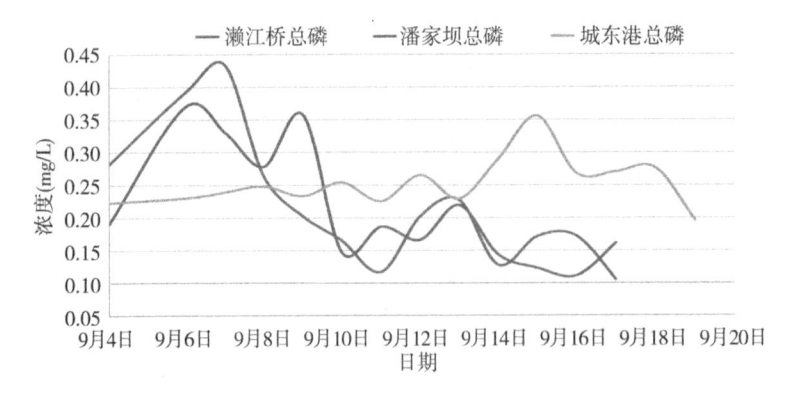

图 3.3.3-103 南河(南溪河)沿程总磷浓度演变图

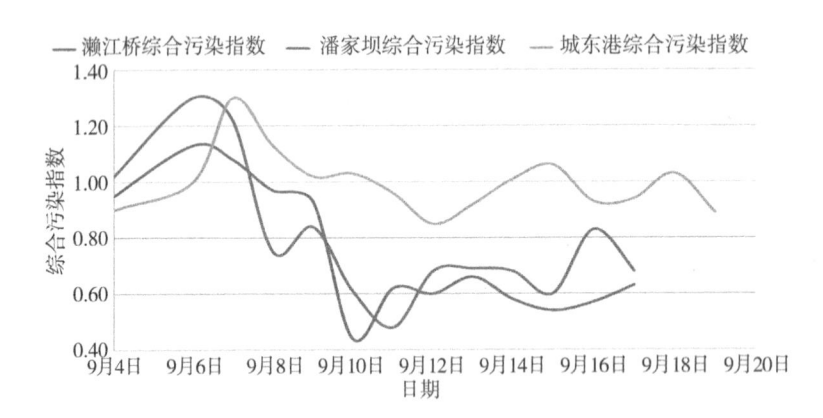

图 3.3.3-104 南河(南溪河)沿程综合污染指数演变图

7) 关河

(1) 水质变化及成因

沿江口门排水期间,关河丹青桥段各污染物指标背景值浓度分别为:氨氮 0.95 mg/L、高锰酸盐指数 3.2 mg/L、总磷 0.263 mg/L,综合污染指数为 0.93,水质类别为Ⅳ类。

正常引水期间,关河丹青桥段各污染物指标浓度总体上呈缓慢下降趋势。其中,9月6—7日,受上游来水影响,除总磷外,其他各污染物指标浓度均有所上升,综合污染指数上升至 1.05。8—10日,随着沿江口门引江水量的持续增加,关河各污染物指标浓度逐步下降并趋向稳定;10日,关河水质达到最好,综合污染指数下降至最低值 0.65(与背景值相比,降幅为 30.1%)。11—12日,受区域强降水影响,面源污染大量汇入上游河道,关河各污染物指标又有所回升。14日,随着沿江口门引江水量的减少,关河水质继续恶化,综合污染指数上升至最高值 1.52(与背景值相比,增幅为 63.4%)。

泵站翻水期间,关河丹青桥段各污染物指标浓度呈明显下降趋势,至 16 日综合污染指数下降至 0.66(与背景值相比,降幅为 29.0%)。

测验期间(9月6—16日),关河丹青桥平均综合污染指数为 0.92(与背景值相比,降幅为 1.1%)。其中,氨氮平均浓度为 1.27 mg/L;最大浓度为 3.08 mg/L,出现时间为 14 日 16 时;最小浓度为 0.61 mg/L,出现时间为 16 日 16 时;浓度变差系数为 0.46。高锰酸盐指数平均浓度为 3.7 mg/L；最大浓度为 5.4 mg/L，出现时间为 6 日 9 时；最小浓度为 2.6 mg/L，出现时间为 9 日 16 时；浓度变差系数为 0.20。总磷平均浓度为 0.170 mg/L；最大浓度为 0.21 mg/L，出现时间为 7 日 16 时；最小浓度为 0.11 mg/L，出现时间为 6 日 16 时；浓度变差系数为 0.15。与背景值相比，氨氮浓度平均增幅为 33.7%，高锰酸盐指数浓度平均增幅为 15.6%，总磷浓度平均降幅为 35.4%。

显然，测验期间，关河丹青桥段各污染物指标变化受沿江口门引江水量影响的时间和程度不同。其中，氨氮浓度增幅最大，这表明受区域降水径流影响，关河及上游澡港河沿程农业面源污染影响较大。另外，总磷浓度平均降幅最大，这表明：关河及上游澡港河沿程生活污水排放得到了有效控制。

(2) 与上游来水关系

总体而言，关河水质浓度与沿江口门引江水量大小有一定的相关关系。其中，当沿江口门引江水量较大时，关河水质趋向好转，且随着引江水量时间的增长，水质趋向稳定；而当沿江口门引江水量较小甚至无引水时，关河水质趋于恶化。这表明沿江口门引江水量对关河的水质影响较大。

测验期间，关河各污染物指标浓度与流量变化情况详见图 3.3.3-105～图 3.3.3-108。

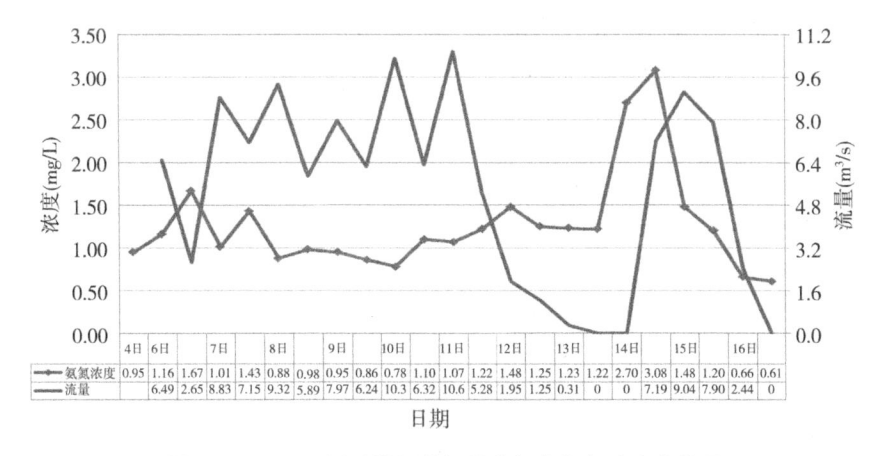

图 3.3.3-105　测验期间关河丹青桥段氨氮浓度变化图

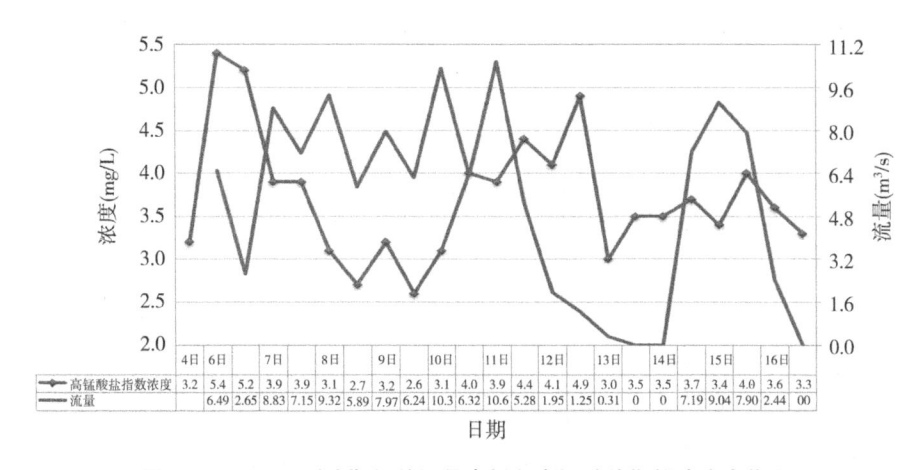

图 3.3.3-106　测验期间关河丹青桥段高锰酸盐指数浓度变化图

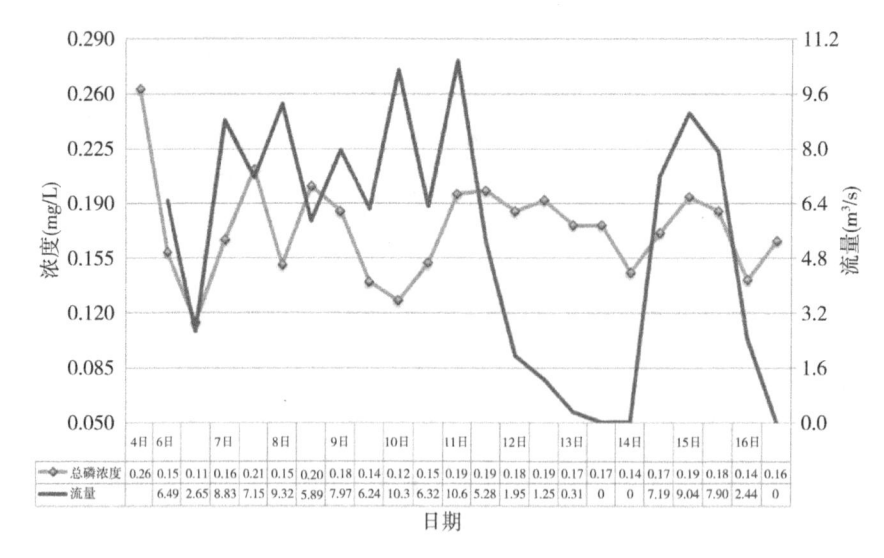

图 3.3.3-107　测验期间关河丹青桥段总磷浓度变化图

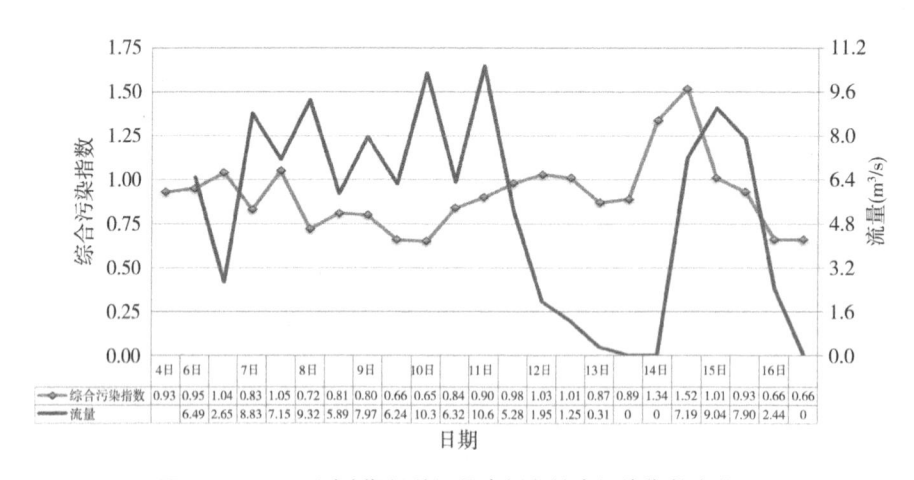

图 3.3.3-108　测验期间关河丹青桥段综合污染指数变化图

3.4　调水引流综合效果分析

3.4.1　流速影响分析

京杭运河等骨干河道沿程流速变化是衡量其受沿江口门感潮水流影响程度和影响时间的主要指标。

（1）京杭运河

测验期间，京杭运河沿程各断面水位流量的时间变化均表现出一定的感潮特性，上游河段流速变化大，变差系数为 0.53，下游河段流速变化小，变差系数为 0.29。而从京杭运河上游云阳桥断面到下游天宁大桥断面的沿程流速变化来看，主要表现为：

京杭运河流速总体上呈沿程逐渐衰减趋势。其中，上游云阳桥断面平均流速为

0.29 m/s,下游天宁大桥断面平均流速为 0.21 m/s。

九曲河等通江河道对京杭运河沿程流速变化有一定影响。由于新孟河、德胜河以及澡港河等通江河道的汇流，总体上使京杭运河沿程流速衰减趋势变缓。

丹金溧漕河等河道对京杭运河沿程流速变化有一定影响。由于丹金溧漕河、扁担河以及武宜运河的分流作用，总体上使京杭运河沿程流速更加趋缓。

京杭运河沿程断面变化对沿程流速有一定影响。目前，京杭运河沿程断面变化不一，正常水位下，钟楼大桥断面、天宁大桥断面面积较大，新泰定桥断面、横林大桥断面面积较小。相对来说，面积较大的断面水流较缓。

测验期间，京杭运河沿程流速变化情况详见表 3.4.1-1、图 3.4.1-1。

表 3.4.1-1　测验期间京杭运河沿程流速变化统计表　　　流速单位：m/s

时间		云阳桥	新泰定桥	钟楼大桥	横林大桥	天宁大桥
9月6日	上午	0.30	0.20		0.17	0.21
	下午	0.22	0.34	0.098	0.14	0.17
9月7日	上午	0.49	0.31		0.17	0.27
	下午	0.15	0.38	0.11	0.13	0.21
9月8日	上午	0.57	0.25		0.17	0.26
	下午	0.17	0.34	0.13	0.17	0.19
9月9日	上午	0.55	0.30		0.19	0.25
	下午	0.18	0.40	0.13	0.38	0.25
9月10日	上午	0.49	0.28		0.16	0.24
	下午	0.22	0.4	0.16	0.23	0.24
9月11日	上午	0.24	0.15		0.12	0.22
	下午	0.32	0.3	0.099	0.18	0.31
9月12日	上午	0.14	0.20		0.15	0.15
	下午	0.18	0.26	0.088	0.027	0.096
9月13日	上午	0.09	0.24		0.003	0.17
	下午	0.17	0.25	0.08	0	0.09
9月14日	上午	0.09	0.20		0.007	0.14
	下午	0.39	0.23	0.11	0.070	0.13
9月15日	上午	0.44	0.35		0.098	0.24
	下午	0.44	0.36	0.14	0.19	0.22
9月16日	上午	0.46	0.39		0.18	0.29
	下午	0.17	0.30	0.12	0.058	0.17
	平均	0.29	0.29	0.12	0.14	0.21
	最大	0.57	0.40	0.16	0.38	0.31
	最小	0.09	0.15	0.08	0.00	0.09
	变差系数	0.53	0.25	0.21	0.64	0.29

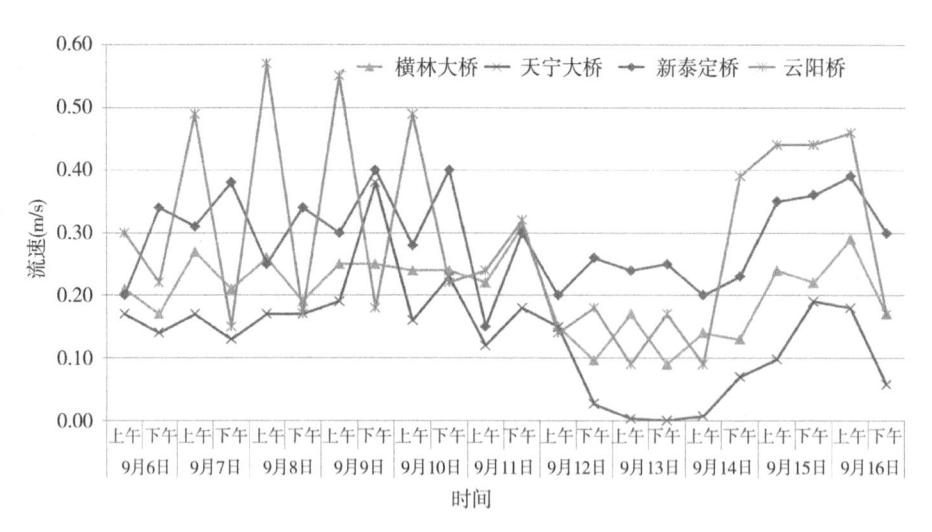

图 3.4.1-1　测验期间京杭运河沿程流速变化图

(2) 香草河(城南分洪道)、胜利河、通济河

香草河(城南分洪道)

测验期间,香草河主要受京杭运河来水的影响,上游河段(太阳城桥段)流速变化大,变差系数为0.40,下游河段(黄围庄桥段)受区间汇流影响,流速变化不一,变差系数为1.76。其中,香草河入口太阳城桥段平均流速为0.18 m/s,最大流速为0.33 m/s,最小流速为0.050 m/s;黄固庄桥段平均流速为0.030 m/s,最大流速为0.11 m/s,最小流速为—0.058 m/s。

胜利河

测验期间,胜利河主要受香草河(京杭运河)来水的影响,流速变化也相对较大,变差系数为2.60。其中,拖板桥断面平均流速为0.020 m/s,最大流速为0.069 m/s,最小流速为—0.070 m/s。

通济河

测验期间,在沿江口门引江水量较大时,通济河亦主要受香草河来水的影响,在区域遭受强降水时,兼受上游降水径流的影响,流速变化不一,变差系数为0.18。其中,紫阳桥断面平均流速为0.28 m/s,最大流速为0.36 m/s,最小流速为0.19 m/s。

测验期间,香草河(城南分洪道)、胜利河、通济河等流速变化情况详见表3.4.1-2、图3.4.1-2。

表 3.4.1-2　测验期间香草河、胜利河、通济河流速变化统计表　　　　流速单位:m/s

时　间		太阳城桥	黄固庄桥	拖板桥	紫阳桥
9月6日	上午	0.080	0.10	—0.070	0.28
	下午	0.15	0	0.052	0.32
9月7日	上午	0.32	0.11	—0.063	0.28
	下午	0.21	0	0.069	0.32

续表

时间		太阳城桥	黄固庄桥	拖板桥	紫阳桥
9月8日	上午	0.29	0.11	−0.049	0.36
	下午	0.17	0	0.062	0.26
9月9日	上午	0.33	0.10	−0.043	0.25
	下午	0.19	0	0.053	0.32
9月10日	上午	0.24	0	0.018	0.22
	下午	0.19	0	0.056	0.30
9月11日	上午	0.10	0	0.039	0.22
	下午	0.070	0	0.032	0.29
9月12日	上午	0.20	0	0.035	0.28
	下午	0.050	0	0.032	0.31
9月13日	上午	0.19	0	0.032	0.24
	下午	0.15	0	0.012	0.19
9月14日	上午	0.13	0	0.030	0.19
	下午	0.20	0.054	0.026	0.24
9月15日	上午	0.20	0.051	−0.010	0.35
	下午	0.15	0.042	−0.0080	0.35
9月16日	上午	0.18	0.058	−0.013	0.31
	下午	0.16	−0.058	0.056	0.25
	平均	0.18	0.030	0.020	0.28
	最大	0.33	0.11	0.069	0.36
	最小	0.050	−0.058	−0.070	0.19
	变差系数	0.40	1.76	2.60	0.18

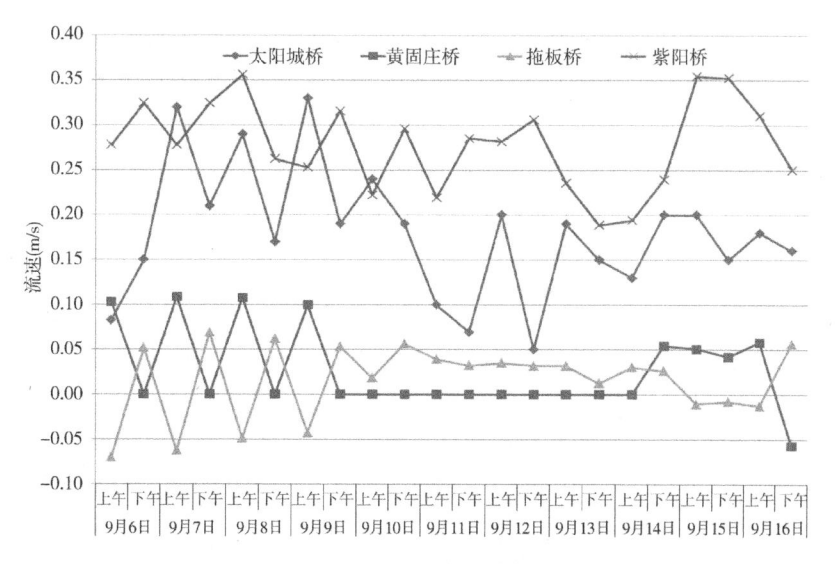

图 3.4.1-2　测验期间香草河、胜利河、通济河沿程流速变化图

（3）丹金溧漕河、扁担河、武宜运河

丹金溧漕河

测验期间，丹金溧漕河受京杭运河感潮水流的影响，上游河段流速变化大，变差系数为0.48，下游河段流速变化小，相对稳定，变差系数为0.12；且沿程断面变化不一，支流汇入、流出水量较多，流速总体上呈先衰减后增加趋势。其中，丹金溧漕河入口邓家桥断面平均流速为0.24 m/s，最大流速为0.45 m/s，最小流速为0.06 m/s，丹金闸断面平均流速为0.22 m/s，最大流速为0.30 m/s，最小流速为0.069 m/s，别桥断面平均流速为0.28 m/s，最大流速为0.32 m/s，最小流速为0.19 m/s。

扁担河

测验期间，扁担河主要受京杭运河感潮水流的影响，流速变化大，变差系数为0.18。其中，桥东桥断面平均流速为0.29 m/s，最大流速为0.38 m/s，最小流速为0.18 m/s。

武宜运河（锡溧漕河）

测验期间，武宜运河受漕桥河、烧香港等水流的影响，下游河段流速变化大，变差系数为0.23，上游河段流速变化小，变差系数为0.17。其中，钟溪大桥断面平均流速为0.28 m/s，最大流速为0.41 m/s，最小流速为0.18 m/s，锡溧漕河大桥断面平均流速为0.18 m/s，最大流速为0.25 m/s，最小流速为0.13 m/s。

测验期间，丹金溧漕河、扁担河、武宜运河（锡溧漕河）沿程流速变化情况详见表3.4.1-3，图3.4.1-3～图3.4.1-4。

表3.4.1-3　测验期间丹金溧漕河、扁担河、武宜运河沿程流速变化统计表

流速单位：m/s

时间		邓家桥	丹金闸	别桥	桥东桥	钟溪大桥	锡溧漕河大桥
9月6日	上午	0.23	0.30	0.19	0.26		
	下午	0.20	0.24	0.22	0.23		
9月7日	上午	0.45	0.30	0.29	0.38	0.26	0.13
	下午	0.28	0.26	0.28	0.31	0.24	
9月8日	上午	0.44	0.25	0.30	0.36	0.28	0.17
	下午	0.20	0.30	0.24	0.29	0.27	
9月9日	上午	0.43	0.25	0.26	0.36	0.28	0.2
	下午	0.18	0.27	0.29	0.3	0.27	
9月10日	上午	0.37	0.15	0.28	0.35	0.29	0.14
	下午	0.15	0.25	0.31	0.33	0.31	
9月11日	上午	0.34	0.18	0.26	0.32	0.27	0.15
	下午	0.10	0.20	0.32	0.33	0.25	

续表

时间		邓家桥	丹金闸	别桥	桥东桥	钟溪大桥	锡溧漕河大桥
9月12日	上午	0.19	0.24	0.29	0.3	0.41	0.2
	下午	0.15	0.18	0.29	0.26	0.36	
9月13日	上午	0.080	0.18	0.30	0.25	0.34	0.2
	下午	0.060	0.14	0.30	0.18	0.3	
9月14日	上午	0.11	0.15	0.25	0.22	0.28	0.25
	下午	0.28	0.21	0.24	0.25	0.31	
9月15日	上午	0.29	0.26	0.3	0.32	0.27	0.23
	下午	0.32	0.29	0.3	0.28	0.28	
9月16日	上午	0.32	0.26	0.32	0.3	0.26	0.13
	下午	0.19	0.18	0.3	0.21	0.23	
9月17日	上午		0.14	0.24		0.25	0.15
	下午		0.069	0.25		0.18	
	平均	0.24	0.22	0.28	0.29	0.28	0.18
	最大	0.45	0.30	0.32	0.38	0.41	0.25
	最小	0.06	0.069	0.19	0.18	0.18	0.13
	变差系数	0.48	0.28	0.12	0.18	0.17	0.23

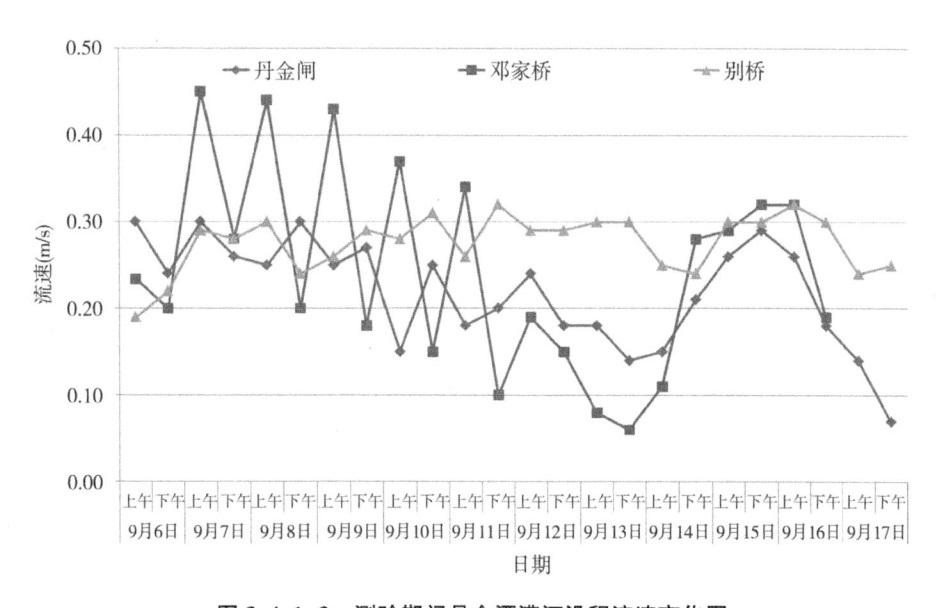

图 3.4.1-3 测验期间丹金溧漕河沿程流速变化图

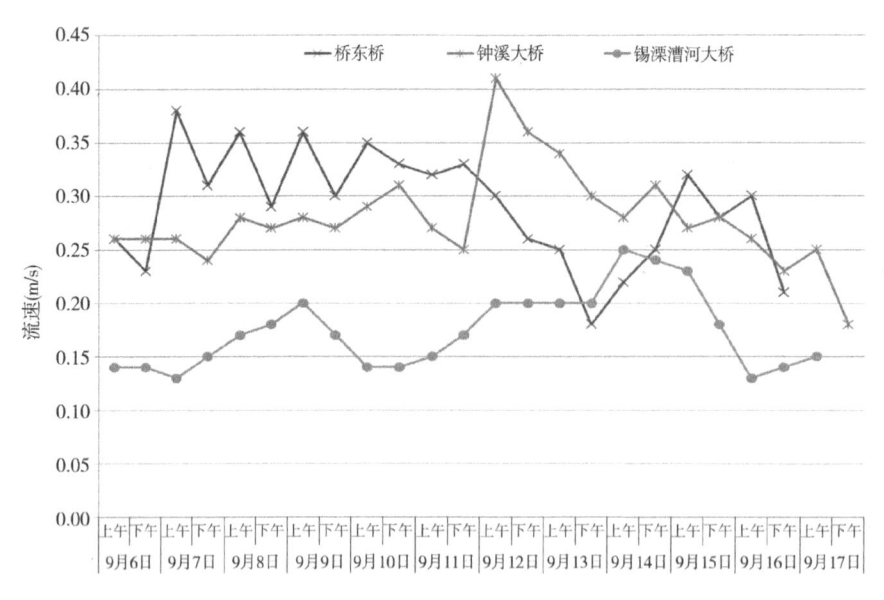

图 3.4.1-4 测验期间扁担河、武宜运河沿程流速变化图

（4）夏溪河、湟里河

测验期间，夏溪河和湟里河受沿江口门感潮水流影响较小，流向顺逆不定，流速变化大，变差系数分别为－9.81、1.59，其中，夏溪河友谊桥断面平均流速为－0.005 m/s，最大流速为 0.081 m/s，最小流速为－0.056 m/s。湟里河湟里河桥断面平均流速为 0.008 m/s，最大流速为 0.039 m/s，最小流速为 0 m/s。

测验期间，夏溪河、湟里河流速变化情况详见表 3.4.1-4、图 3.4.1-5。

表 3.4.1-4 测验期间湟里河、夏溪河沿程流速变化统计表   流速单位：m/s

时间		友谊桥	湟里河桥	时间		友谊桥	湟里河桥
9月6日	上午	－0.024	0.016	9月13日	上午	0	0
	下午	－0.025	0.006 2		下午	0	0.006 3
9月7日	上午	－0.048	0.039	9月14日	上午	0	0
	下午	－0.049	0.028		下午	0	0
9月8日	上午	－0.050	0.016	9月15日	上午	0.068	0
	下午	－0.049	0.006 1		下午	0.067	0
9月9日	上午	－0.056	0	9月16日	上午	0.067	0
	下午	－0.048	0		下午	0.072	0
9月10日	上午	－0.056	0	9月17日	上午	0.072	0
	下午	－0.054	0		下午	0.081	0
9月11日	上午	－0.046	0		平均	－0.005 0	0.007 8
	下午	－0.045	0.034		最大	0.081	0.039
9月12日	上午	0	0.030		最小	－0.056	0
	下午	0	0.006 1		变差系数	－9.81	1.59

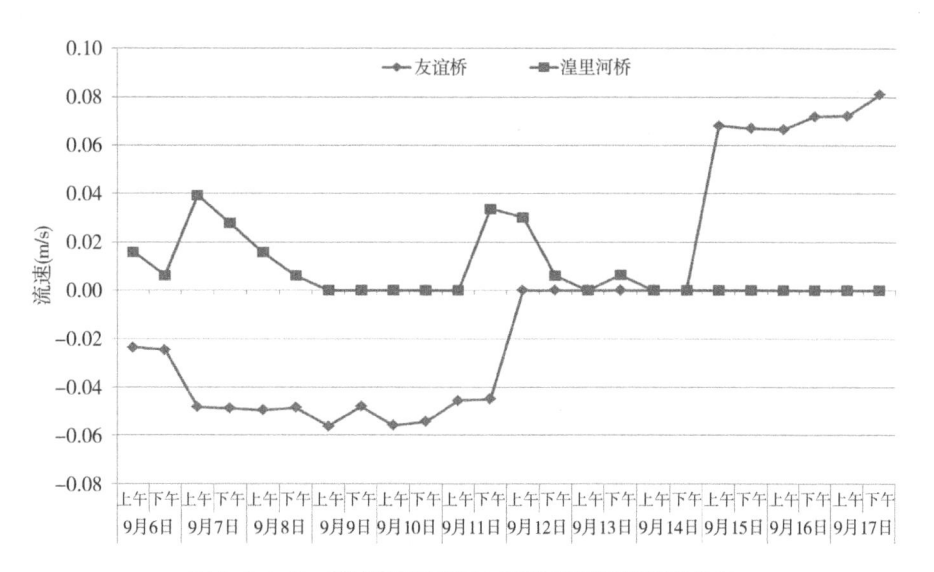

图 3.4.1-5　测验期间夏溪河、湟里河沿程流速变化图

(5) 太滆运河、烧香港、南河(南溪河)

太滆运河、烧香港

测验期间,太滆运河、烧香港主要受上游来水的影响,流速相对较小,变化不大,变差系数分别为 0.18、0.36。其中,太滆运河分水桥断面平均流速为 0.34 m/s,最大流速为 0.44 m/s,最小流速为 0.25 m/s,烧香港棉堤桥断面平均流速为 0.18 m/s,最大流速为 0.24 m/s,最小流速为 0 m/s。

南河(南溪河)

测验期间,受丹金溧漕河、锡溧漕河汇流以及太湖顶托的影响,南河(南溪河)沿程各断面水位流量变化亦表现出一定的弱感潮性,沿程流速变化不一。其中,南河(南溪河)入口濑江桥断面平均流速为 0.064 m/s,最大流速为 0.17 m/s,最小流速为 0.024 m/s,变差系数为 0.65;潘家坝断面平均流速为 0.13 m/s,最大流速为 0.20 m/s,最小流速为 0.053 m/s,变差系数为 0.26;城东港断面平均流速为 0.19 m/s,最大流速为 0.34 m/s,最小流速为 0.082 m/s,变差系数为 0.35。

测验期间,太滆运河、烧香港、南河(南溪河)沿程流速变化情况详见表 3.4.1-5、图 3.4.1-6。

表 3.4.1-5　测验期间太滆运河、烧香港、南河沿程流速变化统计表　　流速单位:m/s

时间		分水桥	棉堤桥	濑江桥	潘家坝	城东港
9月6日	上午			0.13	0.15	
	下午				0.20	
9月7日	上午	0.38	0.24	0.10	0.17	0.30
	下午				0.14	

续表

时间		分水桥	棉堤桥	濉江桥	潘家坝	城东港
9月8日	上午	0.36	0.17	0.055	0.12	0.23
	下午				0.11	
9月9日	上午	0.33	0.19	0.082	0.16	0.18
	下午				0.16	
9月10日	上午	0.32	0.18	0.17	0.16	0.25
	下午				0.16	
9月11日	上午	0.33	0.24	0.024	0.13	0.25
	下午				0.18	
9月12日	上午	0.44	0.23	0.068	0.13	0.22
	下午				0.14	
9月13日	上午	0.42	0.23	0.051	0.13	0.21
	下午				0.12	
9月14日	上午	0.41	0.24	0.027	0.12	0.34
	下午				0.089	
9月15日	上午	0.39	0.17	0.041	0.12	0.30
	下午				0.13	
9月16日	上午	0.34	0.17	0.024	0.12	0.11
	下午				0.11	
9月17日	上午	0.25	0	0.063	0.054	0.082
	下午				0.053	
9月18日	上午	0.26	0.16			
	下午					
9月19日	上午	0.25	0.13			
	下午					
	平均	0.34	0.18	0.064	0.13	0.19
	最大	0.44	0.24	0.17	0.20	0.34
	最小	0.25	0	0.024	0.053	0.082
	变差系数	0.18	0.36	0.65	0.26	0.35

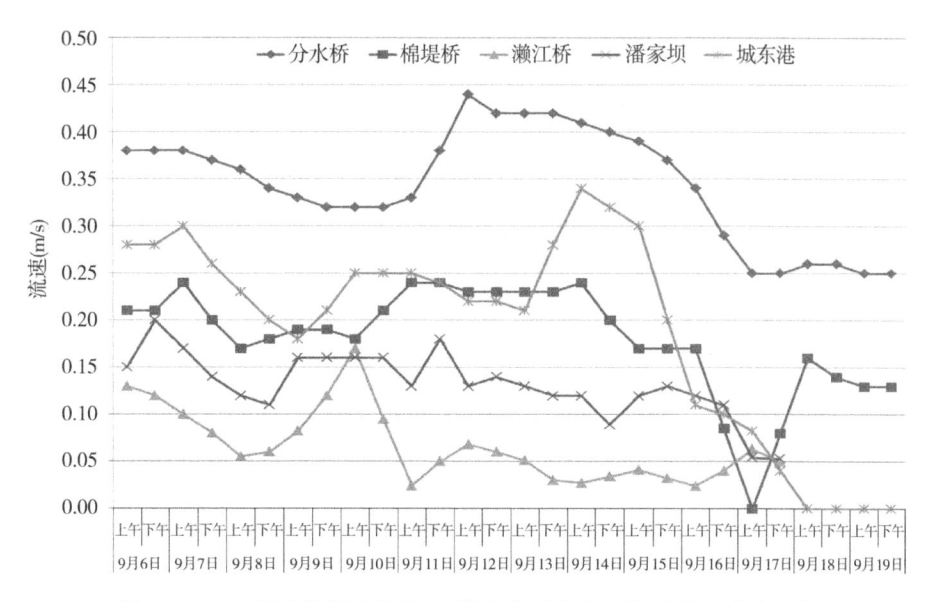

图 3.4.1-6　测验期间太滆运河、烧香港、南河（南溪河）沿程流速变化

(6) 关河

测验期间，关河主要受澡港河和老京杭运河感潮水流的双重影响，流速变化大，变差系数为 0.59。其中，丹青桥断面平均流速为 0.10 m/s，最大流速为 0.18 m/s，最小流速为 0。

测验期间，关河流速变化情况详见表 3.4.1-6、图 3.4.1-7。

表 3.4.1-6　测验期间关河沿程流速变化统计表　　　　流速单位：m/s

时间		丹青桥	时间		丹青桥
9月6日	上午		9月13日	上午	
	下午	0.13		下午	0.13
9月7日	上午		9月14日	上午	
	下午	0.14		下午	0
9月8日	上午		9月15日	上午	
	下午	0.11		下午	0.094
9月9日	上午		9月16日	上午	
	下午	0.18		下午	0.095
9月10日	上午				
	下午	0.18			
9月11日	上午			平均	0.10
	下午	0.075		最大	0.18
9月12日	上午			最小	0
	下午	0		变差系数	0.59

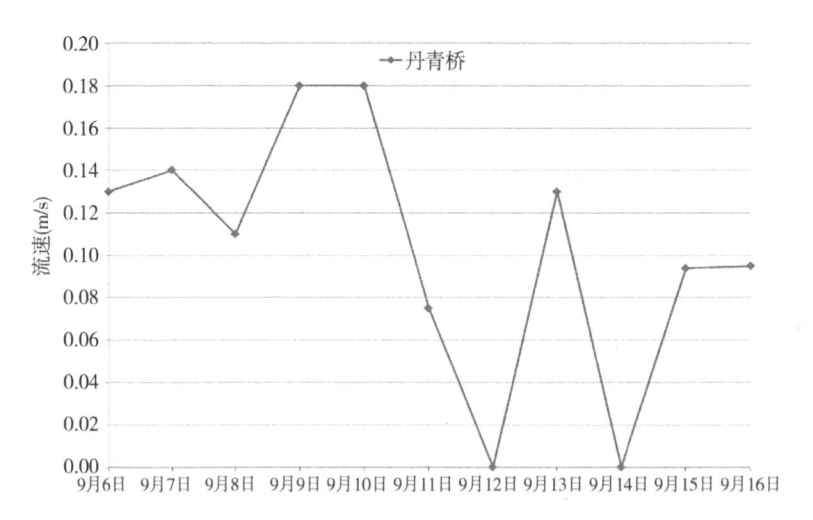

图 3.4.1-7　测验期间关河流速变化图

3.4.2　出入境水量分析

3.4.2.1　水量分配

为查清湖西区京杭运河等骨干河道污染物的来源、类型和数量，必须首先分析和推算京杭运河等骨干河道的水量分配情况。

1）沿江口门

9月6—16日，谏壁闸引江水量为 3 792 万 m^3，谏壁抽水站翻江水量为 3 495 万 m^3，总计 7 287 万 m^3，约占湖西区总引江水量（15 856 万 m^3）的 46.0%，其中通过云阳桥汇入京杭运河水量为 6 955 万 m^3。九曲河枢纽引江水量为 3 135 万 m^3，约占湖西区总引江水量的 19.8%，其中汇入京杭运河水量为 2 571 万 m^3。小河水闸引江水量为 1 155 万 m^3，约占湖西区总引江水量的 7.3%；魏村枢纽引江水量为 2 123 万 m^3，约占湖西区总引江水量的 13.4%；澡港枢纽引江水量为 2 156 万 m^3，约占湖西区总引江水量的 13.6%。

根据历年巡测资料以及《京杭运河常州段线工程对城市水文情势影响分析》推算：9月6—16日，新孟河汇入京杭运河水量约为小河水闸引江水量的 70%，即 808.5 万 m^3；德胜河汇入京杭运河水量约为魏村枢纽引江水量的 75%，即 1 592 万 m^3；澡港河（通过老京杭运河）汇入京杭运河水量约为澡港枢纽引江水量的 45%，即 970.2 万 m^3。

显然，9月6—16日，沿江口门引江水量后，汇入京杭运河的总水量约为 12 897 万 m^3，约占总引江水量的 81.3%。

另外，湖西区除谏壁闸、九曲河枢纽、小河水闸、魏村枢纽以及澡港枢纽外，浦河闸、剩银河闸在本次调水试验期间，也按照正常调度原则，从长江引水。根据历年巡测资料推算：9月6—16日，浦河闸引江水量为 150.2 万 m^3，剩银河闸引江水量为 239.4 万 m^3，合计 389.6 万 m^3，约占谏壁闸等 5 大处口门总引江水量的 2.5%。显然，浦河闸、剩银河闸引江水量对本次调水试验影响很小。

2) 京杭运河

(1) 京杭运河—九曲河—香草河口

9月6—16日,京杭运河和九曲河上游来水总量为10 422万 m^3,入京杭运河丹阳市区段水量为9 526万 m^3。其中,香草河分流量为336.4万 m^3,约占3.5%;京杭运河下游分流量为9 190万 m^3,约占96.5%。

(2) 京杭运河—丹金溧漕河口

9月6—16日,京杭运河—丹金溧漕河口以上来水总量为9 190万 m^3。其中,丹金溧漕河分流量为4 032万 m^3,分流比为43.8%,约占谏壁闸和九曲河枢纽引江水量(10 422万 m^3)的38.7%;京杭运河下游分流量为5 158万 m^3,分流比为56.2%,约占谏壁闸和九曲河枢纽引江水量(10 422万 m^3)的49.5%。

(3) 京杭运河—扁担河口

9月6—16日,京杭运河—扁担河口上游京杭运河(新泰定桥段)入常州市境内来水量约4 726万 m^3,约占谏壁闸和九曲河枢纽引江水量(10 422万 m^3)的45.3%;扁担河分流量为1 858万 m^3,约占新泰定桥段来水量的39.3%,约占新泰定桥段来水量和小河水闸引江水量之和(5 881万 m^3)的31.6%。

另外,9月6—16日,新孟河汇入京杭运河水量约为808.5万 m^3,与新泰定桥段来水量之和为5 534万 m^3,扁担河分流比约为33.6%。京杭运河向东分流量为3 676万 m^3,分流比约为66.4%。

(4) 京杭运河—老京杭运河西河口

9月6—16日,京杭运河—老京杭运河西河口(新闸段)上游来水量为1 250万 m^3,约占魏村枢纽引江水量(2 123万 m^3)的58.9%。

另外,9月6—16日,德胜河汇入京杭运河水量约为1 592万 m^3,老京杭运河分流比约23.7%;京杭运河向南分流量约为4 018万 m^3,分流比约为76.3%。

(5) 京杭运河—武宜运河口

9月6—16日,京杭运河钟楼大桥上游来水量为3 435万 m^3,约占京杭运河—武宜运河口上游来水量的85.5%。武宜运河分流量约为583.0万 m^3,分流比为14.5%。

(6) 京杭运河—老京杭运河东河口

9月6—16日,京杭运河天宁大桥上游来水量为2 211万 m^3。另外,老京杭运河汇入量约为970.2万 m^3。京杭运河—老京杭运河东河口向下游分流量为3 181万 m^3。

(7) 京杭运河—武进港口

根据历史巡测资料,京杭运河—武进港口处,京杭运河以北三山港来水量约为京杭运河上游来水量的35%,以南武进港分流量约为京杭运河上游来水量的25%。因此,9月6—16日,三山港汇入量约为1 113万 m^3,武进港向南分流量795.2万 m^3,京杭运河向下分流量为3 499万 m^3。

(8) 京杭运河横林段

9月6—16日,京杭运河(横林大桥段)出境水量为4 192万 m^3,约占沿江口门总引江水量的26.4%。另外,根据京杭运河洛社水文站水文资料,9月6—16日,洛社站入无锡市水量为1 453万 m^3。显然,洛社站上游直湖港向南分流量约为2 739万 m^3。

3) 香草河—胜利河—通济河口

9月6—16日,香草河下游(黄固庄桥段)来水量为448.7万 m³,其中,胜利河汇入量为95.24万 m³,约占21.2%。通济河(紫阳桥段)来水量为543.7万 m³,其中香草河来水量约占82.5%。

4) 丹金溧漕河—武宜运河

(1) 丹金溧漕河沿程

9月6—16日,丹金溧漕河入口(邓家桥段)来水量为4 032万 m³,约占谏壁闸和九曲河枢纽引江水量的38.7%;汇入金坛区境内(丹金闸段)来水量为3 739万 m³,约占谏壁闸和九曲河枢纽引江水量的35.9%;汇入溧阳市境内(别桥段)来水量为3 943万 m³,约占谏壁闸和九曲河枢纽引江水量的37.8%。

(2) 武宜运河沿程

9月6—17日,武宜运河(钟溪大桥段)汇入宜兴市水量为6 336万 m³,约占谏壁闸、九曲河枢纽、小河水闸以及魏村枢纽引江水量(13 700万 m³)的46.2%;汇入南溪河(锡溧漕河大桥段)来水量为3 337万 m³,约占谏壁闸、九曲河枢纽、小河水闸以及魏村枢纽引江水量的24.4%。

5) 夏溪河—湟里河

9月6—17日,夏溪河来水总量为27.48万 m³,湟里河来水量为68.16万 m³。

6) 太滆运河—烧香港—南河

(1) 入太水量

9月7—19日,太滆运河入太水量为3 999万 m³,烧香港入太水量为1 455万 m³,城东港入太水量为5 291万 m³,分别占总入太水量(太滆运河、烧香港、城东港,为10 745万 m³)的37.2%、13.5%、49.2%,分别占沿江口门引江水量(9月6—16日,15 856万 m³)的25.2%、9.2%、33.4%。

另外,入太河道除太滆运河、烧香港、南河外,还有殷村港、新渎河、湛渎港、大浦港等。根据太湖巡测资料推算:9月6—19日,入太河道(包括太滆运河、烧香港以及城东港)总入水量为19 500万 m³。

(2) 南河沿程

9月7—19日,南河(濑江桥段)上游来水量为510.7万 m³,汇入宜兴市(潘家坝段)水量为3 063万 m³;其中,丹金溧漕河来水量为2 553万 m³,约占谏壁闸和九曲河枢纽来水量的24.5%。汇入太湖(城东港段)水量为5 291万 m³;其中,锡溧漕河来水量为3 337万 m³。

7) 关河—老京杭运河—南运河

(1) 关河

9月6—16日,关河(丹青桥段)向东分流量为505.2万 m³,约占澡港枢纽引江水量的23.4%。

(2) 湖西区入武澄锡虞区净水量

9月6—16日,湖西区通过老京杭运河(新闸段)进入武澄锡虞区水量为1 250万 m³,通过京杭运河(钟楼大桥段)进入武澄锡虞区水量为3 435万 m³;武澄锡虞区通过南运河进入湖西区水量为 1 778 万 m³。因此,湖西区进入武澄锡虞区净水量为 2 907 万 m³,约占谏壁闸、九曲河枢纽、小河水闸以及魏村枢纽引江水量的 21.2%。

测验期间,湖西区京杭运河等骨干河道水量分配情况详见表 3.4.2-1、图 3.4.2-1。

表 3.4.2-1　测验期间京杭运河等骨干河道水量成果统计表

河流	断面	测验时间	水量(万 m³)	备注
京杭运河	谏壁闸	9月6—16日	3 792	7 287(占引江水量比 46.0%)
	谏壁抽水站	9月6—16日	3 495	
九曲河	九曲河枢纽	9月6—16日	3 135	占引江水量比 19.8%
	普善大桥	9月6—16日	2 571	九曲河出入比 82.0%
新孟河	小河水闸	9月6—16日	1 155	占引江水量比 7.3%
德胜河	魏村闸	9月6—16日	2 123	占引江水量比 13.4%
澡港河	青松桥	9月6—16日	2 156	占引江水量比 13.6%
京杭运河	云阳桥	9月6—16日	6 955	出入比 95.4%
	新泰定桥	9月6—16日	4 726	
	钟楼大桥	9月6—16日	3 435	湖西区入武澄锡虞区水量
	天宁大桥	9月6—16日	2 211	
	横林大桥	9月6—16日	4 192	占引江水量比 26.4%
香草河	太阳城桥	9月6—16日	336.4	占云阳桥来水量比 4.8%
	黄固庄桥	9月6—16日	448.7	占紫阳桥来水量比 82.5%
胜利河	拖板桥	9月6—16日	95.24	
通济河	紫阳桥	9月6—16日	543.7	
丹金溧漕河	邓家桥	9月6—16日	4 032	占京杭运河分流比 43.9%
	丹金闸	9月6—16日	3 739	
	别桥	9月6—17日	3 943	
扁担河	桥东桥	9月6—16日	1 858	占新泰定桥来水量比 39.3%
夏溪河	友谊桥	9月6—17日	27.48	
湟里河	湟里河桥	9月6—17日	68.16	
武宜运河	钟溪大桥	9月6—17日	6 336	
	锡溧漕河大桥	9月7—19日	3 337	
太滆运河	分水桥	9月7—19日	3 999	入太水量比 37.2%
烧香港	棉堤桥	9月7—19日	1 455	入太水量比 13.5%
南河	濑江桥	9月6—16日	510.7	
	潘家坝	9月6—16日	3 063	
	城东港	9月7—19日	5 291	入太水量比 49.2%
关河	丹青桥	9月6—16日	505.2	
老京杭运河	新闸	9月6—16日	1 250	湖西区入武澄锡虞区水量
南运河	丫河桥	9月6—16日	1 778	武澄锡虞区入湖西区量

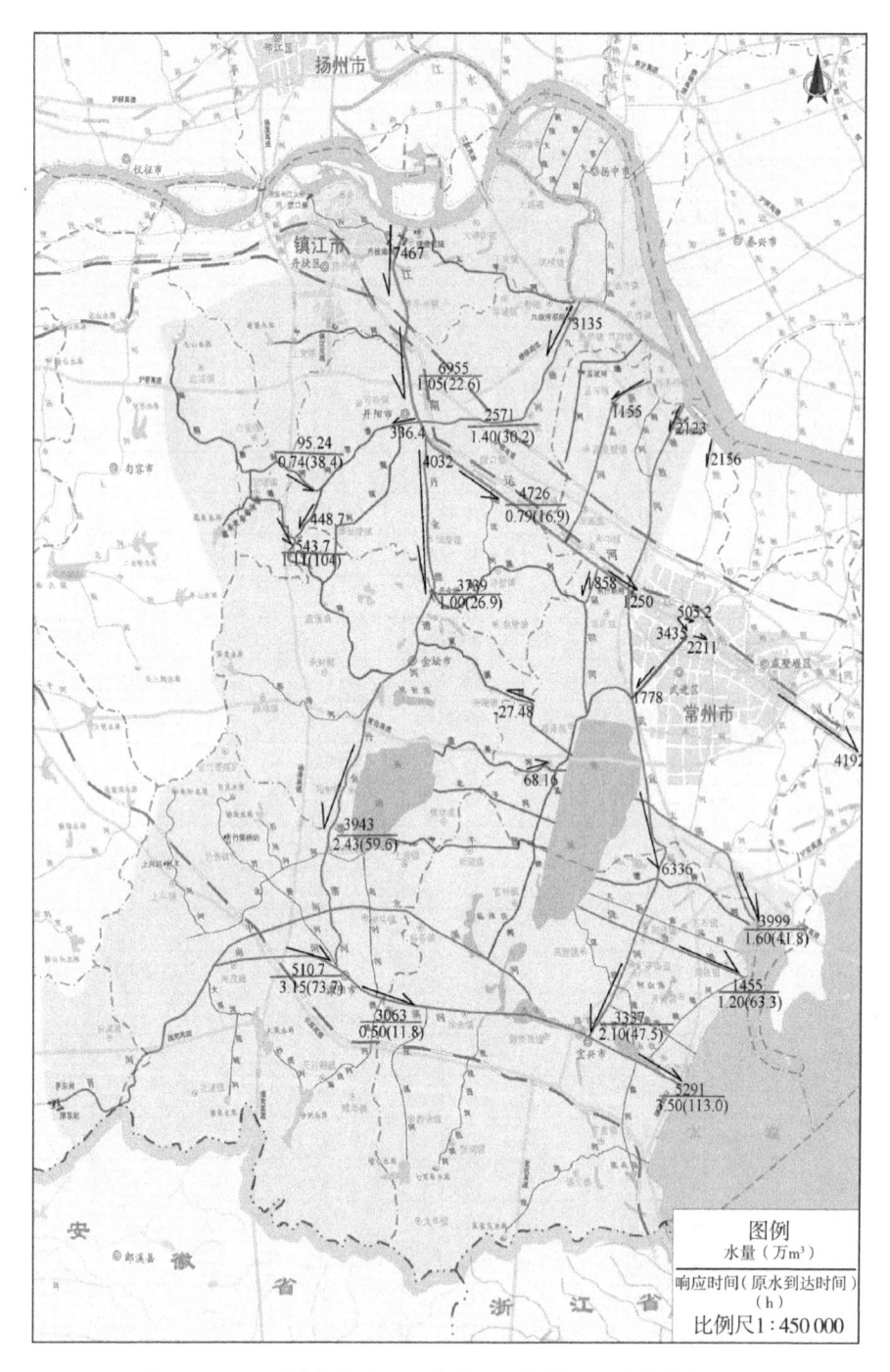

图 3.4.2-1　测验期间湖西区京杭运河等骨干河道水量分配图

3.4.2.2 区域水量平衡

(1) 镇江市

9月6—16日,镇江市谏壁闸(含抽水站)和九曲河枢纽引江水量为10 422万 m^3,出境(京杭运河新泰定桥、通济河紫阳桥、丹金溧漕河丹金闸)水量为9 009万 m^3。这表明:镇江市境内用水量也较大。

(2) 常州市

9月6—16日,常州市小河水闸、魏村枢纽、澡港枢纽总引江水量为5 434万 m^3,入境(京杭运河新泰定桥、通济河紫阳桥、丹金溧漕河丹金闸、南河濑江桥)水量为9 520万 m^3,出境(京杭运河横林大桥、武宜运河钟溪大桥、南河潘家坝、太滆运河分水桥)水量为13 290万 m^3。这表明:其他进入常州市境内水量(新沟河、锡溧漕河戴溪段、龙涎河、雅浦港)约为1 664万 m^3。

(3) 湖西区

测验期间,湖西区沿江口门(不含澡港枢纽)总引江水量为13 700万 m^3,降水径流量11 500万 m^3。

测验期间,湖西区京杭运河等河湖蓄水增量为2 887万 m^3,流入武澄锡虞区西线净水量为2 907万 m^3。入太(含太滆运河分水桥、烧香港棉堤桥、南河城东港)总水量为19 500万 m^3(其中,含武澄锡虞区南线流入湖西区量2 000万 m^3),约占湖西区总来水量(含降水径流)的73.0%。显然,本次调水试验期间,湖西区引江水量中大约有70%的水量进入太湖。

出入水量差为1 906万 m^3。显然,这部分水量消耗于工业与农业用水。

测验期间,湖西区水量平衡情况详见表3.4.2-2、图3.4.2-2。

表3.4.2-2 湖西区水量平衡计算表

	水量(万 m^3)	备注
沿江口门引江水量	13 700	+
降水径流量	11 500	+
∑	25 200	
河湖蓄水增量	2 887	−
流入武澄锡虞区西线净水量	2 907	−
入太水量	19 500	−2 000万 m^3
∑	23 294	
出入水量差	1 906	

注:1. 入太水量根据太滆运河、烧香港、城东港入太水量以及宜兴市入太河道流量巡测资料推算。
    2. 武澄锡虞区南线流入湖西区水量根据锡溧漕河东段、龙游河、雅浦港等河道流量巡测资料推算。

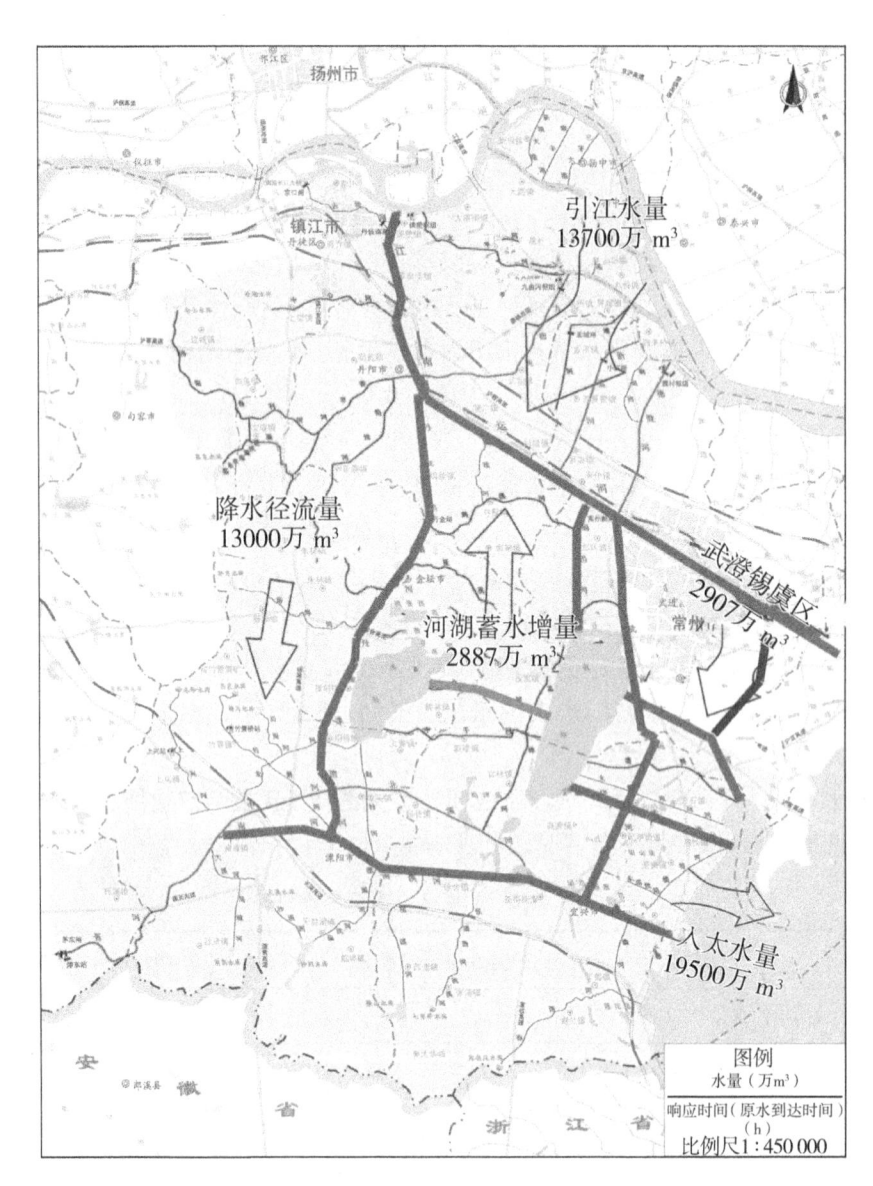

图 3.4.2-2　湖西区水量平衡图

3.4.3 水质影响分析

3.4.3.1 对不同河湖的水质影响

沿江口门引江水量,对京杭运河等骨干河道的水环境产生了不同程度的影响(当然,也存在区域面源污染的影响、沿程点源污染的影响等)。为了比较这种影响,本书规定:测验期间,各监测断面平均综合污染指数、最小综合污染指数和本底污染指数分别为$\overline{I}$、I_{min}、I_0,而平均影响系数$I_c=100\times\dfrac{(I_0-\overline{I})}{I_0}$,最大影响系数$I_m=100\times\dfrac{(I_0-I_{min})}{I_0}$。$I_c$和$I_m$的值越大,则表明河湖(断面)水环境改善的程度越大。I_c和I_m为负值时,则表明河湖(断面)水环境呈恶化趋势。平均影响系数I_c反映调水期间长历时水环境总体综合情况变化(包括调水前期区域面源污染、沿程点源污染的汇入影响),I_m反映调水期间原水汇入后水环境情况变化。

(1) 京杭运河

9月6—16日,京杭运河(云阳桥段)$\overline{I}$为0.70,I_0为0.43,I_{min}为0.55,平均影响系数I_c为-62.8,最大影响系数I_m为-27.9;京杭运河(新泰定桥段)$\overline{I}$为0.59,I_0为0.62,I_{min}为0.38,平均影响系数I_c为4.8,最大影响系数I_m为38.7;京杭运河(天宁大桥段)$\overline{I}$为0.76,I_0为0.72,I_{min}为0.52,平均影响系数I_c为-5.6,最大影响系数I_m为27.8;京杭运河(横林大桥段)$\overline{I}$为1.02,I_0为0.95,I_{min}为0.75,平均影响系数I_c为-7.4,最大影响系数I_m为21.1。

显然,京杭运河沿程平均影响系数和最大影响系数总体上均呈逐渐降低趋势。云阳桥本底水质状况较好,测验期间产生的沿程污染物汇入反而使其综合污染指数升高,因此影响系数为负值。

(2) 香草河、胜利河、通济河

9月6—16日,香草河(太阳城桥段)$\overline{I}$为0.91,I_0为0.48,I_{min}为0.57,平均影响系数I_c为-89.6,最大影响系数I_m为-18.8。胜利河(拖板桥段)$\overline{I}$为0.87,I_0为1.10,I_{min}为0.60,平均影响系数I_c为20.9,最大影响系数I_m为45.5。通济河(紫阳桥段)$\overline{I}$为1.41,I_0为1.34,I_{min}为1.08,平均影响系数I_c为-5.2,最大影响系数I_m为19.4。

太阳城桥段水质受上游云阳桥来水影响明显,影响系数也为负。由于香草河、胜利河、通济河本底水质浓度均较高,从影响系数来看,本次调水香草河、胜利河、通济河水环境均有所改善,且影响效果胜利河最大,通济河最小。

(3) 丹金溧漕河、扁担河、武宜运河

9月6—16日,丹金溧漕河(邓家桥段)$\overline{I}$为0.67,I_0为0.51,I_{min}为0.55,平均影响系数I_c为-31.4,最大影响系数I_m为-7.8。丹金闸段$\overline{I}$为0.71,I_0为0.77,I_{min}为0.44,平均影响系数I_c为7.8,最大影响系数I_m为42.9。9月6—17日,别桥

段 $\bar{I}$ 为 0.69，I_0 为 1.14，I_{min} 为 0.44，平均影响系数 I_c 为 39.5，最大影响系数 I_m 为 61.4。

9月6—16日，扁担河（桥东桥段）$\bar{I}$ 为 0.69，I_0 为 0.70，I_{min} 为 0.47，平均影响系数 I_c 为 1.4，最大影响系数 I_m 为 32.9。

9月6—17日，武宜运河（钟溪大桥段）$\bar{I}$ 为 0.85，I_0 为 0.74，I_{min} 为 0.63，平均影响系数 I_c 为 −14.9，最大影响系数 I_m 为 14.9。9月7—19日，锡溧漕河（锡溧漕河大桥段）$\bar{I}$ 为 0.94，I_0 为 0.63，I_{min} 为 0.80，平均影响系数 I_c 为 −49.2，最大影响系数 I_m 为 −27.0。

显然，测验期间，丹金溧漕河影响系数大，水环境改善明显，且由于丹金溧漕河本底水质浓度邓家桥最小，别桥最大，调水后上下游水质浓度趋于一致，因此影响效果邓家桥最小，别桥最大，表现为影响系数沿程增大。

（4）夏溪河、湟里河

9月6—16日，夏溪河几乎不受沿江口门引江水量的影响。$\bar{I}$ 为 0.88，I_0 为 1.20，I_{min} 为 0.61，平均影响系数 I_c 为 26.7，最大影响系数 I_m 为 49.2。湟里河（湟里河桥段）$\bar{I}$ 为 0.72，I_0 为 0.66，I_{min} 为 0.52，平均影响系数 I_c 为 −9.1，最大影响系数 I_m 为 21.2。

（5）太滆运河、烧香港、南河

9月7—19日，太滆运河（分水桥段）$\bar{I}$ 为 0.81，I_0 为 0.80，I_{min} 为 0.67，平均影响系数 I_c 为 −1.3，最大影响系数 I_m 为 16.3。烧香港（棉堤桥段）$\bar{I}$ 为 0.83，I_0 为 0.75，I_{min} 为 0.60，平均影响系数 I_c 为 −10.7，最大影响系数 I_m 为 20.0。

9月7—19日，南河（潘家坝段）$\bar{I}$ 为 0.73，I_0 为 0.95，I_{min} 为 0.42，平均影响系数 I_c 为 23.2，最大影响系数 I_m 为 55.8。南河（城东港段）$\bar{I}$ 为 1.01，I_0 为 0.90，I_{min} 为 0.85，平均影响系数 I_c 为 −12.2，最大影响系数 I_m 为 5.6。

显然，测验期间，南河影响系数较大，水环境改善明显，且表现为沿程降低趋势。

（6）综合分析

根据以上分析，可以发现，对于京杭运河等骨干河道来说：

河湖（断面）相对于沿江口门的距离决定影响系数：与水文情势影响相一致，距离沿江口门越近，受影响程度越大，京杭运河以北区域水环境明显改善，京杭运河以南的洮滆间及滆东区域，影响较小。

河湖（断面）的本底水质浓度也决定影响系数：部分河道本底水质浓度较高，引进清水后，浓度显著下降，影响系数也相应较大。如香草河、胜利河、南河、丹金溧漕河等。

河湖（断面）的引水量与历时也决定影响系数：相对而言，沿江口门引江水量越大，河湖（断面）受影响程度越大，以京杭运河以南地区较为明显，如南河。

测验期间，京杭运河等骨干河道影响系数情况详见表 3.4.3-1、图 3.4.3-1～图 3.4.3-3。

表 3.4.3-1　测验期间京杭运河等骨干河道水质影响系数统计表

河流	断面	本底污染指数 I_0	平均综合污染指数 $\overline{I}$	最小综合污染指数 I_{min}	平均影响系数 I_c	最大影响系数 I_m
京杭运河	谏壁闸	0.84	0.63	0.34	25.0	59.5
九曲河	九曲河闸	0.46	0.44	0.25	4.3	45.7
	普善大桥	0.45	0.60	0.41	−33.3	8.9
新孟河	小河水闸	0.79	0.42	0.28	46.8	64.6
德胜河	魏村闸	0.46	0.36	0.25	21.7	45.7
澡港河	青松桥	0.77	0.41	0.25	46.8	67.5
京杭运河	云阳桥	0.43	0.70	0.55	−62.8	−27.9
	新泰定桥	0.62	0.59	0.38	4.8	38.7
	天宁大桥	0.72	0.76	0.52	−5.6	27.8
	横林大桥	0.95	1.02	0.75	−7.4	21.1
香草河	太阳城桥	0.48	0.91	0.57	−89.6	−18.8
	黄固庄桥	0.95	0.89	0.67	6.3	29.5
胜利河	拖板桥	1.10	0.87	0.60	20.9	45.5
通济河	紫阳桥	1.34	1.41	1.08	−5.2	19.4
丹金溧漕河	邓家桥	0.51	0.67	0.55	−31.4	−7.8
	丹金闸	0.77	0.71	0.44	7.8	42.9
	别桥	1.14	0.69	0.44	39.5	61.4
扁担河	桥东桥	0.70	0.69	0.47	1.4	32.9
武宜运河（锡溧漕河）	钟溪大桥	0.74	0.85	0.63	−14.9	14.9
	锡溧漕河大桥	0.63	0.94	0.80	−49.2	−27.0
夏溪河	友谊桥	1.20	0.88	0.61	26.7	49.2
湟里河	湟里河桥	0.66	0.72	0.52	−9.1	21.2
太滆运河	分水桥	0.80	0.81	0.67	−1.3	16.3
烧香港	棉堤桥	0.75	0.83	0.60	−10.7	20.0
南河（南溪河）	濑江桥	1.02	0.78	0.48	23.5	52.9
	潘家坝	0.95	0.73	0.42	23.2	55.8
	城东港	0.90	1.01	0.85	−12.2	5.6
关河	丹青桥	0.93	0.92	0.65	1.1	30.1

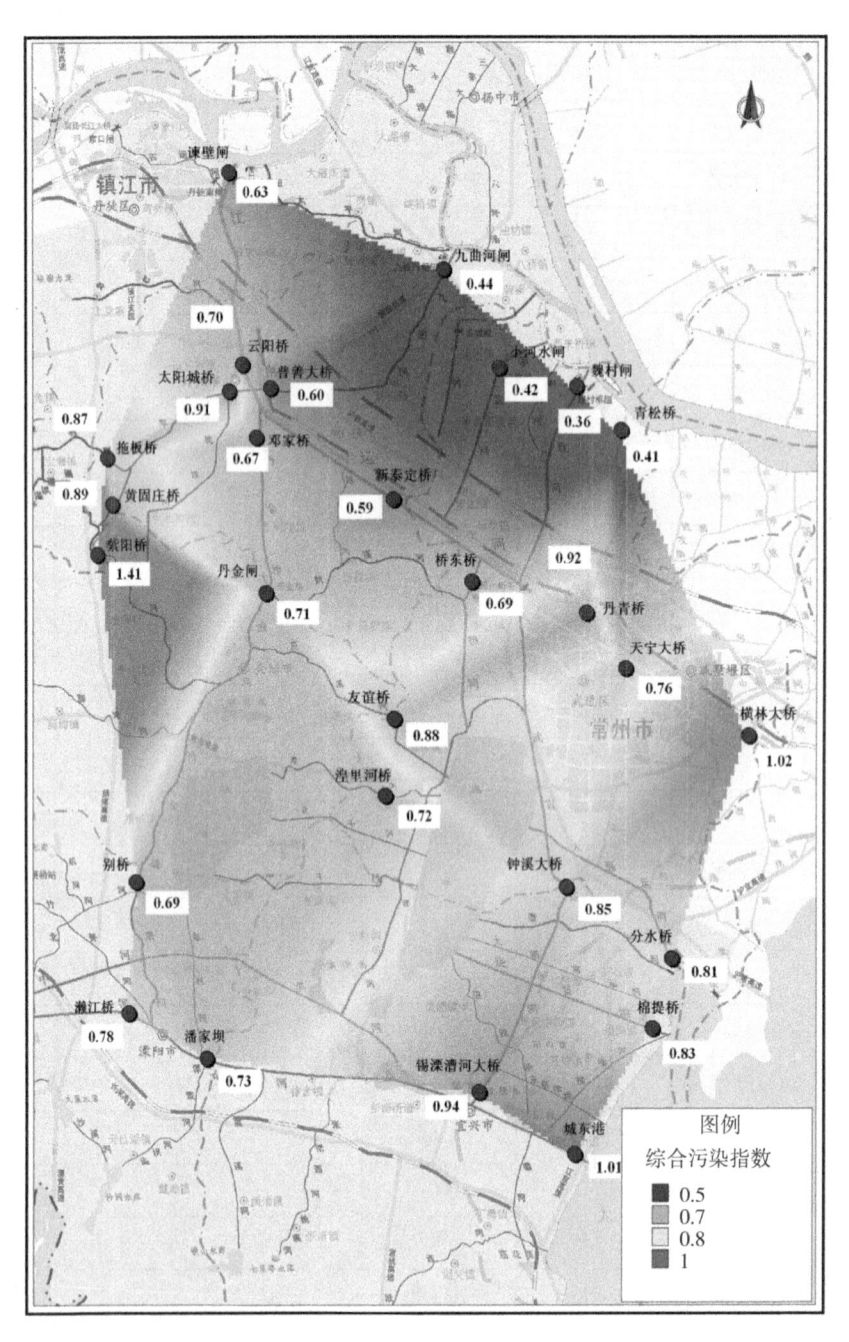

图 3.4.3-1 测验期间京杭运河等骨干河道综合污染指数分布图

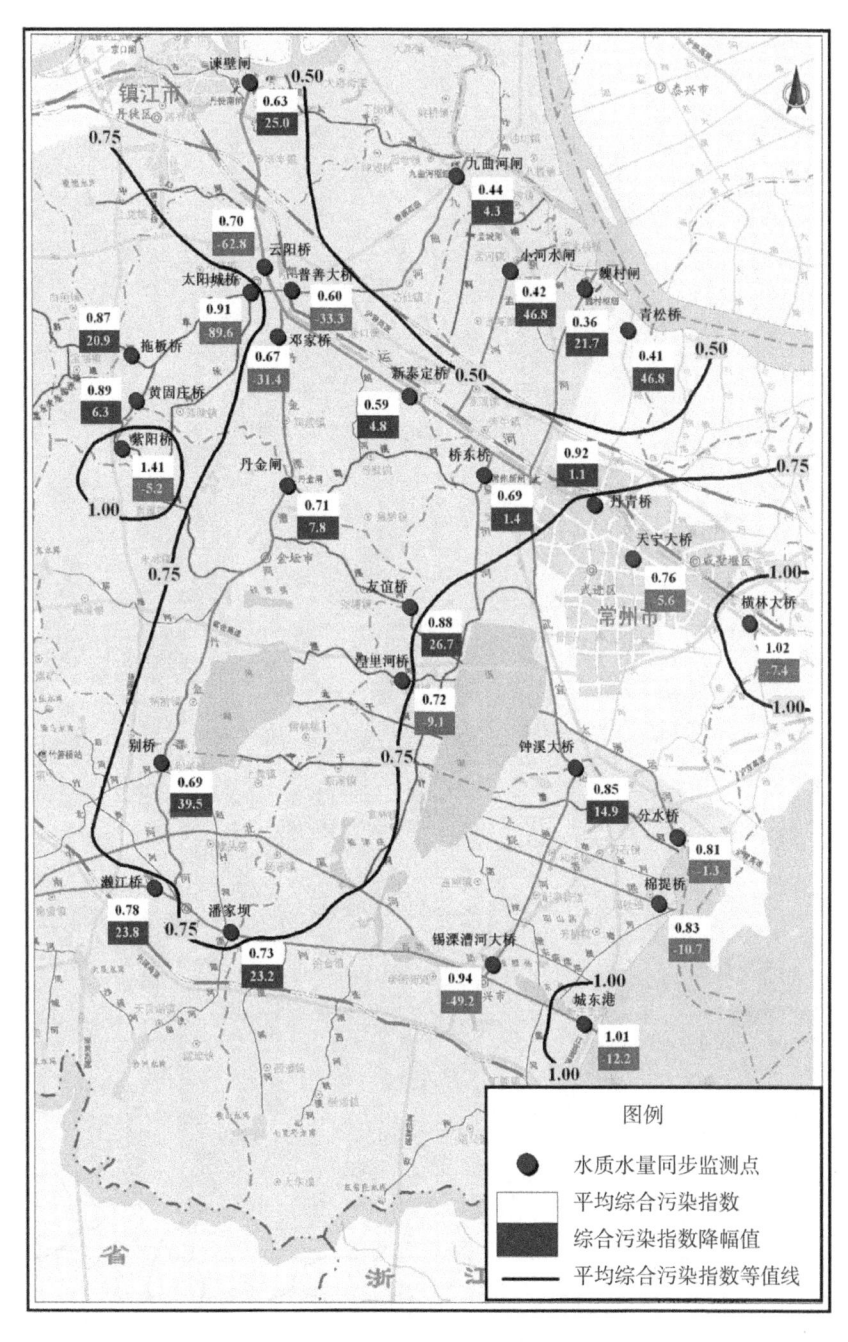

图 3.4.3-2 测验期间京杭运河等骨干河道综合污染指数等值线图

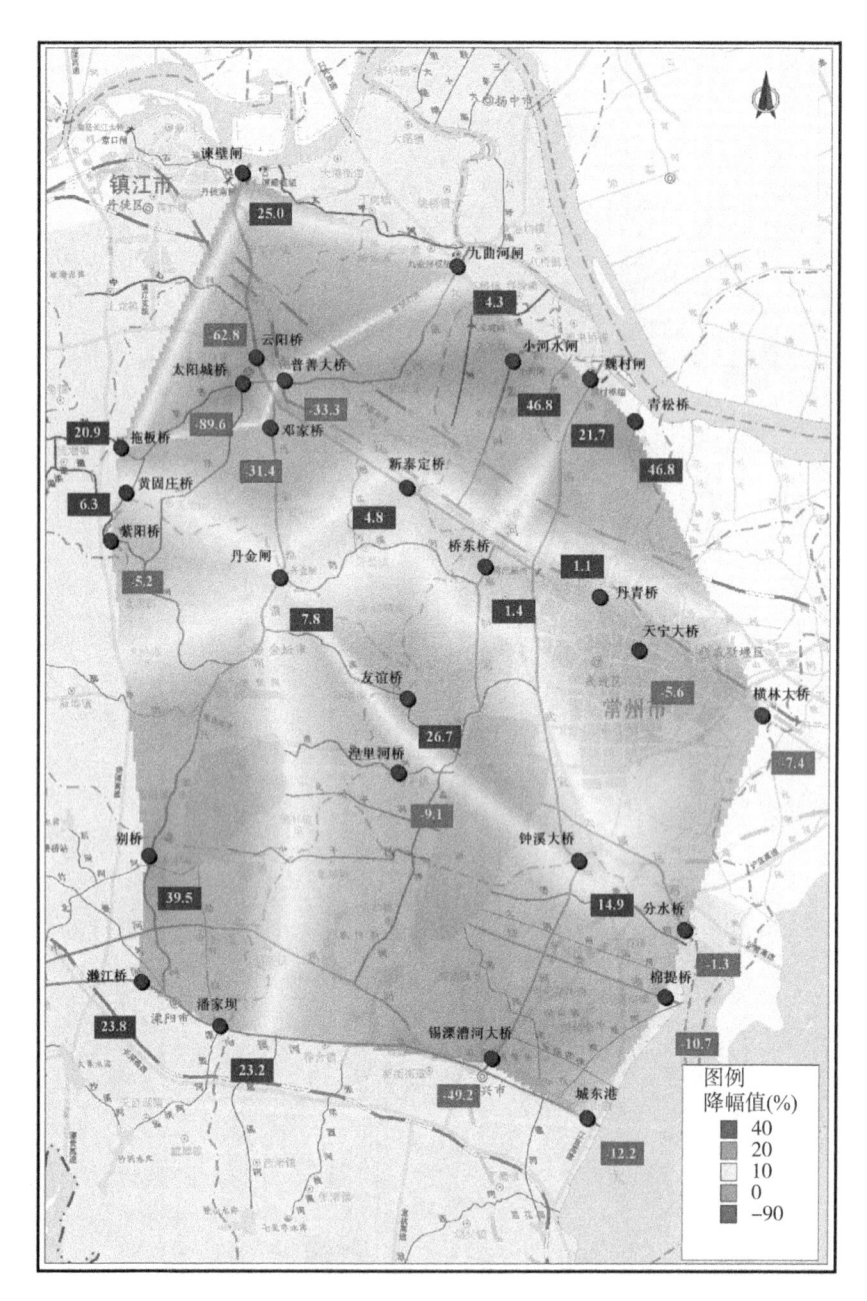

图 3.4.3-3　测验期间京杭运河等骨干河道水质影响分布图

3.4.3.2 对太湖的水质影响

入太河流污染物中,总氮和溶解氧浓度对太湖藻类密度和富营养化程度有一定的影响。其中,9月7—19日:

太滆运河总氮平均浓度为 3.72 mg/L,最大浓度为 4.49 mg/L,出现时间为 8 日 12 时;最小浓度为 3.37 mg/L,出现时间为 14 日 12 时。溶解氧平均浓度为 3.61 mg/L,最大浓度为 4.52 mg/L,出现时间为 19 日 12 时;最小浓度为 2.91 mg/L,出现时间为 7 日 12 时。

烧香港总氮平均浓度为 3.64 mg/L,最大浓度为 5.10 mg/L,出现时间为 8 日 12 时;最小浓度为 2.89 mg/L,出现时间为 7 日 12 时。溶解氧平均浓度为 2.56 mg/L,最大浓度为 4.77 mg/L,出现时间为 19 日 12 时;最小浓度为 0.50 mg/L,出现时间为 7 日 12 时。与背景值相比,总氮浓度平均增幅为 27.7%,溶解氧浓度平均降幅为 58.2%。

南河城东港总氮平均浓度为 3.17 mg/L,最大浓度为 3.95 mg/L,出现时间为 9 日 12 时;最小浓度为 2.56 mg/L,出现时间为 19 日 12 时。溶解氧平均浓度为 3.36 mg/L,最大浓度为 5.43 mg/L,出现时间为 19 日 12 时;最小浓度为 2.23 mg/L,出现时间为 11 日 12 时。与背景值相比,总氮浓度平均增幅为 21.4%,溶解氧浓度平均降幅为 23.1%。

另外,根据江苏省水文水资源勘测局常州分局的巡湖资料,9月7—19日,太湖溶解氧平均浓度为 6.8 mg/L、藻类平均密度为 306 万个/L。其中,溶解氧浓度由 7 日的 6.6 mg/L 上升到 19 日的 7.0 mg/L,藻类密度由 7 日的 201 万个/L 上升到 19 日的 305 万个/L。

显然,太滆运河等入太河流中的溶解氧浓度均小于太湖水体中的溶解氧浓度,入太水量在一定程度上起到"稀释"太湖的作用。然而,测验期间,入太河流中总氮和溶解氧浓度总体上呈上升趋势,又不可避免地增加了太湖的污染物通量。因此,沿江口门引江水量对于太湖水环境的影响是复杂的。

第四章

太湖流域常州地区调水引流

4.1 研究区概况

4.1.1 研究范围

太湖流域常州地区调水引流试验研究区域为常州市区范围,主要包括新北、天宁、钟楼、武进等市辖区,区域总面积1 863.6 km²。具体范围见图4.1.1-1。

4.1.2 研究河道及水利工程

太湖流域常州地区调水引流研究河道有京杭运河、老京杭运河、新孟河、德胜河、澡港河、北塘河、关河、东市河、西市河、北市河、夏溪河、湟里河、北干河、中干河、扁担河、武宜运河、采菱港、武南河、武进港、雅浦港、太滆运河、漕桥河共22条河道。其中,京杭运河自西北向东南穿市区而过,中心城区河道有老京杭运河、北塘河、关河、东市河、西市河、北市河,运河以北河道有新孟河、德胜河、澡港河,运河以南河道有武宜运河、采菱港、武南河,滆湖以西河道有扁担河、夏溪河、湟里河、北干河、中干河,滆湖以东入太湖河道有太滆运河、漕桥河、武进港、雅浦港。

太湖流域常州地区调水引流调度或研究的水利工程有孟城闸、剩银河闸、小河水闸、魏村枢纽、澡港枢纽、新闸枢纽、钟楼闸、武进港闸、雅浦港闸等,其中,孟城闸、剩银河闸、小河水闸、魏村枢纽、澡港枢纽为沿江口门工程,新闸枢纽、钟楼闸为武澄锡虞区西控制线工程,武进港闸、雅浦港闸为环太口门工程。

4.1.3 研究区河道水力特性

常州市区西北高东南低,主要入境河流有长江、京杭运河,以及滆湖以西夏溪河、湟里河、北干河、中干河等,主要出流河道有武宜运河、漕桥河、武进港、锡溧漕河以及京杭运河等。

京杭运河以北,以新孟河、德胜河、新澡港河、澡港河东支—北塘河、新沟(舜河)—三山港五条通(长)江水道为骨干而形成的常州北水网,是常州地区主要引水河道:平枯水季节利用长江涨潮开闸引水补给运河及境内水网,供航行、灌溉、城市用水;在洪水时期,利用长江落潮开闸排泄境内涝水或利用闸门挡潮。其中,新孟河、德胜河北引长江水后向南直接汇入京杭运河,澡港河则大部分引长江水通过关河汇入老京杭运河,一部分通过澡港河东支汇入北塘河。北塘河一部分在常州市汇入舜河,一部分流入无锡市境内。

京杭运河上游承接镇江来水(主要是引江水),在常州市新北区奔牛镇承接新孟河汇水后,在常州市钟楼区邹区镇由扁担河向南分流至滆湖,其余继续东下至常州市钟楼区新闸镇承接德胜河汇水,并分为两支,一支为新京杭运河(改线段),一支为老京杭运河。新京杭运河于2008年投运后,分流作用明显,上游来水及新孟河、德胜河的引江水大部分进入新京杭运河(新、老京杭运河一般分流比为7∶3)。老京杭运河向东穿越常州主城区,在

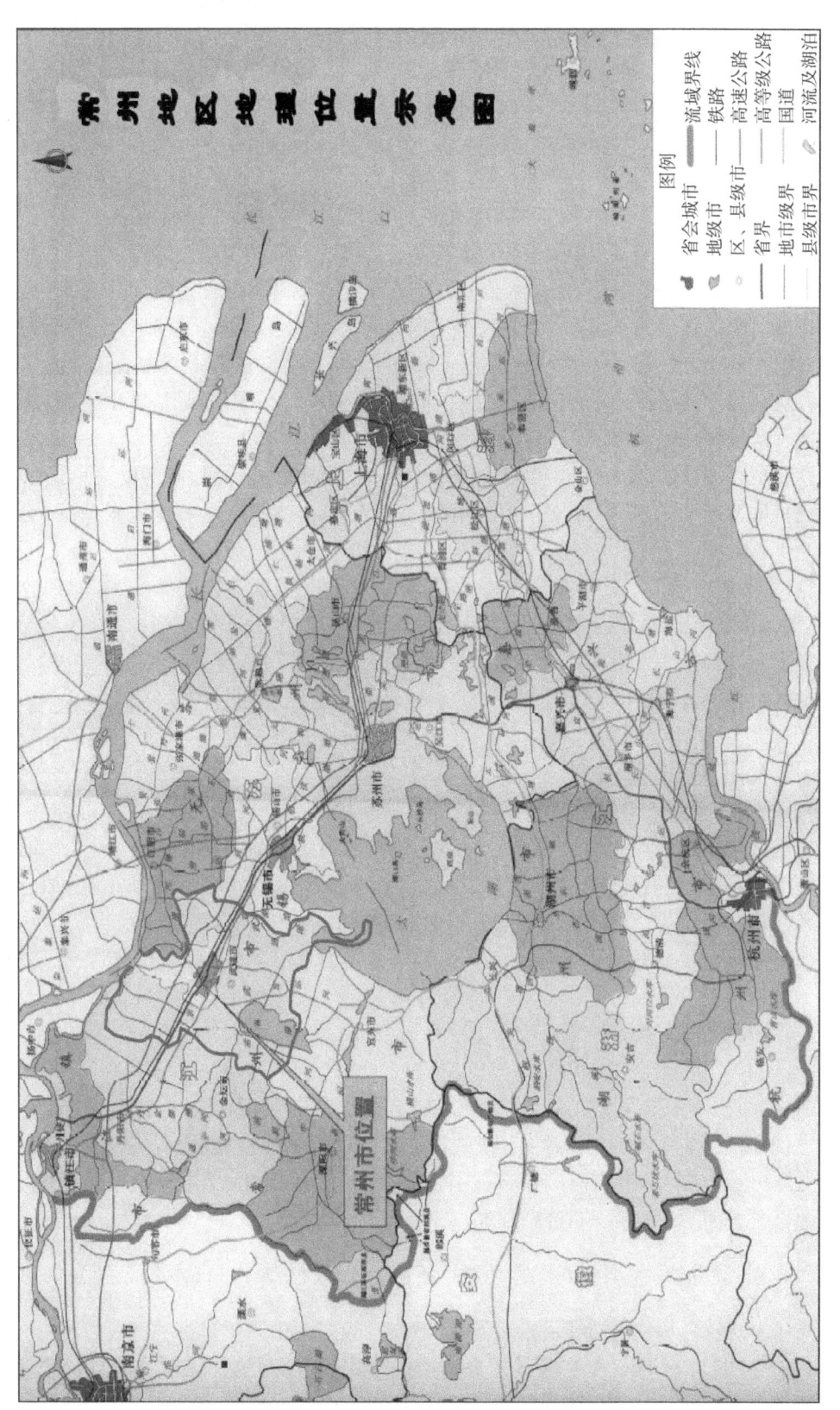

图 4.1.1-1 常州地区研究范围图

常州市天宁区天宁大桥与新京杭运河重新汇合后,继续东下经常州市武进区横林镇进入无锡市境内。区间北承关河、丁塘港、澡港河来水,并通过童子河、南运河以及采菱港与新京杭运河沟通。其中,关河承接澡港河来水后,一部分流入北塘河;丁塘港北接北塘河来水,向南在常州市经济开发区丁堰街道汇入老京杭运河。新京杭运河北接德胜河,向南至常州市武进区牛塘镇厚恕桥,一部分来水汇入新武宜运河,大部分来水向东汇入下游。采菱港则承接新京杭运河来水后向东汇入武进港。

滆湖以西区域夏溪河、湟里河等主要承接金坛区降水径流和长荡湖来水,向东汇入滆湖。在降水不足等特殊情况下,滆湖水也会回流长荡湖。滆湖除承接湟里河等来水外,主要承接扁担河和武宜运河来水,并通过武南河向东流入武进港,通过太滆运河、漕桥河向东流入太湖。其中,太滆运河、漕桥河在宜兴市分水村汇合后,在常州市雪堰镇百渎口流入太湖。武宜运河则承接新京杭运河来水后,向南穿越武南河、太滆运河、漕桥河后,在常州市武进区寨桥村与锡溧漕河汇合后流入宜兴市境内。

武进港是太滆运河、漕桥河以外的重要入太河道,北接京杭运河,向南沿途承接采菱港、锡溧漕河、武南河来水后,在常州市雪堰镇分为两支,一支在龚巷桥流入太湖,一支分为雅浦港流入太湖。

因此,从常州市区的水动力条件来看,京杭运河来水和沿江口门引长江水,一部分通过京杭运河进入无锡市境内,一部分经滆湖、太滆运河、武进港、漕桥河流入太湖,一部分通过武宜运河进入宜兴市境内。

常州地区水动力分析示意见图4.1.3-1。

4.2 调水引流方案设计

太湖流域常州地区调水引流通过分析不同的调水引流方案对河道水量、水质变化的影响,研究调水沿程的水量分配和水质变化特性,探索改善区域水环境的有效调度手段。调水引流方案设计主要考虑3方面因素:(1)引水与排水;(2)口门自流引排水与泵站开机引排水;(3)降雨与非降雨。

4.2.1 调水引流方案

考虑3方面影响因素,太湖流域常州地区调水引流共设计4种方案:方案1,沿江小河水闸,魏村枢纽、澡港枢纽利用潮汐自引;方案2,沿江口门不能自流引水,魏村枢纽、澡港枢纽泵站翻引水;方案3,沿江高潮期自流引水,低潮期魏村枢纽、澡港枢纽泵站翻引水;方案4,暴雨洪水期,沿江低潮期自流排水,高潮期开启泵站排水。

4.2.1.1 方案1(沿江小河水闸,魏村枢纽、澡港枢纽利用潮汐自引)

除长江出现较高水位需防止洪水倒灌、区域发生较强降雨需要排涝的情况以外,方案1是沿江口门在长江较高潮位情况下较为普遍的运用状况,且这一工况在全年较普遍。按照调度原则,根据降雨情况,应保持京杭运河高水位在3.80~4.20 m。

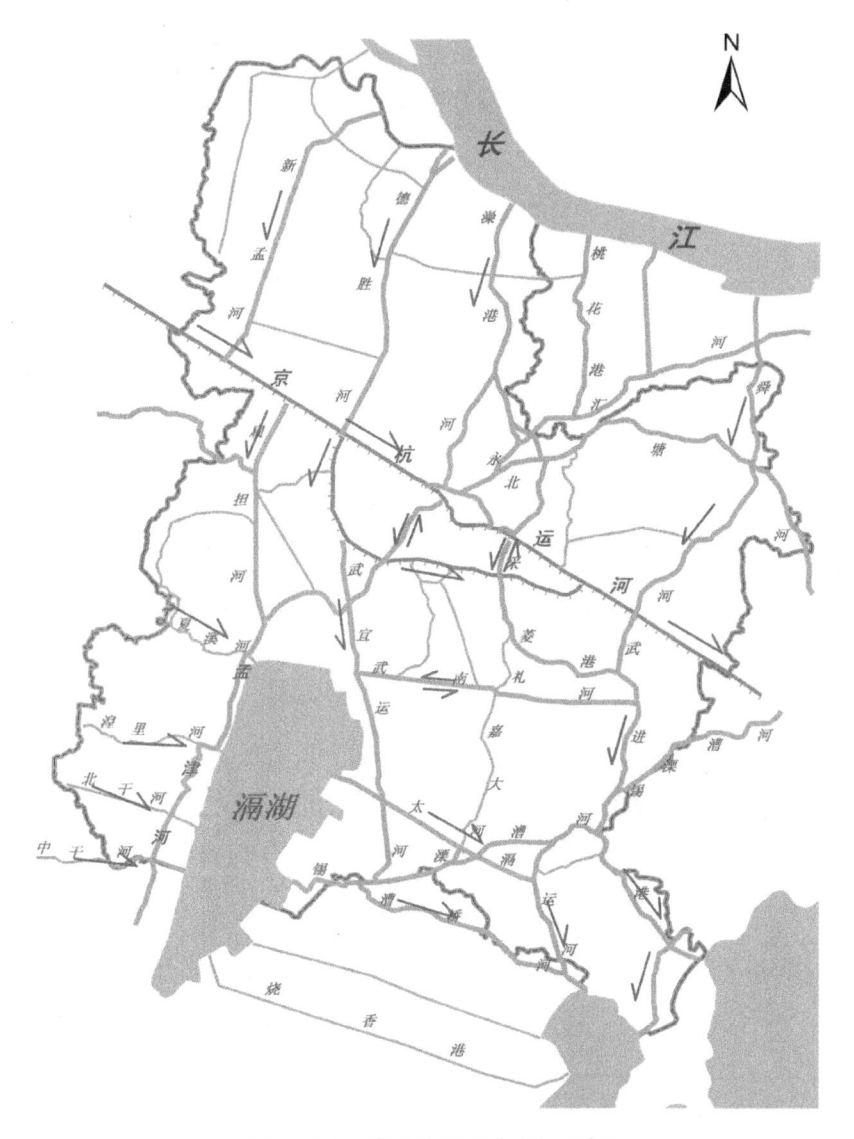

图 4.1.3-1　常州地区河道流向示意图

从沿江口门到市区河道下游长约 30 km，大多数情况下，当沿江口门自流引水时，水流从东北向常州东南方向单向流动，按 0.3～0.5 m/s 的水流速度计算，约 15～20 小时长江水可到达城区河道。由于一般情况下，每天自引两个潮次，参考以往引水经验，从维持水环境的时效性出发，将试验时间设计为 3～5 天。

测验安排：试验开始第一次取样作为背景值，每天 9:00、13:00、17:00 各取水样、测流一次，共取水样、测流 9～15 次。背景值取样时间选择在京杭运河水环境质量已趋于不利的状况下，以充分反映换水的效益和必要性。

方案 1 调水路线示意见图 4.2.1-1。

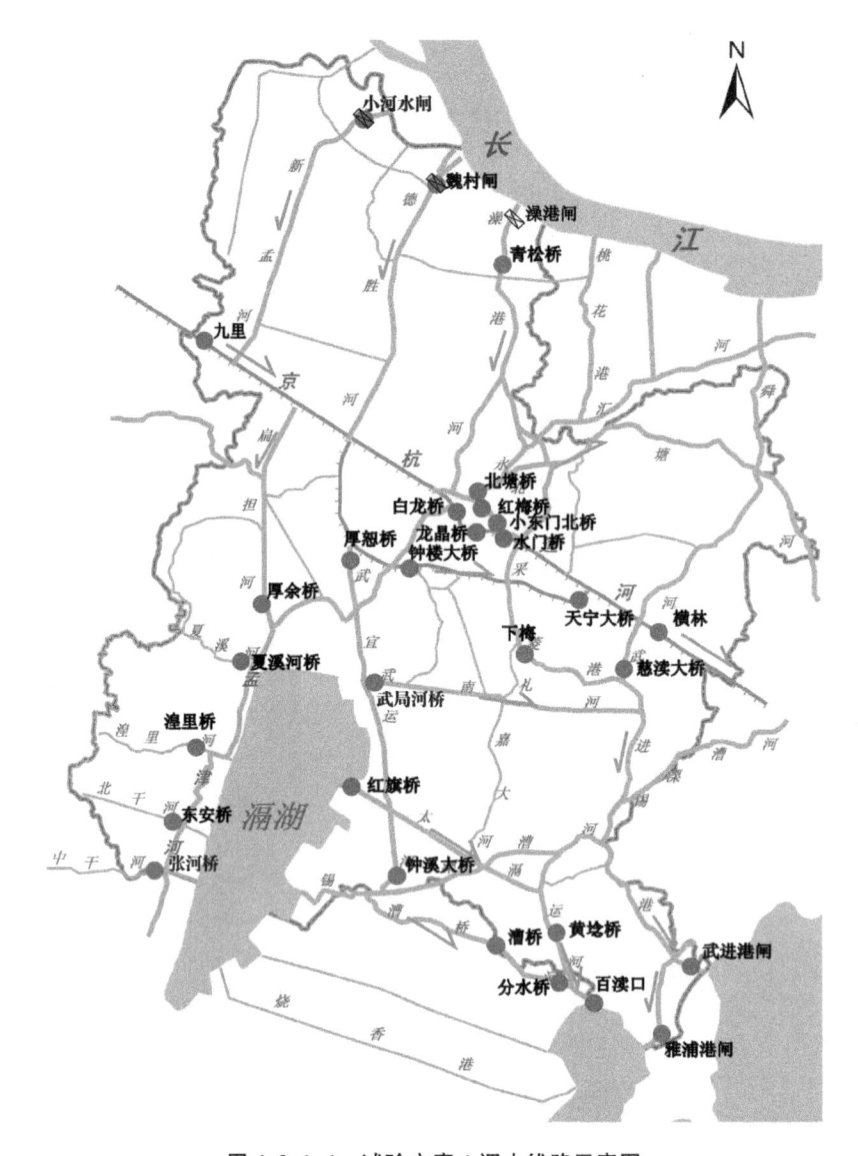

图 4.2.1-1　试验方案 1 调水线路示意图

4.2.1.2　方案 2（沿江口门不能自流引水，魏村枢纽、澡港枢纽泵站翻引水）

方案 2 的工况一般出现于每年长江高潮位与内河水位差值较小时期（多发生在枯水期），沿江口门无法自引江水或引水量很小。因此，方案 2 主要试验沿江口门关闭情况下区域河道水资源量的补充需求和环境水体可承受污染的能力。

为保证太湖水环境质量，且人民政府对市界水质有严格的要求，因此，不宜过长时间停止引水。由于缺少引江不足情况下的水质监测资料，试验时间以 7 天估算。其间，试验开始第 1 天沿江关闸，此后魏村枢纽、澡港枢纽分别单独开机两天，最后两天两枢纽同步开机引水。

测验安排：试验开始,沿江关闸,第一次取样作为背景值,此后每天9:00、17:00各取水样、测流一次。如到第7天京杭运河水质仍不能达到指标则视情况延长开机、测验,但最长不超过10天。

方案2调水路线示意见图4.2.1-2。

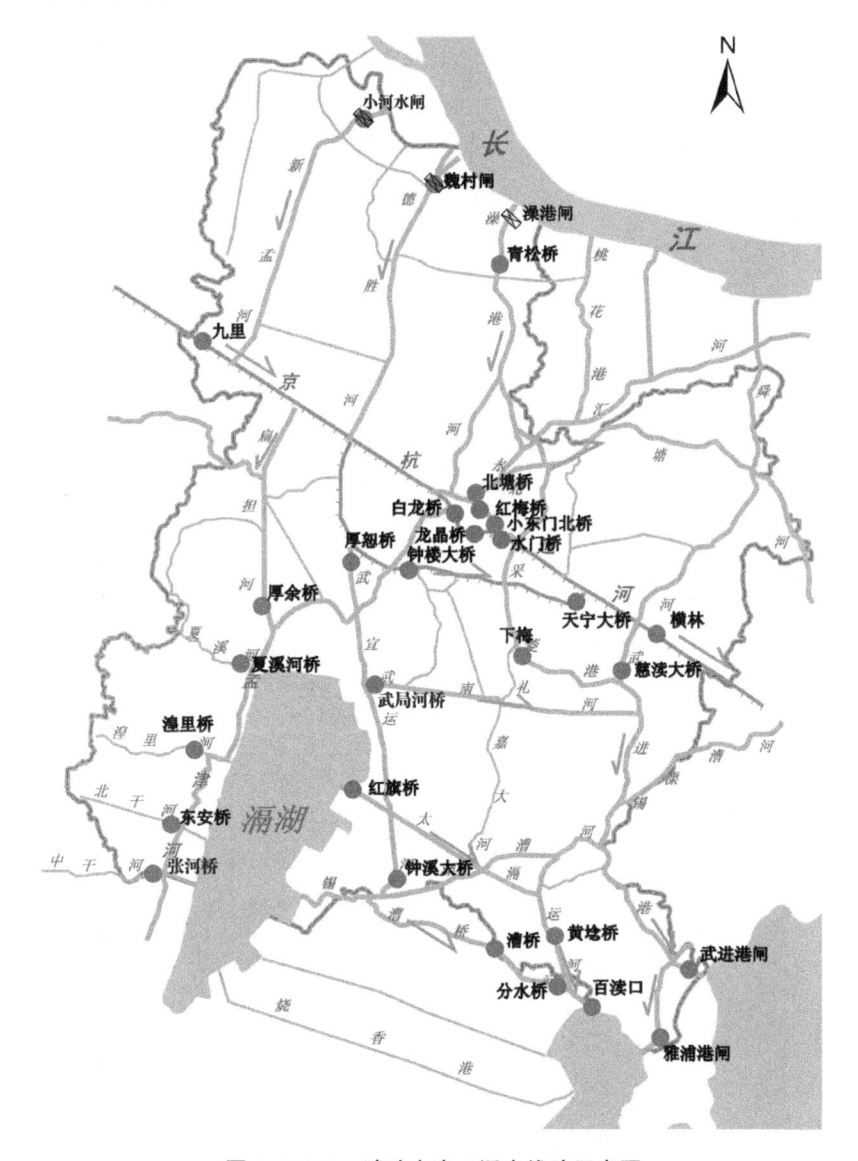

图4.2.1-2 试验方案2调水线路示意图

4.2.1.3 方案3(沿江高潮期自流引水,低潮期开启魏村枢纽、澡港枢纽翻引水)

试验选择在春、秋季,内河水位较低,沿江高潮位也较低,沿江自流引水量相对不足的时段。一次试验时长为3天,进行2次试验。

测验安排：试验开始第一次取样作为背景值,此后每天9:00、17:00各取水样、测流一次,共取水样、测流12次。水流、水质测验的时间还需考虑泵站开启的时间及水流传输的速率,使测验数据相对具有代表性,因此测验时间可适当调节。

方案3调水路线示意见图4.2.1-3。

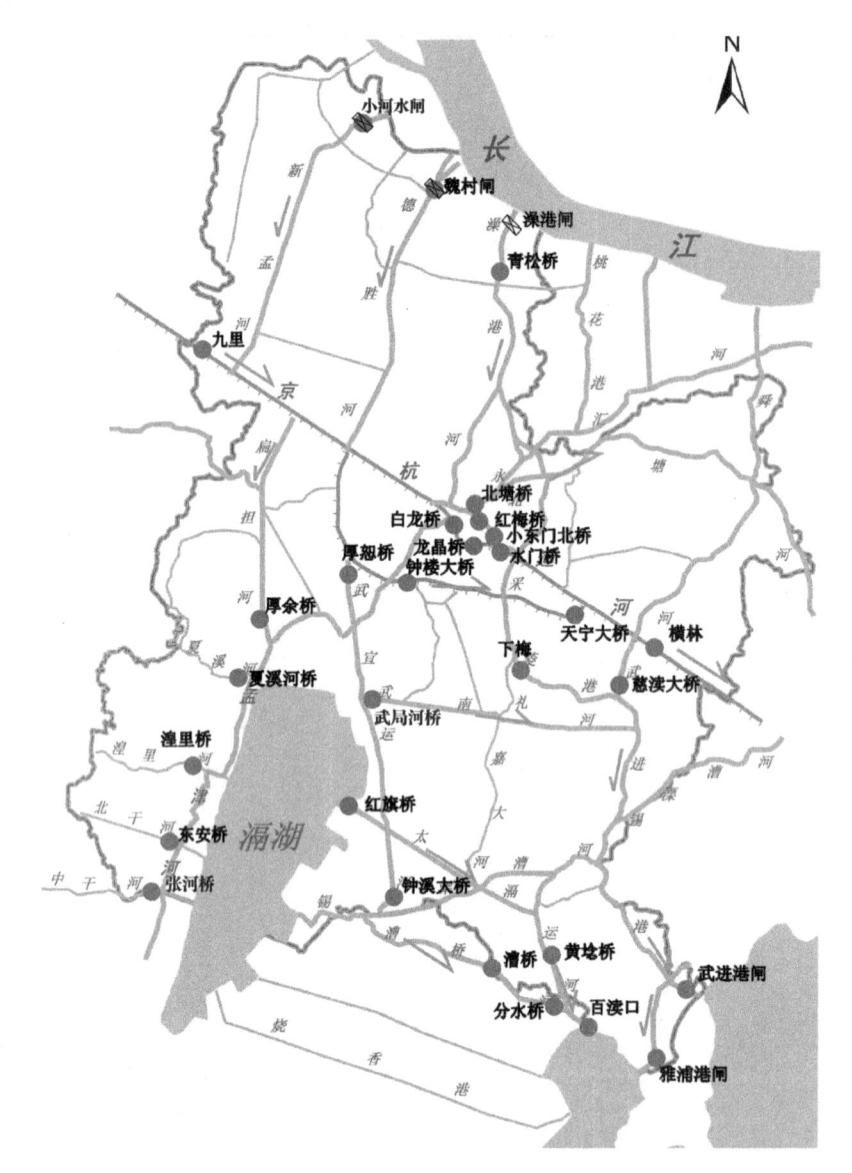

图4.2.1-3　试验方案3调水线路示意图

4.2.1.4　方案4(暴雨洪水期,沿江低潮期自流排水,高潮期开启泵站排水)

在常州地区遭遇较强降雨的情况下,利用小河水闸、魏村枢纽、澡港枢纽排水,同时在服从省防汛防旱指挥部调度的前提下,武进港闸和雅浦港闸联合调度。观测在强降雨条件下水流的运动规律和水质的变化,分析降雨条件下河道受面源污染的量化指标和分布规律。不同洪水调度方案下的监测应重复2到3次,可分别选择区域降雨24小时雨量

50 mm、100 mm 左右时实施。如恰逢区域强降雨，最好能捕捉到 24 小时降雨 150 mm 以上的工况。方案 4 的实施时机视本区域降雨情况确定。

测验安排：在强降雨前取水样一次作为背景值，当相应量级降雨发生后，每 4 小时取水样、测流一次，洪峰到来时应加密测次，避免错过洪峰，测验持续到洪峰过后 2～6 小时结束。一次强降水过程安排测验取样、测流 3～4 天共约 12 次，考虑不同的降雨量级，暂按开展 2 次试验计算，共需取样、测流 24 次。试验时市防指适时掌握汛情，视雨情大小采取不同的调度方案，以观测调度的效果。

方案 4 调水路线示意见图 4.2.1-4。

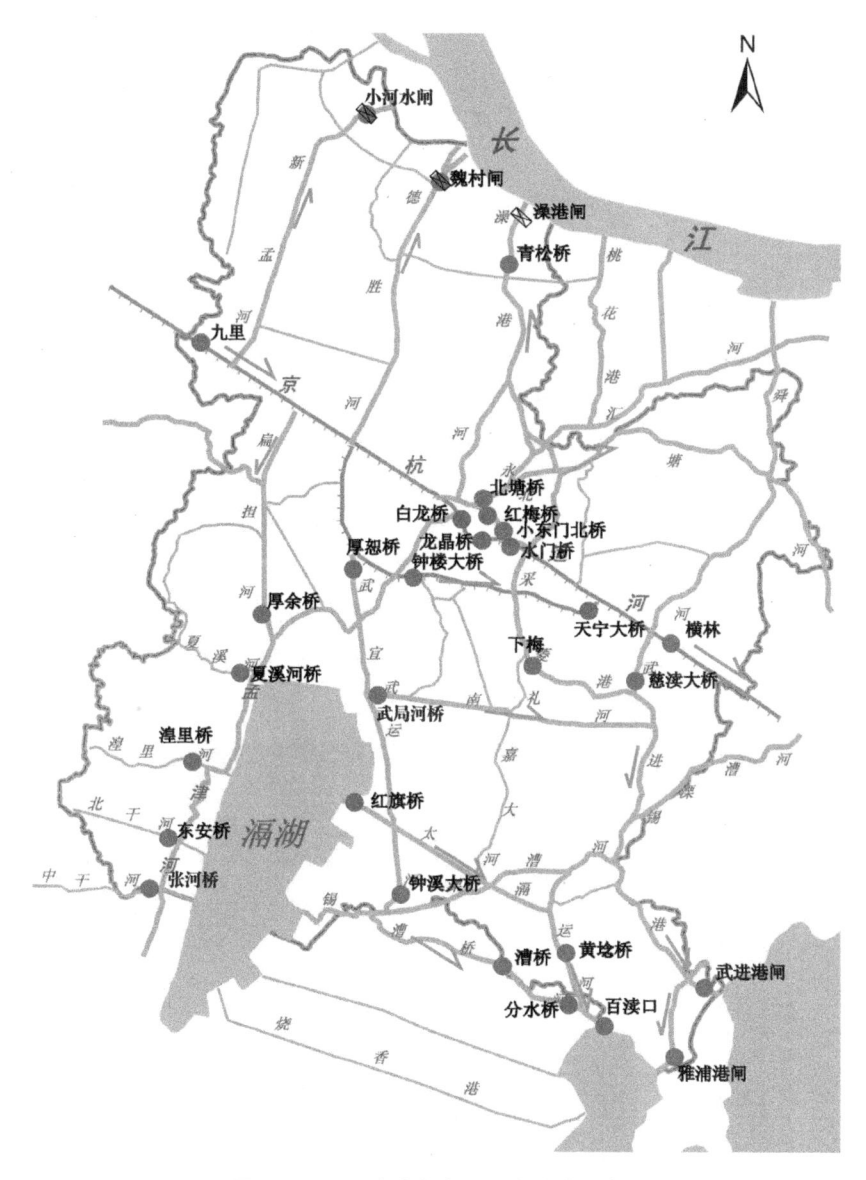

图 4.2.1-4　试验方案 4 调水线路示意图

各方案调度及监测任务具体见表4.2.1-1。

表 4.2.1-1 调水试验各方案调度情况及监测任务一览表

	方案1	方案2	方案3	方案4
试验天数	3~5天	7天	2×3天	2×4天
降雨情况	无降雨	无降雨	无降雨	强降雨
调度计划	规则调度,小河水闸、魏村枢纽、澡港枢纽自流引水	闸门关闭,魏村枢纽、澡港枢纽泵站翻引水	高潮期自流引水,低潮期开启魏村枢纽、澡港枢纽翻引水	低潮期自流排水,高潮期魏村枢纽、澡港枢纽开启泵站排水
监测项目及频次	每日水量、水质各3次,共9~15次	每日水量、水质各2次,7天共14次	每日水量、水质各2次,6天共12次	每日水量、水质各3次,8天共24次

注：以上测验共25天(不含准备),取样、测流共65次。

4.2.2 水文监测站点布设及量质监测

4.2.2.1 水文监测站点布设

站点的布设既要从洪水调度的要求出发,又要满足引水改善区域水环境效果分析的要求,既要充分利用现有的水量水质监测站点,避免重复设站,又要合理增设站点,从总体上控制住区域内水流的运动特征和面上污染的分布特征。同时还要考虑本试验周期短的特点和试验经费有限的客观因素,以点带面,避免顾此失彼。经分析,拟定测验站点如下：

(1) 尽量利用已有的水质、水量监测断面,并根据实际需要设立新断面。

(2) 试验期设水量水质同步监测站点。为监测太湖流域常州地区内骨干河道水流、水质分布情况,尤其是在不同调度方案下水质的变化,拟设水量、水质监测站点共29个,其中水量、水质同步监测站点21个。常州市调水试验监测站点情况见表4.2.2-1、表4.2.2-2和图4.2.2-1。

表 4.2.2-1 常州市调水试验方案监测站点一览表

序号	所在河流	断面名称	流量测验 已建	流量测验 新建	水质测验 已建	水质测验 新建
1	澡港河	青松桥	√			√
2	德胜河	魏村闸	√		√	
3	新孟河	小河水闸	√			√
4	京杭运河	九里	√			√
5	老京杭运河	水门桥			√	
6	京杭运河	横林	√		√	
7	京杭运河	钟楼大桥		√	√	
8	京杭运河	天宁大桥			√	
9	扁担河	厚余桥	√			√
10	夏溪河	夏溪河桥		√		√

续表

序号	所在河流	断面名称	流量测验 已建	流量测验 新建	水质测验 已建	水质测验 新建
11	湟里河	湟里桥	√		√	
12	北干河	东安桥	√		√	
13	中干河	张河桥		√	√	
14	武宜运河	寨桥南(钟溪大桥)	√		√	
15	武南河	武南河桥		√	√	
16	太滆运河	黄埝桥	√		√	
17	太滆运河	红旗桥			√	
18	采菱港	下梅		√		
19	武进港	慈漾大桥			√	
20	武进港	武进港闸	√		√	
21	雅浦港	雅浦港闸(雅浦桥)	√		√	
22	漕桥河	漕桥	√		√	
23	漕桥河	分水桥				
24	太滆运河	百渎口	√		√	
25	关河	小东门北桥		√	√	
26	北塘河	北塘桥		√	√	
27	东市河	龙晶桥			√	
28	西市河	白龙桥			√	
29	北市河	红梅桥			√	

表 4.2.2-2 常州地区水量水质同步监测站点一览表

序号	所在河流	断面名称
1	澡港河	青松桥
2	德胜河	魏村闸
3	新孟河	小河水闸
4	京杭运河	九里
5	京杭运河	横林
6	京杭运河	钟楼大桥
7	扁担河	厚余桥
8	武宜运河	寨桥南(钟溪大桥)
9	太滆运河	黄埝桥
10	采菱港	下梅
11	武进港	武进港闸
12	雅浦港	雅浦港闸(雅浦桥)
13	关河	小东门北桥

续表

序号	所在河流	断面名称
14	北塘河	北塘桥
15	夏溪河	夏溪河桥
16	湟里河	湟里桥
17	北干河	东安桥
18	中干河	张河桥
19	武南河	武南河桥
20	漕桥河	漕桥
21	太滆运河	百渎口

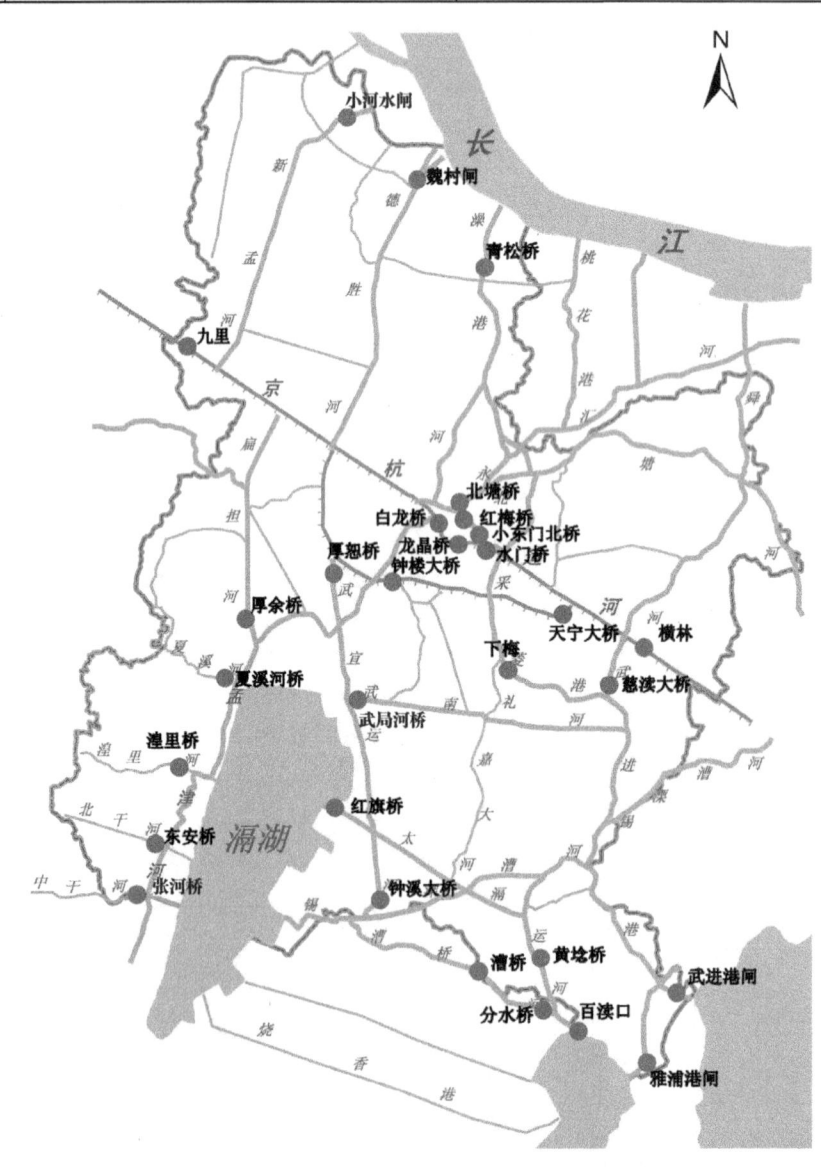

图 4.2.2-1 常州地区水量水质监测站点位置图

4.2.2.2 量质监测

4.2.2.2.1 监测方案

太湖流域常州地区调水引流由常州市防汛防旱指挥部办公室组织实施,江苏省水文水资源勘测局常州分局、常州市长江堤防工程管理处、常州市河道湖泊管理处、武进区太湖工程管理处参与共同完成。其中,常州市防汛防旱指挥部办公室负责项目的组织管理和协调,负责项目经费的督查和执行;江苏省水文水资源勘测局常州分局负责水量水质测验与成果分析,负责试验报告的编写;常州市长江堤防工程管理处负责沿江口门的控制,常州市河道湖泊管理处协助负责城区闸站的控制管理,武进区太湖工程管理处协同环太口门控制运行。沿江口门按试验要求控制运行,新闸、钟楼闸、武进港闸和雅浦港闸原则上依现有控制运用方式运行,必要时经省防汛防旱指挥部办公室协调采取临时调控措施。

根据常州市防汛防旱指挥部办公室的统一部署,本次常州地区调水引流试验共开展6次,分别于2011年5月15—19日、6月19—22日、6月24—26日、9月23—29日、10月27—30日及11月23—25日择机完成了方案3、方案4、方案4、方案2、方案1及方案3的监测工作,其间开展了水质水量同步监测。

1. 监测要求

1) 各方案测验原则上应观测一次背景值。在不影响方案测验目标的前提下,也可以第一次测验值作为背景值。

2) 水位、流量观测与水质监测在同一断面上应做到准同步进行;各断面水位观测应同步进行。

3) 因试验期内测验次数较多,且部分断面不满足桥测条件,流量观测采用高频 ADCP 进行,ADCP 正式测验前应进行必要的校测和比对,并充分掌握测验时间间隔。

4) 在水位变化较为剧烈的时段应于洪峰到来前后 2 小时加密一次,并应抓住引水潮汐。

5) 各监测站点均应将水位、流量监测成果通过网络或无线数传及时传至市防办和水文分局。一般情况下每天传一次,在方案4测验时应每4小时内传一次。

2. 技术依据

1) GB/T 50138—2010《水位观测标准》;

2) GB 50179—2015《河流流量测验规范》;

3) SL 195—2015《水文巡测规范》;

4) SL 58—2014《水文测量规范》;

5) SL 187—1996《水质采样技术规程》;

6) SL 219—2013《水环境监测规范》;

7) SL 247—2020《水文资料整编规范》;

8) GB 3838—2002《地表水环境质量标准》。

3. 监测指标

1）水文监测项目（6项）

水位、流量、流向、风向、风力、气温。

2）水质监测项目

(1) 市际边界水质监测项目（9项）：水温、pH、溶解氧、氨氮、高锰酸盐指数、化学需氧量、总磷、可溶性总磷、总氮。

选测项：五日生化需氧量、石油类。

(2) 河网干流水质监测项目（8项）

水温、pH、溶解氧、氨氮、高锰酸盐指数、化学需氧量、总磷、总氮。

4. 测验方法

1）水位：已建站点使用现有设备和方法，凡具备遥测设施的使用遥测数据，无遥测设施的另设水尺。各水位的观测必须同步，水位的观测应与水质监测时间尽量同步。

2）流量：以桥测法为主，水文缆道监测为辅。

3）水质：水质的监测方法按相关规范进行，具体见表4.2.2-3。

表4.2.2-3 水质监测分析方法表

序号	项目	分析方法	备注
1	水温	水质 水温的测定 温度计或颠倒温度计测定法（GB/T 13195—1991）	现场测定
2	溶解氧	水质 溶解氧的测定 碘量法（GB/T 7489—1987）	
3	pH	水质 pH值的测定 玻璃电极法（GB/T 6920—1986）	
4	氨氮	水质 氨氮的测定 纳氏试剂分光光度法（HJ 535—2009）	
5	高锰酸盐指数	水质 高锰酸盐指数的测定（GB/T 11892—1989）	
6	化学需氧量	水质 化学需氧量的测定 重铬酸盐法（HJ 828—2017）	
7	五日生化需氧量	水质 五日生化需氧量（BOD$_5$）的测定 稀释与接种法（HJ 505—2009）	
8	总磷	水质 总磷的测定 钼酸铵分光光度法（GB 11893—1989）	过硫酸钾消解
9	可溶性总磷	水质 总磷的测定 钼酸铵分光光度法（GB 11893—1989）	水样经0.45微米滤膜过滤
10	总氮	水质 总氮的测定 碱性过硫酸钾消解紫外分光光度法（HJ 636—2012）	
11	石油类	水质 石油类和动植物油类的测定 红外分光光度法（HJ 637—2018）	

注：上表中第1项在现场测定，2～10项现场共取样5 000毫升，第11项取500毫升。

5. 质控措施

1）水文测验质量控制

(1) 对比监测

检查ADCP测流技术与常规测流技术的对比数据是否合理。

(2) 流量、大断面、水位

检查流量、大断面、水位等水文项目测验是否符合《水文测量规范》（SL 58—2014）。

（3）资料整编

检查资料整编是否符合《水文资料整编规范》(SL 247—2020)。

2）水质采样和现场监测质控措施

（1）水质样品使用有机玻璃采样器在监测断面中泓水面下 0.5 m 处采集。采样时应避开漂浮物等，并注意避免扰动沉积物。水样按要求采用硬质玻璃瓶或聚乙烯容器存放，存样容器在使用前应清洗干净，并取现场水样洗涤 2～3 次。

（2）要求水样在 6 小时之内送到分析室，4℃以下保存。

（3）每天每批次监测样采集现场平行样一个、全程序空白样一个，同其他水样一起送检。

（4）水温在现场监测。

各监测中心质控员负责将所有分析项目的质控数据汇总，并在上报监测结果的同时附上质量控制结果。

6. 测验成果

水位、流速、流量、水质等原始记录表格整编数据，以及各断面水准测量点点之记、引据点点之记。

4.2.2.2.2 监测情况

1. 工程运行调度情况

本次常州地区调水试验期间，对沿江口门小河水闸、魏村枢纽、澡港枢纽等主要闸站实施引排调度，对其余沿江水闸实行监控，并纳入区域水量平衡计算。小河水闸调度运行比较简单有规律，根据天气、潮汐等因素依靠节制闸自引自排。魏村枢纽、澡港枢纽调度运行根据调水试验方案采用节制闸自引自排与抽水站机引机排相结合，各枢纽的具体调度运行情况见表 4.2.2-4～表 4.2.2-6。方案 1～方案 4 三闸控制运用情况及闸内外水位特征过程见图 4.2.2-2～图 4.2.2-8。

表 4.2.2-4 新孟河小河水闸调度运行情况统计表　　　　单位：万 m³

项目	时 间	开闸时间	关闸时间	开机时间	关机时间	自引水量	自排水量	翻引水量	翻排水量	备注
第一次	5 月 15 日	13:55	17:35			31.6				
	5 月 16 日	2:10	6:15			47.5				
		14:50	18:20			36.3				
	5 月 17 日	2:45	7:25			65.5				
		15:45	18:50			25.3				
	5 月 18 日	3:30	8:10			67.2				
		8:10	10:10				13.2			
		16:30	19:25			24.2				
	5 月 19 日	3:55	8:30			70.3				
		17:10	20:05			27.3				

续表

项目	时间	开闸时间	关闸时间	开机时间	关机时间	自引水量	自排水量	翻引水量	翻排水量	备注
第二次	6月19日	10:15	18:00				185.5			
		22:15	5:25				99.8			
	6月20日	13:15	18:30				60.1			
	6月21日	1:10	5:55				47.7			
		15:00	19:00				56.2			
	6月22日	1:50	6:35				49.7			
		16:20	20:05				58.3			
第三次	6月24日	3:10	7:40				28.5			
		16:40	20:50				31.7			
	6月25日	5:00	9:10				27.9			
		15:00	17:20			19.8				
		17:20	21:40				35.9			
	6月26日	4:25	12:20				89.8			
		15:50	23:20				96.1			
第四次	9月23日	13:15	17:40			50.9				
	9月24日	关闸								
	9月25日	关闸								
	9月26日	7:25	9:55			23.7				
	9月27日	9:05	11:10			18.6				
	9月28日	8:40	11:05			29.6				
	9月29日	8:50	11:10			29.9				
第五次	10月27日	3:05	7:30			74.6				
		15:10	19:50			101.5				
	10月28日	3:45	8:10			79.5				
		15:50	21:15			126.9				
	10月29日	4:35	8:45			66.3				
		16:30	21:45			112.0				
	10月30日	5:20	8:35			46.1				
		17:10	21:40			94.1				
第六次	11月23日	13:30	17:30			52.0				
	11月24日	14:10	18:00			61.0				
	11月25日	14:50	18:50			70.0				
总计						1451.5	880.3			

表 4.2.2-5　德胜河魏村枢纽调度运行情况统计表　　　　单位:万 m³

项目	时间	开闸时间	关闸时间	开机时间	关机时间	自引水量	自排水量	翻引水量	翻排水量	备注
第一次	5月15日	1:20	4:55	7:50		47.2		185.8		
	5月16日							302.0		
		3:20	6:20		16:10	48.1		234.9		
	5月17日	16:05	18:25			27.4				
		3:30	8:00			87.2				
	5月18日	16:20	18:20			27.3				
		3:55	8:25			97.2				
		17:00	19:45			39.5				
第二次	6月19日			0:00	17:30			632.4		
		21:55								
	6月20日		4:55			135.6				
		13:25	17:35			50.9				
	6月21日	0:45	5:25			54.3				
		13:10	17:00			62.0				
	6月22日	1:25	5:55			57.2				
		13:50	17:50			64.0				
第三次	6月24日	2:35	7:30			35.2				
		12:25	14:45			36.3				
		14:45	20:40			59.9				
	6月25日	3:40	8:20			34.6				
		13:40	16:00			32.3				
		18:40	20:40			13.5				
	6月26日	4:25	13:12			79.3				
		13:20	22:35			93.6				
第四次	9月23日									
	9月24日			7:55				228.7		
	9月25日							350.1		
	9月26日				7:30			109.5		
	9月27日									
	9月28日			7:20				168.5		
	9月29日				19:50			206.1		
第五次	10月27日	2:50	6:25			60.2				
		6:25	10:00				43.9			
		14:50	19:35			102.8				

续表

项目	时间	开闸时间	关闸时间	开机时间	关机时间	自引水量	自排水量	翻引水量	翻排水量	备注
第五次	10月28日	3:30	7:00			71.2				
		7:00	10:15				39.0			
		15:30	20:15			106.0				
	10月29日	4:20	7:30			63.5				
		7:30	10:15				29.3			
		16:20	20:55			99.2				
	10月30日	5:10	8:00			52.6				
		8:00	11:20				36.7			
第六次	11月23日	13:55	16:45	8:05		42.9		183.5		
	11月24日	14:10	17:25			51.4		295.3		
	11月25日	14:55	19:00		20:15	87.7		265.3		
总计						1 179.9	888.8	2 529.7	632.4	

表4.2.2-6 澡港河澡港枢纽调度运行情况统计表　　　　单位:万 m³

项目	时间	开闸时间	关闸时间	开机时间	关机时间	自引水量	自排水量	翻引水量	翻排水量	备注
第一次	5月15日			8:00				231.2		
	5月16日							347.0		
	5月17日			16:00				244.1		
	5月18日	关闸								
	5月19日	关闸								
第二次	6月18日			9:30						
	6月19日	10:45	17:10		17:10	58.2			494.3	
	6月20日	12:30	17:15			66.7				
	6月21日	12::20	18:35			84.8				
	6月22日	13:05	19:20			86.17				
第三次	6月24日	15:10	17:30			21.5				
	6月25日	关闸								
	6月26日	5:45	11:15			53.6				
第四次	9月23日	关闸								
	9月24日	关闸								
	9月25日	关闸								
	9月26日			7:00				245.0		
	9月27日							364.0		
	9月28日							379.4		
	9月29日				20:00			313.3		

续表

项目	时间	开闸时间	关闸时间	开机时间	关机时间	自引水量	自排水量	翻引水量	翻排水量	备注
第五次	10月27日	14:40	18:25			109.3				
	10月28日	15:25	20:00			93.9				
	10月29日	16:05	20:25			148.4				
	10月30日	16:25	21:20			107.8				
第六次	11月23日	14:00	16:10	8:00		53.3		178.9		
	11月24日	14:10	17:20			56.8		299.9		
	11月25日	14:40	17:45		20:00	61.2		180.3		
总计						630.7	371.0	2783.1	494.3	

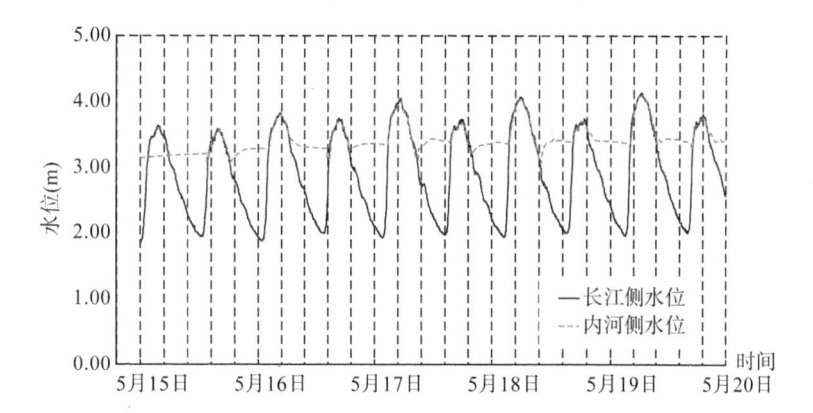

图 4.2.2-2　方案3,小河水闸上下游水位过程线图

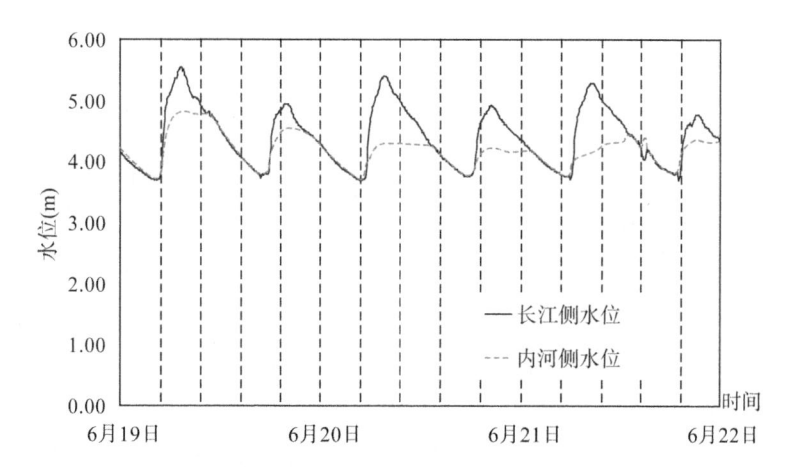

图 4.2.2-3　方案4,小河水闸上下游水位过程线图

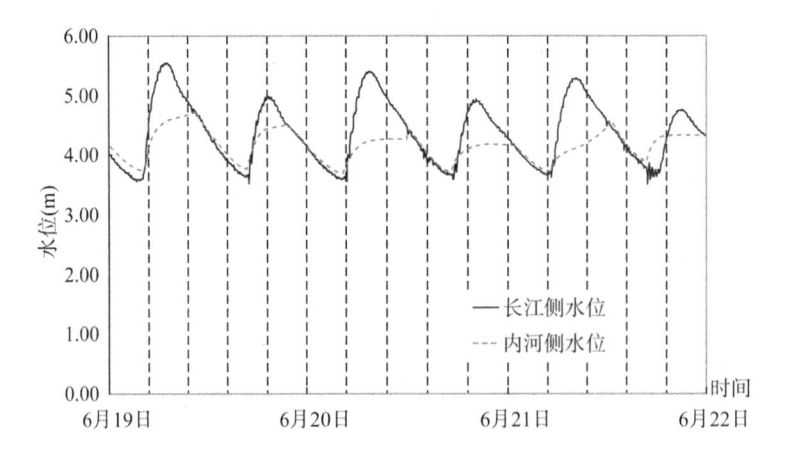

图 4.2.2-4　方案 4，魏村枢纽上下游水位过程线图

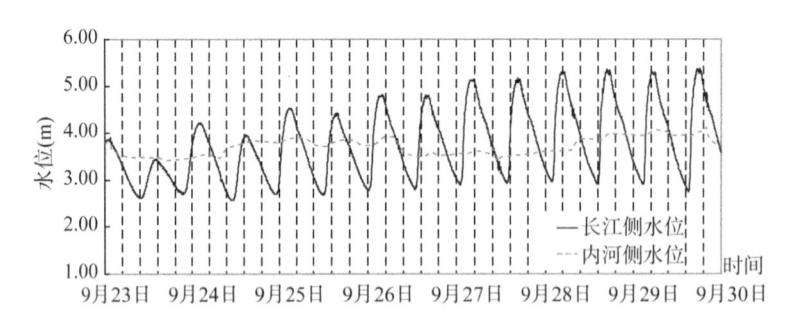

图 4.2.2-5　方案 2，魏村枢纽上下游水位过程线图

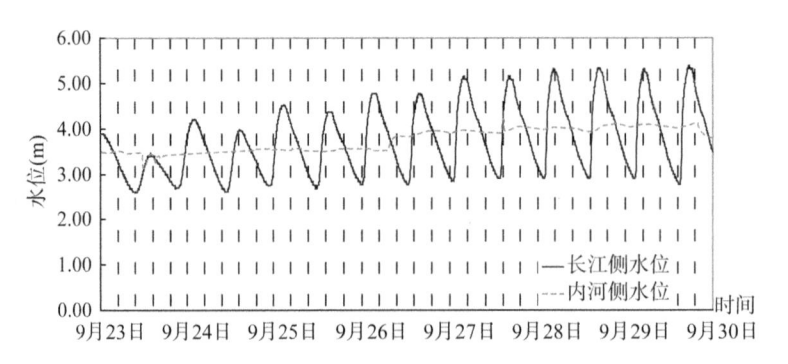

图 4.2.2-6　方案 2，澡港枢纽上下游水位过程线图

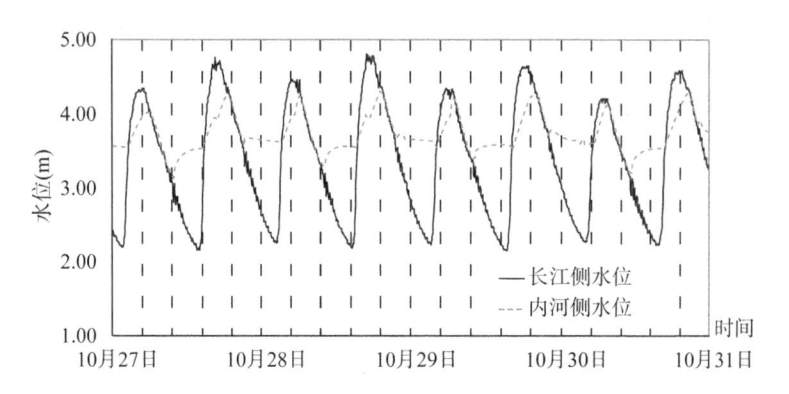

图 4.2.2-7　方案 1，魏村枢纽上下游水位过程线图

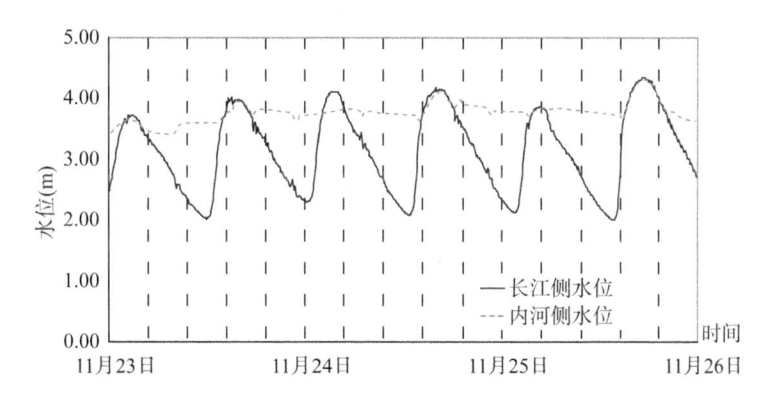

图 4.2.2-8　方案 3，魏村枢纽上下游水位过程线图

2. 水量、水质监测情况

1）方案 1

测验在沿江潮位较高情况下进行，自 2011 年 10 月 27 日至 30 日，每天 9：00、13：00、17：00 各取水样、测流一次，共监测 12 次（水位、流量、水质），其中 10 月 27 日第 1 次监测结果为水质背景值。

2）方案 2

测验在沿江潮位较低情况下进行，自 2011 年 9 月 23 日至 29 日，每天 9：00、17：00 各取水样、测流一次，共监测 14 次（水位、流量、水质），其中 9 月 23 日第 1 次监测结果为水质背景值。

3）方案 3

测验在内河水位和沿江高潮位都较低，沿江自流引水量相对不足情况下进行，自引与机引相结合。自 2011 年 5 月 15 日至 18 日、11 月 23 日至 25 日，每天 9：00、16：00 各取水样、测流一次，共监测 14 次（水位、流量、水质），其中 5 月 15 日和 11 月 23 日第 1 次监测结果为水质背景值。

4）方案 4

测验在本地遭遇较强降雨，小河水闸、魏村枢纽、澡港枢纽排水，武进港闸和雅浦港闸联合调度情况下进行。自 2011 年 6 月 19 日至 22 日、6 月 24 日至 26 日,每天 9:00、13:00、17:00 各取水样、测流一次,共监测 21 次(水位、流量、水质),其中 6 月 19 日和 6 月 24 日第 1 次监测结果为水质背景值。

4.3 调水引流影响分析

4.3.1 调水背景

4.3.1.1 方案 1 雨水情背景

1) 降水

2011 年 10 月,常州地区降水较常年明显偏少,月平均雨量 23.1 mm,比多年平均值 64.5 mm 减少约 6 成(−64.2%)。其中,太湖流域湖西区月平均雨量 23.9 mm,比多年平均值 57.2 mm 减少约 6 成(−59.4%);武澄锡虞区月平均雨量 22.1 mm,比多年平均值 73.7 mm 减少约 7 成(−70.0%)。降水分布较为均匀,魏村闸站降水量最大,为 29.0 mm,坊前站降水量最小,为 17.0 mm。各雨量站 10 月降水量情况见表 4.3.1-1。

表 4.3.1-1 常州地区 10 月份各雨量站降水量一览表

水利分区	雨量站	降水量(mm)	水利分区	雨量站	降水量(mm)
太湖湖西区	小河水闸	25.5	武澄锡虞区	常州	23.0
	魏村闸	29.0		横林	23.0
	九里铺	24.0		焦溪	21.0
	成章	24.0		漕桥	21.5
	坊前	17.0			
平均		23.9	平均		22.1

调水试验期间(10 月 27 日至 30 日),常州地区平均降水量 2.1 mm,漕桥站降水量最大,为 3.5 mm,焦溪站降水量最小,为 1.0 mm。

2) 水位

10 月上旬,常州地区河湖水位普遍呈下降趋势,中下旬则变化平缓,月平均水位与多年平均水位相比,京杭运河常州站偏高 0.01 m,其余河道偏低 0.08~0.11 m。主要代表站常州水位站平均水位 3.57 m,较历年同期值 3.56 m 偏高 0.01 m;坊前水位站平均水位 3.40 m,较历年同期值 3.48 m 偏低 0.08 m;漕桥水位站平均水位 3.29 m,较历年同期值 3.40 m 偏低 0.11 m。10 月份常州站、坊前站及漕桥站逐日雨量、水位变化过程见图 4.3.1-1~图 4.3.1-3。

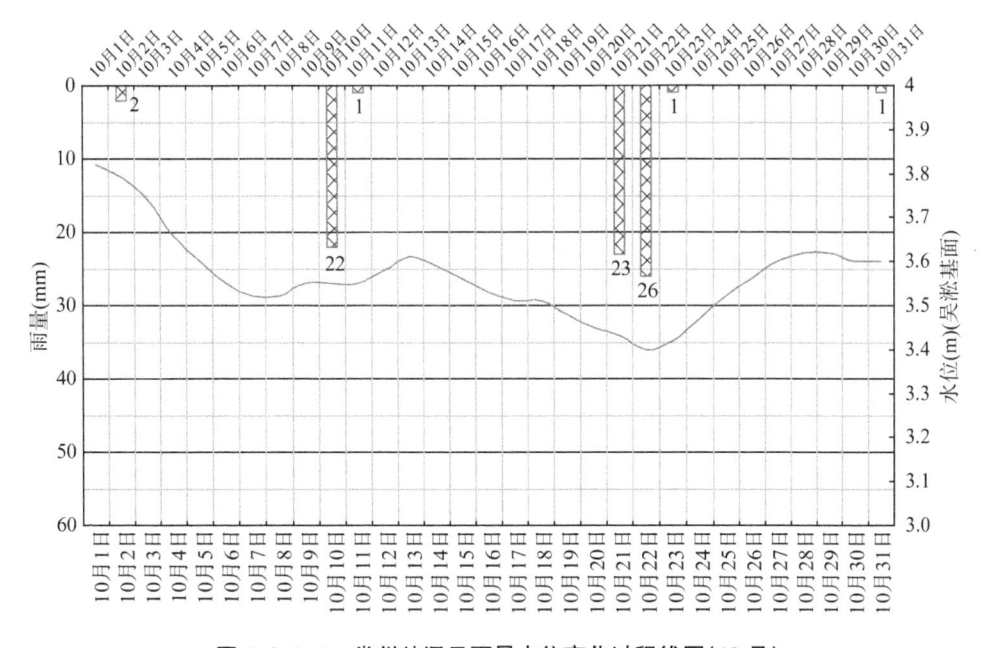

图 4.3.1-1 常州站逐日雨量水位变化过程线图（10月）

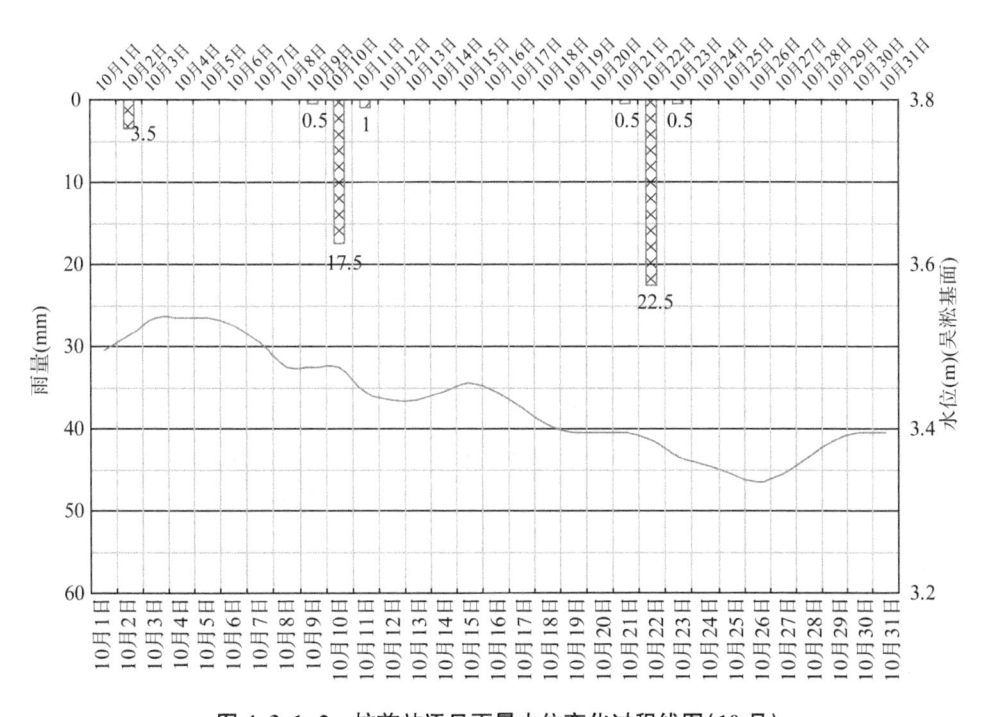

图 4.3.1-2 坊前站逐日雨量水位变化过程线图（10月）

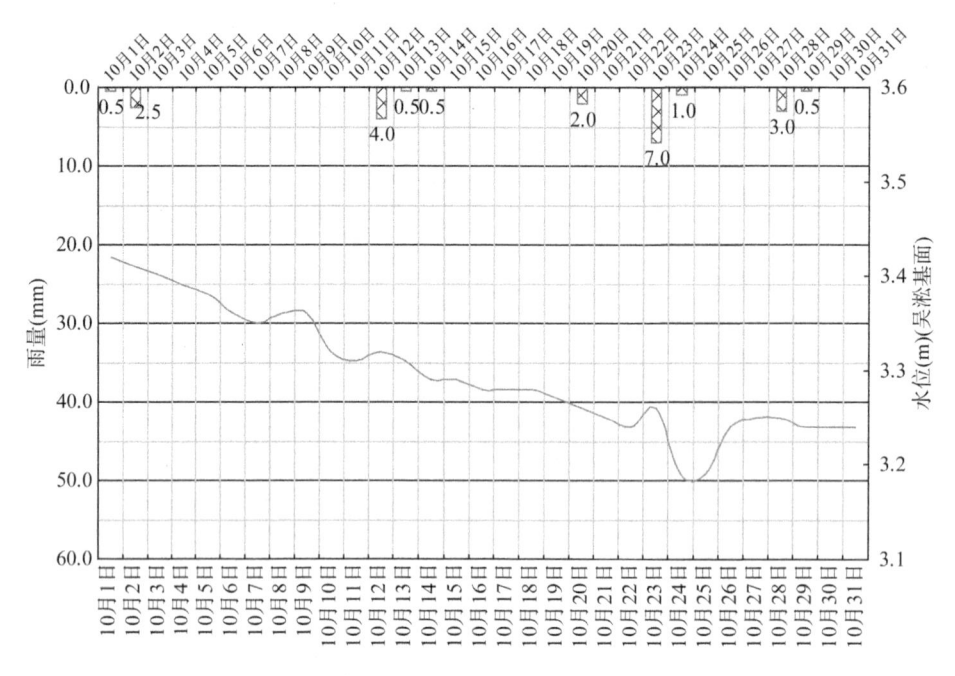

图 4.3.1-3　漕桥站逐日雨量水位变化过程线图(10月)

4.3.1.2　方案2雨水情背景

1) 降水

9月份常州地区降水较常年明显偏少,月平均雨量18.8 mm,比多年平均值80.1 mm减少约8成(－76.5％)。其中,太湖流域湖西区月平均雨量20.5 mm,比多年平均值77.8 mm减少约7成(－73.6％);武澄锡虞区月平均雨量16.2 mm,比多年平均值83.5 mm减少约8成(－80.6％)。降水分布较为均匀,卜弋桥站降水量最大,为28.5 mm,小河水闸站降水量最小,为10.5 mm。各雨量站9月降水量情况见表4.3.1-2。

表 4.3.1-2　常州市区9月份各雨量站降水量一览表

水利分区	雨量站	降水量(mm)	水利分区	雨量站	降水量(mm)
太湖湖西区	小河水闸	10.5	武澄锡虞区	常州	16.0
	魏村闸	17.0		横林	17.0
	九里铺	20.0		焦溪	16.0
	成章	24.5		漕桥	16.0
	坊前	22.5			
	卜弋桥	28.5			
平均		20.5	平均		16.2

调水试验期间(9月23日至29日)常州地区平均降水量9.5 mm,成章站降水量最大,为18.5 mm,小河水闸站、魏村闸站降水量最小,为5.0 mm。

2) 水位

9月上旬,常州地区河湖水位普遍呈下降趋势,中下旬较为平缓。月平均水位较历年同期偏高 0.09～0.13 m。主要代表站常州水位站平均水位 3.73 m,较历年同期值 3.64 m 偏高 0.09 m;坊前水位站平均水位 3.68 m,较历年同期值 3.56 m 偏高 0.12 m;漕桥水位站平均水位 3.57 m,较历年同期值 3.44 m 偏高 0.13 m。9月份常州站、坊前站及漕桥站逐日雨量、水位变化过程见图 4.3.1-4～图 4.3.1-6。

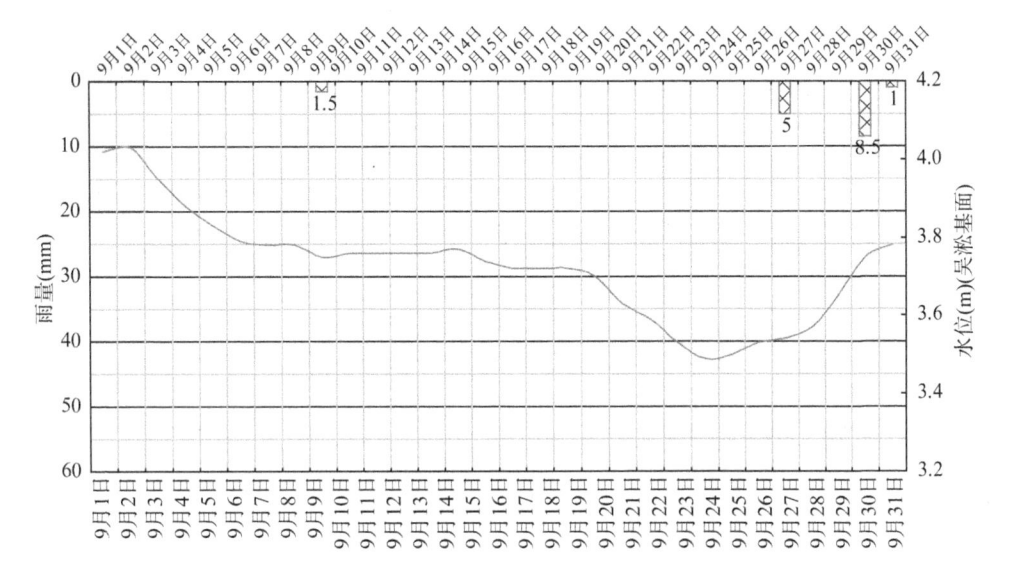

图 4.3.1-4 常州站逐日雨量水位变化过程线图(9月)

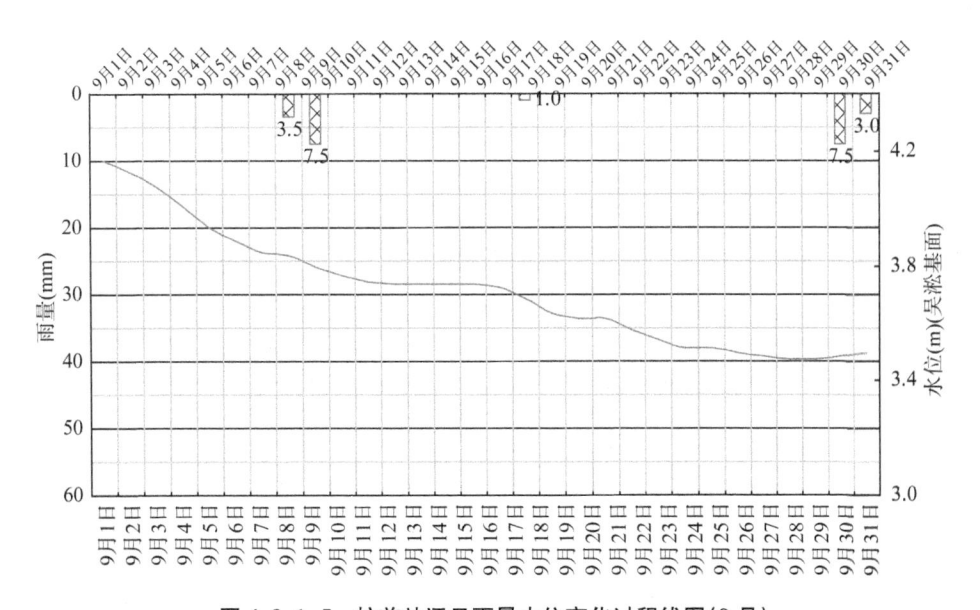

图 4.3.1-5 坊前站逐日雨量水位变化过程线图(9月)

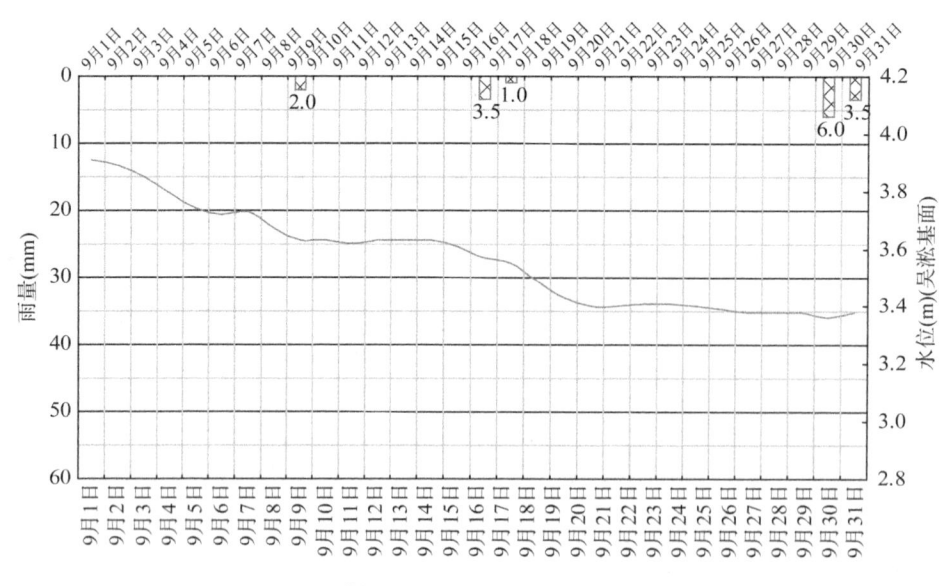

图 4.3.1-6　漕桥站逐日雨量水位变化过程线图(9月)

4.3.1.3　方案3雨水情背景

1. 降水

2011年5月，常州地区降水较常年明显偏少，月平均雨量44.0 mm，比多年平均值125.2 mm减少约6成(−64.8%)。其中，太湖流域湖西区月平均雨量58.6 mm，比多年平均值93.0 mm减少约4成(−37.0%)；武澄锡虞区月平均雨量56.8 mm，比多年平均值173.5 mm减少约7成(−67.2%)。5月常州市区降水分布不均，卜弋桥站降水量最大，降水总量123.5 mm，魏村闸站降水量最小，降水总量34.5 mm。调水试验期间(5月15日至19日)常州地区雨量站点均无降雨。各雨量站5月降水量情况见表4.3.1-3。

表 4.3.1-3　常州市区5月份各雨量站降水量一览表

水利分区	雨量站	降水量(mm)	水利分区	雨量站	降水量(mm)
太湖湖西区	小河水闸	36.5	武澄锡虞区	常州	76.0
	魏村闸	34.5		横林	65.0
	九里铺	56.5		焦溪	45.0
	成章	54.5		漕桥	41.0
	坊前	46.0			
	卜弋桥	123.5			
平均		58.6	平均		56.8

2011年11月，常州市区降水较常年明显偏少，月平均雨量16.9 mm，比多年平均值49.7 mm减少约7成(−66.0%)。其中，太湖湖西区月平均雨量14.8 mm，比多年平均值51.3 mm减少约7成(−71.2%)；武澄锡虞区月平均雨量19.6 mm，比多年平均值47.7 mm

减少约 6 成(-58.9%)。11 月常州市区降水分布分布较为均匀。调水试验期间(11 月 23 日至 25 日)常州市区雨量站点均无降雨。各雨量站 11 月降水量情况见表 4.3.1-4。

表 4.3.1-4　常州市区 11 月份各雨量站降水量一览表

水利分区	雨量站	降水量(mm)	水利分区	雨量站	降水量(mm)
太湖湖西区	小河水闸	20.0	武澄锡虞区	常州	15.5
	魏村闸	14.5		横林	22.0
	九里铺	15.5		焦溪	25.8
	成章	15.2		漕桥	15.0
	坊前	9.0			
平均		14.8	平均		19.6

2. 水位

受降水偏少影响,5 月份常州地区主要河道水位普遍偏低,月平均水位较历年同期值相比偏低 0.04~0.28 m。主要代表站常州水位站平均水位 3.34 m,较历年同期值 3.38 m 偏低 0.04 m;坊前水位站平均水位 3.00 m,较历年同期值 3.25 m 偏低 0.25 m;漕桥水位站平均水位 2.90 m,较历年同期值 3.18 m 偏低 0.28 m。

2011 年 5 月份常州站、坊前站及漕桥站逐日雨量、水位变化过程见图 4.3.1-7~图 4.3.1-9。

受降水偏少影响,11 月份常州地区主要河道除常州站外,其余水位基本与历年同期值相同。主要代表站常州水位站平均水位 3.52 m,较历年同期值 3.42 m 高 0.10 m;坊前水位站平均水位 3.32 m,与历年同期值 3.32 m 持平;漕桥水位站平均水位 3.20 m,较历年同期值 3.25 m 偏低 0.05 m。

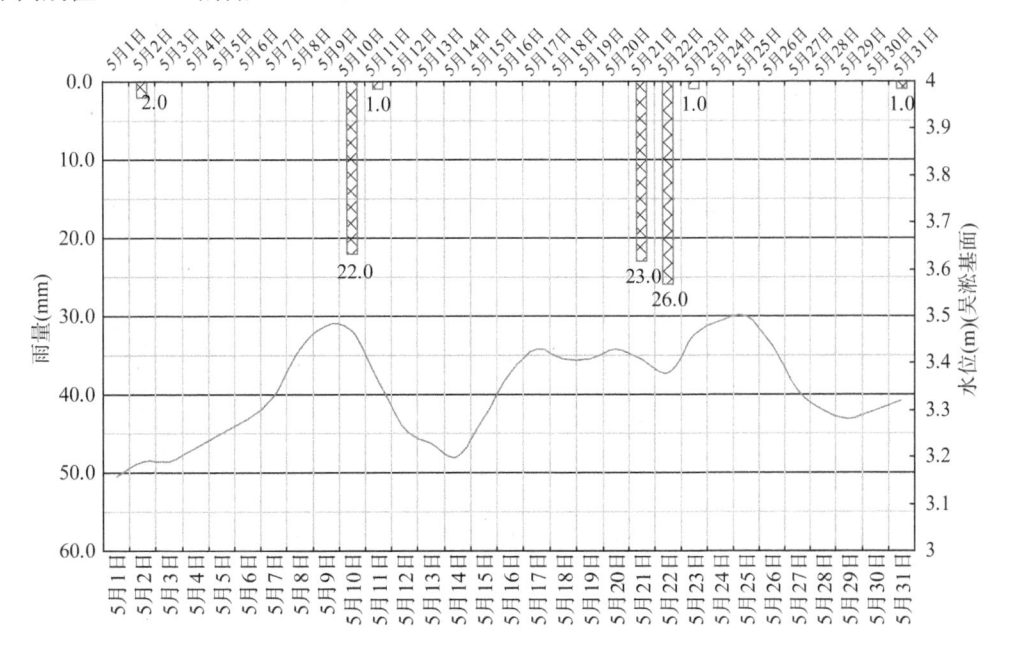

图 4.3.1-7　常州站逐日雨量水位变化过程线图(5 月)

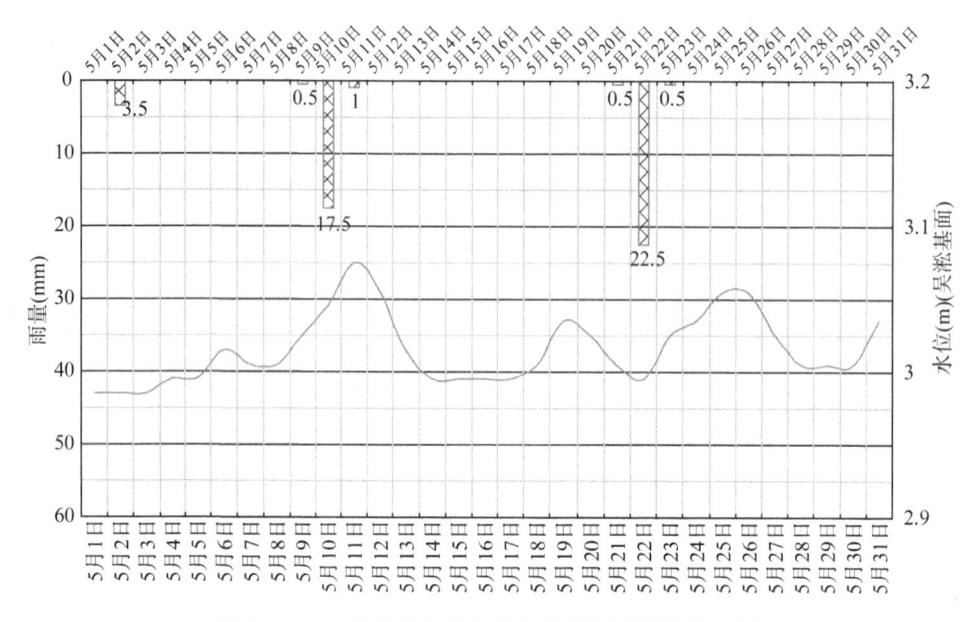

图 4.3.1-8 坊前站逐日雨量水位变化过程线图（5月）

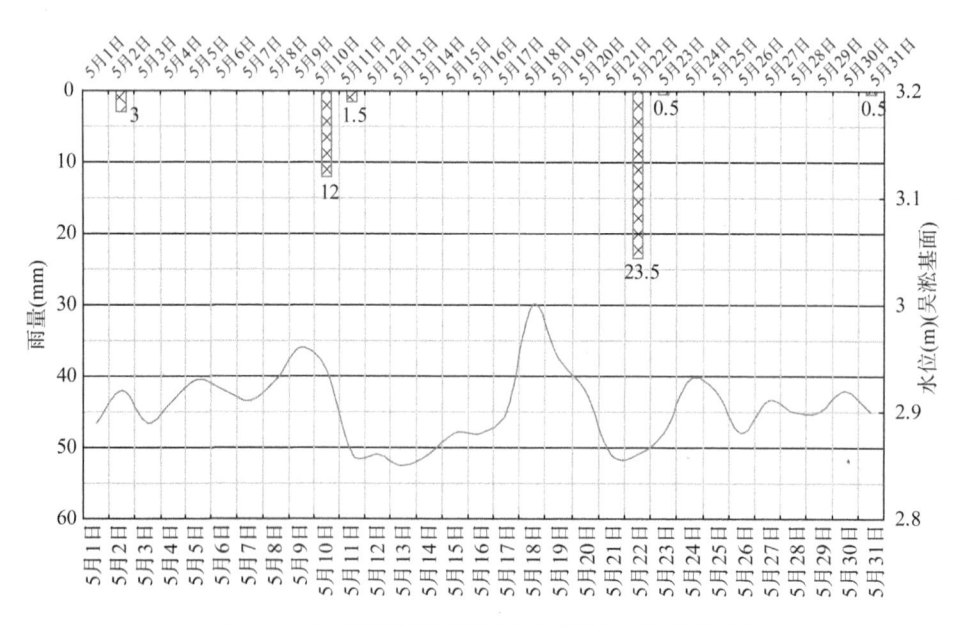

图 4.3.1-9 漕桥站逐日雨量水位变化过程线图（5月）

11月份常州站、坊前站及漕桥站逐日雨量、水量变化过程见图4.3.1-10～图4.3.1-12。

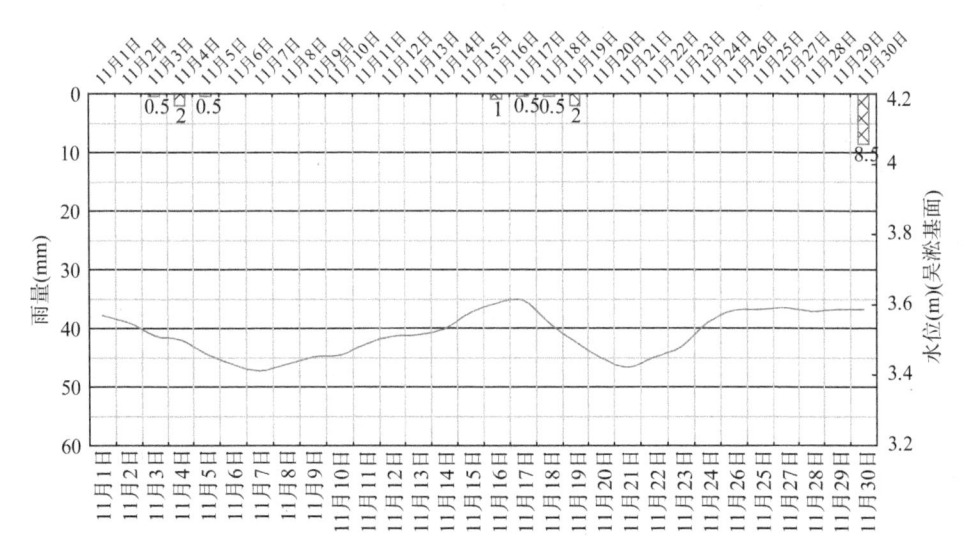

图4.3.1-10 常州站逐日雨量水位变化过程线图(11月)

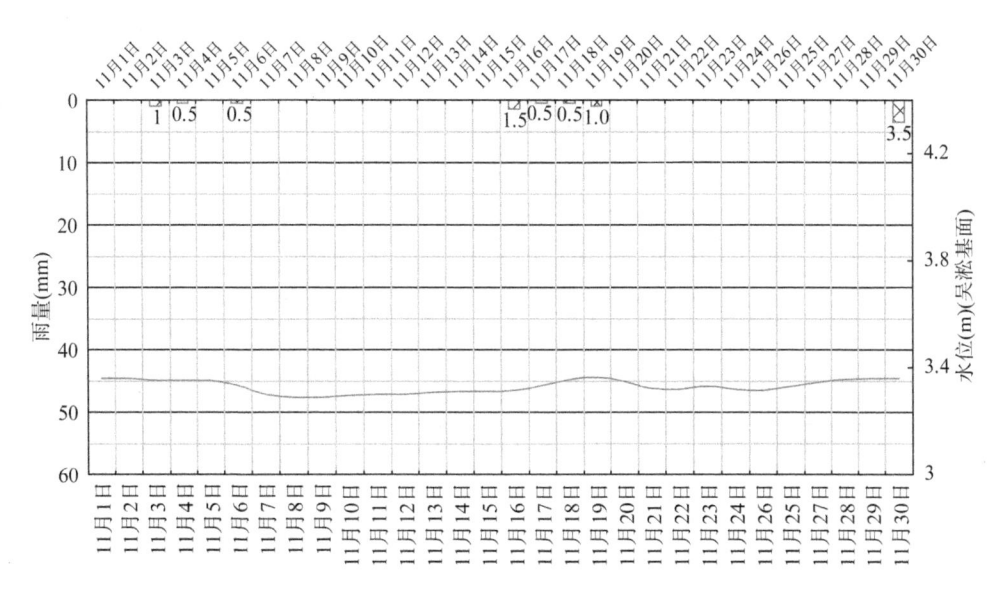

图4.3.1-11 坊前站逐日雨量水位变化过程线图(11月)

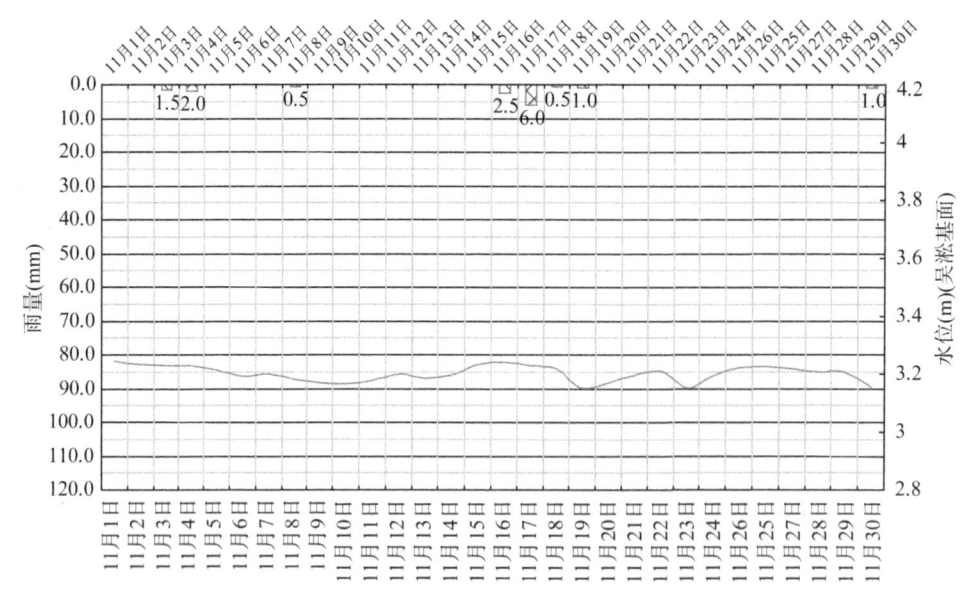

图 4.3.1-12　漕桥站逐日雨量水位变化过程线图(11月)

4.3.1.4　方案4雨水情背景

1. 降水

2011年6月,常州地区降水较常年明显偏多,月平均雨量365.2 mm,比多年平均值177.2 mm 增加1.06倍(106.1%)。其中,太湖流域湖西区月平均雨量374.6 mm,比多年平均值179.6 mm 增加约1.08倍(108.6%);武澄锡虞区月平均雨量351.1 mm,比多年平均值173.5 mm 增加约1.02倍(102.4%)。降水量偏多,分布不均,卜弋桥站降水量最大,降水总量637.5 mm,小河水闸站降水量最小,降水总量224.5 mm。由于受梅雨期及台风的双重影响,6月10日、17日至18日出现暴雨过程,市区平均降水量达56.1 mm、180.2 mm。此外,受第5号强热带风暴"米雷"外围影响,全市24日至25日普遍有雨,平均降水量达30.2 mm。各雨量站6月降水量情况见表4.3.1-5。

表 4.3.1-5　常州市区6月份各雨量站降水量一览表

水利分区	雨量站	降水量(mm)	水利分区	雨量站	降水量(mm)
太湖湖西区	小河水闸	224.5	武澄锡虞区	常州	337.5
	魏村闸	259.0		横林	370.0
	九里铺	270.5		焦溪	286.0
	成章	388.0		漕桥	411.0
	坊前	468.0			
	卜弋桥	637.5			
平均		374.6	平均		351.1

调水试验期间(6月19日至22日,6月24日至26日),常州地区平均降水量126.9 mm,卜弋桥站降水量最大,降水总量253.5 mm,常州站降水量最小,降水总量69.0 mm。

2. 水位

受梅雨期强降水影响,6月常州地区主要河道水位普涨,月平均水位与历年同期值相比偏高0.20~0.34 m。主要代表站常州水位站平均水位3.81 m,较历年同期值3.51 m高0.30 m,最高水位4.8 m(6月18日);坊前水位站平均水位3.58 m,较历年同期值3.34 m高0.24 m,最高水位4.30 m(6月21日);漕桥水位站平均水位3.46 m,较历年同期值3.24 m高0.22 m,最高水位3.97 m(6月19日)。2011年6月份常州站、坊前站及漕桥站逐日雨量、水位变化过程见图4.3.1-13~图4.3.1-15。

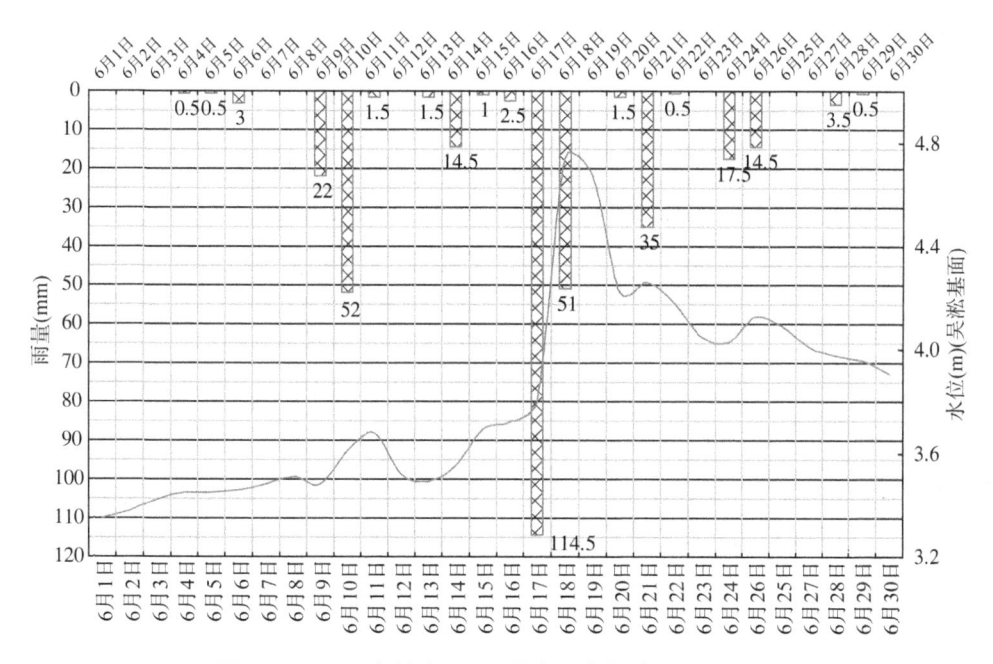

图4.3.1-13 常州站逐日雨量水位变化过程线图(6月)

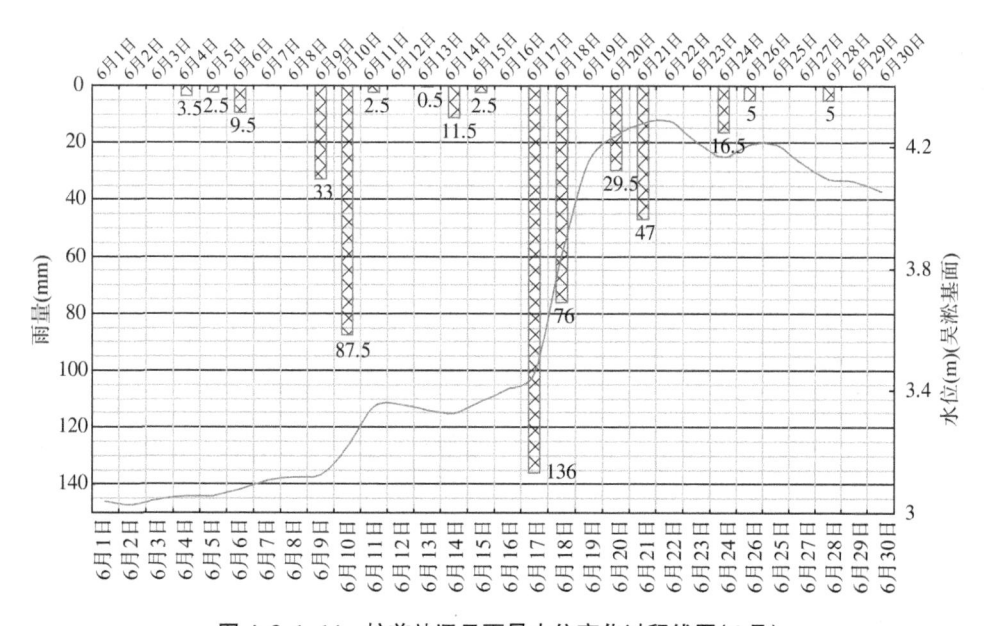

图4.3.1-14 坊前站逐日雨量水位变化过程线图(6月)

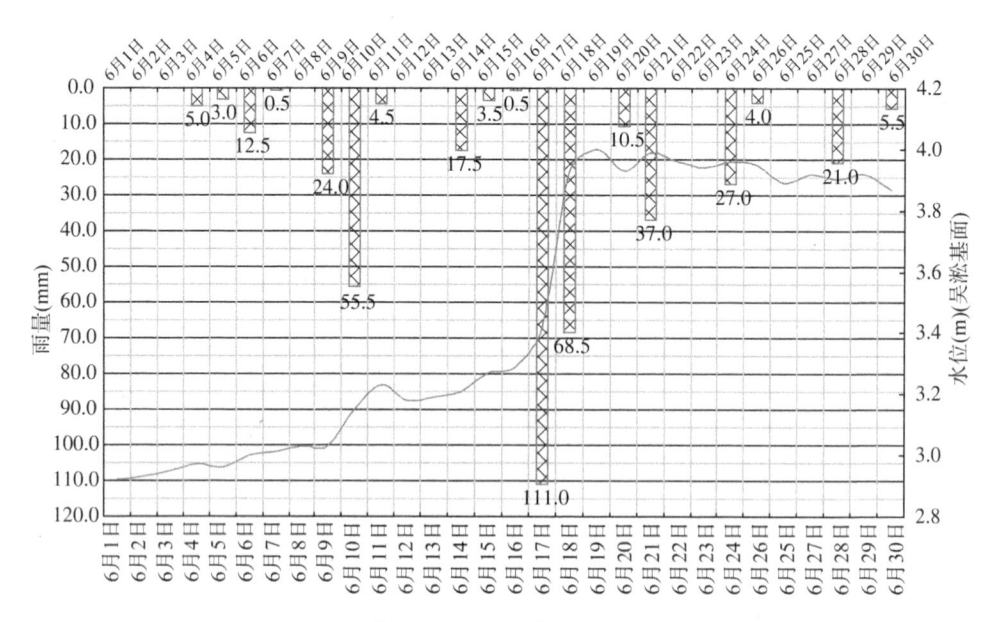

图 4.3.1-15　漕桥站逐日雨量水位变化过程线图(6月)

4.3.1.5　水质背景

对研究河道德胜河、澡港河、新孟河、苏南运河常州段、中干河、采菱港以及百渎港等相关河道，进行河网水质状况评价（资料来源于江苏省水环境监测中心常州分中心2010年5月—11月的水质监测数据）：

1) 德胜河、澡港河、新孟河三条通江河道水质整体较好，三条通江河道水质类别基本稳定在Ⅲ～Ⅳ类，偶有Ⅱ类出现；

2) 苏南运河常州段、北塘河、中干河、采菱港以及百渎港水质在 2010 年 5 月—11 月基本为劣于Ⅳ类水，超标项目主要有氨氮、总磷、化学需氧量等。苏南运河常州段上游水质好于下游。

根据《江苏省水环境区域补偿工作方案》，按区域补偿断面标准计算 2010 年 5 月—11 月常州市出口断面横林、钟溪大桥的达标率均为 57.1%。横林断面的氨氮、高锰酸盐指数和总磷项目的达标率分别为 85.7%、100%、57.1%；钟溪大桥断面的氨氮、高锰酸盐指数和总磷项目的达标率分别为 100%、85.7%、57.1%；主要超标项目为总磷。

2010 年 5 月—11 月常州地区调水相关河道月均值类别表见表 4.3.1-6。

表 4.3.1-6　2010 年 5 月—11 月常州地区调水相关河道月均值类别表

序号	河道名称	断面名称	监测时间	氨氮	高锰酸盐指数	总磷	化学需氧量	综合类别
1	新孟河	通江大桥	2010 年 5 月	Ⅲ	Ⅱ	Ⅳ	Ⅰ	Ⅳ
			2010 年 6 月	Ⅱ	Ⅱ	Ⅳ	Ⅰ	Ⅳ

续表

序号	河道名称	断面名称	监测时间	项目类别 氨氮	项目类别 高锰酸盐指数	项目类别 总磷	项目类别 化学需氧量	综合类别
1	新孟河	通江大桥	2010年7月	Ⅰ	Ⅱ	Ⅲ	Ⅲ	Ⅲ
			2010年8月	Ⅱ	Ⅱ	Ⅱ	Ⅲ	Ⅲ
			2010年9月	Ⅲ	Ⅲ	Ⅱ	Ⅳ	Ⅳ
			2010年10月	Ⅱ	Ⅱ	Ⅲ	Ⅳ	Ⅳ
			2010年11月	Ⅱ	Ⅱ	Ⅱ	Ⅲ	Ⅲ
2	德胜河	魏村闸	2010年5月	Ⅱ	Ⅱ	Ⅲ	Ⅰ	Ⅲ
			2010年6月	Ⅰ	Ⅱ	Ⅲ	Ⅰ	Ⅲ
			2010年7月	Ⅰ	Ⅱ	Ⅲ	Ⅲ	Ⅲ
			2010年8月	Ⅰ	Ⅱ	Ⅱ	Ⅰ	Ⅱ
			2010年9月	Ⅱ	Ⅱ	Ⅱ	Ⅲ	Ⅲ
			2010年10月	Ⅱ	Ⅱ	Ⅲ	Ⅰ	Ⅲ
			2010年11月	Ⅰ	Ⅱ	Ⅱ	Ⅲ	Ⅲ
3	澡港河	九号桥	2010年5月	Ⅱ	Ⅱ	Ⅲ	Ⅰ	Ⅲ
			2010年6月	Ⅰ	Ⅱ	Ⅲ	Ⅰ	Ⅲ
			2010年7月	Ⅱ	Ⅱ	Ⅱ	Ⅲ	Ⅲ
			2010年8月	Ⅰ	Ⅱ	Ⅱ	Ⅲ	Ⅲ
			2010年9月	Ⅱ	Ⅲ	Ⅲ	Ⅳ	Ⅳ
			2010年10月	Ⅱ	Ⅱ	Ⅲ	Ⅳ	Ⅳ
			2010年11月	Ⅰ	Ⅱ	Ⅱ	Ⅳ	Ⅳ
4	京杭运河	水门桥	2010年5月	Ⅴ	Ⅱ	Ⅲ	Ⅲ	Ⅴ
			2010年6月	劣Ⅴ	Ⅲ	Ⅳ	Ⅳ	劣Ⅴ
			2010年7月	Ⅳ	Ⅲ	Ⅳ	Ⅳ	Ⅳ
			2010年8月	Ⅳ	Ⅱ	Ⅲ	Ⅴ	Ⅴ
			2010年9月	Ⅳ	Ⅲ	Ⅲ	Ⅴ	Ⅴ
			2010年10月	Ⅳ	Ⅱ	Ⅳ	Ⅳ	Ⅳ
			2010年11月	Ⅳ	Ⅲ	Ⅲ	Ⅴ	Ⅴ
5	京杭运河	横林	2010年5月	劣Ⅴ	Ⅲ	Ⅲ	劣Ⅴ	劣Ⅴ
			2010年6月	劣Ⅴ	Ⅳ	Ⅴ	Ⅴ	劣Ⅴ
			2010年7月	Ⅴ	Ⅳ	Ⅴ	Ⅴ	Ⅴ
			2010年8月	Ⅲ	Ⅲ	Ⅲ	Ⅴ	Ⅴ
			2010年9月	Ⅳ	Ⅲ	Ⅲ	Ⅳ	Ⅳ
			2010年10月	Ⅴ	Ⅲ	Ⅲ	Ⅴ	Ⅴ
			2010年11月	劣Ⅴ	Ⅲ	Ⅲ	Ⅲ	劣Ⅴ
6	北塘河	北塘桥	2010年5月	劣Ⅴ	Ⅲ	Ⅳ	Ⅳ	劣Ⅴ
			2010年6月	劣Ⅴ	Ⅲ	Ⅴ	Ⅳ	劣Ⅴ

续表

序号	河道名称	断面名称	监测时间	氨氮	高锰酸盐指数	总磷	化学需氧量	综合类别
6	北塘河	北塘桥	2010年7月	Ⅴ	Ⅲ	Ⅳ	Ⅳ	Ⅴ
			2010年8月	Ⅴ	Ⅳ	Ⅳ	Ⅳ	Ⅴ
			2010年9月	Ⅲ	Ⅲ	Ⅳ	Ⅳ	Ⅳ
			2010年10月	劣Ⅴ	Ⅲ	Ⅳ	Ⅳ	劣Ⅴ
			2010年11月	劣Ⅴ	Ⅱ	Ⅲ	Ⅳ	劣Ⅴ
7	中干河	张河桥	2010年5月	劣Ⅴ	Ⅳ	Ⅳ	Ⅴ	劣Ⅴ
			2010年6月	Ⅴ	Ⅳ	Ⅲ	Ⅴ	Ⅴ
			2010年7月	Ⅳ	Ⅲ	劣Ⅴ	Ⅳ	劣Ⅴ
			2010年8月	Ⅳ	Ⅳ	Ⅱ	Ⅴ	Ⅴ
			2010年9月	Ⅲ	Ⅳ	Ⅳ	Ⅴ	Ⅴ
			2010年10月	Ⅳ	Ⅳ	Ⅲ	Ⅴ	Ⅴ
			2010年11月	劣Ⅴ	Ⅳ	Ⅱ	劣Ⅴ	劣Ⅴ
8	采菱港	下梅	2010年5月	劣Ⅴ	Ⅲ	Ⅳ	劣Ⅴ	劣Ⅴ
			2010年7月	Ⅴ	Ⅳ	Ⅳ	Ⅴ	Ⅴ
			2010年9月	Ⅴ	Ⅳ	Ⅲ	劣Ⅴ	劣Ⅴ
			2010年11月	Ⅴ	Ⅲ	Ⅲ	Ⅴ	Ⅴ
9	百渎港	百渎口	2010年5月	劣Ⅴ	Ⅲ	Ⅳ	劣Ⅴ	劣Ⅴ
			2010年6月	Ⅴ	Ⅲ	Ⅳ	Ⅳ	Ⅴ
			2010年7月	Ⅳ	Ⅳ	Ⅴ	劣Ⅴ	劣Ⅴ
			2010年8月	Ⅲ	Ⅳ	Ⅳ	Ⅴ	Ⅴ
			2010年9月	Ⅲ	Ⅳ	Ⅳ	Ⅴ	Ⅴ
			2010年10月	Ⅴ	Ⅲ	Ⅳ	Ⅴ	Ⅴ
			2010年11月	Ⅴ	Ⅲ	Ⅳ	Ⅴ	Ⅴ

4.3.2 影响区域划分

太湖流域常州地区调水引流研究河道共22条，设水量、水质监测站点共29处。根据各水质监测断面所属水功能区及区域代表性，将其划分为6个影响区域：

1）沿江区域，主要为3条沿江河道，澡港河、德胜河和新孟河，设青松桥、魏村闸和小河水闸监测断面。

2）新、老京杭运河区域，主要为京杭运河和老京杭运河，设九里、水门桥、钟楼大桥、天宁大桥和横林监测断面。

3）市河区域，主要为5条市区河道，东市河、西市河、北市河、关河和北塘河，设龙晶桥、白龙桥、红梅桥、小东门北桥和北塘桥监测断面。

4）滆湖西区域，主要为扁担河、夏溪河、湟里河、北干河和中干河，设厚余桥、夏溪河桥、湟里桥、东安桥和张河桥监测断面。

5) 运河南、滆湖东区域,主要为太滆运河(西段)、武南河、武宜运河、采菱港和武进港(北段),设红旗桥、武南河桥、钟溪大桥、下梅和慈渎大桥监测断面。

6) 入太湖区域,主要为漕桥河、太滆运河(东段)、武进港(南段)和雅浦港,设漕桥、黄埝桥、武进港、雅浦桥和百渎口监测断面。

4.3.3 调水水量影响分析

4.3.3.1 方案1调水水量影响分析

调水引流方案1试验期为2011年10月27日至30日,历时4天,其间沿江口门引水量、常州站水位变化过程线见图4.3.3-1。

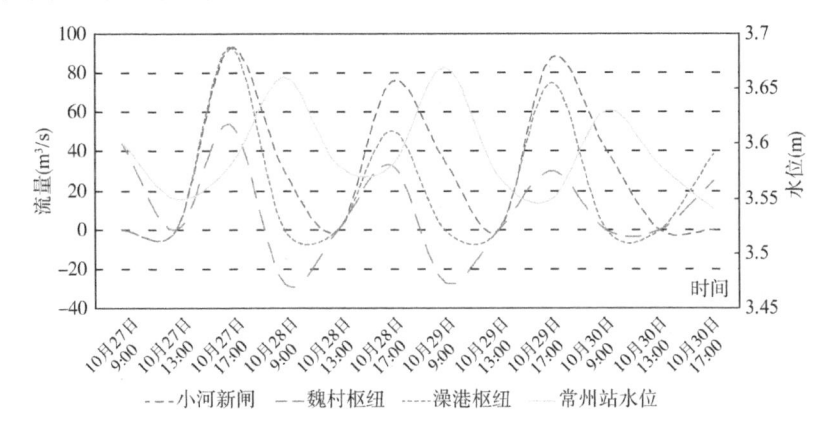

图 4.3.3-1　沿江口门引水量、常州站水位变化过程图

根据流量监测情况,常州地区整体水流流向为自西北向东南。其中,长江水通过沿江口门自北向南进入京杭运河,通过扁担河顺流进入滆湖,通过武宜运河、北塘河、京杭运河顺流进入下游。滆湖以西河道水流受滆湖水位抬高影响,由滆湖倒流向西;太滆运河、漕桥河等河道向东南方向流入太湖。武进港和雅浦港因口门关闭,无水流进入太湖。

选择京杭运河钟楼大桥、武宜运河厚恕桥为市区河道代表断面,武南河西河桥为京杭运河以南河道代表断面,湟里河湟里桥为滆湖以西河道代表断面,漕桥河漕桥为入太湖河道代表断面,分析各区域受沿江口门引水的影响程度。试验期间,各代表断面流量与沿江引水流量关系见图4.3.3-2。

在自流引水期间,新孟河、德胜河、澡港河等沿江片区河道主要受水利工程调度影响,其水量变化与引江水量密切相关;京杭运河、老京杭运河、武宜运河、采菱港等运河片区河道流量随着引江水量的增加而增加,感应明显,但受水流传播速度的影响,水流变化过程与引水过程存在一定的滞后;湟里河、夏溪河、北干河等滆湖以西河道及太滆运河、漕桥河等入太河道的流量与本底值(第一次测流流量)相比无明显变化,其变化与引水关系很小。

试验期间主要河道水量分布情况见图4.3.3-3。引江水量和京杭运河上游来水(总

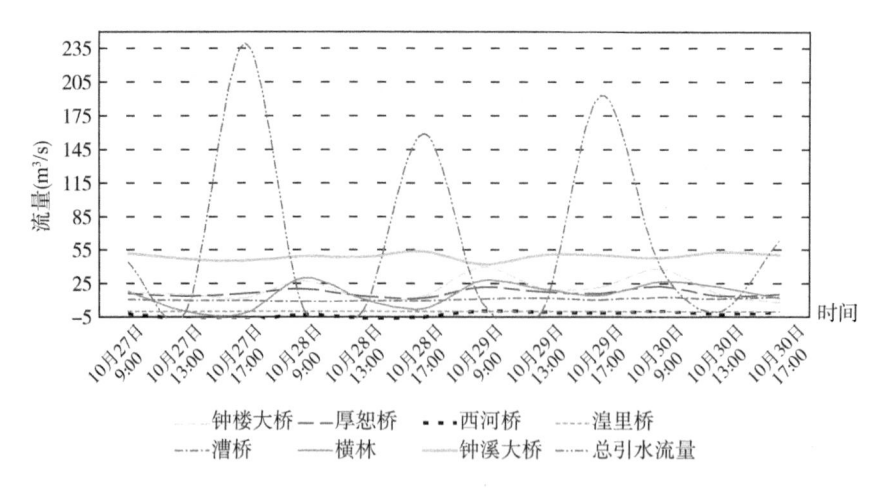

图 4.3.3-2　沿江口门引水与测流河道流量变化关系图

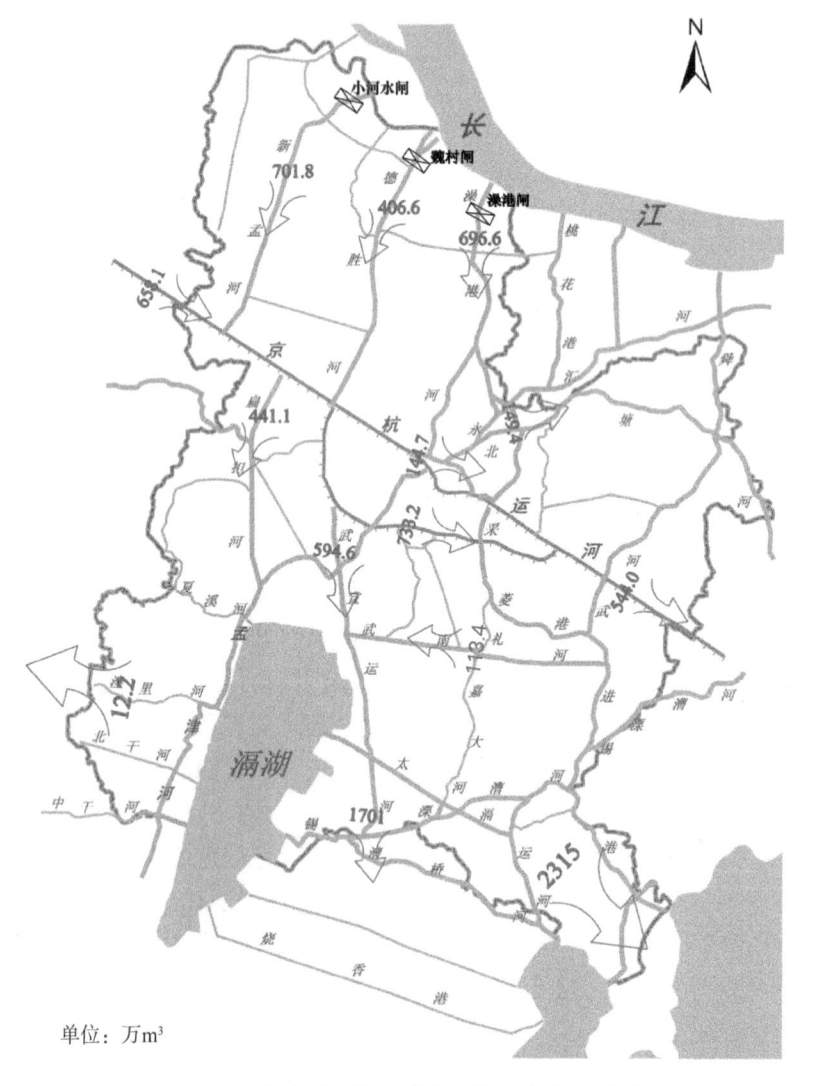

图 4.3.3-3　调水试验期河道水量情况分布图(方案1)

计 2 463.1 万 m³)中,绝大部分分流进入扁担河、新京杭运河、老京杭运河、北塘河,其分流量分别占总来水量的 17.9%、53.9%、5.87%、6.06%。由此可见,在沿江口门引水期间,新京杭运河的分流能力最强,上游来水及新孟河、德胜河的引水将大部分进入新京杭运河。

4.3.3.2 方案 2 调水水量影响分析

调水引流方案 2 试验期为 2011 年 9 月 23 日至 29 日,为期 7 天,其间沿江口门引水量、常州站水位变化过程线见图 4.3.3-4。

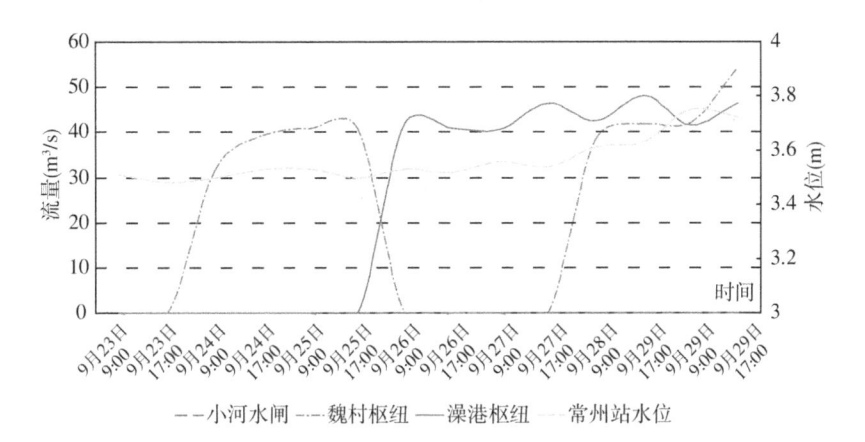

图 4.3.3-4 沿江口门引水量、常州站水位变化过程图

根据流量监测情况,除夏溪河、湟里河等滆湖以西河道水流方向由金坛进入滆湖外,其余河道的水流方向与方案 1 的水流方向相同;各河道受引水影响的程度也与方案 1 相同。

试验期内,各代表断面流量与沿江引水流量关系见图 4.3.3-5。魏村枢纽开泵翻水期间,京杭运河横林断面出境流量较调水试验前本底值变化不大,甚至在 9 月 24 日受下游沿江口门翻水、水流顶托作用影响,出现倒流现象;而在澡港枢纽翻水期间,出境流量明显增加,这表明澡港枢纽翻水对京杭运河出境水量的影响相对较大。

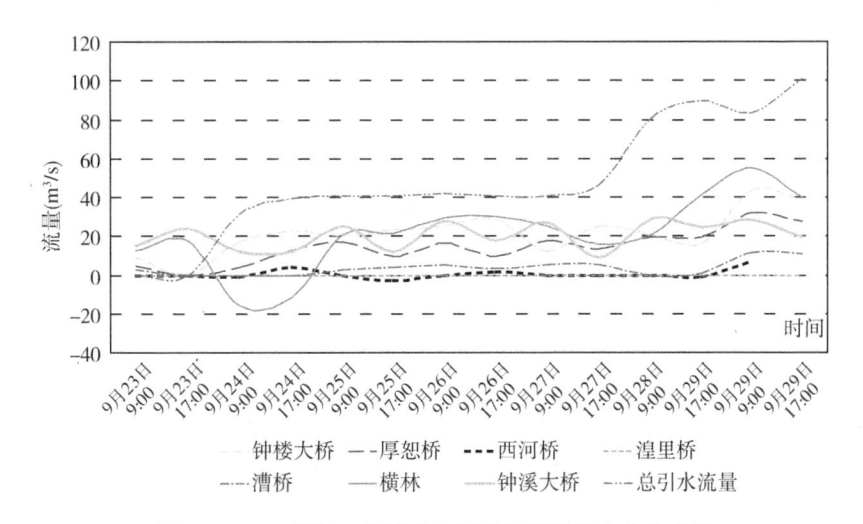

图 4.3.3-5 沿江口门引水与测流河道流量变化关系图

试验期间主要河道水量分布情况见图4.3.3-6。引江水量和京杭运河上游来水（总计4 015.4万m³）绝大部分分流进入扁担河、新京杭运河、老京杭运河、北塘河,其分流水量分别占总来水量的12.0%、53.9%、4.8%、12.0%。由此可见,在沿江口门翻引水期间,新京杭运河的分流能力最强,上游来水及澡港河、德胜河的引水将大部分进入新京杭运河。

单位：万m³

图4.3.3-6　调水实验期河道水量情况分布图(方案2)

4.3.3.3　方案3调水水量影响分析

调水引流方案3试验期为2011年5月15日至19日、2011年11月23日至25日,其间沿江口门引水、常州站水位变化过程线见图4.3.3-7。

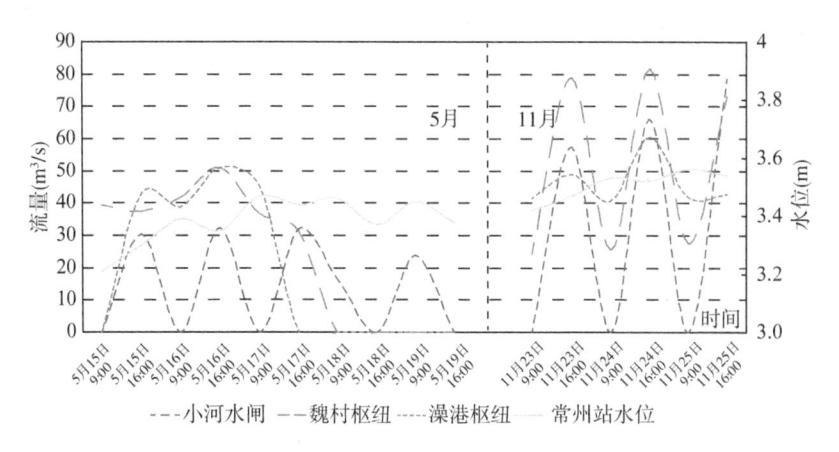

图 4.3.3-7　沿江口门引水、常州站水位变化过程图

根据两次调水试验流量监测情况，常州地区河道水流方向总体呈自西北向东南。长江水通过沿江水利枢纽自流引水进入京杭运河常州段及其支流，通过武宜运河、北塘河、京杭运河(横林)顺流进入无锡境内。滆湖以西河道水流承接金坛来水进入滆湖，然后通过太滆运河、漕桥河等河道向东南方向入太。

试验期内，各代表断面流量与沿江引水流量关系见图 4.3.3-8。引水期间，新孟河、德胜河、澡港河等沿江片区河道主要受水利工程调度影响，其水量变化与引江水量密切相关；京杭运河、武宜运河、采菱港等新、老京杭运河片区河道随着引江水量的增加而增加，但受水流传播速度的影响，水流变化过程存在一定的滞后，其水量变化受引水的影响较大；湟里河、夏溪河、北干河等滆湖以西河道及太滆运河、漕桥河等入太河道的流量变化不明显，其水量变化基本与引水无关。

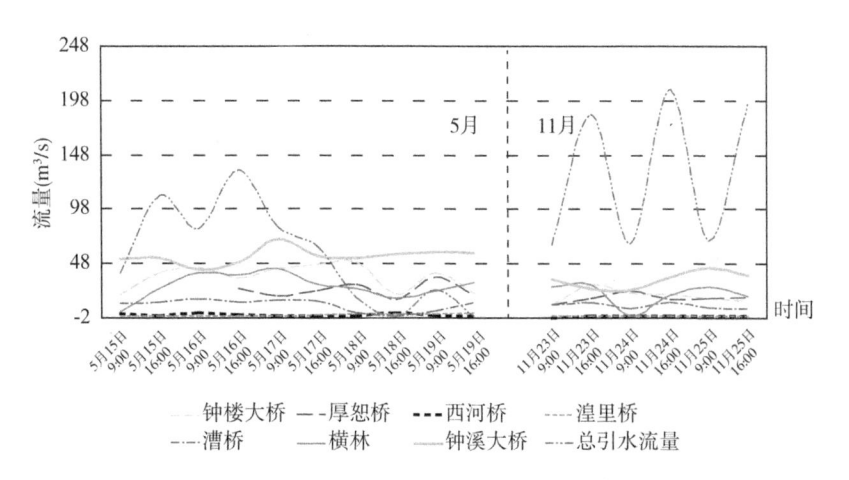

图 4.3.3-8　沿江口门引水与测流河道流量变化关系图

试验期间主要河道水量分布情况见图 4.3.3-9、图 4.3.3-10。5 月 15 日至 19 日，引江水量和京杭运河上游来水(总计 4 461.3 万 m³)绝大部分分流进入扁担河、新京杭运河、老京杭运河、北塘河，其分流水量分别占总来水量的 13.2%、65.9%、2.7%、13.2%。

11月23日至25日，引江水量和京杭运河上游来水(总计3787.5万 m³)绝大部分分流进入扁担河、新京杭运河、老京杭运河、北塘河，其分流水量分别占总来水量的7.7%、23.9%、1.7%、3.6%。由此可见，在沿江口门引水期间，新京杭运河的分流能力最强，上游来水及新孟河、德胜河的引水将大部分进入新京杭运河。

4.3.3.4 方案4调水水量影响分析

方案4试验期为6月19至22日、6月24日至26日，为期7天。其间沿江口门排水过程线见图4.3.3-11。

根据流量监测情况，京杭运河上游来水较大，沿江新孟河、德胜河、澡港河等河道受泵站排水影响，水流向北排入长江；夏溪河、湟里河等滆湖以西河道水流受上游大范围降水影响，水流由金坛进入滆湖，然后通过太滆运河、漕桥河等河道入太。

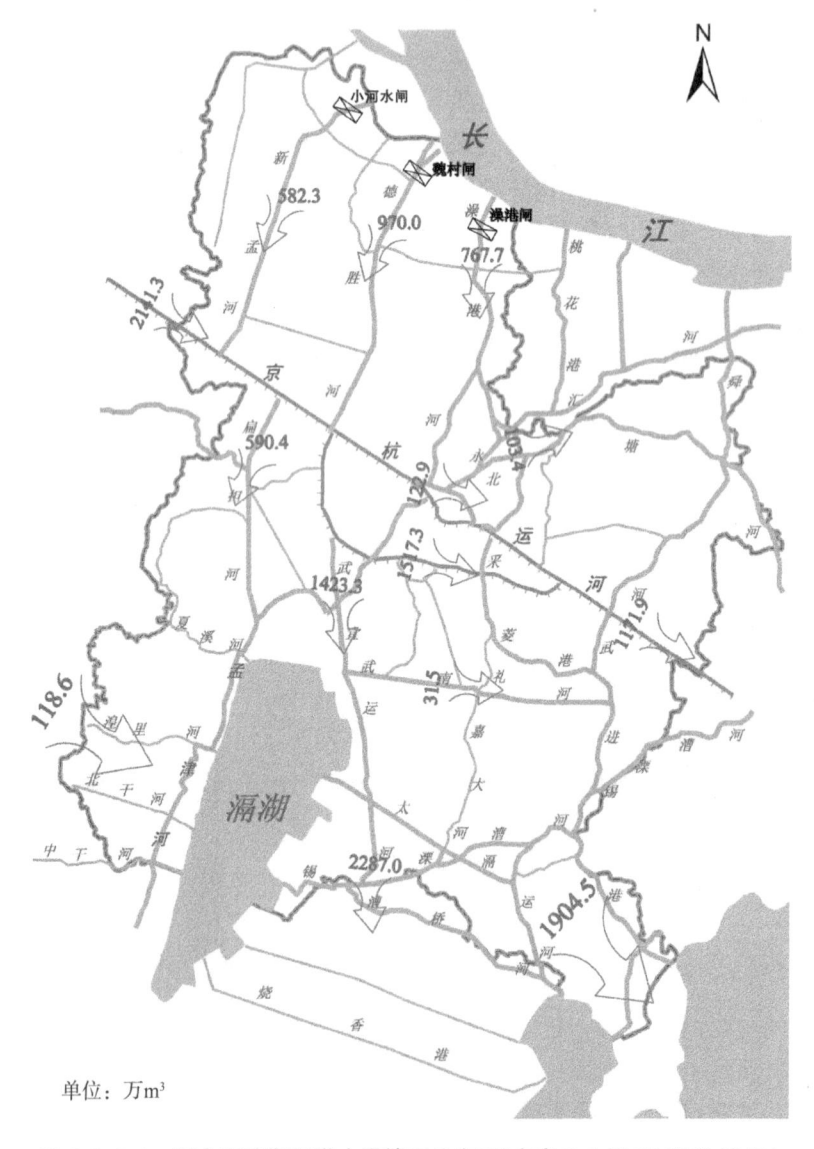

图 4.3.3-9　调水实验期河道水量情况分布图(方案3,5月15日至19日)

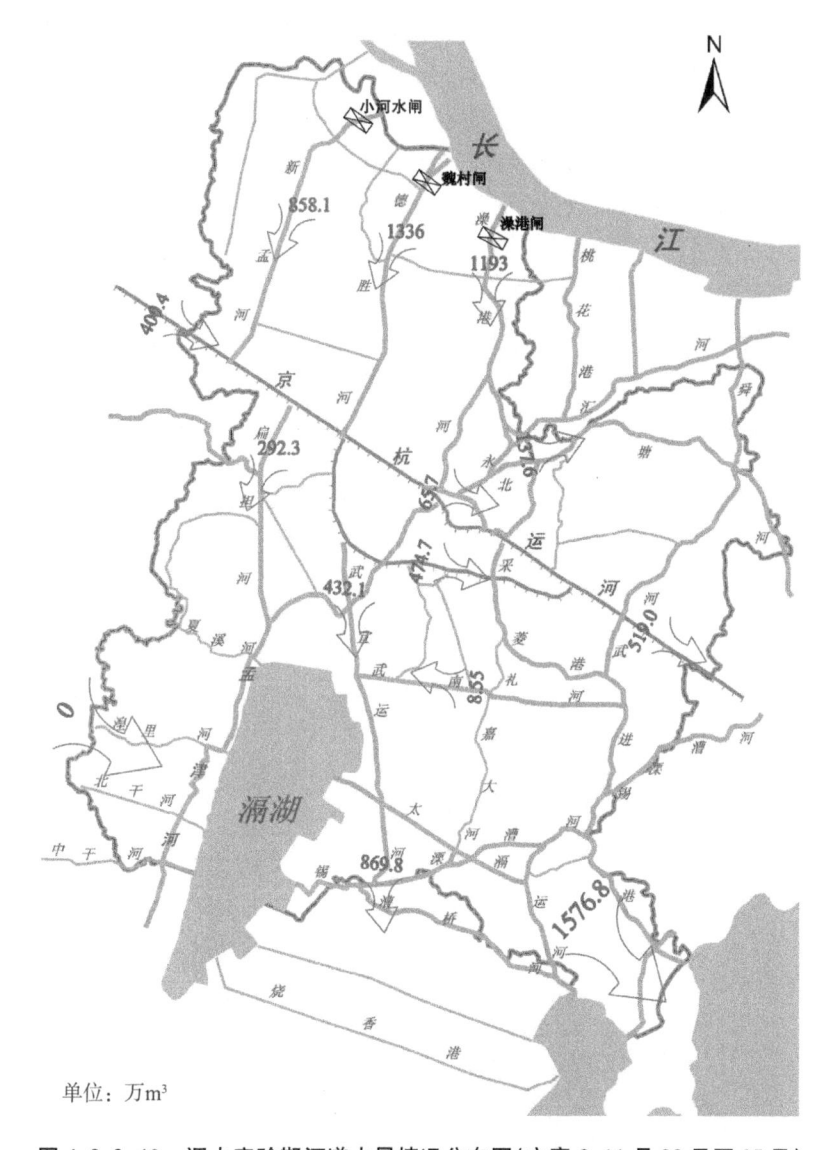

图 4.3.3-10 调水实验期河道水量情况分布图(方案 3,11 月 23 日至 25 日)

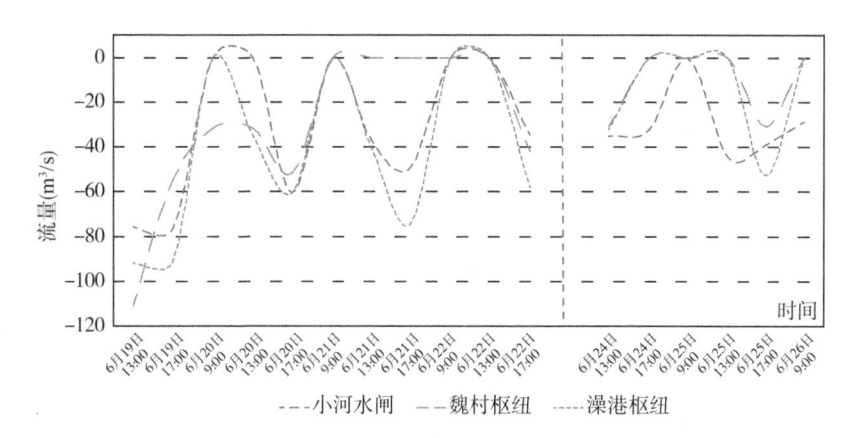

图 4.3.3-11 沿江口门排水过程线图

在排水期间,扁担河南入滆湖水量逐渐减缓,京杭运河下游出境水量变化比较平稳,在沿江口门关闸期间,出境水量有所增加;关河主要受澡港河排水影响,出现倒流现象,水流随澡港河排水量增加而增加。新京杭运河钟楼大桥断面在排水前期水流变化较为平缓,随着沿江口门排水能力的减小,向东下泄流量有所增加。武宜运河厚恕桥断面水流随着沿江口门的排水,水流衰减较快,在排水后期,水流出现向长江流动的现象。雅浦港闸和武进港闸开启初期,两口门入太水量较大。

试验期间主要河道水量分布情况见图 4.3.3-12、图 4.3.3-13。

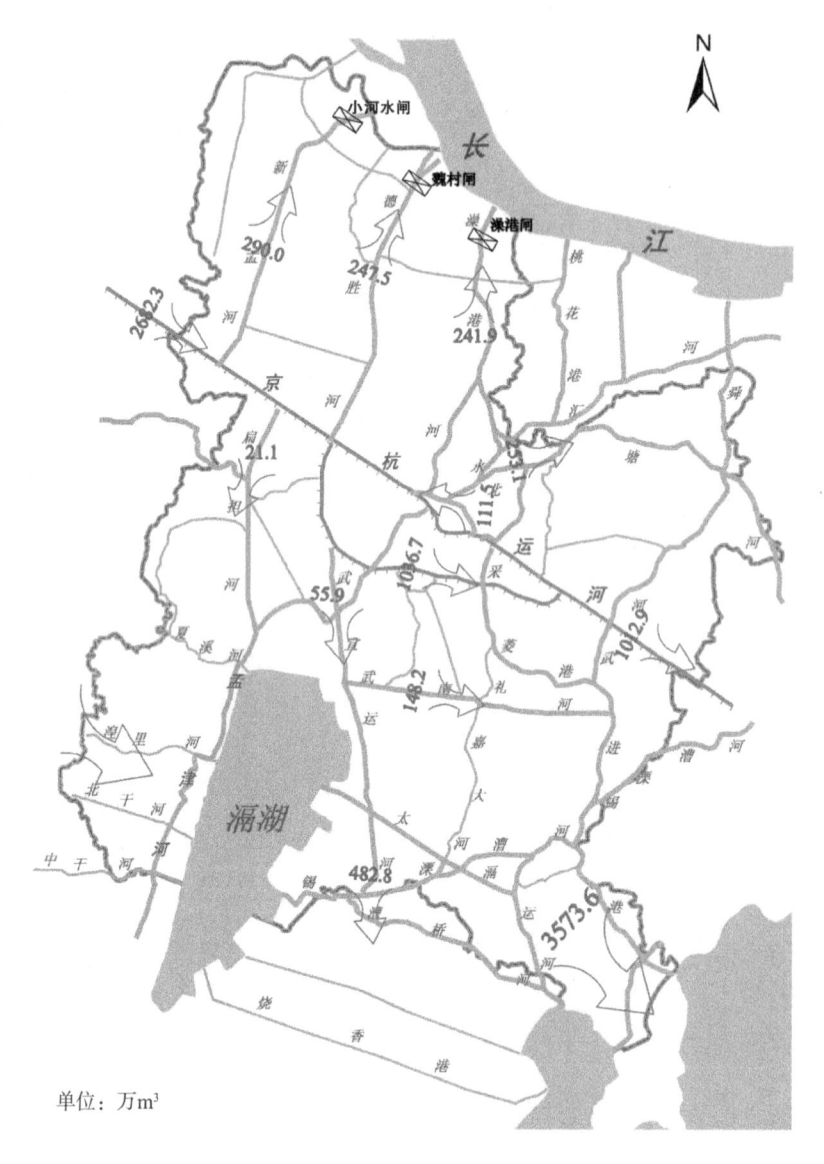

图 4.3.3-12 调水实验期河道水量情况分布图(方案 4,6 月 19 日至 22 日)

单位：万m³

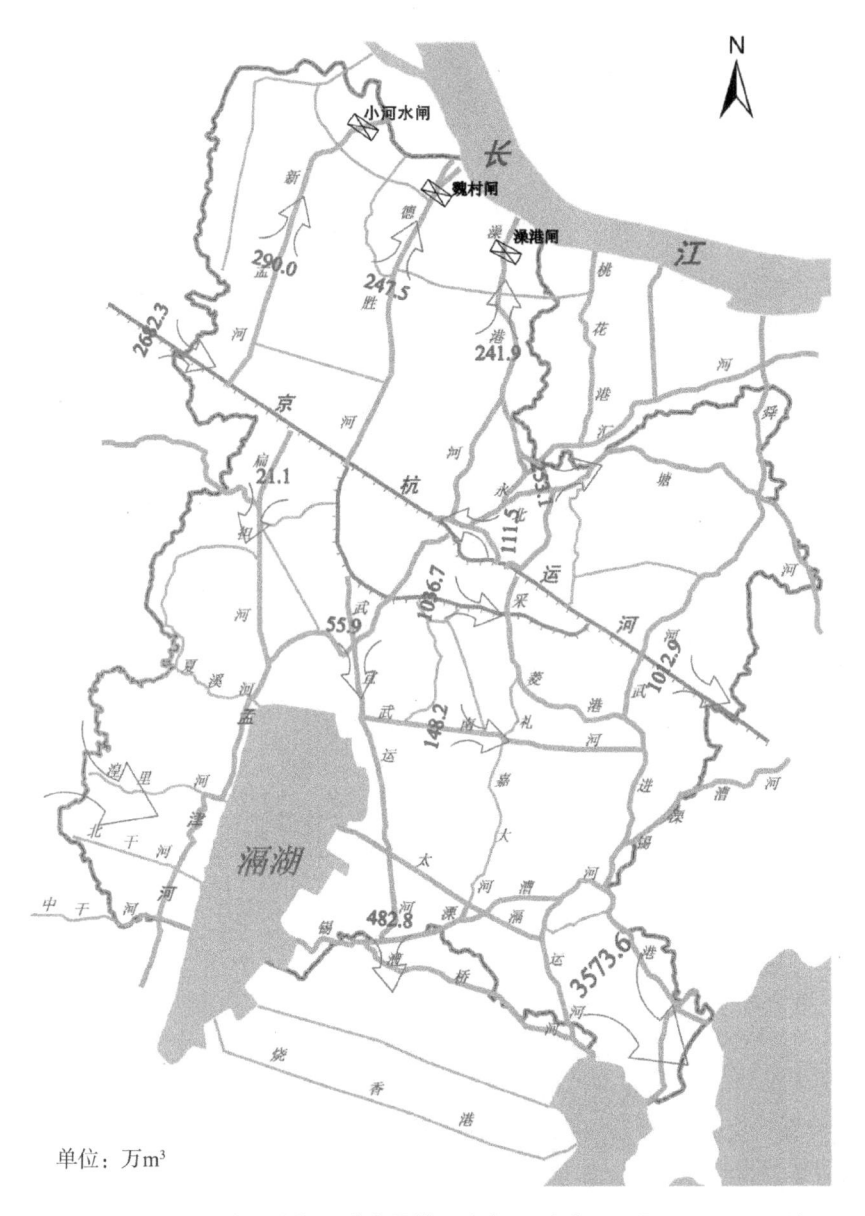

图4.3.3-13　调水实验期河道水量情况分布图（方案4,6月24日至26日）

6月19日至22日,新孟河、德胜河、澡港河等通江河道共向长江排水2 097.6万m³。京杭运河上游17日至18日受暴雨影响,来水迅速增加,来水量达4 054.1万m³,绝大部分分流进入新京杭运河,分流水量占上游来水量的61.8%。而扁担河、北塘河等河道的出水量仅占上游来水量的4.8%、9.8%,表明在出现暴雨沿江排水期间,扁担河、北塘河的分流作用不明显。

6月22日至24日降雨强度逐渐减小,各河道水量亦明显减小。新孟河、德胜河、澡港河等通江河道共向长江排水779.4万m³。京杭运河上游受暴雨减弱影响,来水迅速减小达2 682.3万m³,绝大部分分流进入新京杭运河、北塘河,分流水量占上游来水量的

40.7%、9.4%。而扁担河出水量较小,仅占上游来水量的7.9%,表明扁担河分流作用不显著。

4.3.4 调水水质影响分析

4.3.4.1 水质评价计算方法

在本次常州地区水量调度与水环境改善试验中,水质分类和综合评价采用地图重叠法和水质指数法。

1) 地图重叠法

地图重叠法,即以水质最差的单项指标所属类别来确定水体综合水质类别。其方法是用水体各监测项目的监测值对照该项目的分类标准,确定该项目的水质类别,在所有项目的水质类别中选取水质最差类别作为该水体的水质类别。参照《地表水环境质量标准》(GB 3838—2002),采用近期各水功能区水质目标为达标评价标准。

2) 水质指数法

水质指数法,其方法是用水体各监测项目的监测值与其评价标准之比作为各单项污染标准指数,然后累加各标准指数作为该水体的综合污染指数。区域范围内各水功能区均以Ⅲ类水作为标准计算。

各单项标准指数计算公式为:

$$S_{ij}=\frac{C_{ij}}{C_{si}} \tag{4-1}$$

式中:S_{ij}——标准指数;

C_{ij}——评价因子i在j点的实测浓度值(mg/L);

C_{si}——评价因子i的地表水水质标准(mg/L)。

考虑常州地区水体的有机污染特点,结合太湖流域主要输水河道水质目标,从本次调水试验水质监测成果中选取总磷、氨氮、高锰酸盐指数和化学需氧量4项指标作为水质分类和综合评价因子。

4.3.4.2 方案1调水水质影响分析

1) 沿江区域

沿江三条河道靠近长江,水质受引长江原水影响明显。三条河道本底水质较好,污染物浓度较低,在关闸期间各项指标浓度略有上升,在自引水期间水质类别基本为Ⅲ类水,综合污染指数变化不大。其中,在10月30日13:00关闸期间,三条沿江河道总磷明显上升,主要是区间污染源排入所致。

沿江区域各评价指标浓度变化趋势见图4.3.4-1~图4.3.4-4。

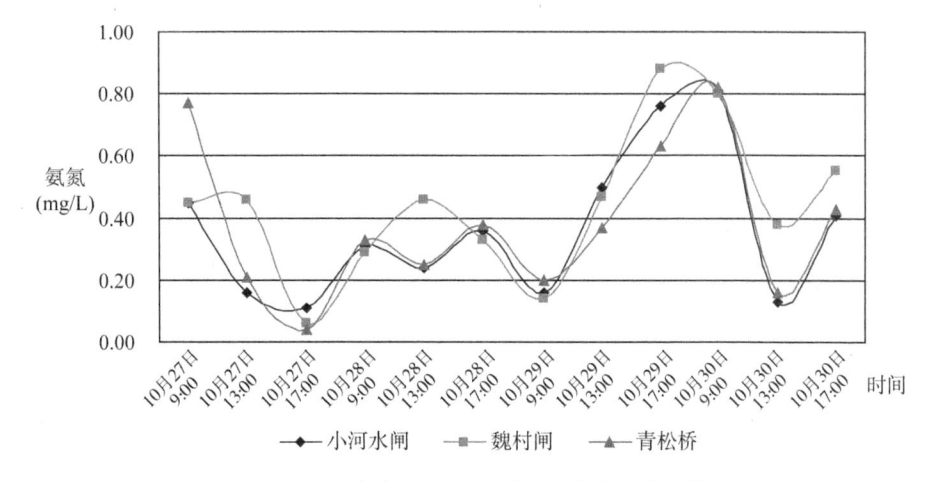

图 4.3.4-1　方案1,沿江区域氨氮浓度变化趋势图

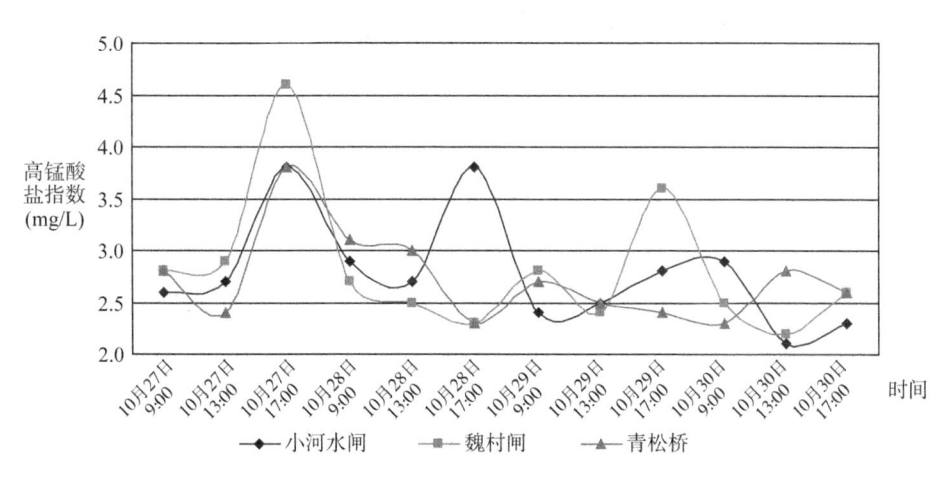

图 4.3.4-2　方案1,沿江区域高锰酸盐指数浓度变化趋势图

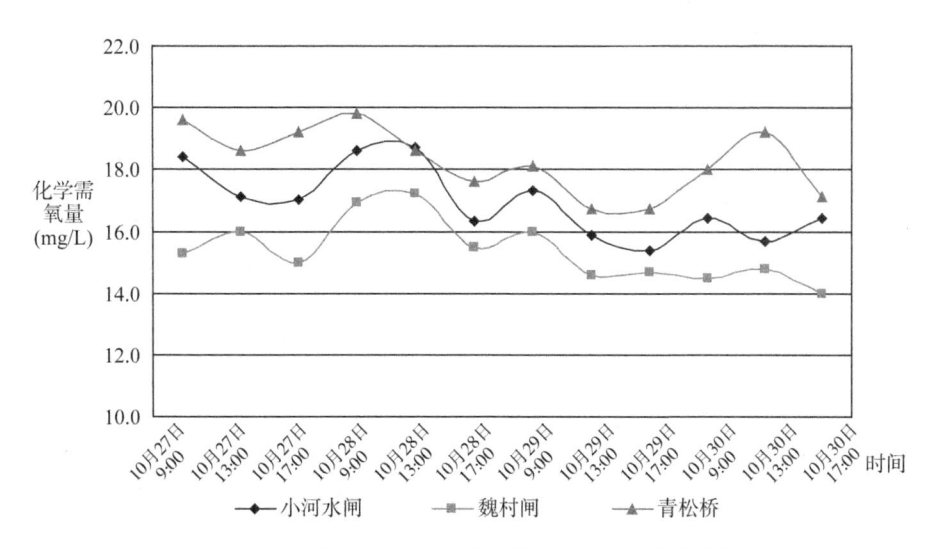

图 4.3.4-3　方案1,沿江区域化学需氧量浓度变化趋势图

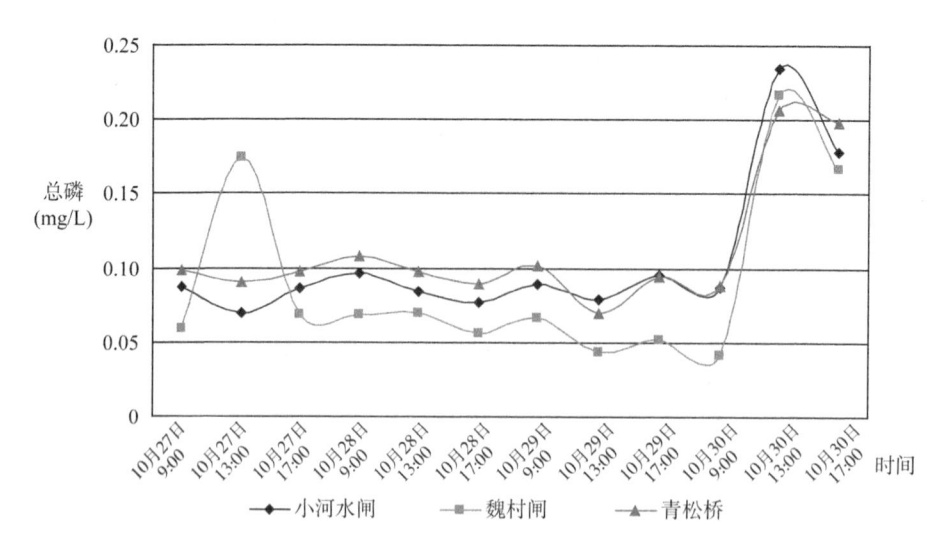

图4.3.4-4　方案1,沿江区域总磷浓度变化趋势图

选取德胜河魏村闸断面为区域代表站,分析流量水质关系:在魏村枢纽排水和关闸期间,综合污染指数呈上升趋势,水质恶化。开闸引水后,综合污染指数明显下降,水质明显改善。见图4.3.4-5。

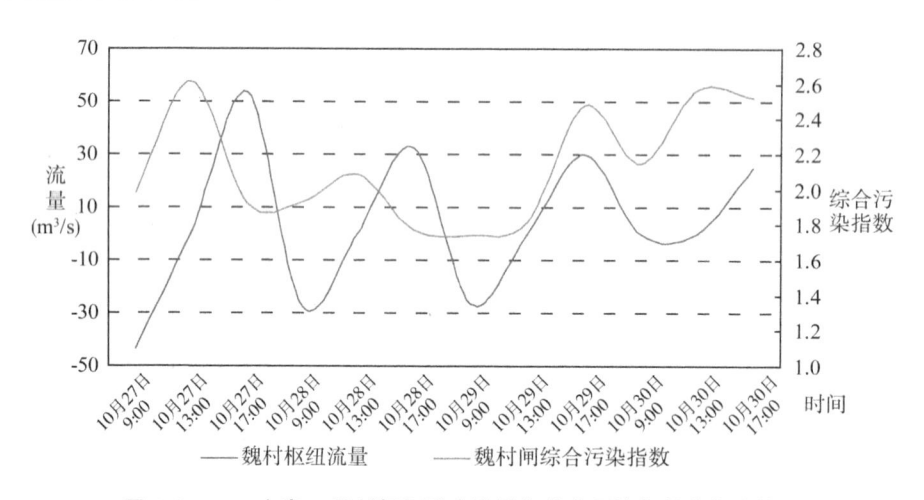

图4.3.4-5　方案1,魏村枢纽引水流量与综合污染指数变化趋势图

2)京杭运河区域

京杭运河上游来水质类别基本为Ⅳ～Ⅴ类,较长江水质差;在沿江口门自流引水期间,各主要项目指标浓度总体呈下降趋势,但均存在不同程度的波动,开闸引水期间,污染物浓度下降,关闸期间,污染物浓度上升。老京杭运河市区段改善较为明显,水门桥站氨氮浓度最大降幅达56.6%,高锰酸盐指数、化学需氧量和总磷浓度呈明显下降趋势,综合污染指数下降了29.9%。但引水在加速水体流动的同时,也将上游的污染物质带至下游,下游横林段引水第一天综合污染指数上升,连续引水后,综合污染指数下降,降幅为19.8%,水质有所改善。新京杭运河钟楼大桥断面氨氮、高锰酸盐指数和总磷大都为Ⅲ类

或优于Ⅲ类，引水两天后化学需氧量浓度直线下降，降幅为19.1%；天宁大桥断面位于新京杭运河下游，由于上游污染物的带入，加上区间污染源的汇入，水质改善不明显。

各评价指标浓度变化趋势见图4.3.4-6～图4.3.4-9。

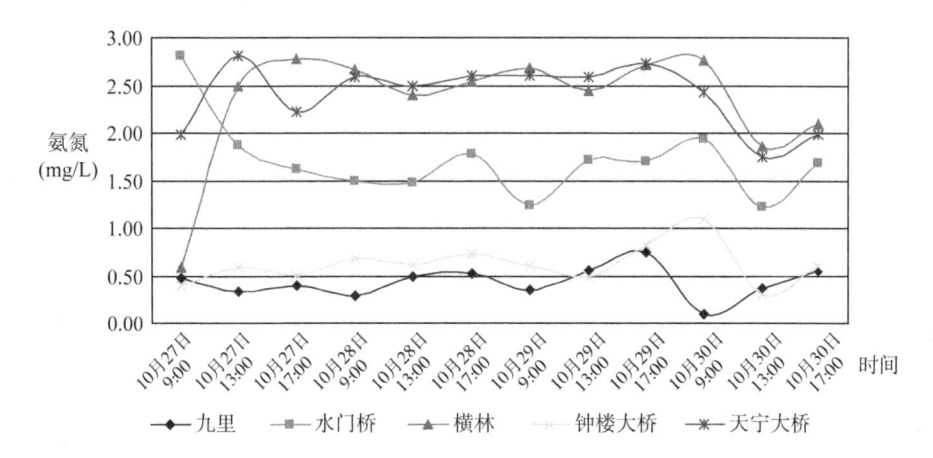

图4.3.4-6　方案1，新、老京杭运河区域氨氮浓度变化趋势图

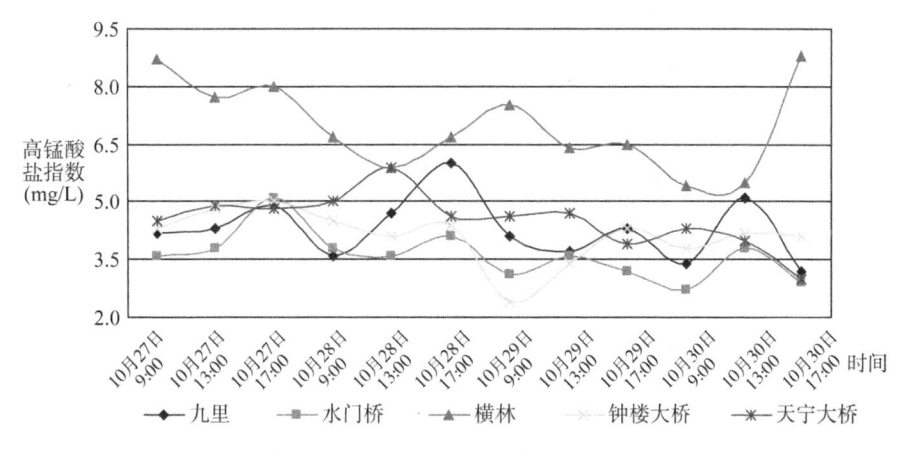

图4.3.4-7　方案1，新、老京杭运河区域高锰酸盐指数浓度变化趋势图

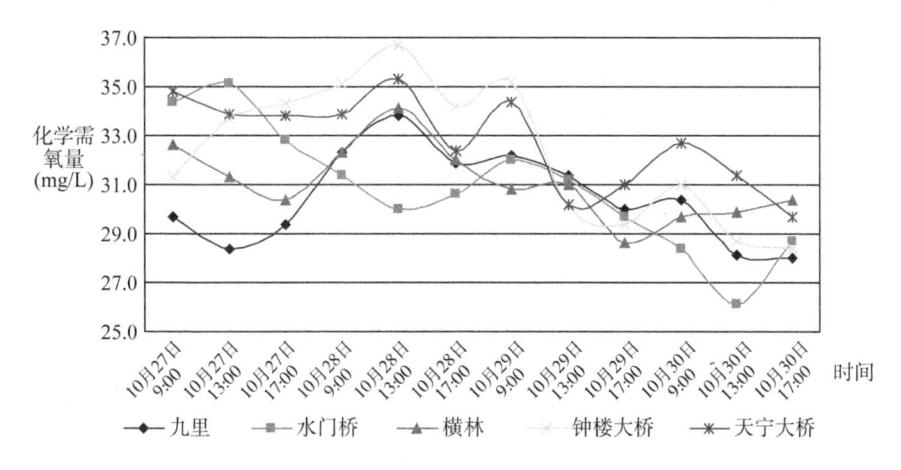

图4.3.4-8　方案1，新、老京杭运河区域化学需氧量浓度变化趋势图

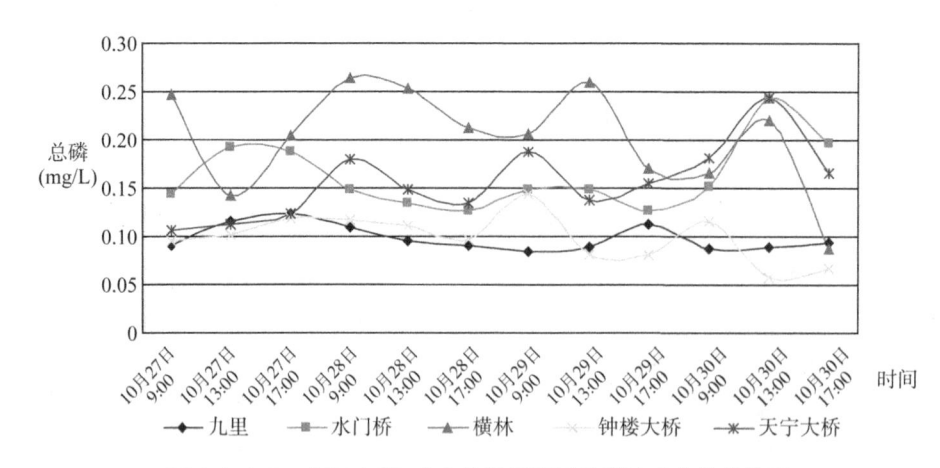

图 4.3.4-9　方案 1，新、老京杭运河区域总磷浓度变化趋势图

选取老京杭运河水门桥断面为区域代表站，分析流量水质关系：在沿江口门不引水的情况下，受京杭运河上游来水影响，水门桥断面水质较差。在沿江口门引水后，断面综合污染指数逐步下降，在自引水 20～24 小时后，综合污染指数趋于平稳。之后随着三条沿江口门的开关闸，综合污染指数在小范围内波动，具体表现为沿江关闸无流量时断面综合污染指数升高，开闸引水后断面综合污染指数又降低，且水质变化波形滞后于流量波形。见图 4.3.4-10。

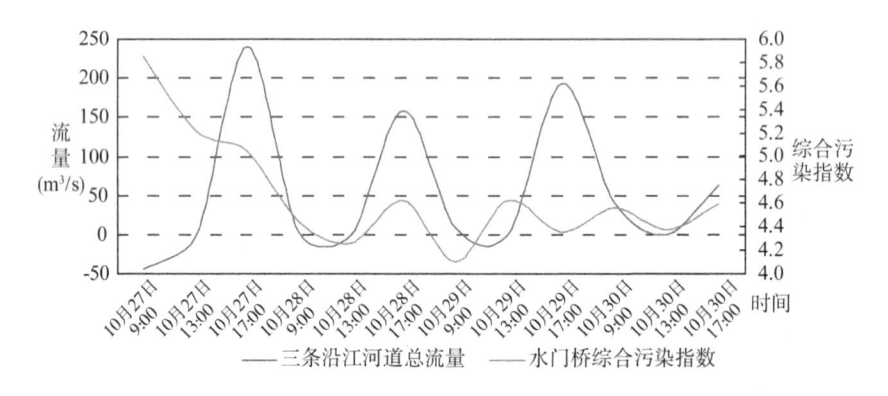

图 4.3.4-10　方案 1，沿江引水流量与水门桥断面综合污染指数变化趋势图

3）市河区域

在沿江口门自流引水期间，市河区域各河道水质类别在Ⅳ～劣Ⅴ类间，主要超标项目为溶解氧、氨氮。在沿江口门引水期间，污染物浓度波动较大，综合水质指数变化也较大。开闸引水时，主要污染物浓度有所下降，水质好转；关闸时，污染物浓度有所上升。以东市河龙晶桥断面为例：在引水前后，综合污染指数从 8.59 下降到了 4.42，降幅达 48.5%，水质类别提高了一个等级，从劣Ⅴ变为Ⅴ类，氨氮的浓度下降了 66.0%，高锰酸盐指数浓度下降了 50.8%，化学需氧量浓度的降幅为 6.4%，总磷的下降幅度为 37.4%。

各评价指标浓度变化趋势见图 4.3.4-11～图 4.3.4-14。

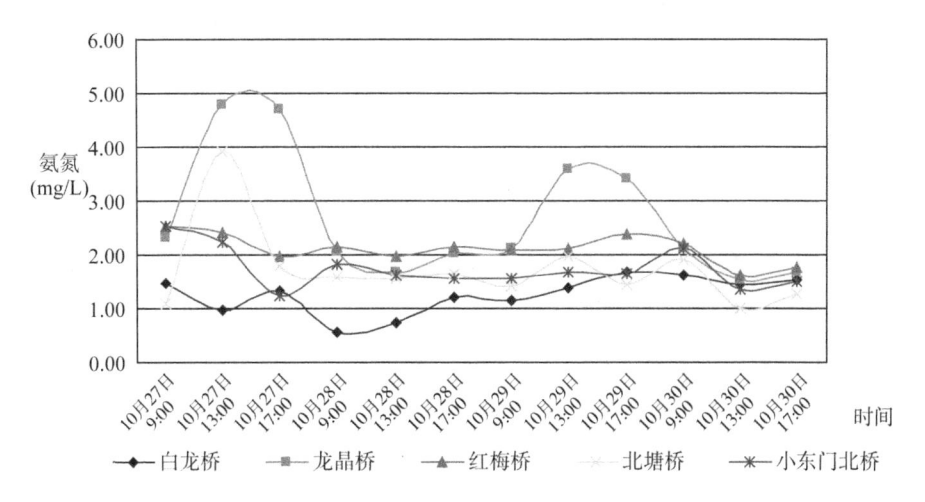

图 4.3.4-11　方案 1,市河区域氨氮浓度变化趋势图

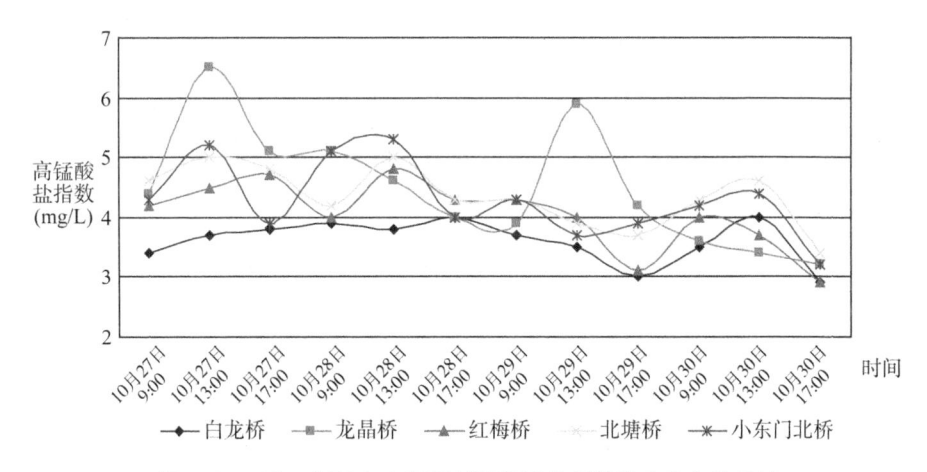

图 4.3.4-12　方案 1,市河区域高锰酸盐指数浓度变化趋势图

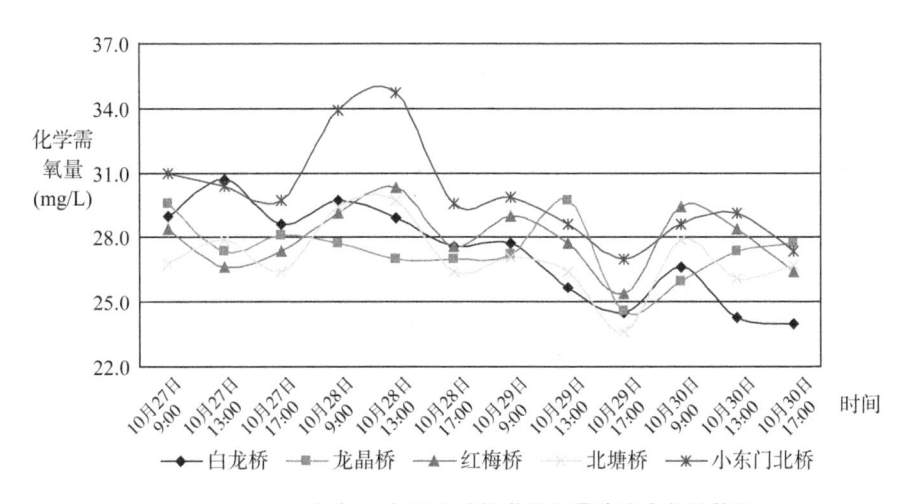

图 4.3.4-13　方案 1,市河区域化学需氧量浓度变化趋势图

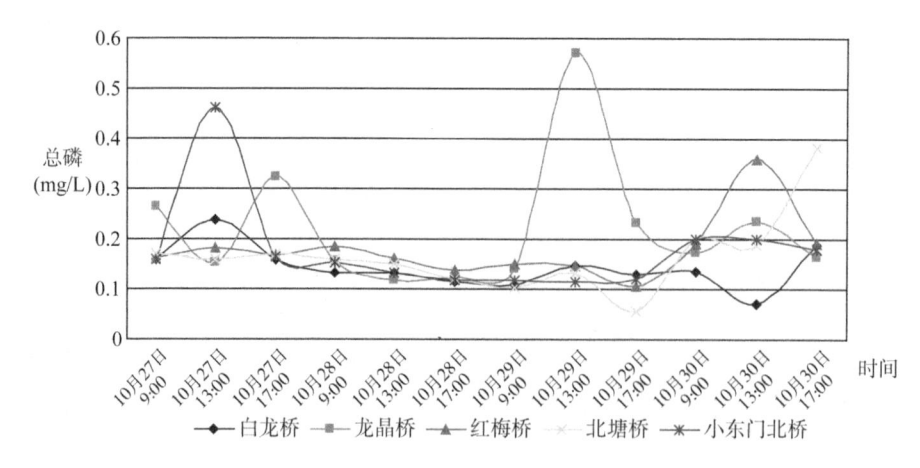

图 4.3.4-14　方案1,市河区域总磷浓度变化趋势图

选取北塘河北塘桥断面为区域代表站,分析流量水质关系:北塘河受澡港枢纽引水影响明显,在澡港枢纽关闸期,北塘桥水质有所恶化,综合污染指数升高;在澡港枢纽开闸引水后,综合污染指数明显下降。见图4.3.4-15。

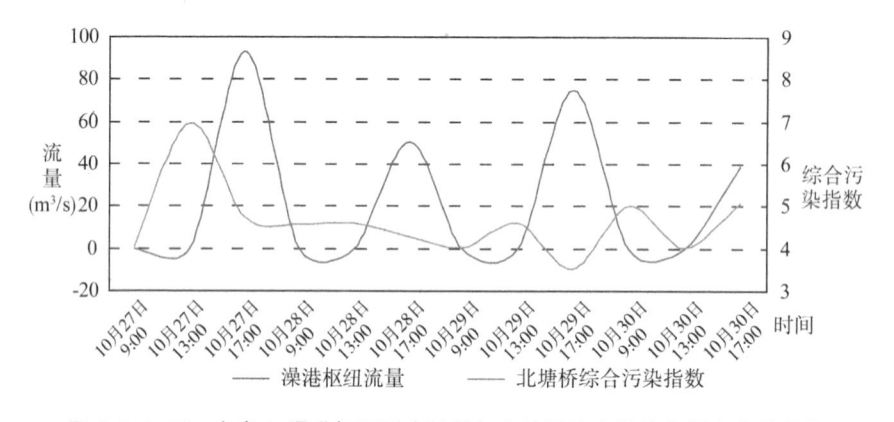

图 4.3.4-15　方案1,澡港枢纽引水流量与北塘桥综合污染指数变化趋势图

4) 滆湖西区域

在沿江口门自引水期间,夏溪河、湟里河、北干河和中干河基本无流量,因此沿江口门引水对上述四条河道水质无影响,其水质浓度变化受上游来水、区域污染源及水体自净能力影响,水质类别基本为Ⅳ～劣Ⅴ类,主要超标项目为溶解氧、化学需氧量和氨氮。综合污染指数均值在3.59至7.64之间。

各评价指标浓度变化趋势见图4.3.4-16～图4.3.4-19。

选取中干河张河桥断面为区域代表站,分析流量水质关系:在沿江口门引水期间,中干河流量基本保持稳定,综合污染指数受区域污染及水体自净影响波动,沿江引水对中干河水质基本无影响。见图4.3.4-20。

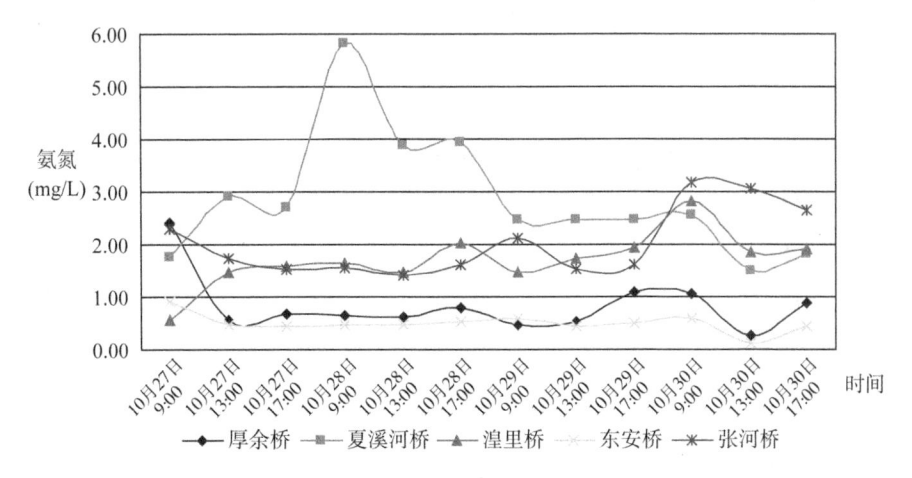

图 4.3.4-16　方案 1,滆湖以西区域氨氮浓度变化趋势图

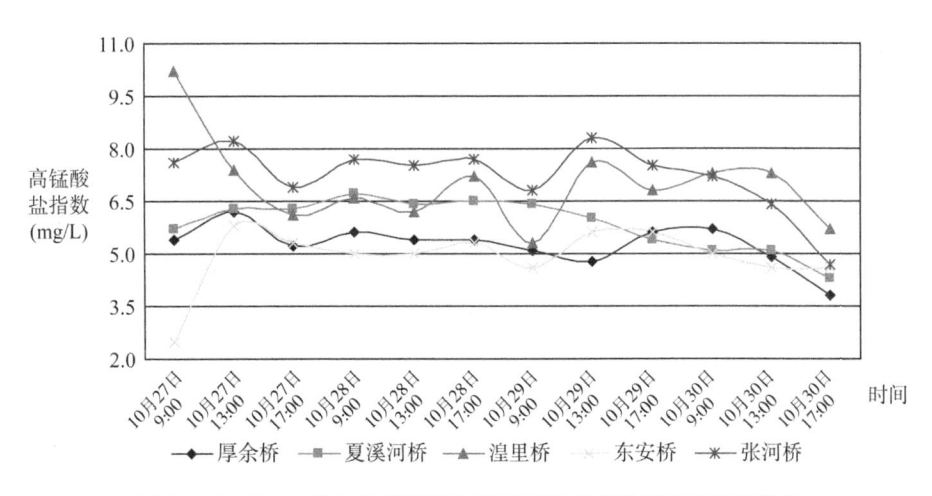

图 4.3.4-17　方案 1,滆湖以西区域高锰酸盐指数浓度变化趋势图

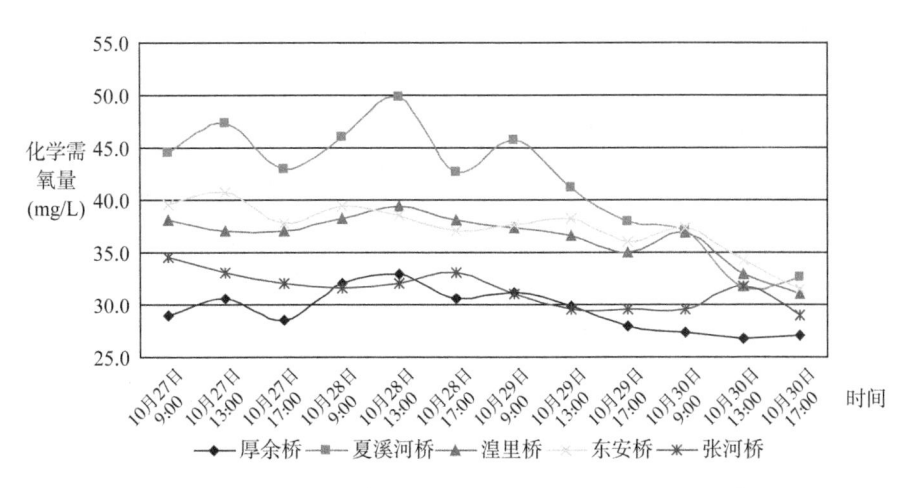

图 4.3.4-18　方案 1,滆湖以西区域化学需氧量浓度变化趋势图

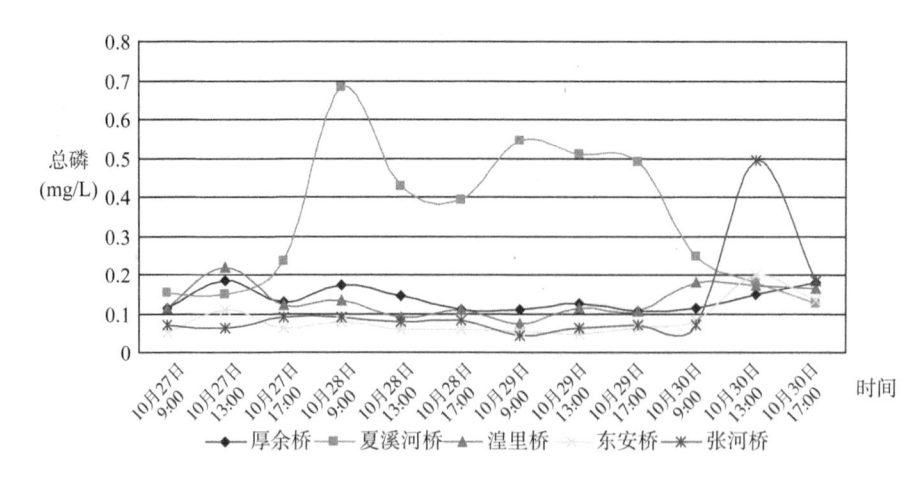

图 4.3.4-19　方案1,滆湖以西区域总磷浓度变化趋势图

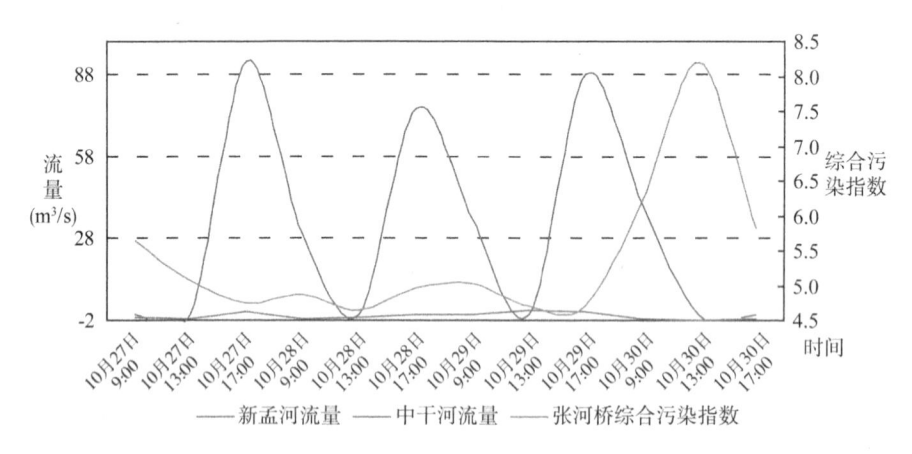

图 4.3.4-20　方案1,新孟河引水流量与张河桥综合污染指数变化趋势图

5）运河南、滆湖东区域

各河道主要受京杭运河来水及滆湖出水影响,在沿江口门引水期间,武南河停滞,武宜运河钟溪大桥断面水质指标浓度变化主要与区域污染源及水体自净能力有关;太滆运河红旗桥断面主要受滆湖出水影响,除氨氮浓度有下降趋势外,其余指标浓度在小范围内波动,水质有所改善,但改善不明显;武进港慈澳大桥距离京杭运河口近,随着京杭运河水质的改善,高锰酸盐指数和化学需氧量的浓度总体呈下降趋势,氨氮和总磷的浓度总体比较稳定,在小范围内略有波动,总体水质有所好转;采菱港下梅断面距离京杭运河口近,其水质随着京杭运河水质的改善而有所好转,综合污染指数从6.8持续下降至4.94,降幅为27.4%。

各评价指标浓度变化趋势见图4.3.4-21～图4.3.4-24。

选取采菱港下梅断面为区域代表站,分析流量水质关系:在沿江口门引水期间,采菱港受京杭运河水质好转的间接影响,综合污染指数有下降趋势,但由于京杭运河分流至采菱港的水量小,采菱港水质改善所需时间长,短时间调水的效果不明显。见图4.3.4-25。

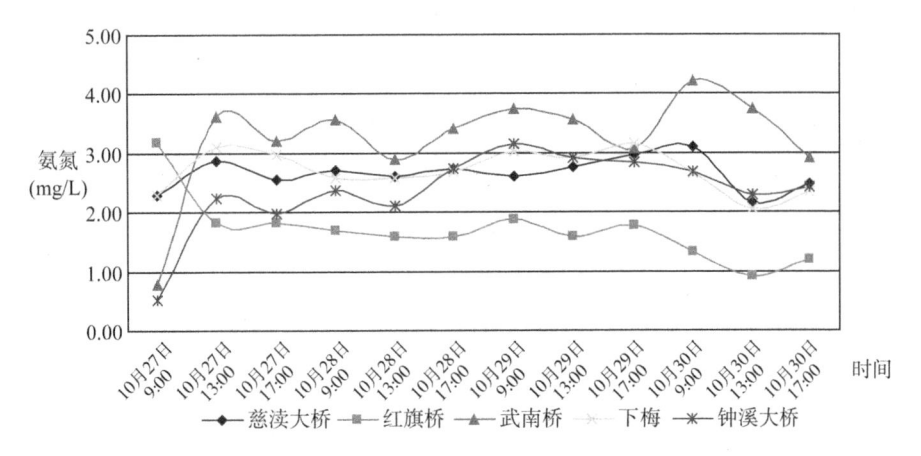

图 4.3.4-21　方案 1，运河南、滆湖东区域氨氮浓度变化趋势图

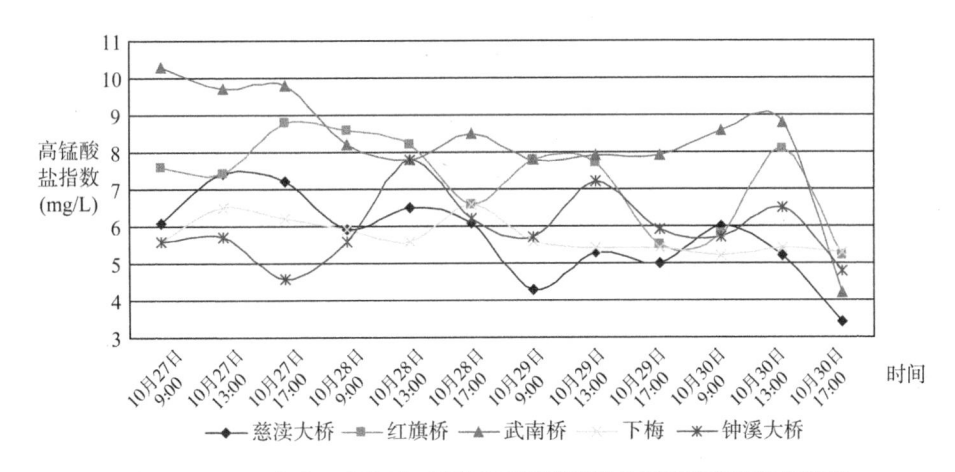

图 4.3.4-22　方案 1，运河南、滆湖东区域高锰酸盐指数浓度变化趋势图

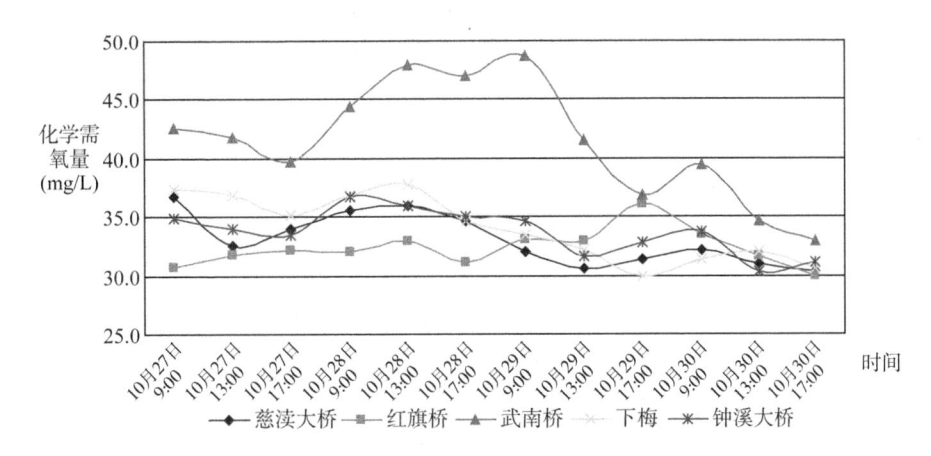

图 4.3.4-23　方案 1，运河南、滆湖东区域化学需氧量浓度变化趋势图

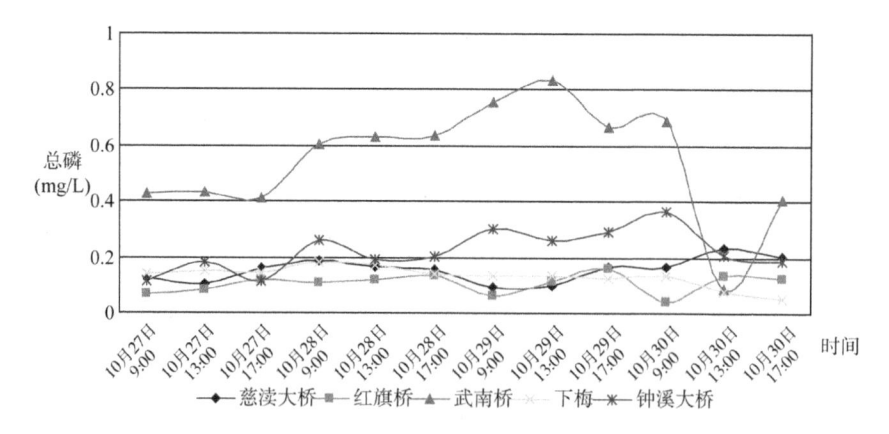

图 4.3.4-24　方案1,运河南、滆湖东区域总磷浓度变化趋势图

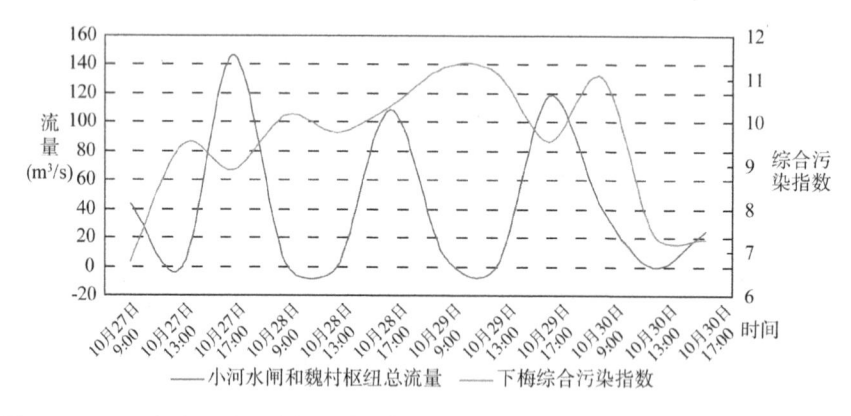

图 4.3.4-25　方案1,小河水闸和魏村枢纽引水流量与下梅综合污染指数变化趋势图

6) 入太湖区域

在沿江口门自流引水期间,武进港和雅浦港关闸,漕桥河和太滆运河流量没有明显增加,沿江口门引水对该区域河道几乎没影响,其水质指标浓度变化主要与区域污染源及水体自净能力有关。入太湖的五个断面水质类别为Ⅳ～劣Ⅴ类,主要超标项目为溶解氧、氨氮和化学需氧量。

各评价指标浓度变化趋势见图4.3.4-26～图4.3.4-29。

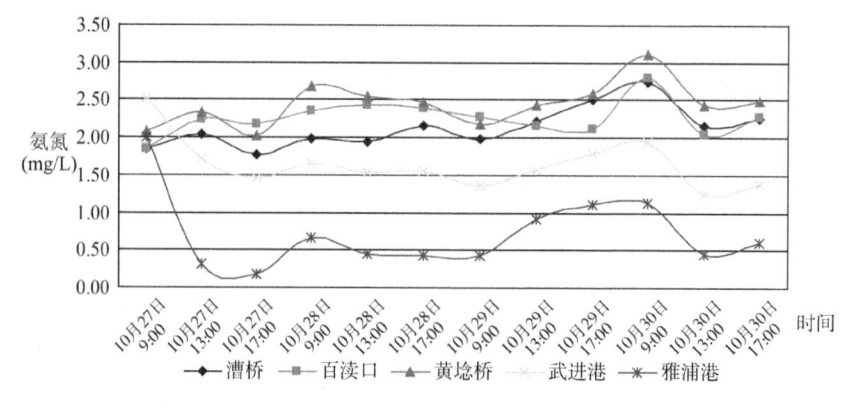

图 4.3.4-26　方案1,入太湖区域氨氮浓度变化趋势图

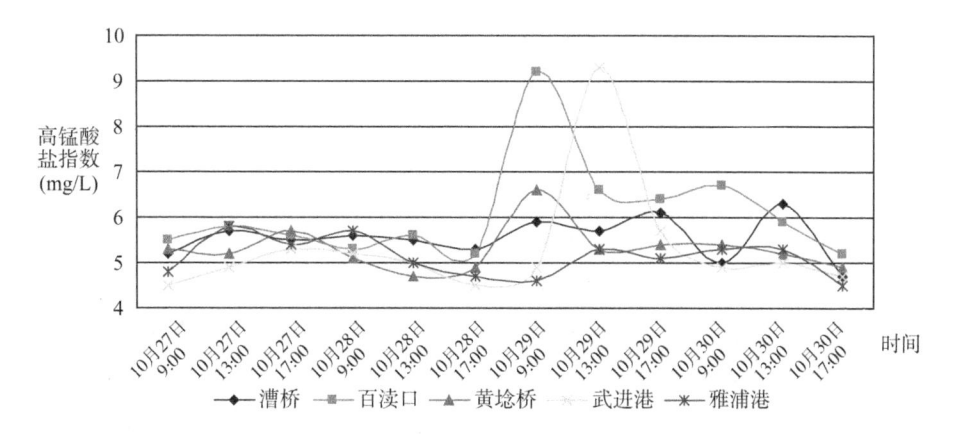

图 4.3.4-27　方案 1,入太湖区域高锰酸盐指数浓度变化趋势图

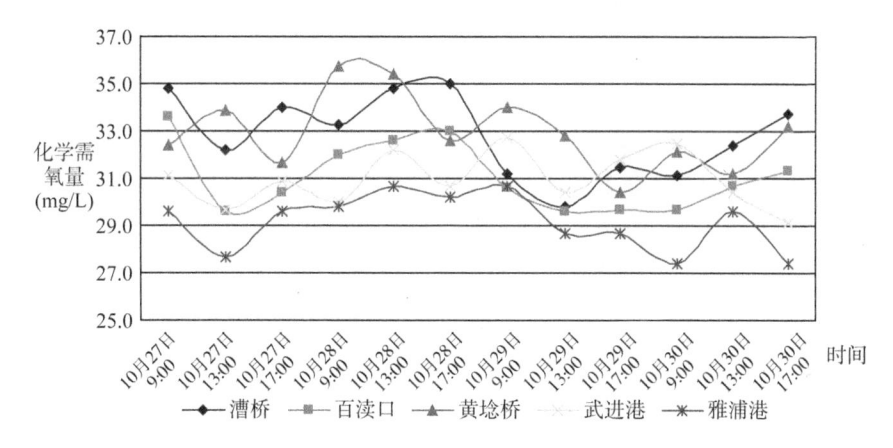

图 4.3.4-28　方案 1,入太湖区域化学需氧量浓度变化趋势图

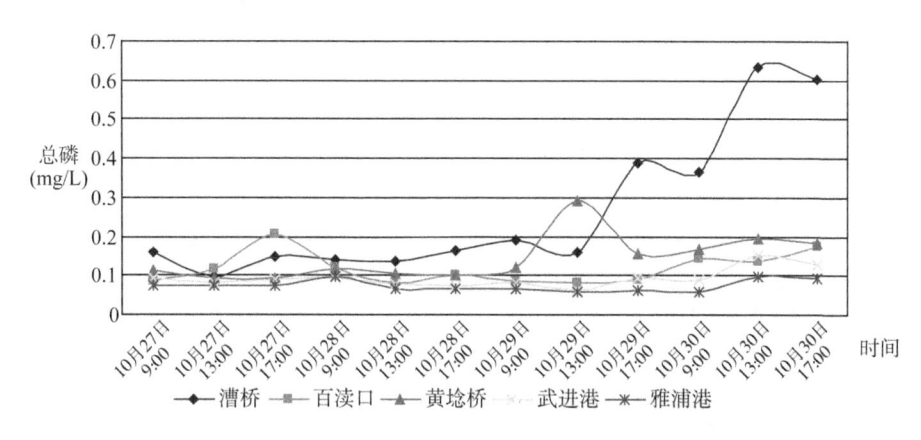

图 4.3.4-29　方案 1,入太湖区域总磷浓度变化趋势图

选取百渎港百渎口断面为区域代表站,分析流量水质关系:在沿江口门引水期间,百渎口流量保持稳定,无明显增量,综合污染指数在 4.86 至 6.12 之间略有波动,主要受区域污染影响,由此可见,百渎口水质不受沿江引水影响。

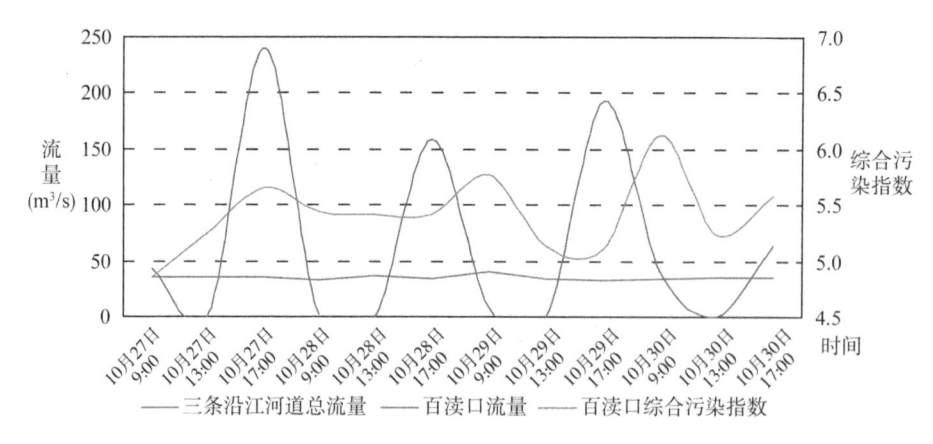

图4.3.4-30　方案1,沿江引水流量与百渎口断面综合污染指数变化趋势图

4.3.4.3　方案2调水水质影响分析

1) 沿江区域

沿江三条河道靠近长江,受长江引水影响明显。在沿江口门关闸期间,三条河道水质较差,主要超标项目为溶解氧;在翻引水期间,三条河道水质明显好转,综合污染指数均值从3.09下降到了2.12,水质类别基本维持在Ⅲ~Ⅳ类。氨氮、高锰酸盐指数、化学需氧量和总磷浓度总体均呈下降趋势。其中澡港河水质本底浓度较高,下降最为明显,开机翻水后氨氮浓度降幅达到38.7%,总磷浓度降幅达到37.3%,高锰酸盐指数浓度降幅达到31.5%,化学需氧量浓度降幅达到7.25%。各评价指标浓度变化趋势见图4.3.4-31~图4.3.4-34。

选取德胜河魏村闸断面为区域代表站,分析流量水质关系:在魏村枢纽关闸期间,无流量,断面综合污染指数呈上升趋势,水质恶化。9月24日,魏村枢纽开机翻引水后,断面综合污染指数呈下降趋势,水质改善。9月26日,魏村枢纽停止翻引水,关机两天时间内综合污染指数变化较稳定,但已有上升趋势。由此可见,在沿江口门无法自引江水或引水量很小的情况下,翻引水可以有效改善区域水环境,从而满足区域对水资源的需求。见图4.3.4-35。

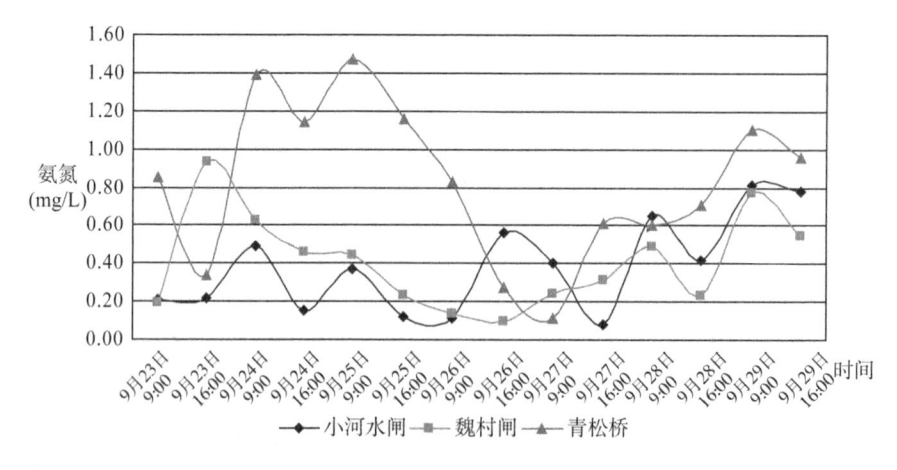

图4.3.4-31　方案2,沿江区域氨氮浓度变化趋势图

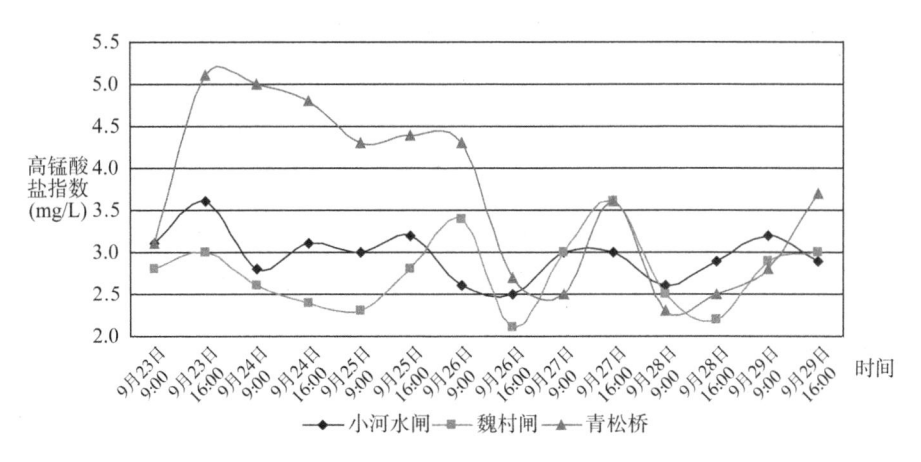

图 4.3.4-32　方案 2,沿江区域高锰酸盐指数浓度变化趋势图

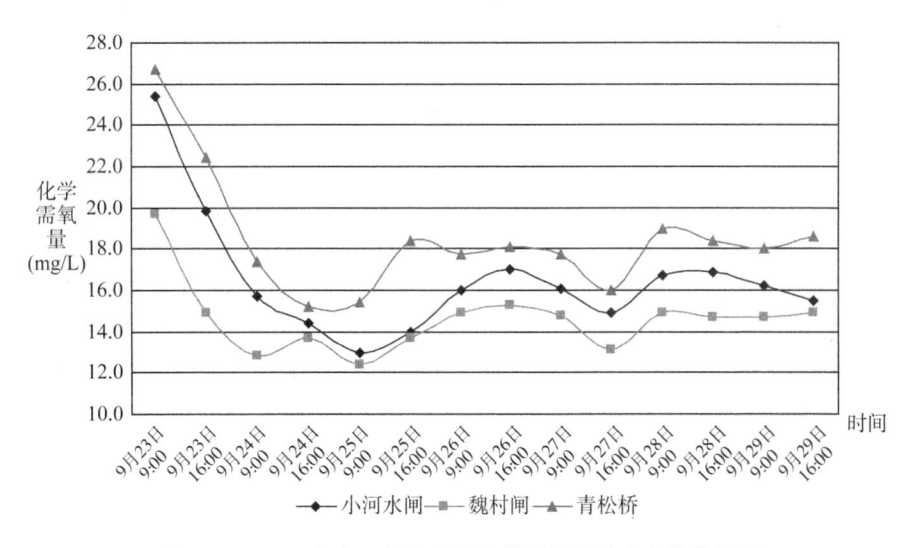

图 4.3.4-33　方案 2,沿江区域化学需氧量浓度变化趋势图

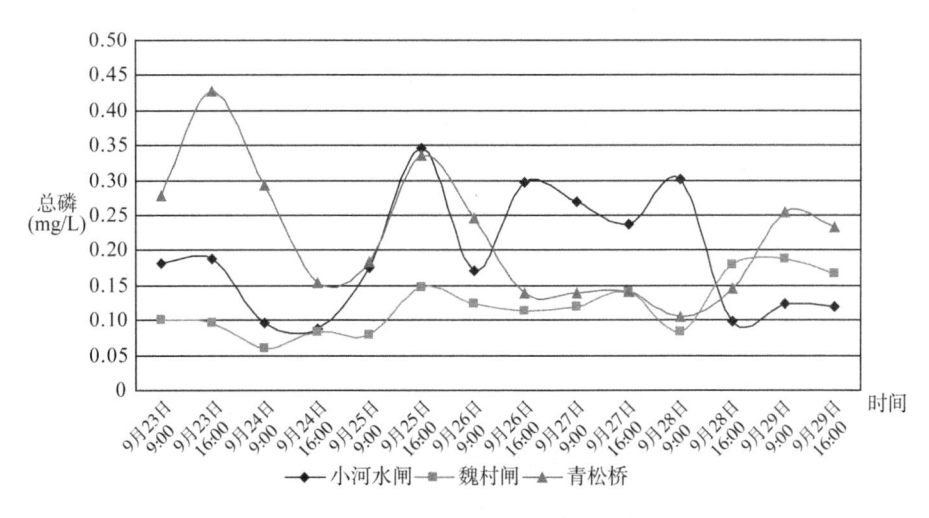

图 4.3.4-34　方案 2,沿江区域总磷浓度变化趋势图

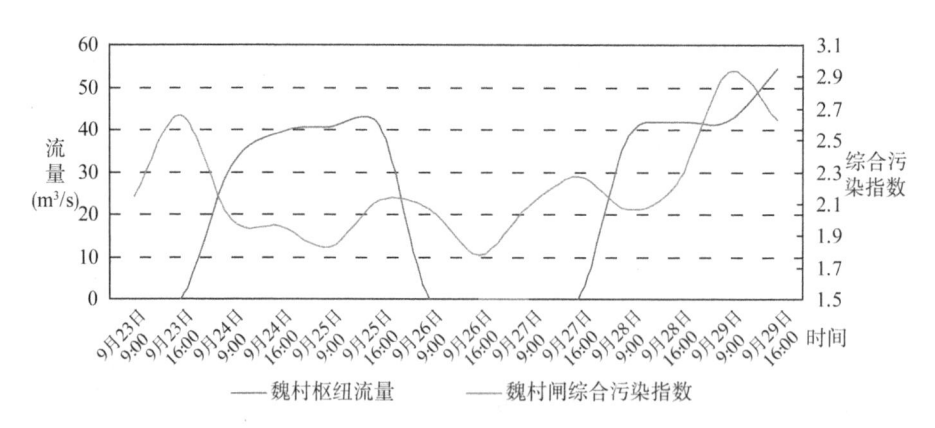

图 4.3.4-35　方案 2，魏村枢纽引水流量与综合污染指数变化趋势图

2) 京杭运河区域

京杭运河上游来水水质类别基本保持稳定在Ⅳ类，综合污染指数均值为 3.46。9 月 24 日，魏村枢纽开机翻引水后，京杭运河水门桥和横林断面、新京杭运河钟楼大桥和天宁大桥断面，水质有所改善；9 月 26 日魏村枢纽停止引水，澡港枢纽开机翻引水，各断面评价指标浓度略有所上升，横林断面最为明显，说明澡港河区域有输入污染存在。9 月 28 日，魏村枢纽和澡港枢纽同时开机翻引水，各断面评价指标浓度又明显下降。

总体来说，通过魏村枢纽和澡港枢纽开机翻引水，新、老京杭运河水质均有明显改善。老京杭运河以水门桥断面为代表，综合污染指数从 5.95 下降到了 3.71，总磷浓度降幅达 17.2%，高锰酸盐指数浓度降幅达 15.6%，氨氮浓度降幅达 15.5%，化学需氧量浓度降幅达 14.1%；新京杭运河以钟楼大桥断面为代表，综合污染指数从 4.56 下降到了 3.62，氨氮浓度降幅达到 38.2%，高锰酸盐指数浓度降幅达到 35.7%，总磷浓度降幅达到 31.1%，化学需氧量浓度降幅达到 8.71%。

各评价指标浓度变化趋势见图 4.3.4-36～图 4.3.4-39。

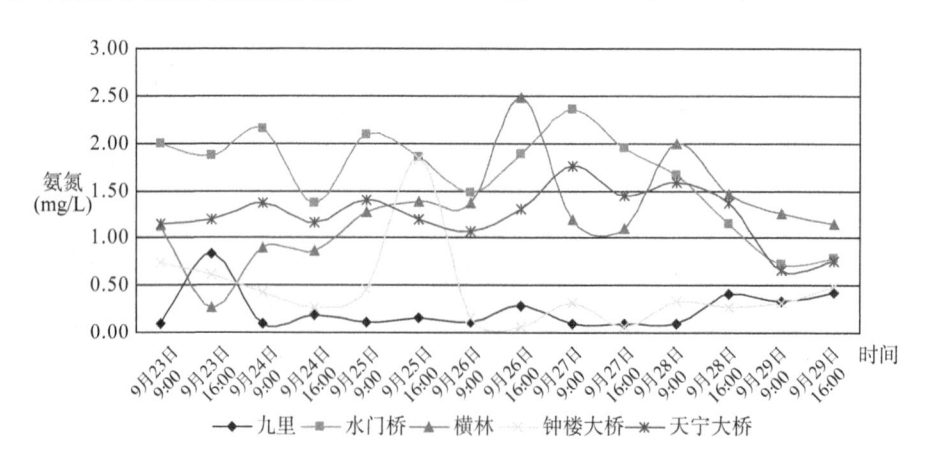

图 4.3.4-36　方案 2，新、老京杭运河区域氨氮浓度变化趋势图

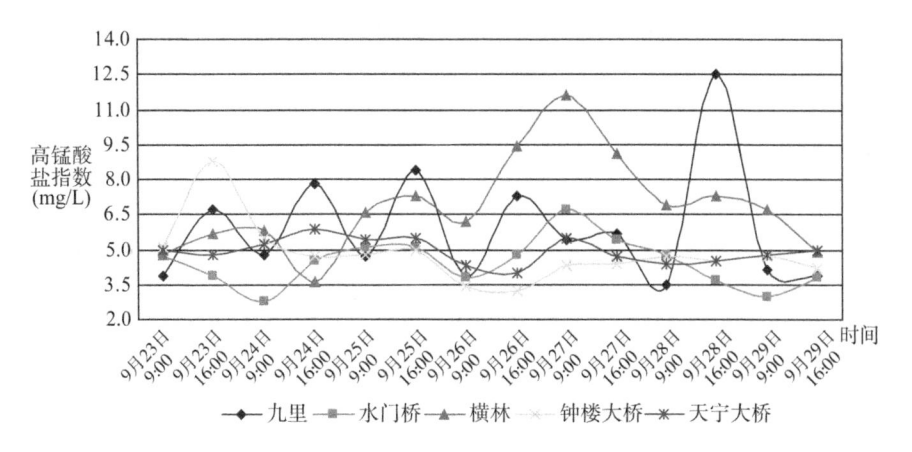

图 4.3.4-37　方案 2,新、老京杭运河区域高锰酸盐指数浓度变化趋势图

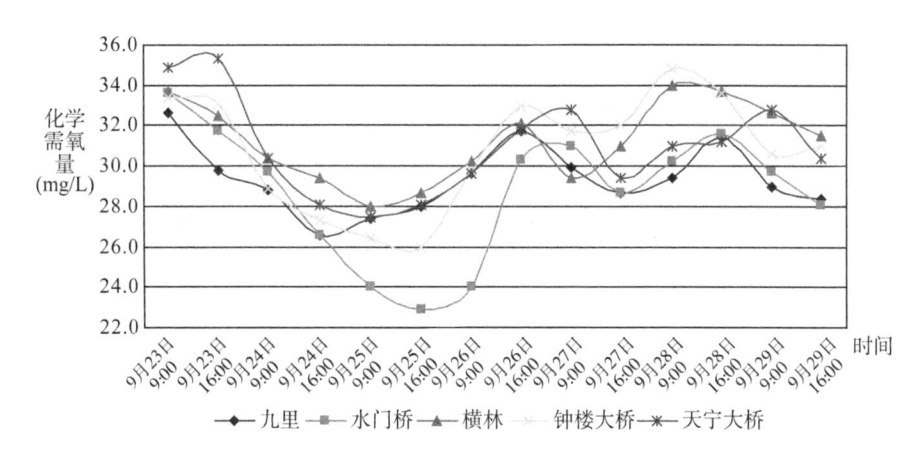

图 4.3.4-38　方案 2,新、老京杭运河区域化学需氧量浓度变化趋势图

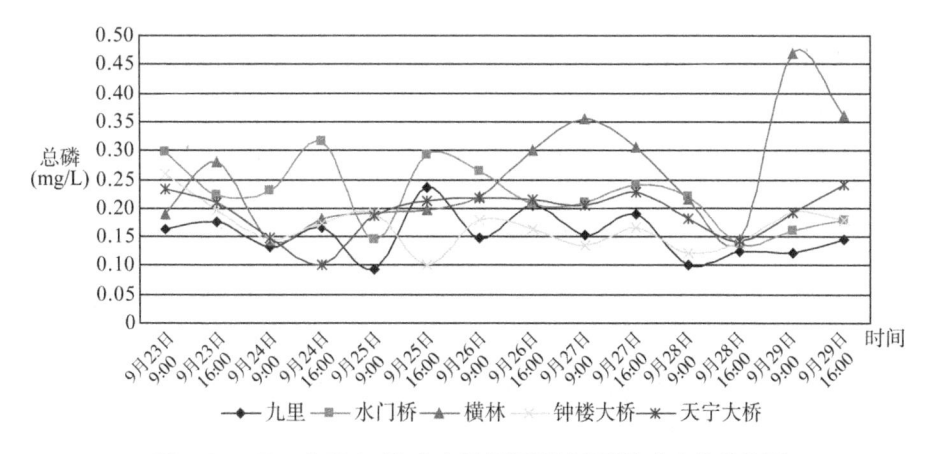

图 4.3.4-39　方案 2,新、老京杭运河区域总磷浓度变化趋势图

选取老京杭运河水门桥断面为区域代表站,分析流量水质关系:9 月 24 日 8 时至 9 月 26 日 8 时为魏村枢纽翻引水,9 月 26 日 7 时至 9 月 28 日 7 时为澡港枢纽翻引水,9

28日7时至9月29日20时为两个枢纽同时引水。当沿江口门翻引水开始后,断面综合污染指数开始下降,而当澡港枢纽开始翻引水初期,综合污染指数呈上升趋势,说明澡港河输入的污染对该断面存在直接影响。两个枢纽同时引水,引水流量大大增加,断面综合污染指数大幅度下降。见图4.3.4-40。

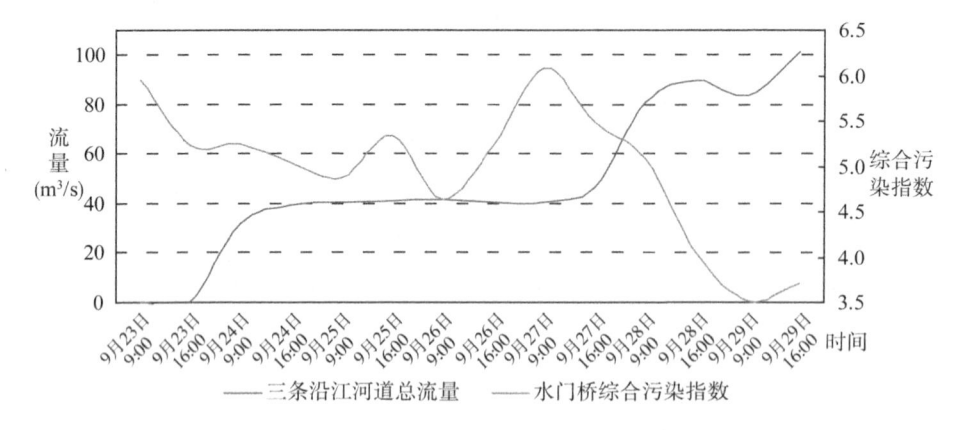

图4.3.4-40　方案2,沿江引水流量与水门桥综合污染指数变化趋势图

3) 市河区域

市域内各河道水质变化趋势与京杭运河变化趋势相近。从各评价指标浓度变化来看,沿江口门翻引水一至两天后,浓度明显下降,市区水环境明显好转。

总体来说,魏村枢纽和澡港枢纽单独开机翻引水或同时开机翻引水,均可有效改善市河水环境。从各评价指标浓度变化来看,市区各河道受澡港枢纽引水影响比魏村枢纽引水影响明显。以东市河龙晶桥断面为代表,引水前后,综合污染指数从5.29下降到了3.74,水质类别从劣Ⅴ变为Ⅴ类,氨氮浓度降幅达到48.2%,总磷浓度降幅达到37.1%,高锰酸盐指数浓度降幅达到30.8%,化学需氧量浓度降幅达到17.3%。

各评价指标浓度变化趋势见图4.3.4-41～图4.3.4-44。

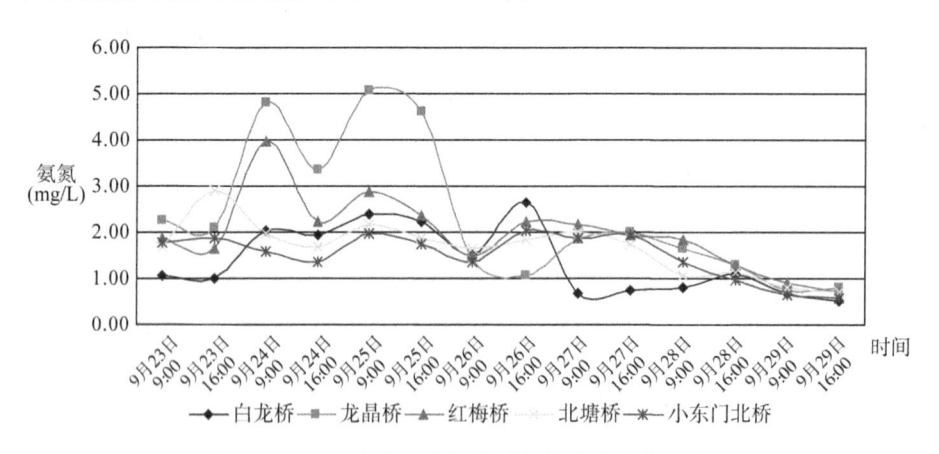

图4.3.4-41　方案2,市河区域氨氮浓度变化趋势图

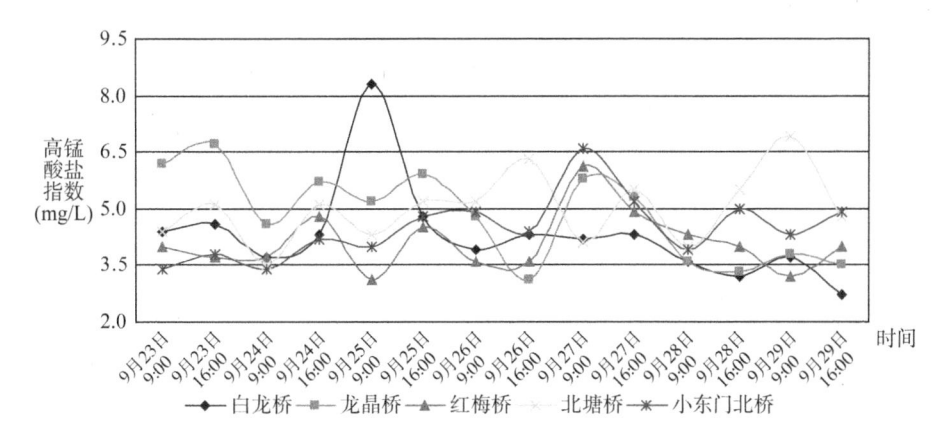

图 4.3.4-42　方案 2,市河区域高锰酸盐指数浓度变化趋势图

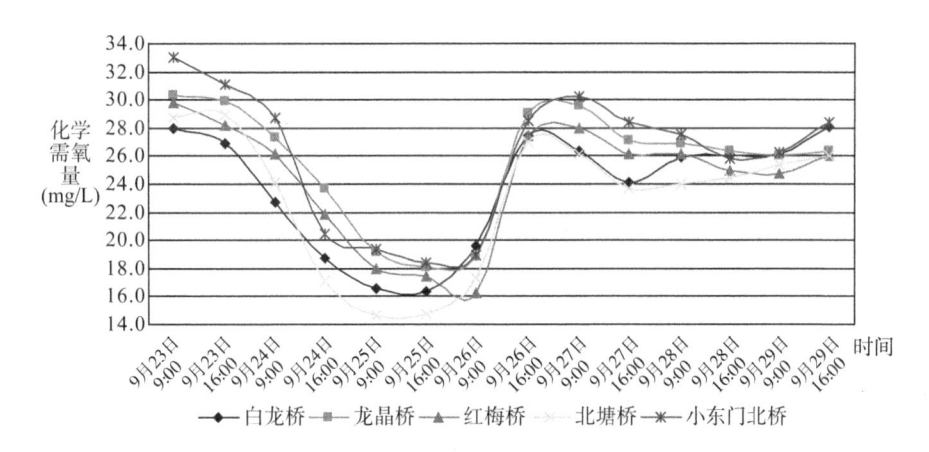

图 4.3.4-43　方案 2,市河区域化学需氧量浓度变化趋势图

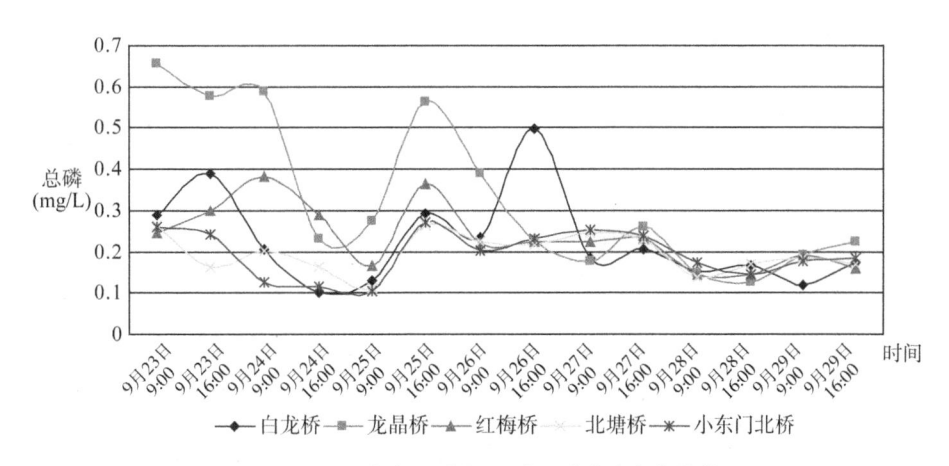

图 4.3.4-44　方案 2,市河区域总磷浓度变化趋势图

选取北塘河北塘桥断面为区域代表站,分析流量水质关系:该断面在澡港枢纽无引水的情况下,受京杭运河来水影响,而京杭运河受魏村枢纽翻引水影响水质有所好转。因

此，北塘桥断面综合污染指数也间接呈下降趋势。当澡港枢纽开始引水后，该断面受澡港枢纽来水影响明显，澡港河的输入污染使综合污染指数升高，随着连续引入清水，将水体污染物稀释，增加水体流动，综合污染指数又明显下降，水质好转。见图4.3.4-45。

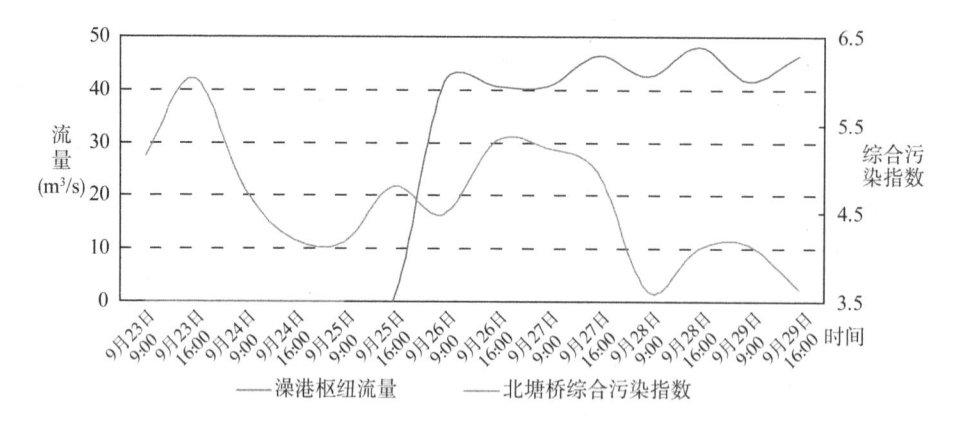

图 4.3.4-45　方案2，澡港枢纽引水流量与北塘桥综合污染指数变化趋势图

4）滆湖西区域

在沿江口门调水实验期间，夏溪河、湟里河、北干河和中干河基本均无流量，因此魏村枢纽和澡港枢纽翻引水对上述四条河道无影响，其水质浓度变化受区域污染源及水体自净能力影响，各指标浓度在一定范围内波动，水质类别基本为Ⅳ～劣Ⅴ类，主要超标项目为化学需氧量、高锰酸盐指数和氨氮，综合污染指数均值在4.28至5.46之间。

本次调水实验期间，小河水闸基本处于关闸，无长江清水引入，扁担河来水主要为京杭运河上游来水，魏村枢纽和澡港枢纽翻引水不会对扁担河造成影响，因此其水质浓度变化趋势基本与京杭运河九里桥断面相近。但由于区域污染，扁担河水质较京杭运河差，水质类别基本为Ⅳ～劣Ⅴ类，且劣Ⅴ类居多，主要超标项目为化学需氧量、溶解氧和总磷，综合污染指数在3.88至5.36之间。

各评价指标浓度变化趋势见图4.3.4-46～图4.3.4-49。

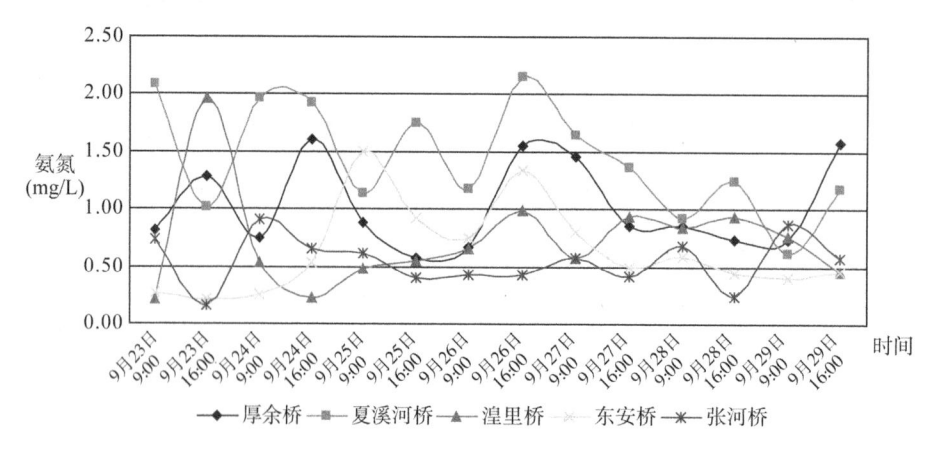

图 4.3.4-46　方案2，滆湖西区域氨氮浓度变化趋势图

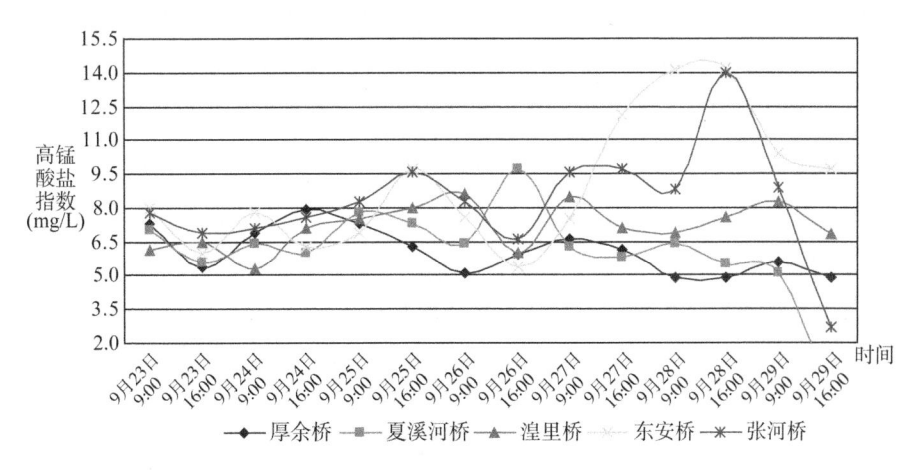

图 4.3.4-47　方案 2,滆湖西区域高锰酸盐指数浓度变化趋势图

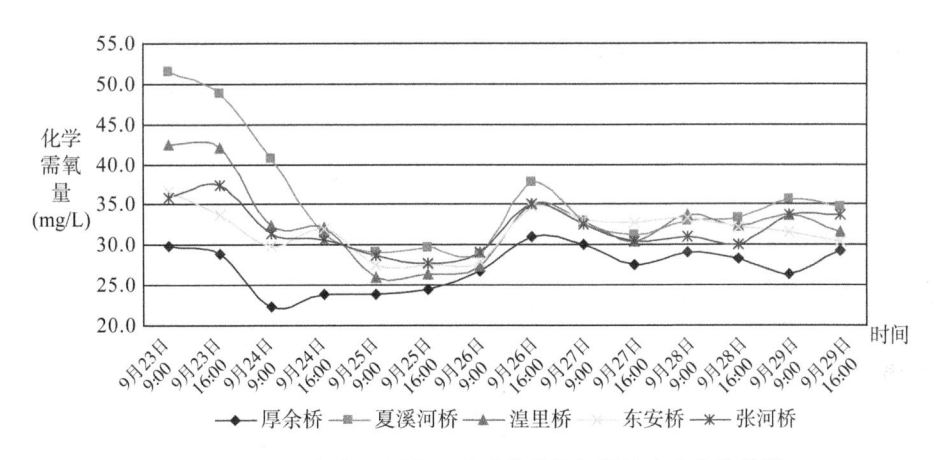

图 4.3.4-48　方案 2,滆湖西区域化学需氧量浓度变化趋势图

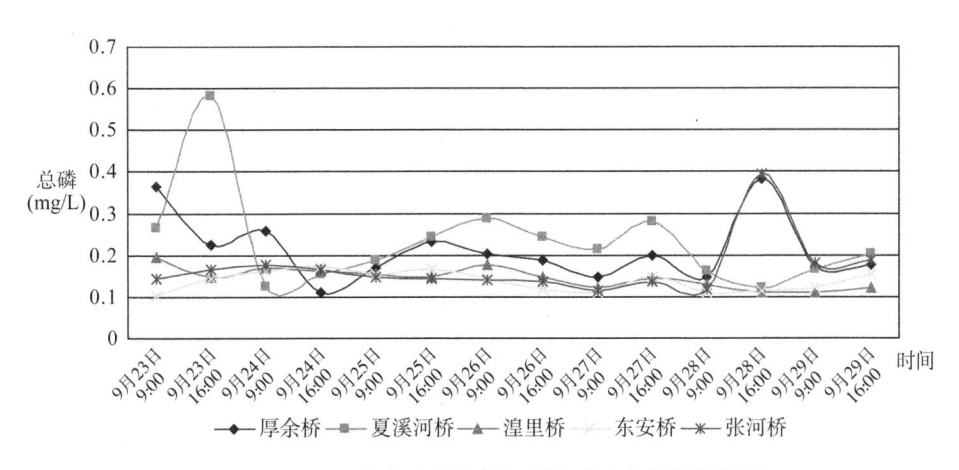

图 4.3.4-49　方案 2,滆湖西区域总磷浓度变化趋势图

选取中干河张河桥断面为区域代表站,分析流量水质关系:翻引水期间,小河水闸关闭,新孟河无引水流量,中干河流量在小范围内波动,综合污染指数受区域污染影响变化,沿江翻引水,对中干河无影响。见图4.3.4-50。

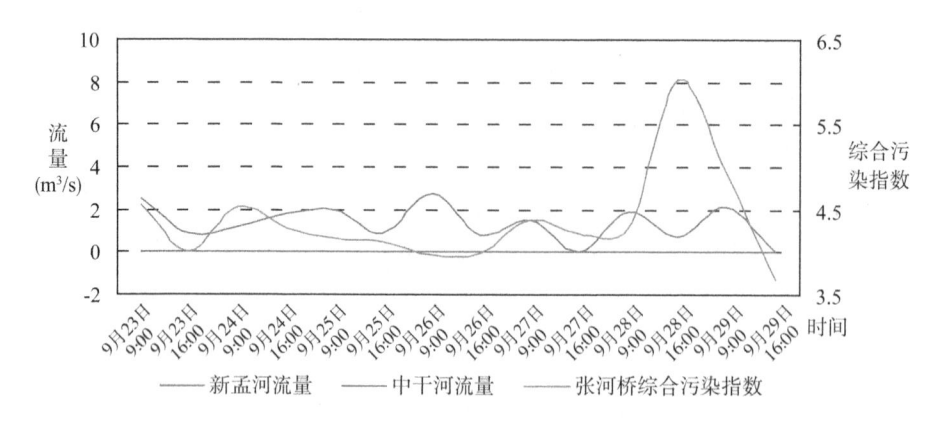

图4.3.4-50 方案2,新孟河引水流量与张河桥综合污染指数变化趋势图

5) 运河南、滆湖东区域

该区域内各河道主要受京杭运河来水及滆湖出水影响。在沿江口门调水实验期间,太滆运河红旗桥断面和武南河武南桥断面主要受滆湖出水影响,两断面水质变化趋势相近,水质类别为Ⅴ～劣Ⅴ类,主要超标项目为溶解氧、化学需氧量和氨氮,综合污染指数均值分别为4.87和4.75。武进港慈漤大桥断面、采菱港下梅断面和武宜运河钟溪大桥断面主要受京杭运河来水影响,水质变化趋势与京杭运河水质变化趋势相近,但由于上游及区域污染物的汇入,水质改善不明显,水质类别基本维持在Ⅴ～劣Ⅴ类,主要超标项目为溶解氧、化学需氧量和氨氮,综合污染指数均值为4.5～5.1。

总体上来说,魏村枢纽和澡港枢纽短时间翻引水对该区域污染指标浓度影响不明显。各评价指标浓度变化趋势见图4.3.4-51～图4.3.4-54。

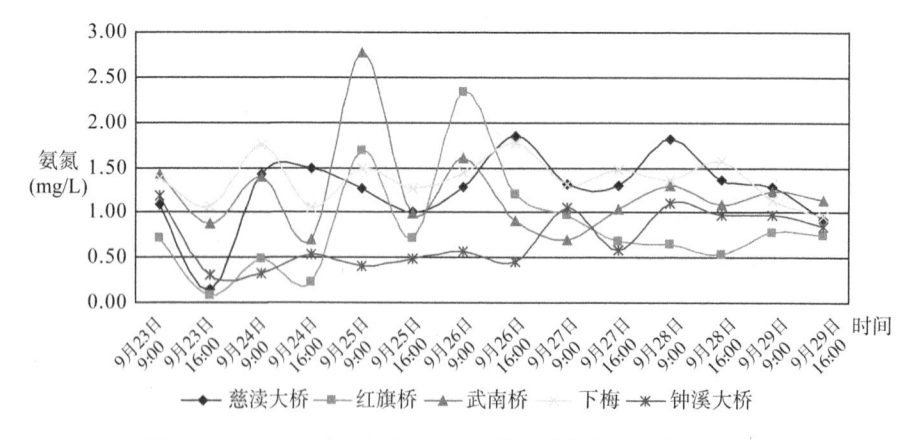

图4.3.4-51 方案2,运河南、滆湖东区域氨氮浓度变化趋势图

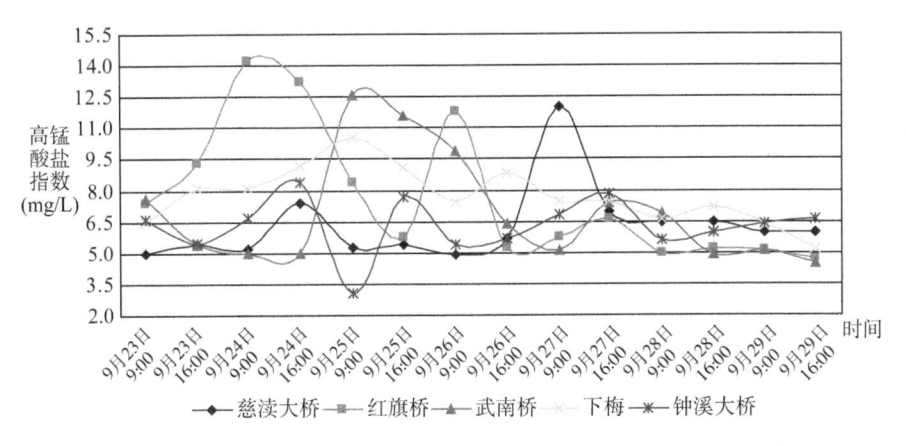

图 4.3.4-52　方案 2,运河南、滆湖东区域高锰酸盐指数浓度变化趋势图

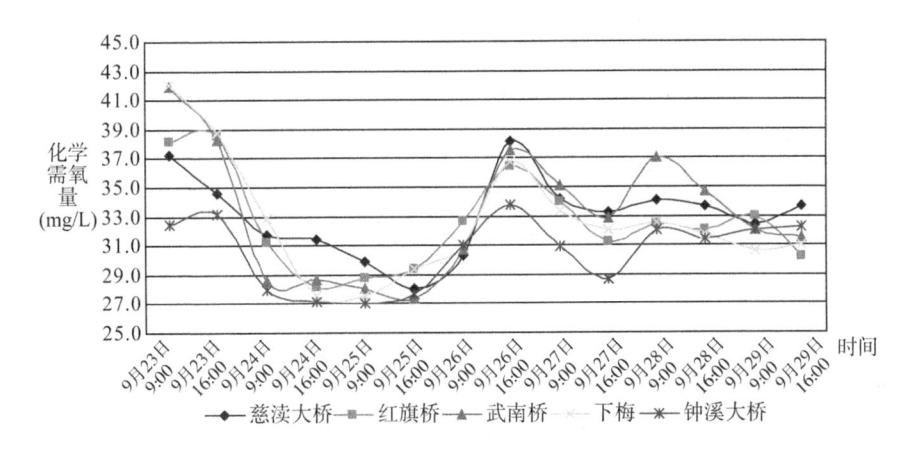

图 4.3.4-53　方案 2,运河南、滆湖东区域化学需氧量浓度变化趋势图

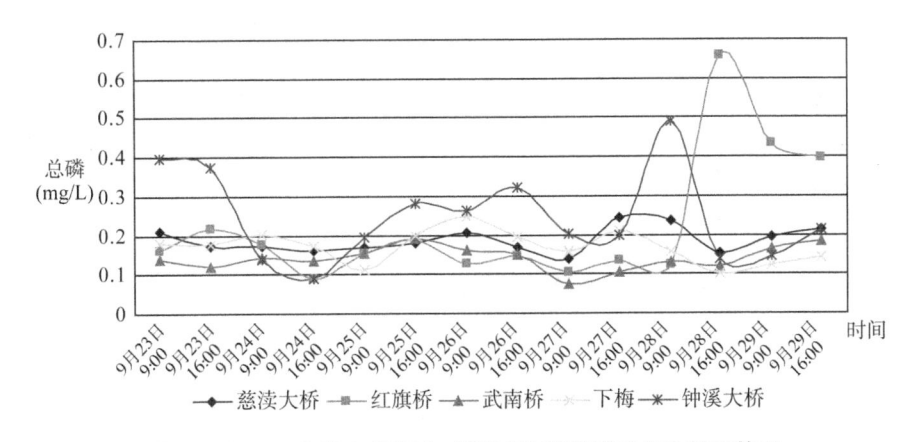

图 4.3.4-54　方案 2,运河南、滆湖东区域总磷浓度变化趋势图

选取采菱港下梅断面为区域代表站,分析流量水质关系:魏村枢纽和澡港枢纽单站翻引水时,流量为 40 m³/s 左右,对采菱港基本无影响,综合污染指标在小范围内波动。两

枢纽同时翻引水,流量达到 80 m³/s 以上后,采菱港综合污染指数开始呈下降趋势。见图 4.3.4-55。

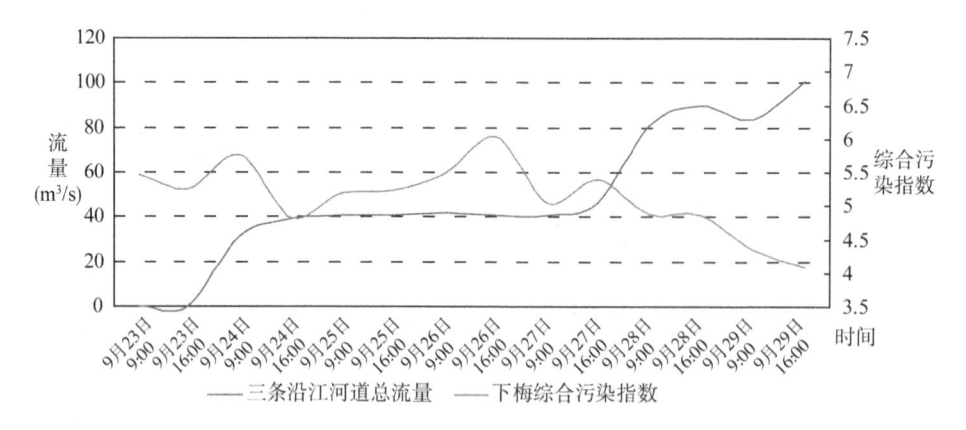

图 4.3.4-55　方案 2,沿江河道引水流量与下梅综合污染指数变化趋势图

6)入太湖区域

该区域内太滆运河、漕桥河和百渎口水质类别基本维持在Ⅳ~劣Ⅴ类,主要超标项目为溶解氧、化学需氧量和氨氮,综合污染指数为 4.28~4.58。武进港和雅浦港 9 月 23 日到 27 日处于关闸状态,各指标浓度基本保持不变,水质类别为Ⅳ~Ⅴ类,28 日武进港和雅浦港开闸后,由于上游污染物汇入,各评价指标浓度有所上升,但水质类别仍保持稳定在Ⅳ~Ⅴ类。

从总体上看,该区域河道基本不受魏村枢纽和澡港枢纽翻引水影响。

各评价指标浓度变化趋势见图 4.3.4-56~图 4.3.4-59。

选取太滆运河百渎口断面为区域代表站,分析流量水质关系:百渎口流量与沿江翻引水流量无明显对应关系,综合污染指标在小范围内波动。沿江口门翻引水对百渎口水质无明显影响,因此对太湖水质影响很小。见图 4.3.4-60。

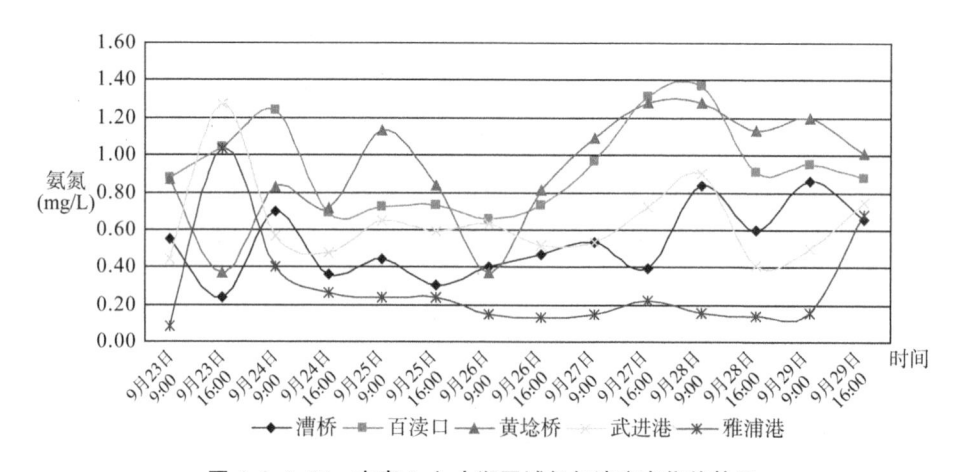

图 4.3.4-56　方案 2,入太湖区域氨氮浓度变化趋势图

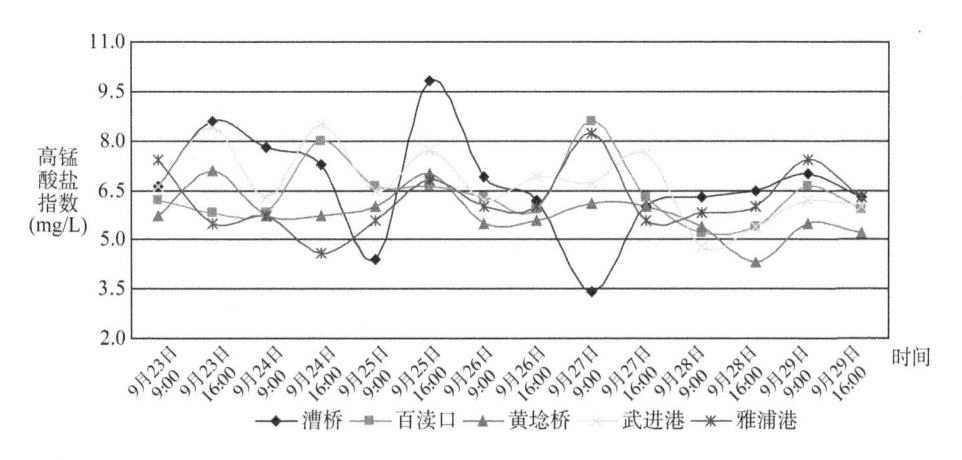

图 4.3.4-57　方案 2,入太湖区域高锰酸盐指数浓度变化趋势图

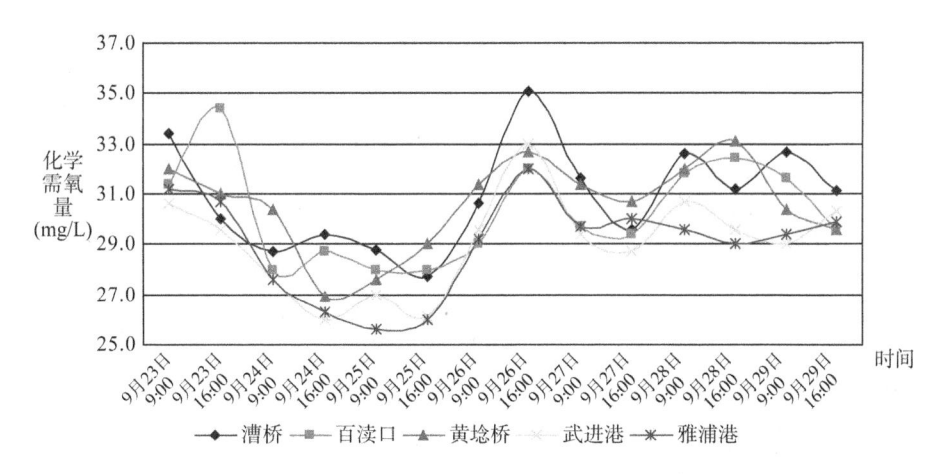

图 4.3.4-58　方案 2,入太湖区域化学需氧量浓度变化趋势图

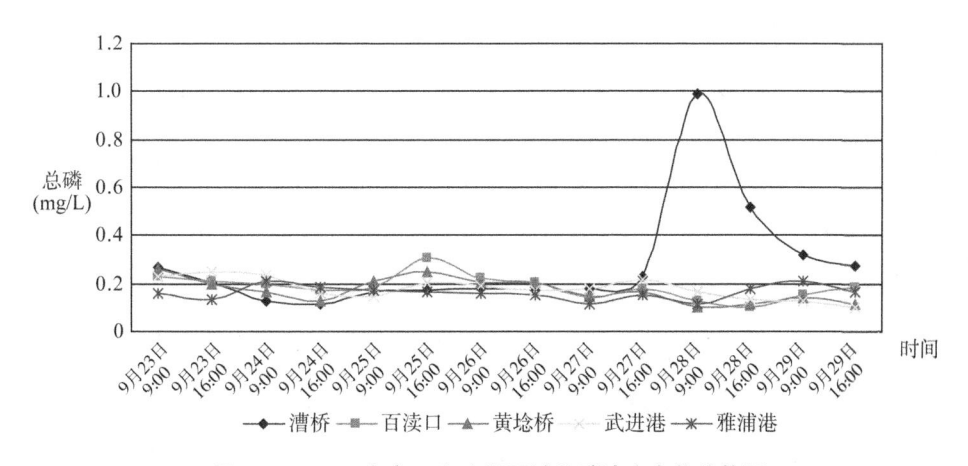

图 4.3.4-59　方案 2,入太湖区域总磷浓度变化趋势图

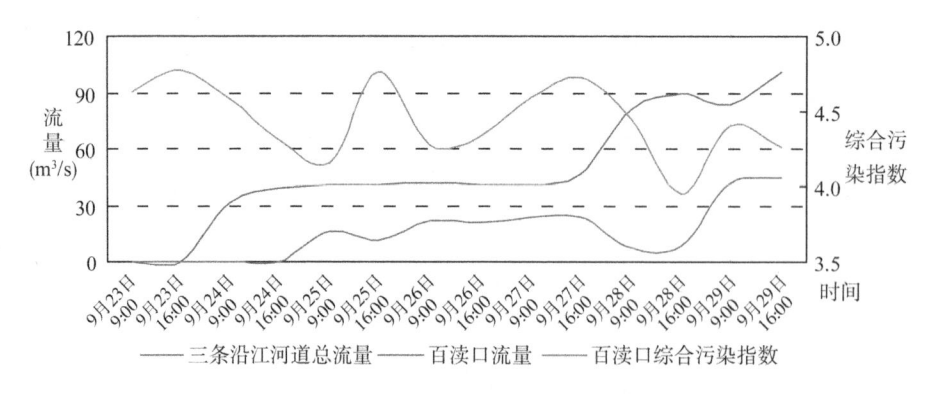

图 4.3.4-60　方案 2，沿江口门引水流量与百渎口综合污染指数变化趋势图

4.3.4.4　方案 3 调水水质影响分析

1）沿江区域

新孟河、澡港河、德胜河三条河道靠近长江，受自引和机引的影响明显。5 月监测结果显示：新孟河、澡港河、德胜河三条河道引水前本底水质类别分别为Ⅳ类、Ⅲ类、劣Ⅴ类。引水后，三条河道水质类别分别为Ⅲ类、Ⅲ类、Ⅱ类，新孟河、德胜河引水后本底水质类别比引水前本底水质类别提高了至少 1 个等级，澡港河青松桥综合污染指数由 1.96 降至 0.7，降幅达 64.3%。调水第一天各项目监测值比背景值要高，之后几天逐步回落，可能是长江岸边污染源随引水进入河道所致。11 月份监测的水质变化趋势与 5 月类似。因 5 月份正值干旱时期，河道本底水质差，5 月份水质改善程度比 11 月大。总体而言，沿江三条河道引水后各项水质指标均呈下降趋势，调水效果明显。

各评价指标浓度变化趋势见图 4.3.4-61～图 4.3.4-64。

选取德胜河魏村闸断面为区域代表站，分析流量水质关系：在魏村枢纽引水期间，该断面综合污染指数呈下降趋势。当停止引水时，综合污染指数又会上升。见图 4.3.4-65。

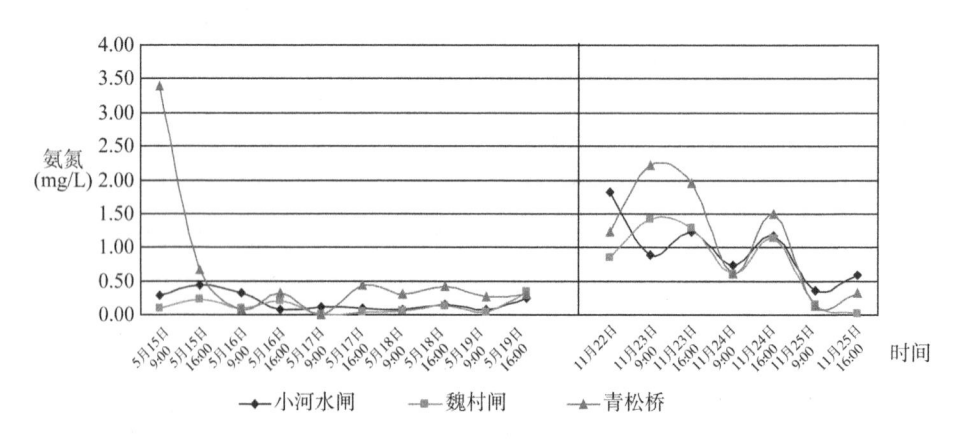

图 4.3.4-61　方案 3，沿江区域氨氮浓度变化趋势图

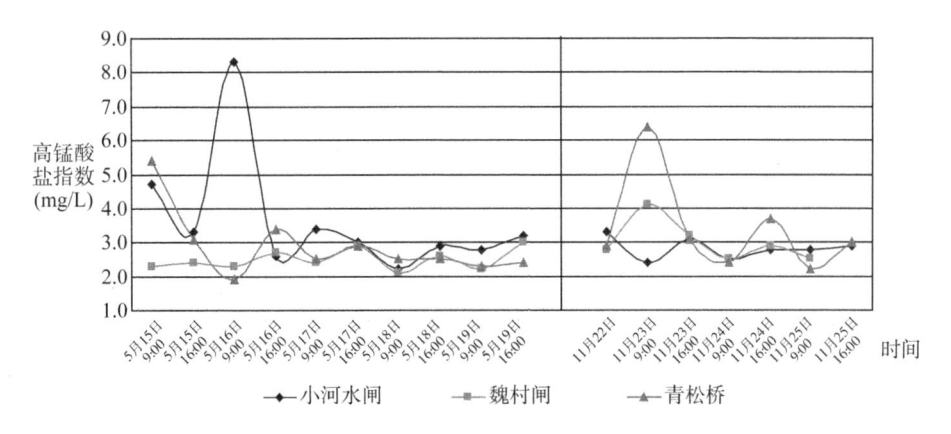

图 4.3.4-62　方案 3,沿江区域高锰酸盐指数浓度变化趋势图

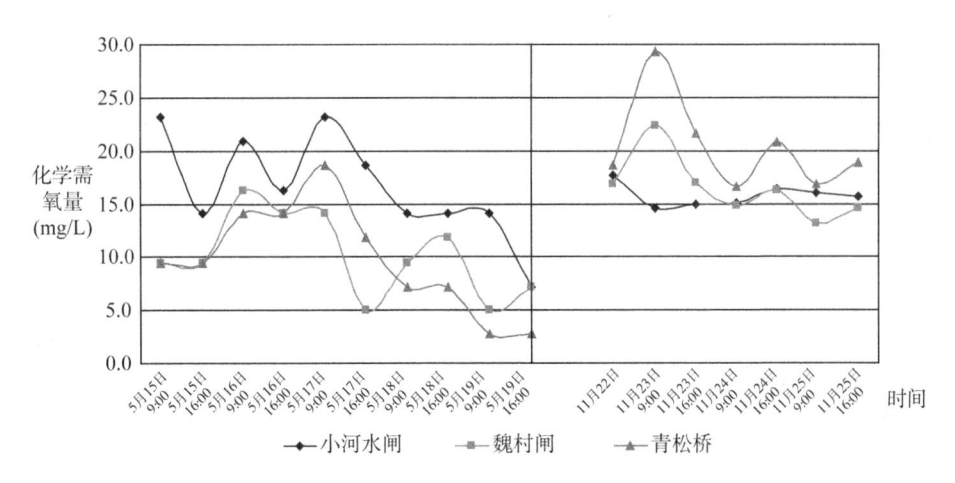

图 4.3.4-63　方案 3,沿江区域化学需氧量浓度变化趋势图

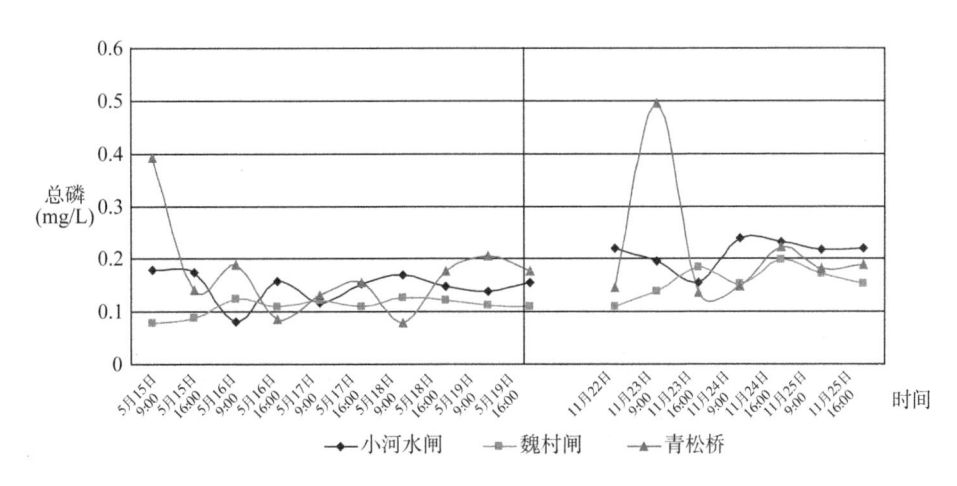

图 4.3.4-64　方案 3,沿江区域总磷浓度变化趋势图

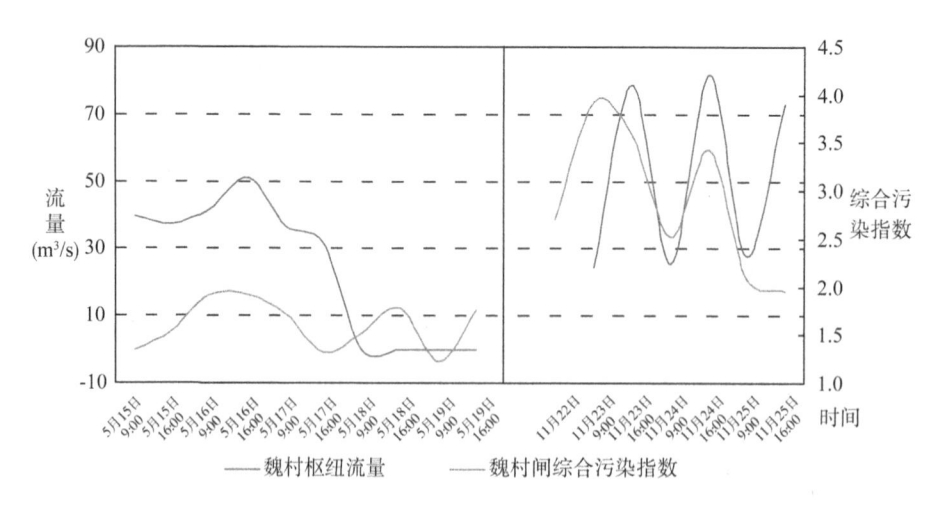

图 4.3.4-65　方案3,魏村枢纽引水流量与综合污染指数变化趋势图

2) 京杭运河区域

从监测数据来看,5月15日、16日引水两天后,新、老京杭运河各断面各项指标明显降低,以老京杭运河水门桥断面为例,氨氮浓度由 3.30 mg/L 降至 1.50 mg/L(后三天均值),降幅达 54.5%,高锰酸盐指数浓度由 4.7 mg/L 降至 3.50 mg/L(后三天均值),降幅达 25.5%,化学需氧量浓度由 41.3 mg/L 降至 25.8 mg/L(后三天均值),降幅达 37.5%,总磷浓度由 0.313 mg/L 降至 0.245 mg/L(后三天均值),降幅达 21.7%,综合污染指数由 7.71 降至 4.58(后三天均值),降幅达 40.6%。引水初期,总磷和高锰酸盐指数在引水开始第一天浓度比背景值有所升高,可能是上游污染源随引水进入河道所致。钟楼大桥化学需氧量在 5 月 19 日 9:00 浓度急剧上升,可能是在采样时区间污染源进入所致。

11月份引水时期各项目浓度变化趋势与5月份类似,因11月份水质本底较好,改善程度不如5月份。总体而言,引水对改善大运河水质效果明显。

各评价指标浓度变化趋势见图 4.3.4-66～图 4.3.4-69。

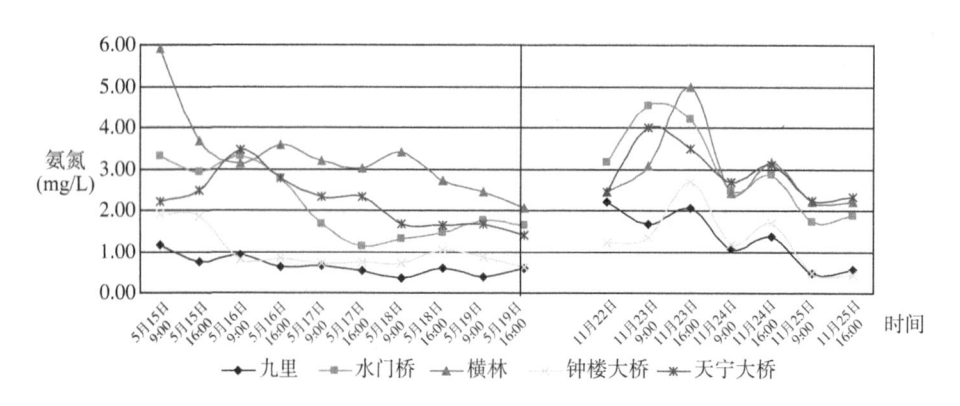

图 4.3.4-66　方案3,新、老京杭运河区域氨氮浓度变化趋势图

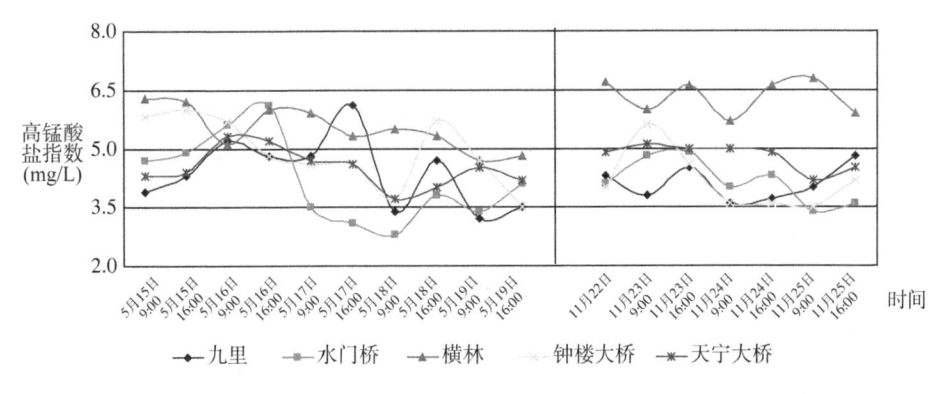

图 4.3.4-67　方案 3，新、老京杭运河区域高锰酸盐指数浓度变化趋势图

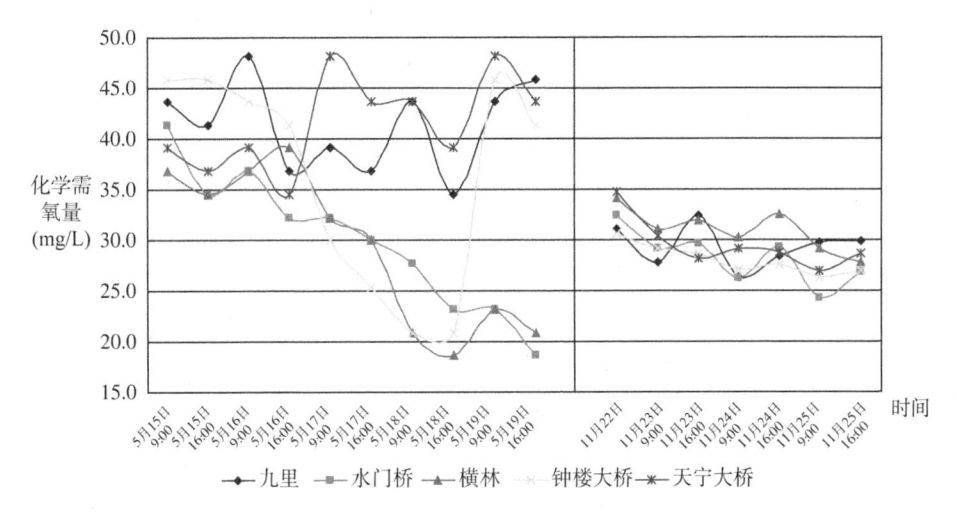

图 4.3.4-68　方案 3，新、老京杭运河区域化学需氧量浓度变化趋势图

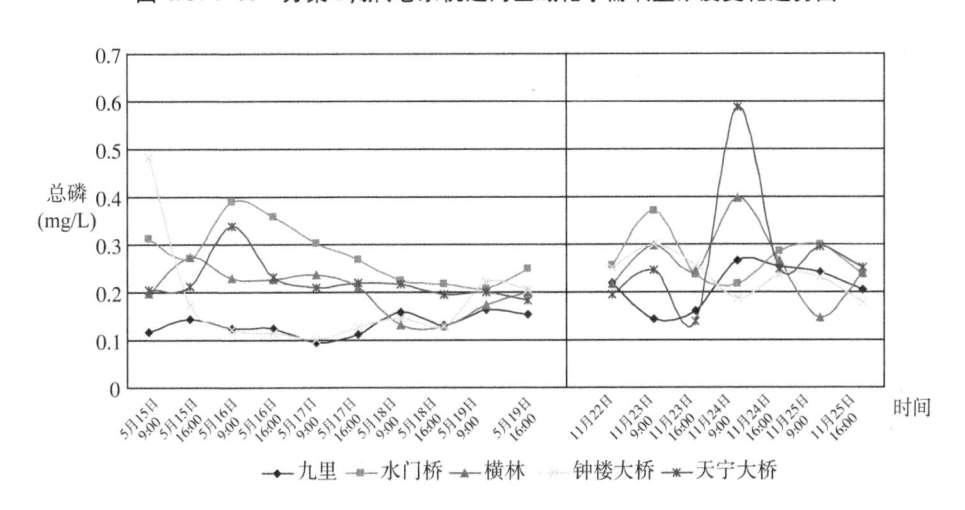

图 4.3.4-69　方案 3，新、老京杭运河区域总磷浓度变化趋势图

选取老京杭运河水门桥断面为区域代表站，分析流量水质关系：水门桥断面综合污染指数总体呈下降趋势，5月份的下降幅度为46.8%，11月份的下降幅度为42.3%。5月

18日、19日在沿江基本无引水流量的情况下,该断面水质综合污染指数仍保持稳定,说明沿江口门引水对该区域水环境改善能保持2天以上。11月份引水初期,综合污染指数呈上升趋势,原因是上游的污染源随水流进入下游。见图4.3.4-70。

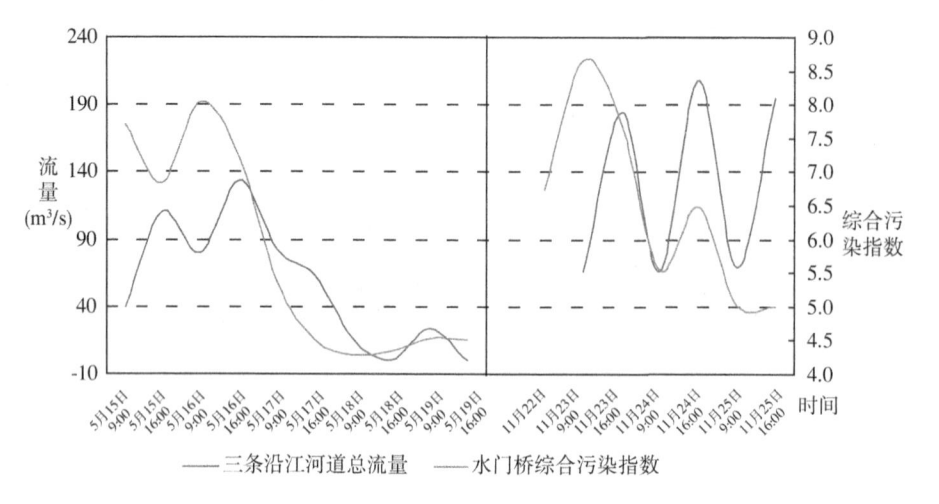

图4.3.4-70　方案3,沿江引水流量与水门桥综合污染指数变化趋势图

3) 市河区域

在沿江口门引水期间,市河水质类别为Ⅲ～劣Ⅴ类,主要超标项目为溶解氧、总磷和氨氮;综合水质指数均值变化稳定(5.15～6.67),总体污染程度因引水而降低;各评价因子中氨氮、高锰酸盐指数、化学需氧量和总磷在引水前后浓度的降低幅度分别为6.5%～89.2%、4.8%～65.0%、2.9%～46.1%、2.8%～72.4%,由此可见,沿江高潮期自流引水与魏村枢纽及澡港枢纽机引相结合,市河区域水质改善明显。且5月18日澡港枢纽停止自引和翻引水,魏村枢纽停止翻引,引水量大大减少,市区河道各污染物指标浓度基本保持稳定,说明通过前期引水,停止引水2天时间内,市区各主要河道水环境仍能维持改善状况。

各评价指标浓度变化趋势见图4.3.4-71～图4.3.4-74。

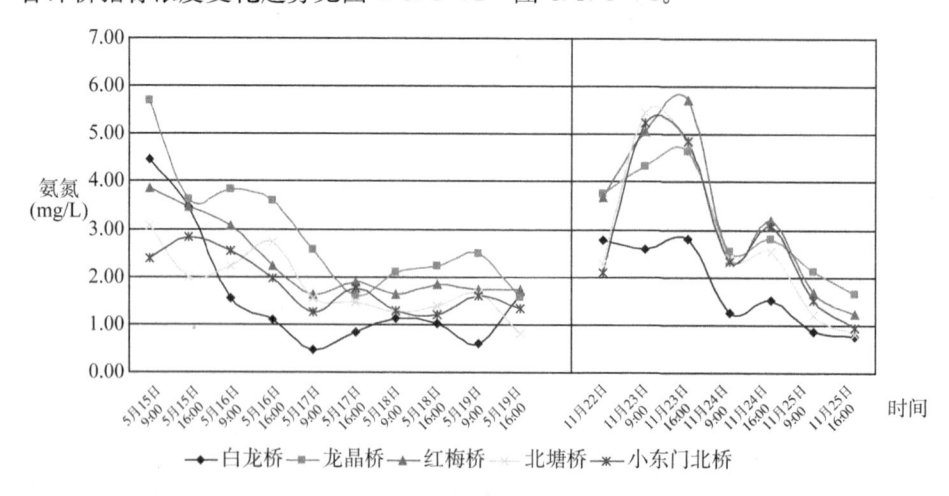

图4.3.4-71　方案3,市河区域氨氮浓度变化趋势图

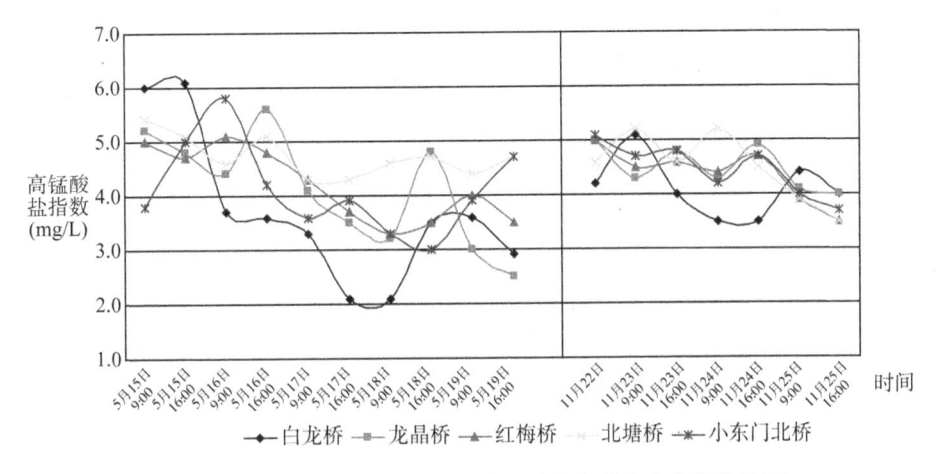

图 4.3.4-72　方案 3,市河区域高锰酸盐指数浓度变化趋势图

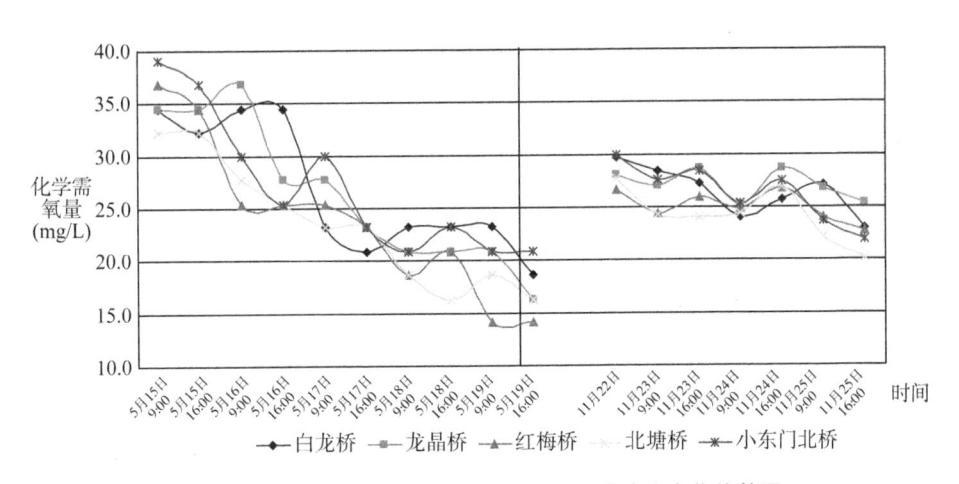

图 4.3.4-73　方案 3,市河区域化学需氧量浓度变化趋势图

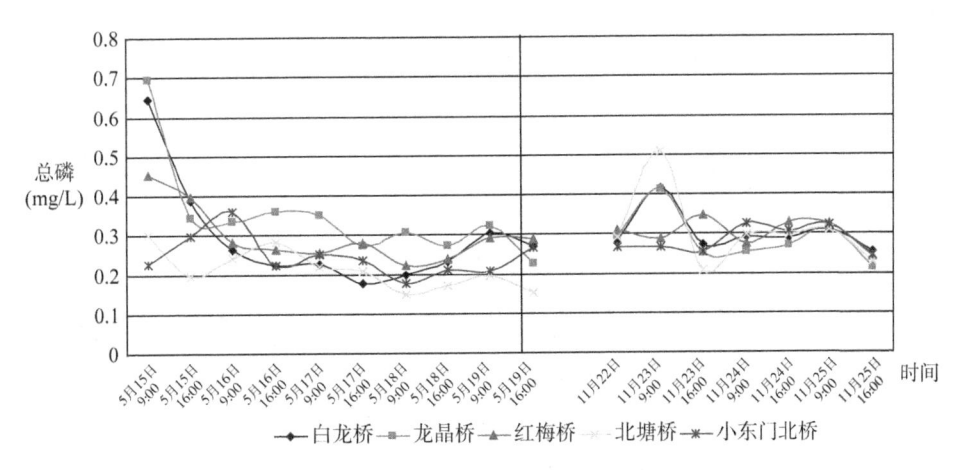

图 4.3.4-74　方案 3,市河区域总磷浓度变化趋势图

选取北塘河北塘桥断面为区域代表站,分析流量水质关系:北塘桥断面受澡港枢纽引水的影响明显,持续引水后,该断面综合污染指数呈下降趋势。且在5月18日和5月19日澡港枢纽停止引水的情况下,综合污染指数仍保持下降。见图4.3.4-75。

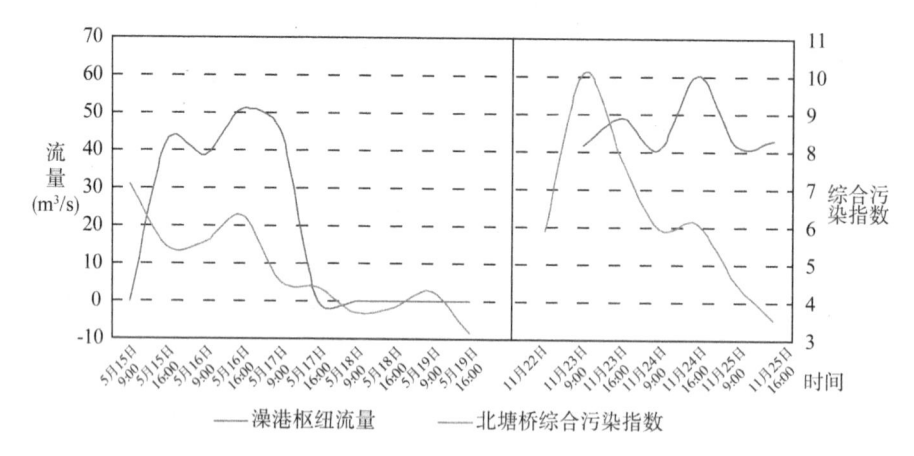

图4.3.4-75　方案3,澡港枢纽引水流量与北塘桥综合污染指数变化趋势图

4) 滆湖西区域

在沿江口门自引加机引水期间,夏溪河、湟里河、北干河和中干河基本无流量,因此,沿江口门引水对上述四条河道无影响,其水质浓度变化受上游来水、区域污染及水体自净能力影响,水质类别基本为Ⅳ～劣Ⅴ类,主要超标项目为氨氮、溶解氧和化学需氧量。由于河道的自净能力,各项主要指标呈下降趋势,水质状况略有好转。夏溪河的水质较差,各项评价因子的波动幅度较大:5月份引水期氨氮的浓度范围为2.53～28.7 mg/L、高锰酸盐指数的浓度为4.5～7.5 mg/L、化学需氧量的浓度为50.4～77.7 mg/L、总磷的浓度为1.06～4.58 mg/L;氨氮的浓度波动最大;11月份引水期各主要指标浓度比5月份浓度低,本底水质较好,氨氮、化学需氧量和总磷的浓度波动范围不大,比较稳定。

引水对该区域水质基本无影响。

各评价指标浓度变化趋势见图4.3.4-76～图4.3.4-79。

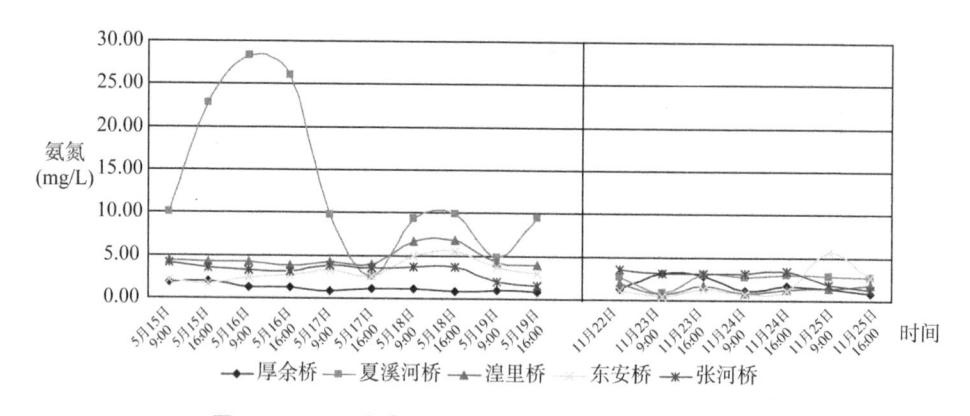

图4.3.4-76　方案3,滆湖西区域氨氮浓度变化趋势图

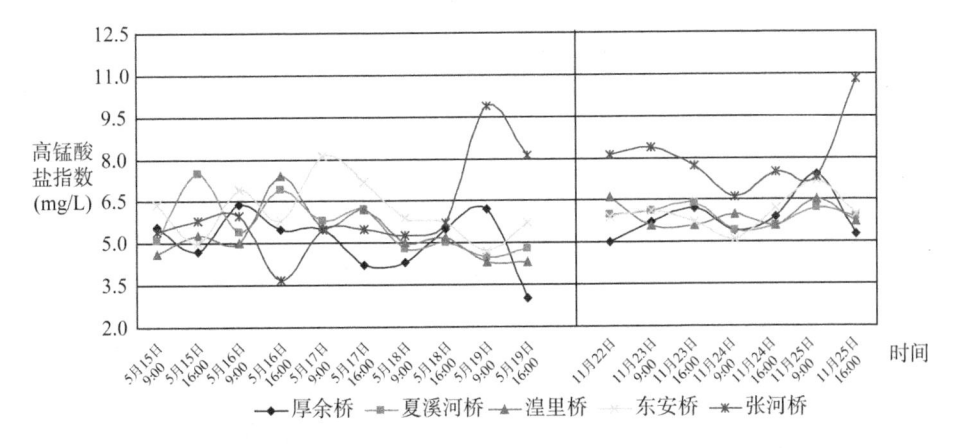

图 4.3.4-77　方案 3，滆湖西区域高锰酸盐指数浓度变化趋势图

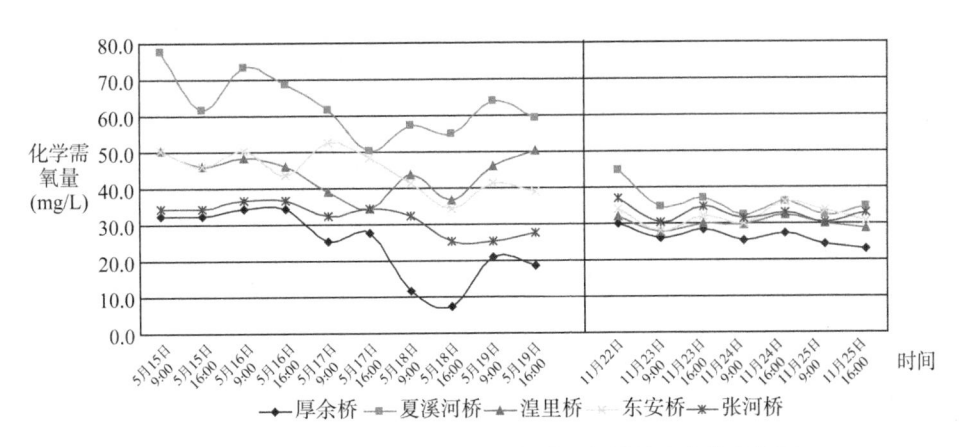

图 4.3.4-78　方案 3，滆湖西区域化学需氧量浓度变化趋势图

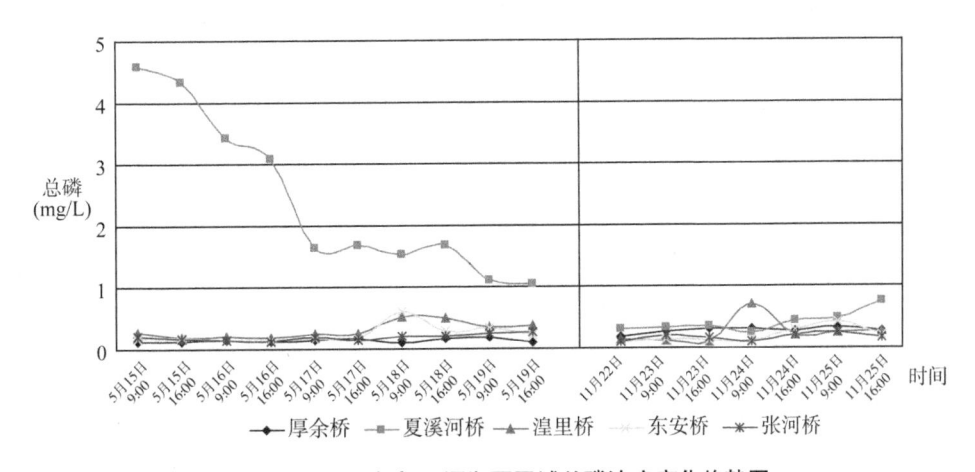

图 4.3.4-79　方案 3，滆湖西区域总磷浓度变化趋势图

选取中干河张河桥断面为区域代表站，分析流量水质关系：在沿江口门引水期间，中干河流量保持稳定。中干河的综合污染指数总体呈下降趋势，5月份综合污染指数由

7.88下降为5.60,下降幅度为28.9%;11月份综合污染指数由7.30下降为5.62,下降幅度为23.0%,水质好转主要是因为河道本身的自净能力。沿江引水对中干河水质无明显影响。见图4.3.4-80。

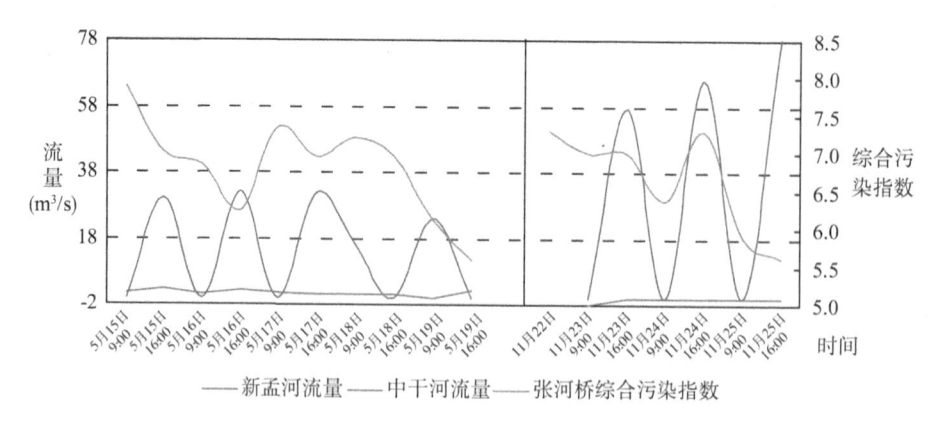

图4.3.4-80　方案3,新孟河引水流量与张河桥综合污染指数变化趋势图

5)运河南、滆湖东区域

该区域内各河道主要受京杭运河来水及滆湖出水影响。在5月调水实验期间,太滆运河红旗桥断面和武南河武南桥断面主要受滆湖出水影响,水质指标浓度变化主要与区域污染及水体自净影响有关,河道水质类别在Ⅴ～劣Ⅴ类,主要超标项目为氨氮、化学需氧量和溶解氧;水质综合污染指数为4.19～10.15。武进港慈浚大桥受京杭运河来水影响,除总磷浓度呈上升趋势外,其他三项指标的浓度总体均呈下降趋势,综合污染指数由5.69降至4.63。采菱港下梅断面各污染物浓度略有下降,变化不明显。武宜运河钟溪大桥断面受上游来水和区间污染源的影响,水质维持在劣Ⅴ类,无明显改善。11月调水期间,水质变化趋势与5月份类似。

各评价指标浓度变化趋势见图4.3.4-81～图4.3.4-84。

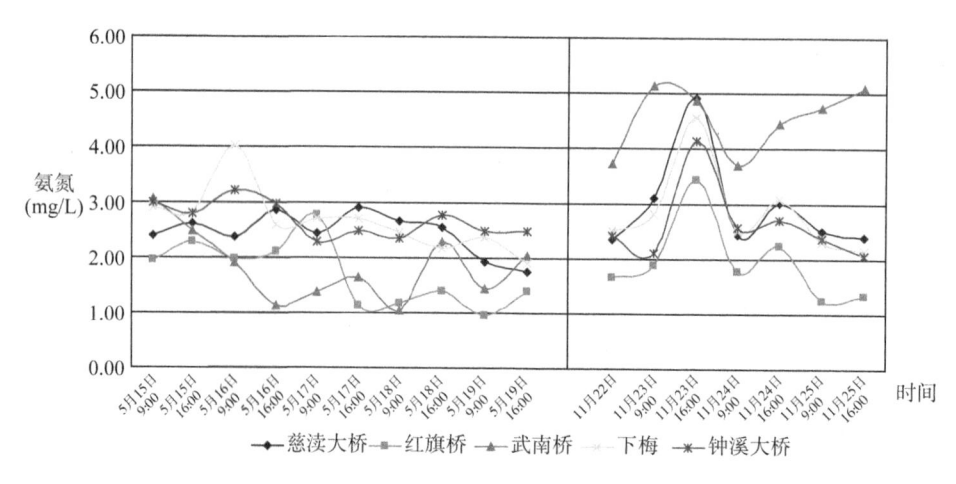

图4.3.4-81　方案3,运河南、滆湖东区域氨氮浓度变化趋势图

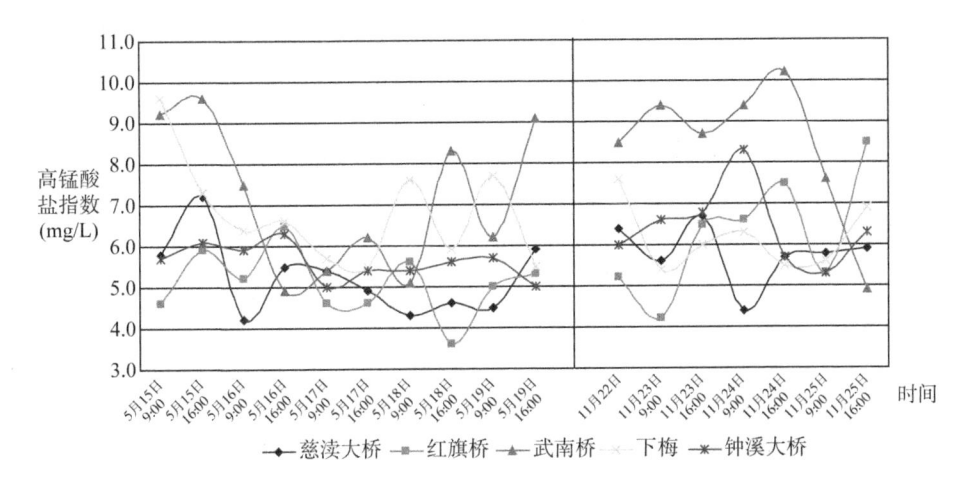

图 4.3.4-82　方案 3，运河南、滆湖东区域高锰酸盐指数浓度变化趋势图

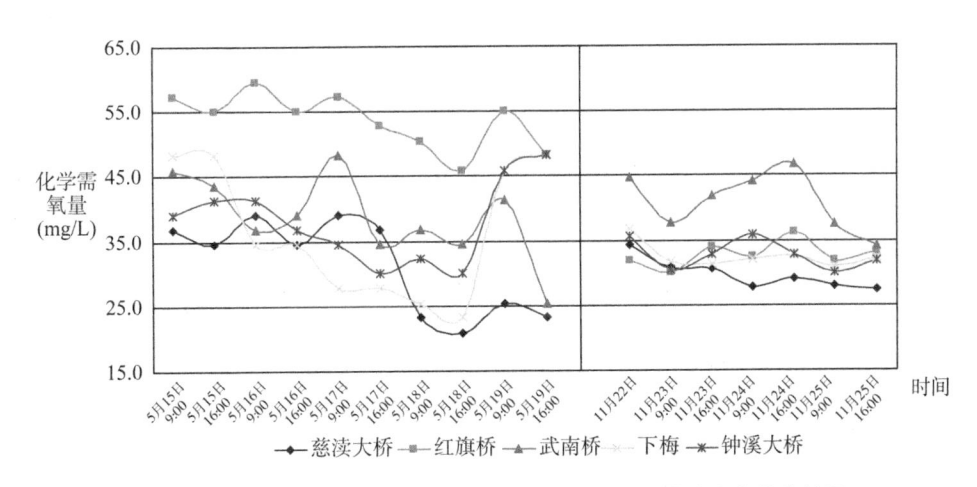

图 4.3.4-83　方案 3，运河南、滆湖东区域化学需氧量浓度变化趋势图

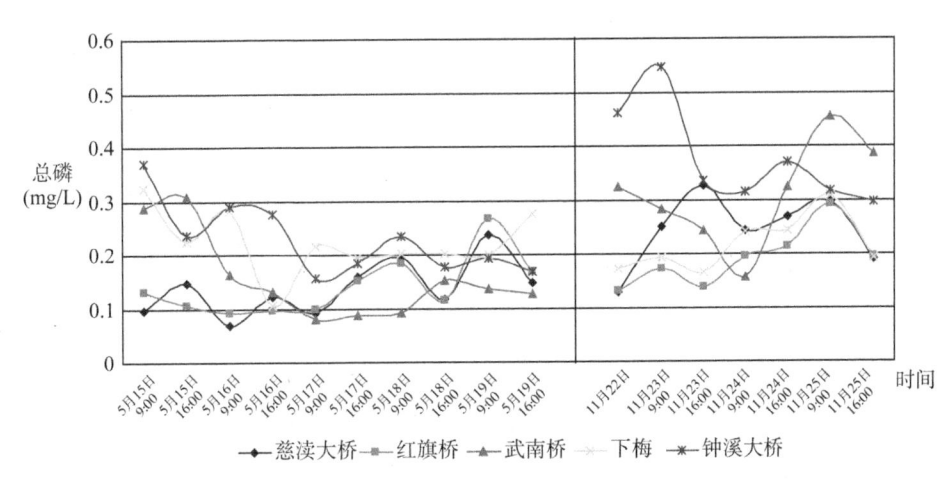

图 4.3.4-84　方案 3，运河南、滆湖东区域总磷浓度变化趋势图

选取采菱港下梅断面为区域代表站,分析流量水质关系:在方案3引水情况下,京杭运河水质好转,采菱港受京杭运河的间接影响,综合污染指数呈下降趋势,且在沿江口门引水两天后综合污染指数趋于稳定。当沿江口门停止引水后,京杭运河水质虽仍维持改善,但由于上游水动力减小,京杭运河分流采菱港流量也相应减少,采菱港综合污染指数呈上升趋势。由此可见采菱港水质的改善与上游引水流量的大小密切相关。11月份引水初期,综合污染指数呈增加趋势,与京杭运河变化趋势一致,也是引水初期上游污染源随水流进入下游所致。见图4.3.4-85。

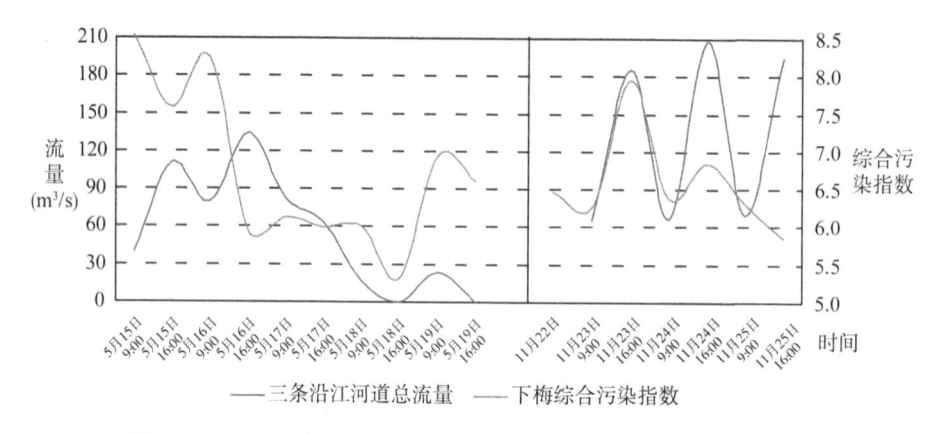

图4.3.4-85　方案3,沿江引水流量与下梅综合污染指数变化趋势图

6) 入太湖区域

5月,在沿江高潮自流引水与魏村枢纽及澡港枢纽机引相结合引水期间,武进港和雅浦港关闸,太滆运河、漕桥河和百渎口距离长江较远,沿江清水无法到达,河道水质基本处于Ⅴ～劣Ⅴ类,主要超标项目为氨氮和化学需氧量,各指标浓度变化主要受区间污染源和河道自净能力的影响。

11月份除雅浦港水质为Ⅳ类,较5月好转外,其余各站水质与5月份接近。引水期间,各指标浓度也没有明显变化。

总体而言,引水对该区域水质改善不明显。

各评价指标浓度变化趋势见图4.3.4-86～图4.3.4-89。

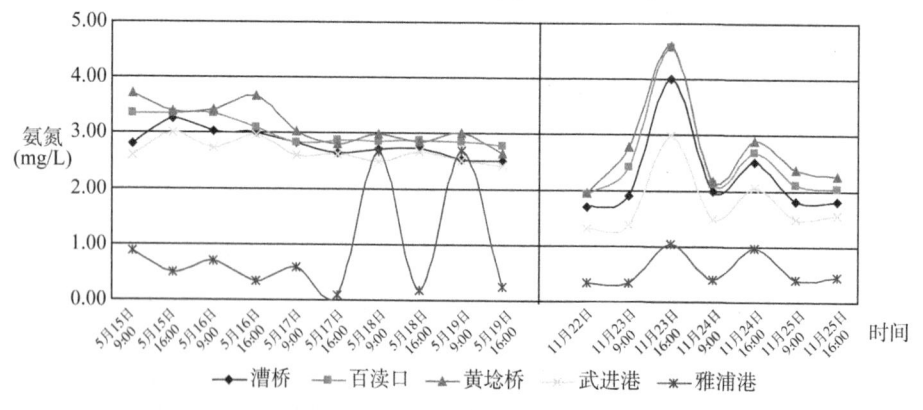

图4.3.4-86　方案3,入太湖区域氨氮浓度变化趋势图

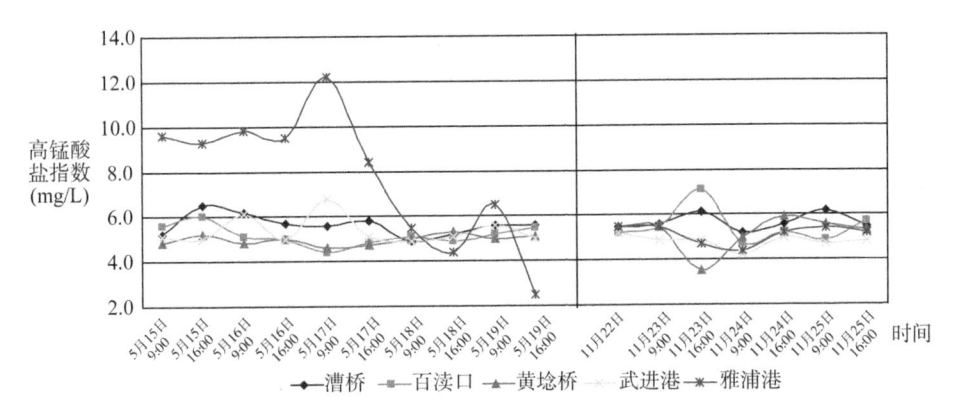

图 4.3.4-87　方案 3，入太湖区域高锰酸盐指数浓度变化趋势图

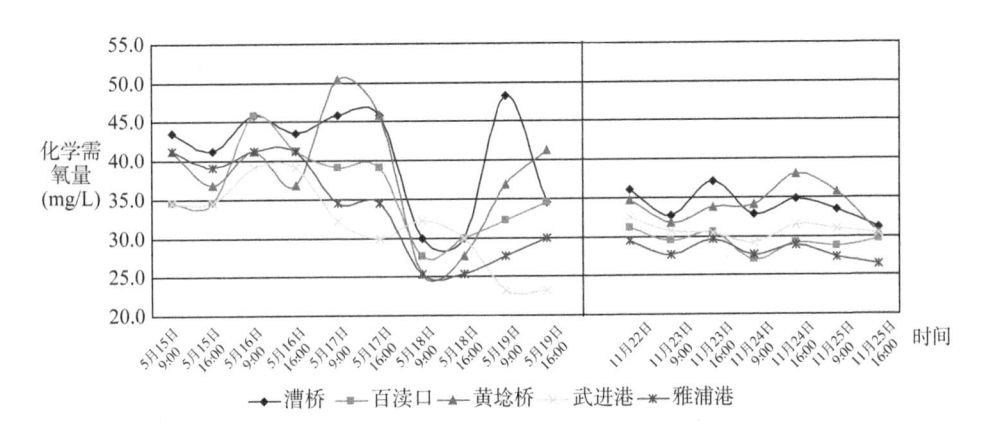

图 4.3.4-88　方案 3，入太湖区域化学需氧量浓度变化趋势图

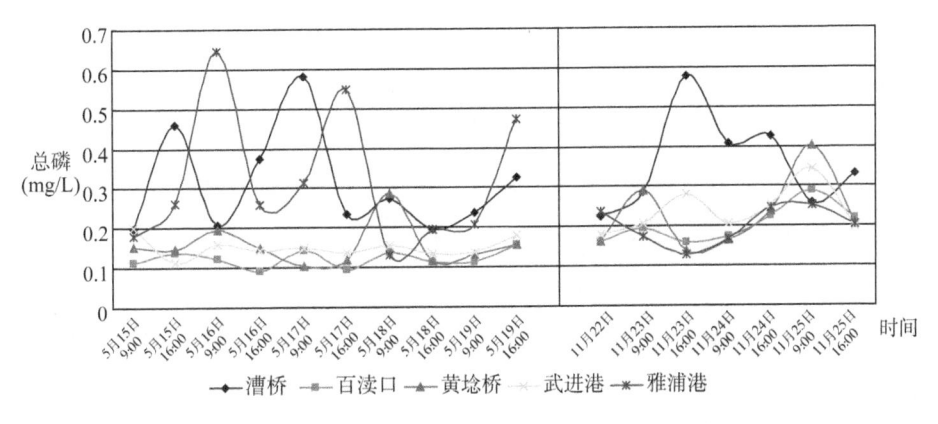

图 4.3.4-89　方案 3，入太湖区域总磷浓度变化趋势图

选取百渎港百渎口断面为区域代表站，分析流量水质关系：在沿江口门引水期间，百渎口流量基本保持稳定，无明显增量。5月份综合污染指数在 5.75 至 7.09 之间波动，11月份综合污染指数在 5.14 至 8.08 之间波动，综合污染指数的改变主要受区域污染和

水体自净功能影响。沿江引水对百渎口水质基本无影响。见图4.3.4-90。

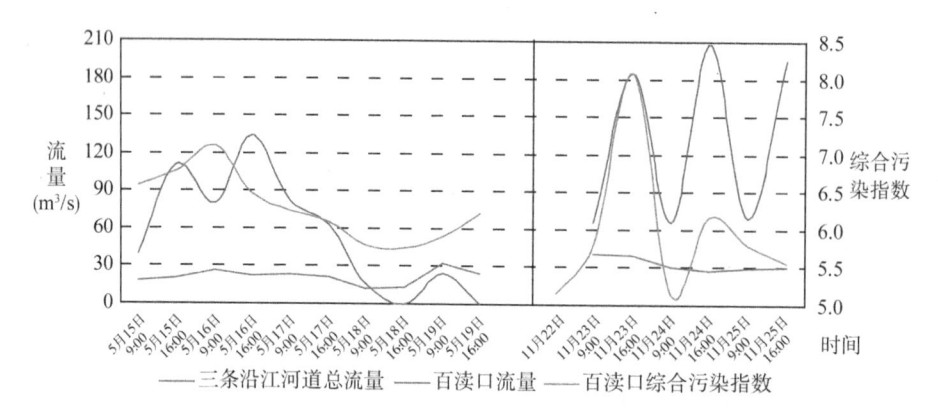

图 4.3.4-90　方案 3,沿江引水流量与百渎口断面综合污染指数变化趋势图

4.3.4.5　方案 4 调水水质影响分析

1. 降水量对河道水质的影响

选取区域内具有代表性的断面分析大暴雨对河道各评价指标浓度变化的影响。沿江区域选取魏村闸断面,京杭运河及市区区域选取水门桥断面,京杭运河以南、滆湖片区域选取红旗桥断面,入太湖区域选取漕桥河断面。

6月17日和18日,大暴雨后,各断面评价指标浓度大都有上升,水门桥和漕桥断面由于本底浓度较高,上升不明显。魏村闸本底浓度低,受降雨影响明显,随着暴雨把面源污染物带入,水质恶化,水质类别由Ⅲ类变为劣Ⅴ类,氨氮浓度增幅达150%,高锰酸盐指数浓度增幅达52.7%,化学需氧量浓度增幅达92.8%,总磷浓度增幅达111%。

总体来说,大暴雨形成的地表径流污染会使各河道水质状况恶化,且在降雨初期,污染物浓度变化上升趋势较快,约2~3天后,可达到峰值,随着降雨历时延长,污染物被稀释,浓度又会逐渐回落。

降水量与各水质浓度指标变化过程见图4.3.4-91~图4.3.4-94。

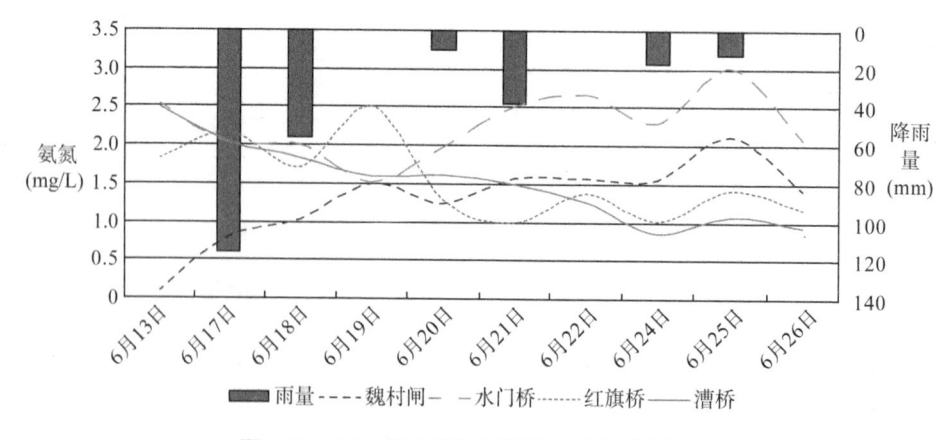

图 4.3.4-91　降水量与氨氮浓度变化过程线图

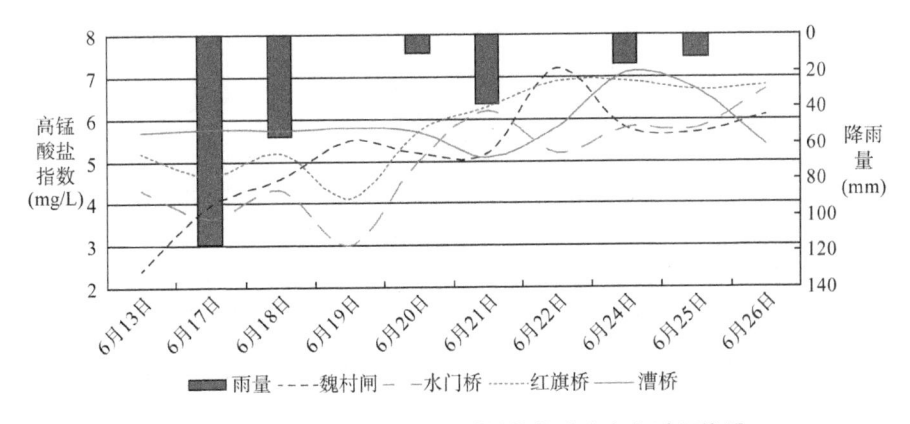

图 4.3.4-92　降水量与高锰酸盐指数浓度变化过程线图

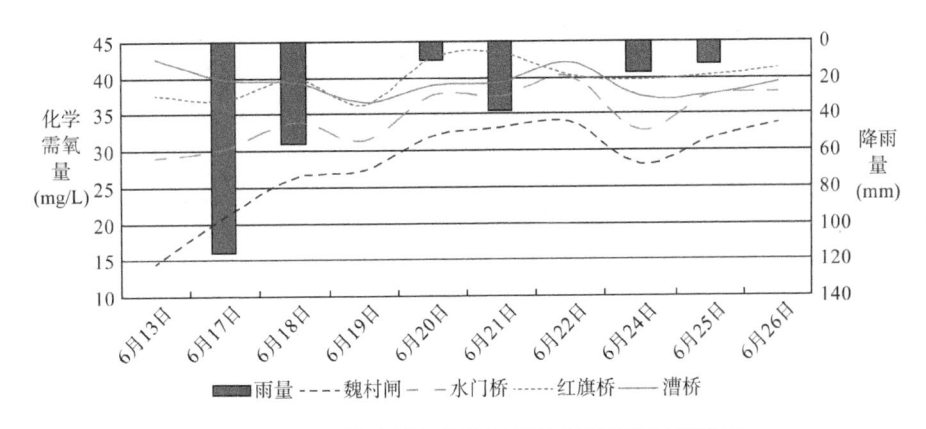

图 4.3.4-93　降水量与化学需氧量浓度变化过程线图

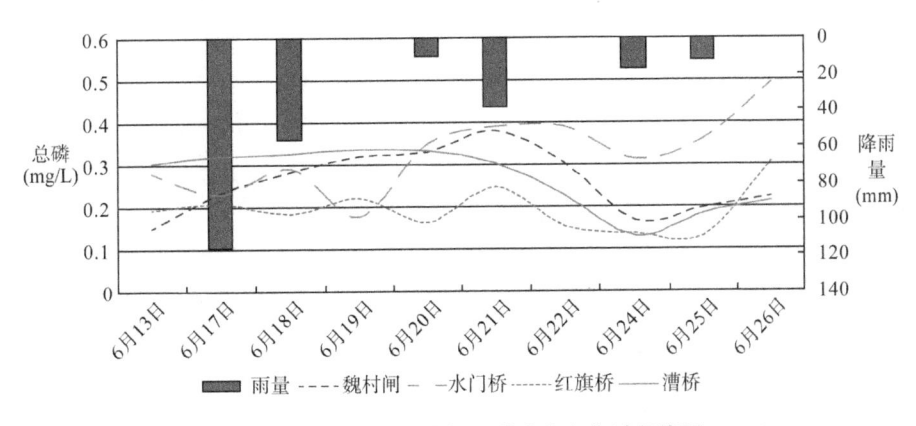

图 4.3.4-94　降水量与总磷浓度变化过程线图

2. 排水过程对河道水质的影响

1) 沿江区域

2011 年 6 月 19 到 26 日,沿江口门低潮开闸排水期间,沿江区域三条河道水质类别基本为Ⅴ~劣Ⅴ类,主要超标项目为溶解氧、总磷和氨氮,综合污染指数在 5.59 至 6.43 之间。沿江区域河道高锰酸盐指数和化学需氧量浓度逐渐增高,高锰酸盐指数浓度平均增幅达 28.6%,化学需氧量浓度平均增幅达 14.1%,氨氮浓度总体呈上升趋势,总磷浓度在前期降雨到达最高值后又有所减小,总磷浓度平均降幅达9.8%。说明该区域排水期主要是面源污染进入河道,导致有机污染物有所升高。

各评价指标浓度变化趋势见图4.3.4-95~图4.3.4-98。

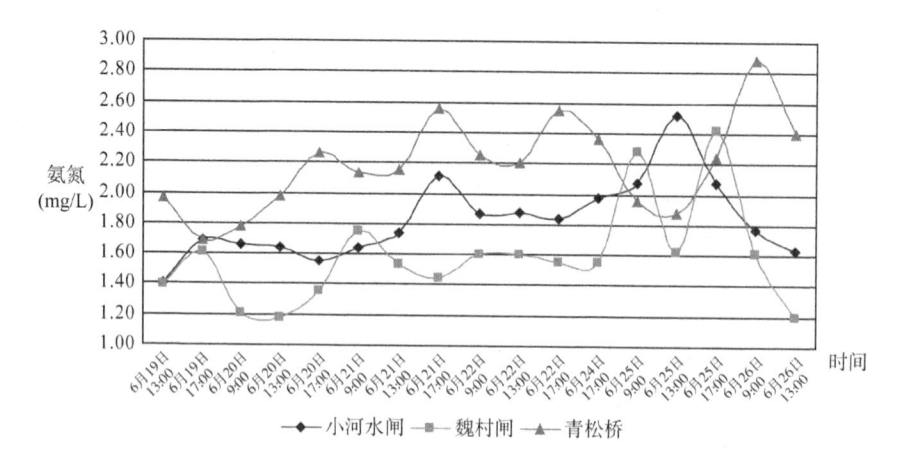

图4.3.4-95 方案4,沿江区域氨氮浓度变化趋势图

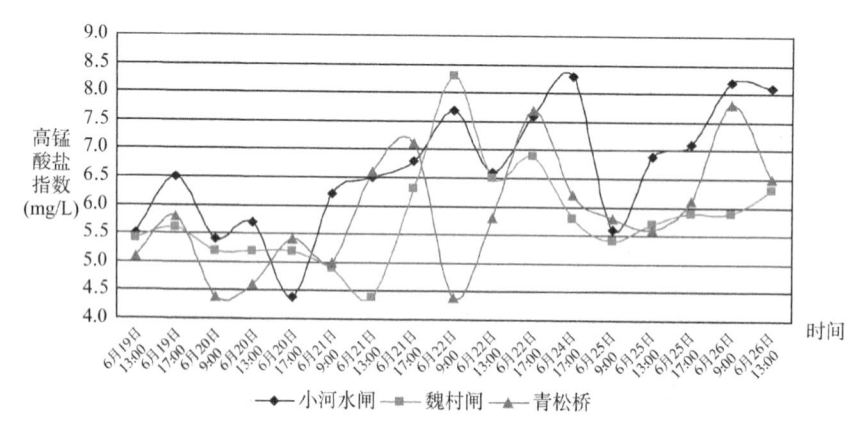

图4.3.4-96 方案4,沿江区域高锰酸盐指数浓度变化趋势图

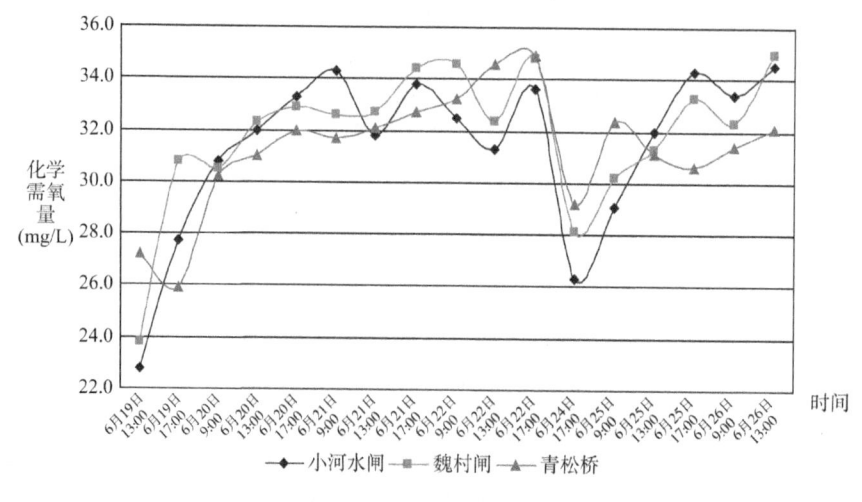

图4.3.4-97 方案4,沿江区域化学需氧量浓度变化趋势图

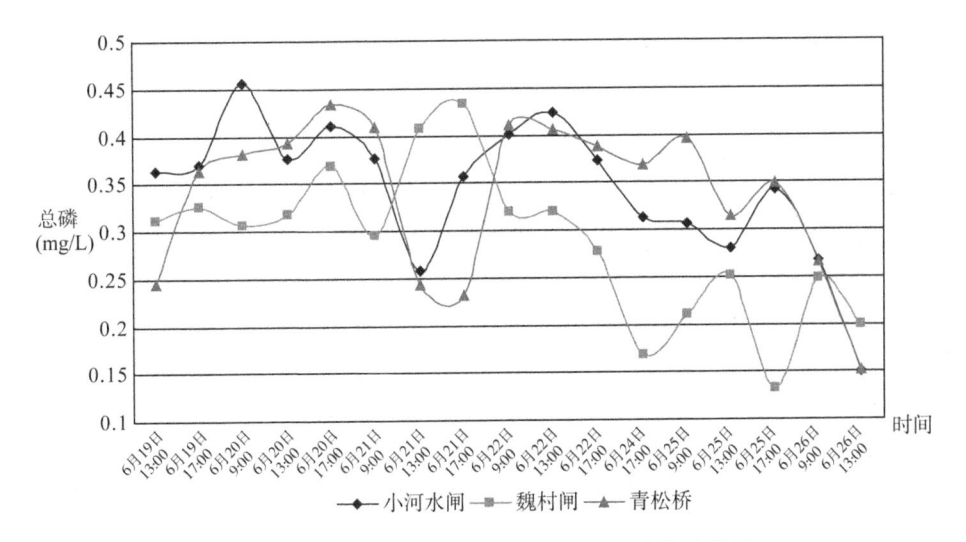

图 4.3.4-98　方案 4,沿江区域总磷浓度变化趋势图

2) 京杭运河区域

2011 年 6 月 19 到 26 日,沿江口门低潮开闸排水期间,新、老京杭运河水质类别基本为 Ⅴ～劣 Ⅴ 类,主要超标项目为溶解氧、氨氮和总磷,综合污染指数为 5.75 至 6.91。新、老京杭运河各断面污染物浓度均有升高的趋势。以老京杭运河水门桥断面为例,水质类别由 Ⅴ 类降至劣 Ⅴ 类,高锰酸盐指数浓度平均增幅为 47.5%,化学需氧量浓度增幅为 17.2%,氨氮浓度增幅为 38.6%,总磷浓度增幅为 53.6%,综合污染指数增幅为 38.2%。说明京杭运河沿程输入性污染主要为面源带来的有机物和氮、磷污染。

各评价指标浓度变化趋势见图 4.3.4-99～图 4.3.4-102。

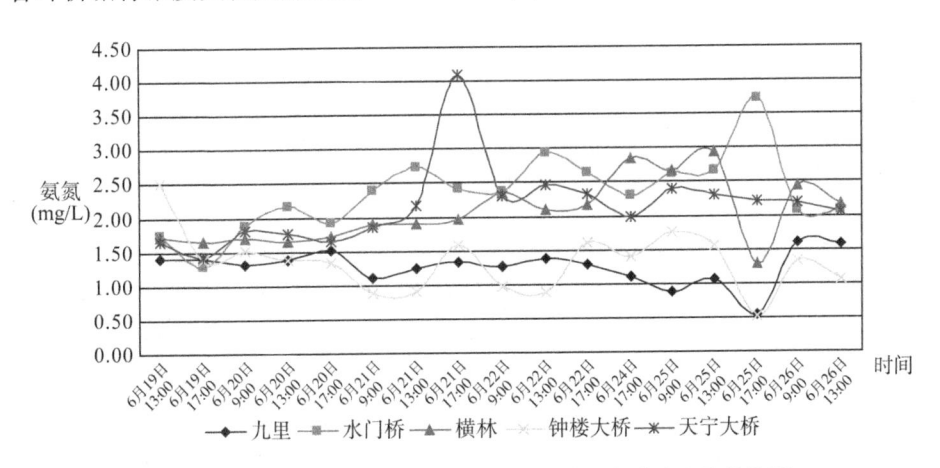

图 4.3.4-99　方案 4,新、老京杭运河区域氨氮浓度变化趋势图

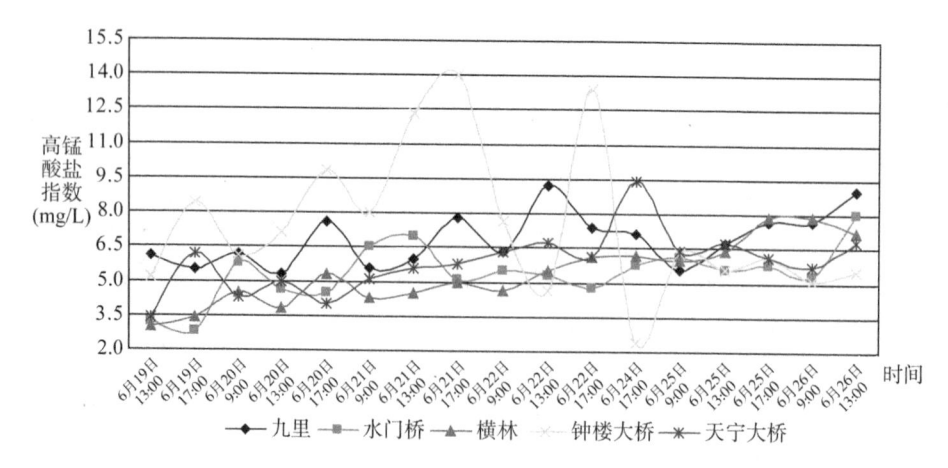

图 4.3.4-100　方案 4,新、老京杭运河区域高锰酸盐指数浓度变化趋势图

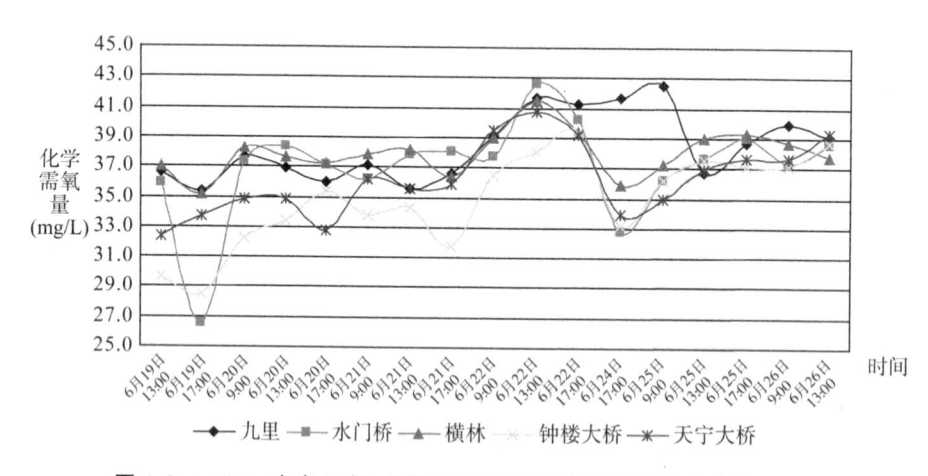

图 4.3.4-101　方案 4,新、老京杭运河区域化学需氧量浓度变化趋势图

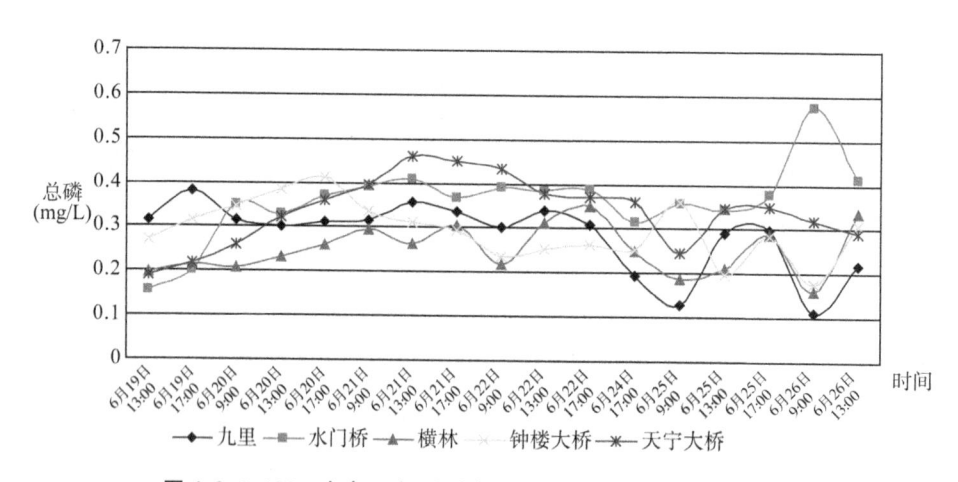

图 4.3.4-102　方案 4,新、老京杭运河区域总磷浓度变化趋势图

3) 市河区域

2011年6月19到26日,沿江口门低潮开闸排水期间,市河区域内各河道水质类别基本为Ⅴ～劣Ⅴ类,且以劣Ⅴ类居多,主要超标项目为溶解氧、氨氮和总磷,综合污染指数为6.26至8.92。排水初期,市区范围内各主要河道污染物浓度升高,随着排水量的增加,污染物浓度有所降低,总体水质呈下降趋势,五条河道综合污染指数平均增幅为21.9%。以龙晶桥为例,高锰酸盐指数浓度增幅为6.6%,化学需氧量浓度增幅为6.2%,氨氮浓度增幅为13.1%,总磷浓度增幅为21.5%,综合污染指数增幅为8.9%,其原因是降雨将面源污染带入河道。

各评价指标浓度变化趋势见图4.3.4-103～图4.3.4-106。

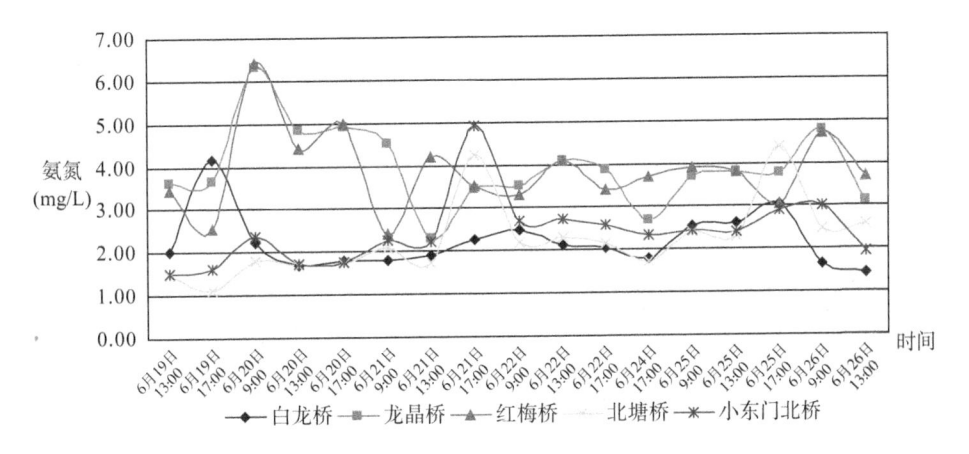

图4.3.4-103 方案4,市河区域氨氮浓度变化趋势图

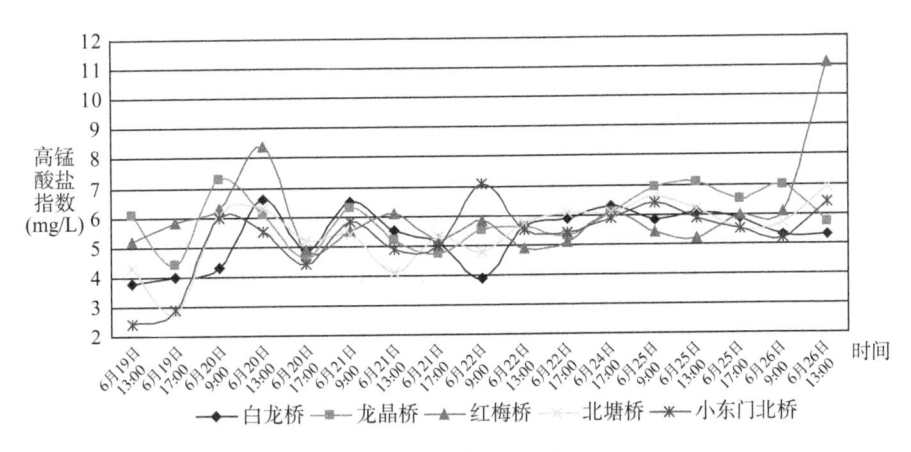

图4.3.4-104 方案4,市河区域高锰酸盐指数浓度变化趋势图

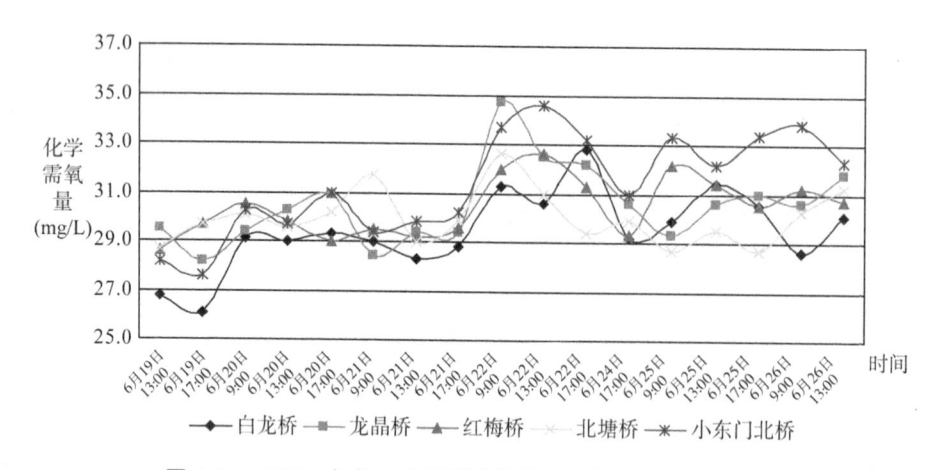

图 4.3.4-105　方案 4,市河区域化学需氧量浓度变化趋势图

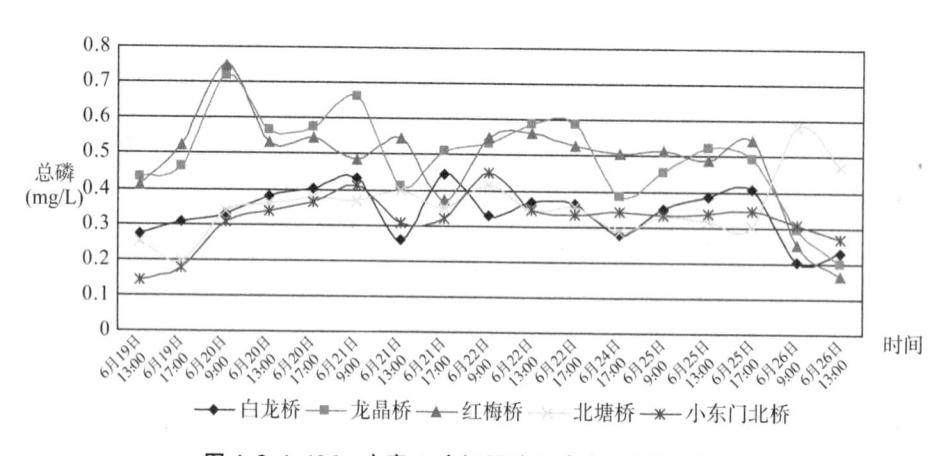

图 4.3.4-106　方案 4,市河区域总磷浓度变化趋势图

4) 滆湖西区域

2011年6月19到26日,沿江口门低潮时开闸排水期间,滆湖西区域内各河道水质类别基本为Ⅴ~劣Ⅴ类,且以劣Ⅴ类居多,主要超标项目为溶解氧、总磷和化学需氧量,综合污染指数为5.15至7.08。滆湖西区域内河道氨氮浓度基本保持稳定,高锰酸盐指数和化学需氧量浓度略有升高,高锰酸盐指数浓度平均增幅为10.7%,化学需氧量浓度平均增幅为15.3%,总磷浓度有所减小,平均降幅为8.8%。说明该区域内输入性污染主要为高锰酸盐指数和化学需氧量。

各评价指标浓度变化趋势见图 4.3.4-107~图 4.3.4-110。

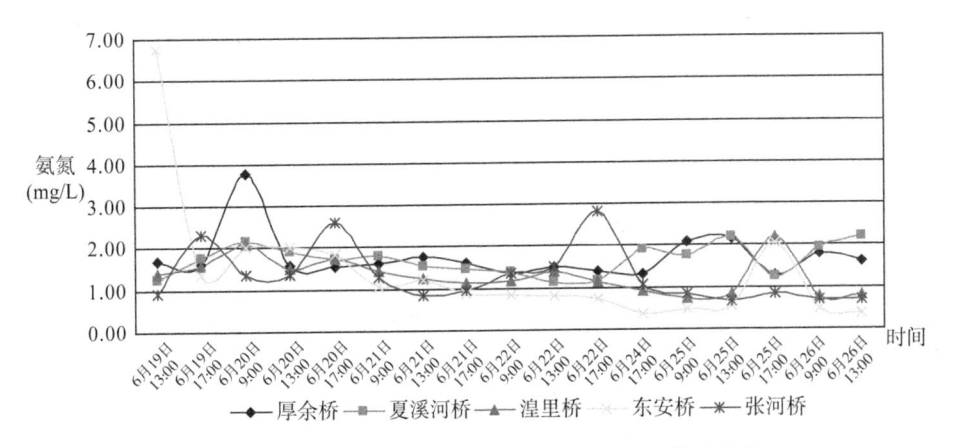

图 4.3.4-107　方案 4,滆湖西区域氨氮浓度变化趋势图

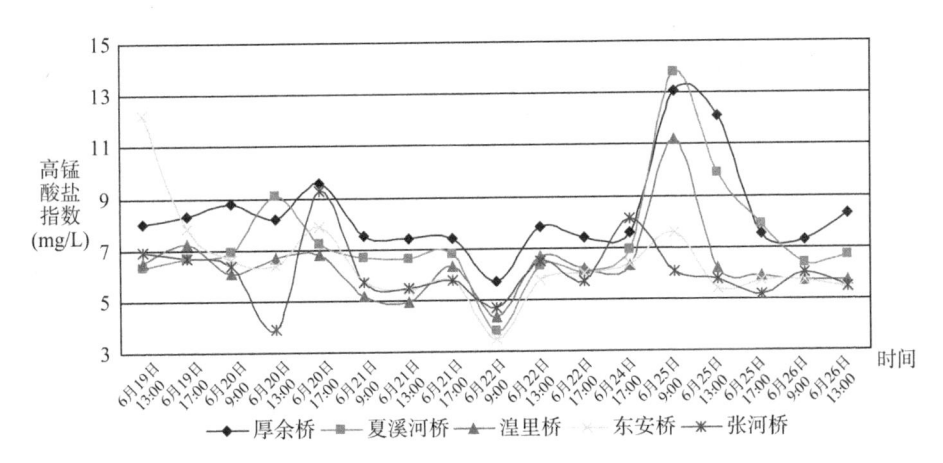

图 4.3.4-108　方案 4,滆湖西区域高锰酸盐指数浓度变化趋势图

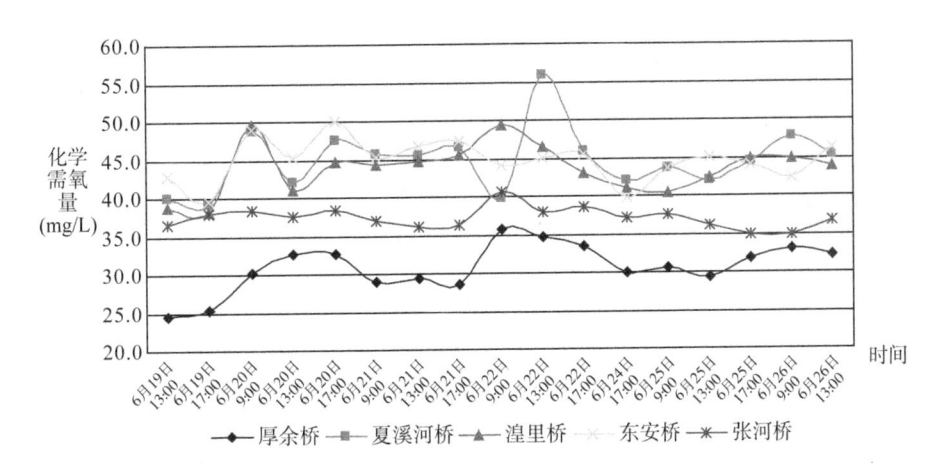

图 4.3.4-109　方案 4,滆湖西区域化学需氧量浓度变化趋势图

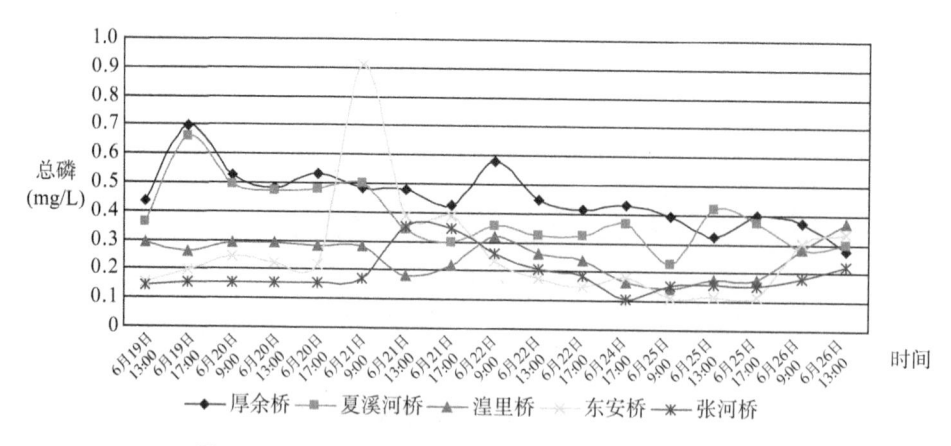

图4.3.4-110 方案4,滆湖西区域总磷浓度变化趋势图

5) 运河南、滆湖东区域

2011年6月19到26日,沿江口门低潮开闸排水期间,京杭运河南、滆湖东区域内各河道水质类别基本为Ⅴ～劣Ⅴ类,且以劣Ⅴ类居多,主要超标项目为溶解氧、氨氮和化学需氧量,综合污染指数为5.16至6.26。运河南、滆湖东区域范围内河道高锰酸盐指数和总磷浓度有所增高,高锰酸盐指数浓度平均增幅24.3%,总磷浓度平均增幅57.4%,化学需氧量浓度基本保持稳定,氨氮浓度有所减小,氨氮浓度平均降幅17.0%。说明该区域内输入性污染主要为高锰酸盐指数和总磷。

各评价指标浓度变化趋势见图4.3.4-111～图4.3.4-114。

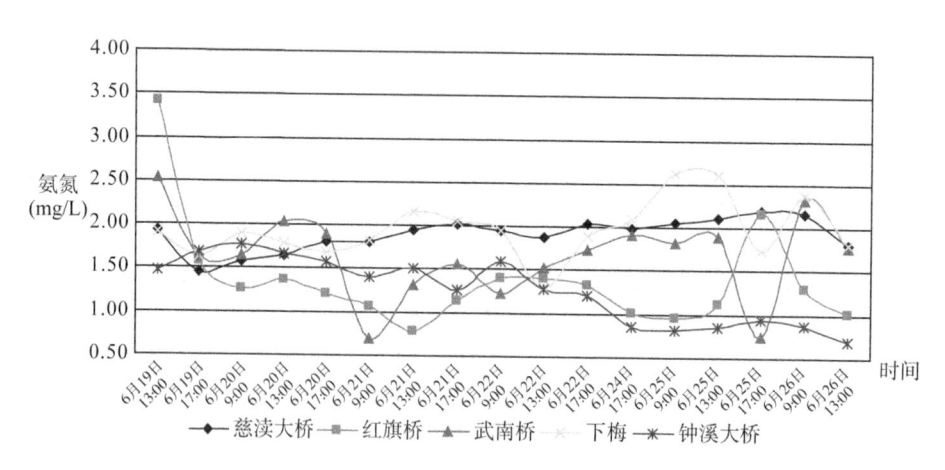

图4.3.4-111 方案4,运河南、滆湖东区域氨氮浓度变化趋势图

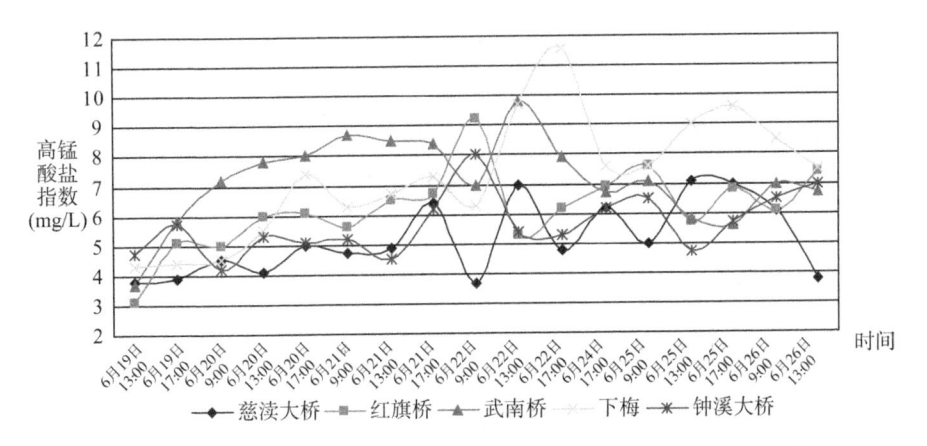

图 4.3.4-112　方案 4，运河南、滆湖东区域高锰酸盐指数浓度变化趋势图

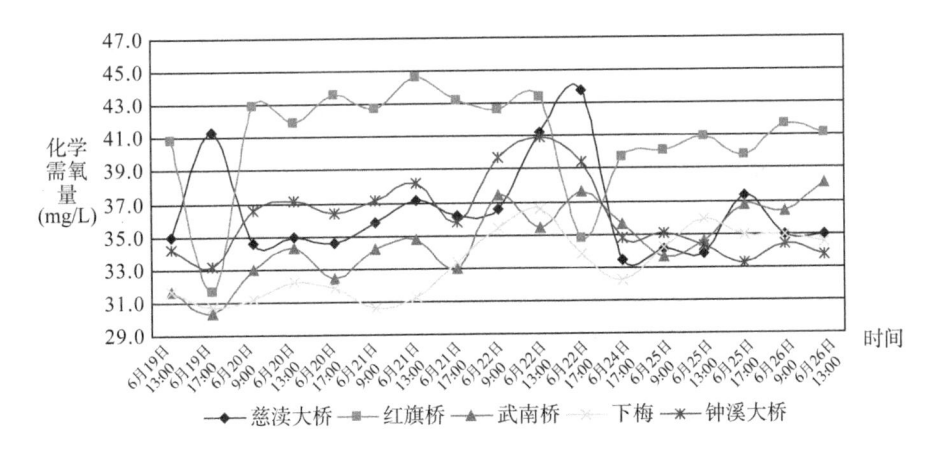

图 4.3.4-113　方案 4，运河南、滆湖东区域化学需氧量浓度变化趋势图

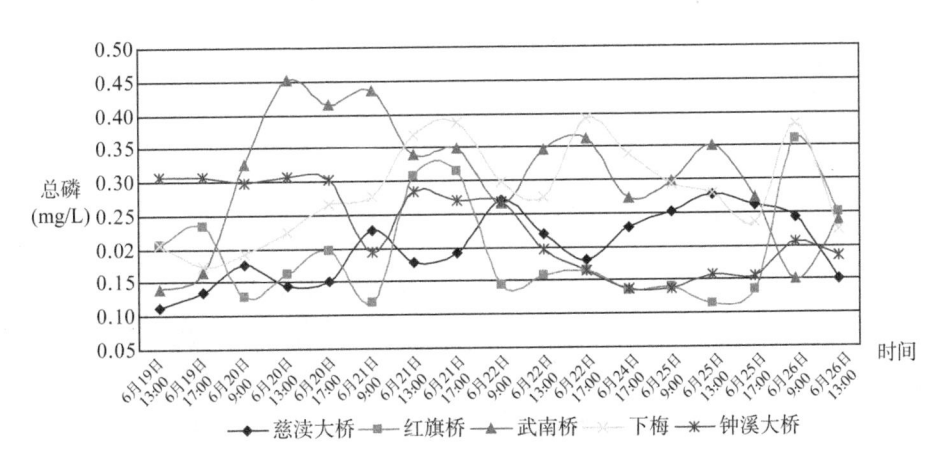

图 4.3.4-114　方案 4，运河南、滆湖东区域总磷浓度变化趋势图

6) 入太湖区域

2011年6月19到26日,沿江口门低潮开闸排水期间,入太湖区域内各河道水质类别基本为Ⅴ～劣Ⅴ类,主要超标项目为溶解氧、氨氮和化学需氧量,综合污染指数为5.52至6.00,排水期间综合污染指数变化不大。入太湖区域各条河道高锰酸盐指数和化学需氧量浓度均持续上升,高锰酸盐指数浓度平均增幅为31.6%,化学需氧量浓度平均增幅为9.7%;氨氮浓度均持续减小,氨氮浓度平均降幅为4.3%;总磷浓度波动较大,排水初期浓度上升,后又下降,总体呈降低趋势,平均降幅为29.0%。说明该区域内输入性污染主要为高锰酸盐指数和化学需氧量。

各评价指标浓度变化趋势见图4.3.4-115～图4.3.4-118。

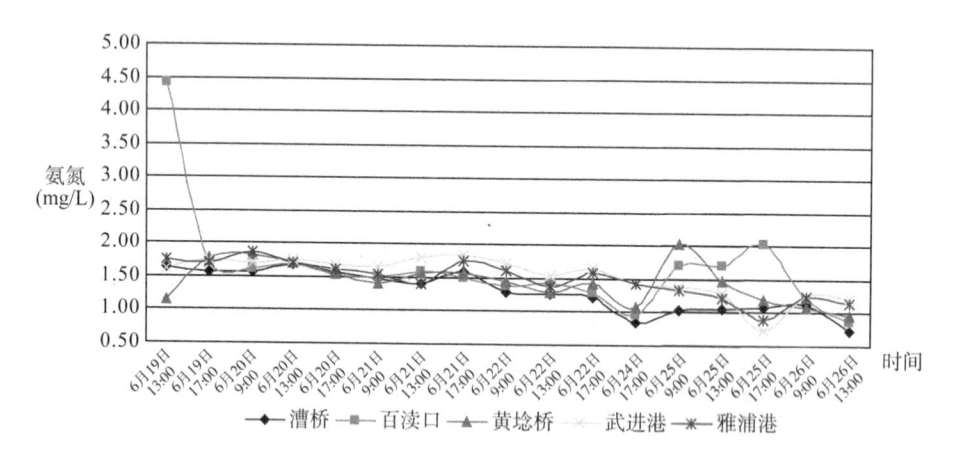

图4.3.4-115 方案4,入太湖区域氨氮浓度变化趋势图

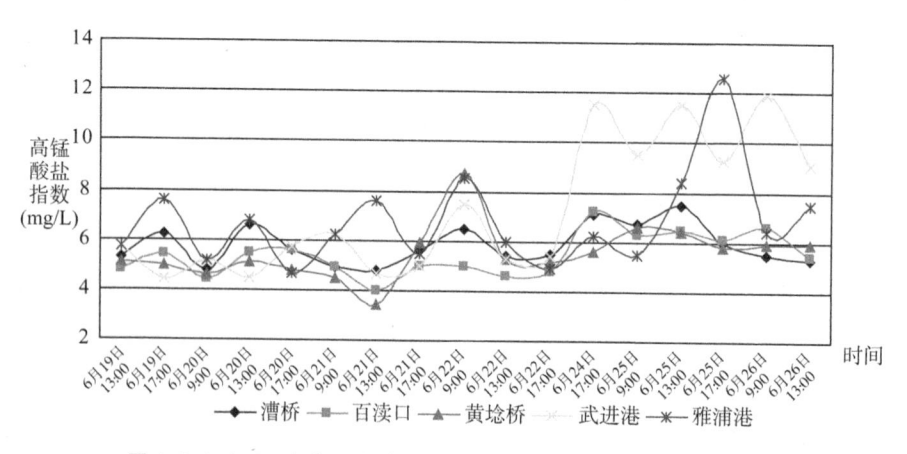

图4.3.4-116 方案4,入太湖区域高锰酸盐指数浓度变化趋势图

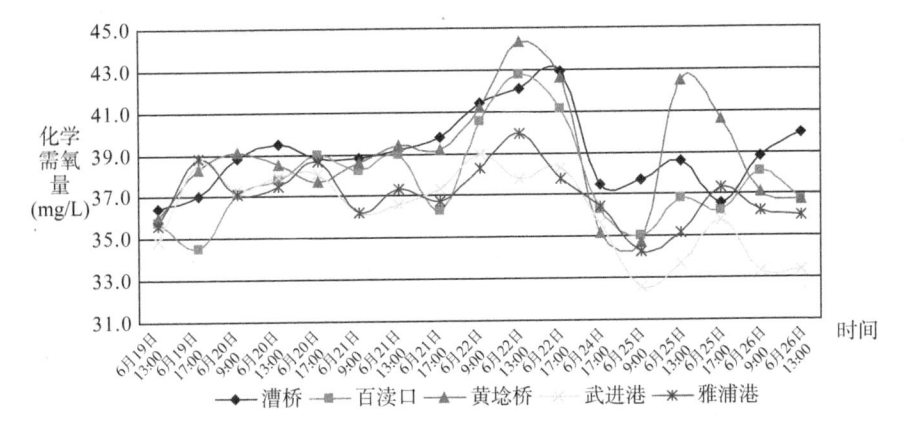

图 4.3.4-117　方案 4,入太湖区域化学需氧量浓度变化趋势图

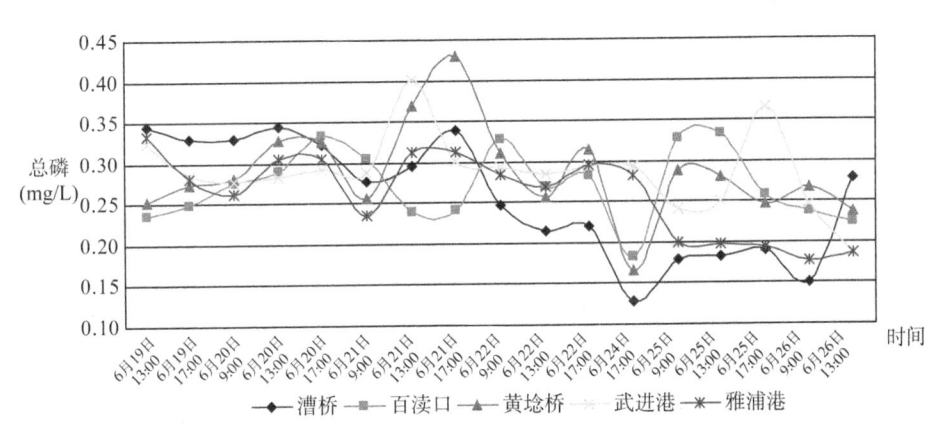

图 4.3.4-118　方案 4,入太湖区域总磷浓度变化趋势图

4.4　调水引流综合效果分析

4.4.1　流速影响分析

选择新孟河小河水闸、德胜河魏村枢纽、澡港河澡港枢纽为沿江区域代表断面;京杭运河横林、钟楼大桥、武宜运河厚恕桥为新、老京杭运河区域代表断面;关河丹青桥为市河区域代表断面;湟里河湟里桥为滆湖西区域代表断面;武南河西河桥为运河南、滆湖东区域代表断面;漕桥河漕桥、武宜运河钟溪大桥为入太湖区域代表断面,分析不同调水引流试验方案(方案 1、方案 2、方案 3)情况下各区域的流速(断面平均流速)分布情况,并计算方案 2 的流速增量。

4.4.1.1　方案 1 流速分布分析

方案 1 情况下,各影响区域流速分布情况见图 4.4.1-1。

从图 4.4.1-1 可知,新、老京杭运河区域的横林、钟楼大桥、厚恕桥断面及市河区域的丹青桥断面流速变化与沿江区域小河水闸断面、魏村枢纽断面、澡港枢纽断面的流速变化

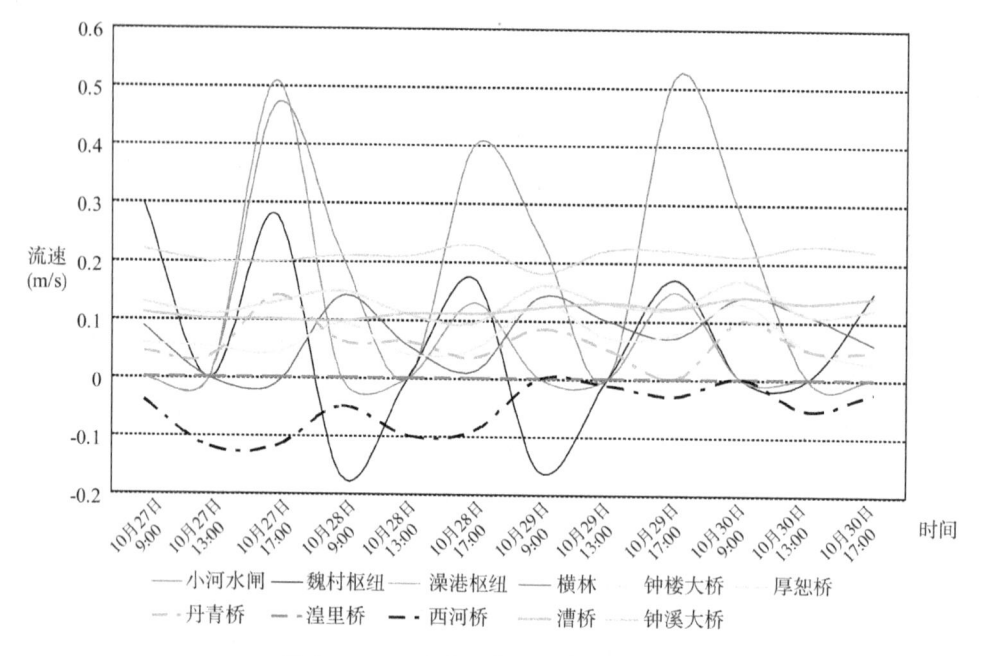

图 4.4.1-1　方案 1 各影响区流速变化图

趋势基本一致，两个区域的流速峰值滞后于沿江片区，较清晰地反映了不同区域对调水的感应敏感程度。滆湖以西、滆湖以东、入太区域的代表断面流速变化趋势与沿江区域代表断面流速变化基本无关系。

4.4.1.2　方案 2 流速分布分析

方案 2 情况下，各影响区域流速分布情况见图 4.4.1-2。

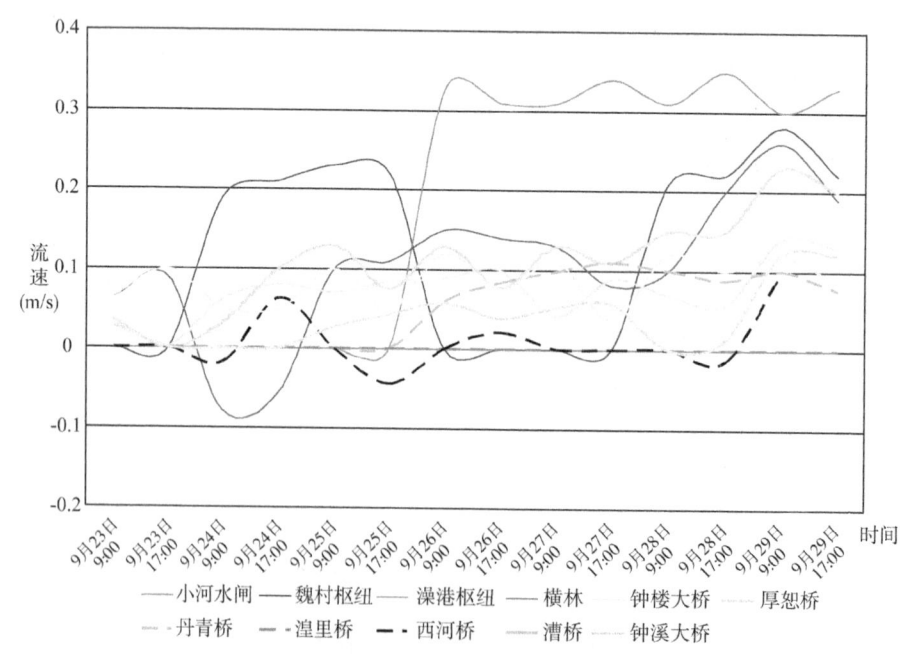

图 4.4.1-2　方案 2 各影响区流速变化图

从图4.4.1-2中可知,9月23日至27日,由于魏村枢纽、澡港枢纽单独开机翻水,各区域流速变化与沿江区域流速变化关系不明显。28日魏村枢纽、澡港枢纽同步开机翻水后,各区域流速变化情况与方案1基本相同。但是,在魏村枢纽、澡港枢纽同步开机翻水后,新、老京杭运河区域的厚恕桥、横林、钟楼大桥的流速较前期明显加快,表明该区域比其他区域流量感应更为灵敏。根据计算,在魏村枢纽和澡港枢纽同步翻水期间(9月28日至29日),武宜运河厚恕桥断面流速增幅为33.3%,京杭运河横林断面流速增幅为90%,京杭运河钟楼大桥断面流速增幅为88.4%。

从方案2的影响效果来看,由于沿江枢纽翻水导致内河水位抬高,河道上下游水面坡降增大,进而引起各影响区域流速增加、水动力条件改善。

4.4.1.3 方案3流速分布分析

方案3情况下,各影响区域流速分布情况见图4.4.1-3。

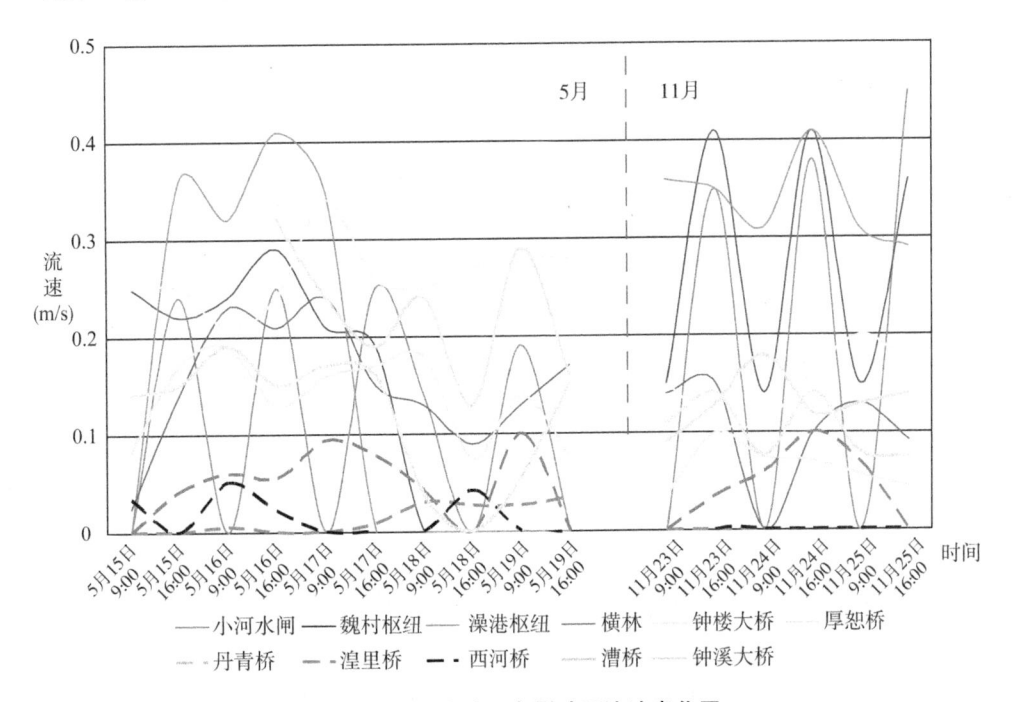

图4.4.1-3 方案3各影响区流速变化图

从图4.4.1-3可知,在方案3第一次试验阶段,各影响区域流速变化与沿江片区流速变化关系不明显;第二次试验阶段,新、老京杭运河区域的厚恕桥断面与沿江区域流速变化趋势基本保持一致,但峰值滞后,市区河道区域丹青桥断面受澡港枢纽引水影响较为明显,其流速变化基本与澡港枢纽断面流速变化趋势保持一致,峰值略滞后。

4.4.1.4 调水沿程响应分析

调水沿程响应分析主要采用一维圣维南方程,计算公式如下:

$$\begin{cases} (B+B_T)\dfrac{\partial Z}{\partial t}+\dfrac{\partial Q}{\partial x}=q \\ \dfrac{\partial Q}{\partial t}+\dfrac{\partial}{\partial t}\left(\dfrac{\alpha Q^2}{\partial x}\right)+gA\dfrac{\partial Z}{\partial x}+gA\dfrac{|Q|Q}{K^2}=qV_x \end{cases} \quad (4-2)$$

式中：Q、A、B、B_T 和 Z 分别为河道断面流量、过水断面面积、水面宽、滩地调蓄宽度和水位；q 为旁侧入流；V_x 为旁侧入流流速在干流水流方向上的分量；K 为流量模数；α 为动量校正系数，当河道只有一个主槽时，$\alpha=1.0$；K 为流量模数；t 为时间；x 为距河道某固定断面沿流程的距离。

根据调水水量影响分析可知，方案3引水量最大，调水效果也最显著。为了解和掌握调水试验期间市区河道及出口断面对沿江调水的响应时间，以方案3为典型进行估算。根据方案3调水试验成果，新京杭运河、武宜运河对德胜河沿江引水感应最明显，关河、老京杭运河出口断面对澡港河引水感应最明显。因此，选择新京杭运河、武宜运河钟溪大桥为德胜河引水响应节点，关河丹青桥、京杭运河横林断面为澡港河引水响应节点，以估算各节点对沿江口门引水的响应时间。各节点响应时间估算结果见表4.4.1-1。

表4.4.1-1　各节点对沿江响应时间计算结果

引水河道	响应节点	清水到达时间(h)	水波感应时间(h)
德胜河	新京杭运河新闸	18～22	0.8～1.2
德胜河	武宜运河厚恕桥	23～29	1.1～1.5
澡港河	关河丹青桥	14～18	1.0～1.4
澡港河	京杭运河横林	54～66	2.2～2.6

4.4.2　出入境水量分析

4.4.2.1　不同方案出入境水量分析

根据调水水量影响分析结果，四种调水方案中，常州市区入境水量分布情况见表4.4.2-1。

表4.4.2-1　常州市区入境水量分布情况表

方案	入境水量(万 m³) 沿江	运河上游	滆西	总计	占入境水量百分比 沿江	运河上游	滆西
方案1	1 805	658.1	−12.2	2 450.9	73.6%	26.9%	−0.5%
方案2	2 890	1 125.4	83.3	4 098.7	70.5%	27.5%	2.0%
方案3	2 320	2 141.3	118.6	4 579.9	50.7%	46.8%	2.6%
方案3	3 387.1	400.4	0	3 787.5	89.4%	10.6%	0.0%
方案4	−2 097.6	4 054.1	2 885.8	6 939.9	0	58.4%	41.6%
方案4	−779.4	2 682.3	1 293.2	3 975.5	0	67.5%	32.5%

注：以上数据为四舍五入后的计算结果。

从表 4.4.2-1 可知,沿江口门通过自引或泵站翻引的水是常州市区入境主要水量,一般占入境总水量的 70%以上;京杭运河上游来水次之,约占入境总水量的 28%;滆湖以西方向来水最次,占水量的 2%左右。其中,在方案 3 第一次试验阶段因镇江间壁同步翻水,运河常州段上游来水明显增加;第二次试验阶段,区域降水量较第一阶段明显偏少,江河水位偏低,上游来水较少,常州市区来水主要为沿江口门泵站翻长江水,因此,沿江口门入境水量占入境水接近 90%。方案 4 情况下,受区域暴雨影响,京杭运河汇上游洪涝水,占市区入境水的三分之二,滆湖以西方向来水约为三分之一。

4 种调水方案,常州市区出境水量分布情况见表 4.4.2-2。

表 4.4.2-2 常州市区出境水量分布情况表

方案	出境水量(万 m³)					占出境水量百分比				备注
	沿江口门	运河下游	武宜运河	入太湖	总计	沿江口门	运河下游	武宜运河	入太湖	
方案 1	0	544.0	1 701.0	2 315.0	4 560.0	0	11.9%	37.3%	50.8%	武进港、雅浦港关闸
方案 2	0	1 302.3	1 218.3	2 193.4	4 714.0	0	27.6%	25.8%	46.5%	28、29 日武进港、雅浦港开闸
方案 3	0	1 171.9	2 287.0	1 904.5	5 363.4	0	21.8%	42.6%	35.5%	武进港、雅浦港关闸
	0	519.0	869.8	1 576.5	2 965.6	0	17.5%	29.3%	53.2%	
方案 4	2 097.6	2 841.6	1 570.6	7 137.9	13 647.7	15.4%	20.8%	11.5%	52.3%	武进港、雅浦港开闸
	779.4	1 012.9	482.8	3 573.6	5 848.7	13.3%	17.3%	8.3%	61.1%	

注:以上数据为四舍五入后的计算结果。

从表 4.4.2-2 可知,4 种方案下,常州市区来水、汇水主要通过入太河道进入太湖,尤其在方案 4 情况下,武进港和雅浦港开启闸门,入太水量最多,京杭运河水量进入下游的比例较小。这表明下游城市防洪工程不仅对常州市城市防洪产生较大影响,也对区域水环境的改善产生较大影响。另外,区域性洪水受沿江口门北排能力的限制,进入长江的比例并不高。

4.4.2.2 沿江口门实际引水能力和作用分析

新孟河、德胜河、澡港河是引长江水进入常州地区的重要通道,根据近十年来水文观测资料统计分析,3 处口门平均年引长江水量约为 16.2 亿 m³,自流引水量大小与工程自身的设计过水能力、长江潮汐及闸内外水位差有关,德胜河引水能力比其他两河略强。

本次常州地区调水试验期间,除小河水闸外,魏村枢纽和澡港枢纽的引排水都采取节制闸自引自排与翻水站机器引排相结合的方式运行。调水试验期间新孟河等三河实测引排水量统计成果表见表 4.4.2-3。

表 4.4.2-3　调水试验期间新孟河等三河实测引排水量成果统计表　　　　　单位:万 m³

	自引水量	自排水量	翻引水量	翻排水量	备注
小河水闸	1 451.5	880.3			
魏村枢纽	1 179.9	888.8	2 529.7	632.4	
澡港枢纽	630.7	371.0	2 783.1	494.3	
合计	3 262.1	2 140.1	5 312.8	1 126.7	

注：翻引水量包括自引＋机引。

由表 4.4.2-3 可知，尽管沿江翻水能力有限，在沿江口门无法自引江水或引水量很小时，仍可通过机泵翻水持续有效补给内河，从而满足区域对水资源量质的需求，尤其在枯水期，降水稀少，长江又处于低潮位期，沿江翻水对区域水环境改善不可或缺。

4.4.3　水质影响分析

4.4.3.1　沿江口门来水水质分析

江苏省水环境监测中心常州分中心 2002—2011 年监测资料显示，长江常州段基本保持Ⅱ～Ⅲ类水质标准，总体水质为优，保持了较好的水质现状。调水试验期间，2011 年 5 月至 11 月，长江常州段水质也较稳定，维持在Ⅱ～Ⅲ类水。2011 年 5 月至 11 月长江常州段主要指标浓度变化趋势见图 4.4.3-1。由图 4.4.3-1 可见，氨氮浓度虽有上升趋势，但仍为Ⅱ类水，其余指标变化不大。

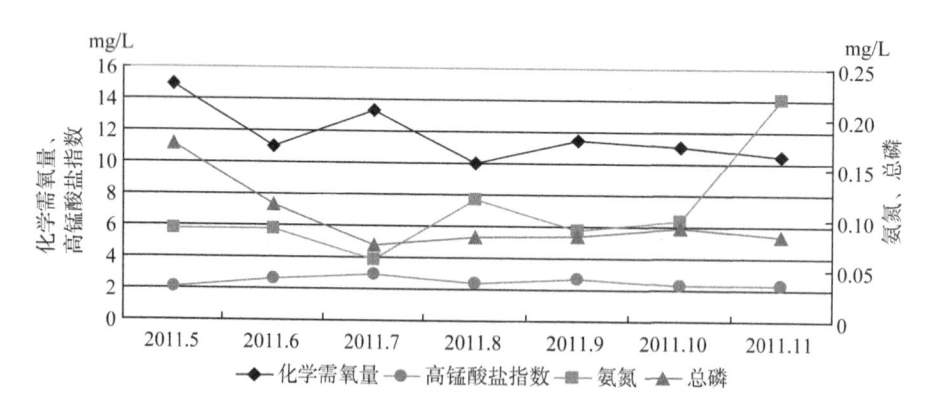

图 4.4.3-1　2011 年 5 月—11 月长江（常州段）各指标浓度变化趋势图

本次常州地区调水试验期间，沿江澡港河、德胜河和新孟河三处口门来水水质见表 4.4.3-1。经分析，沿江三处口门水质在Ⅲ～Ⅴ类间，主要超标项目为化学需氧量和总磷。对照长江水质现状分析，沿江三条引水河段均不同程度上受到了区间污染，其中澡港河最严重，这与澡港河位于临江化工区等有关。

表 4.4.3-1　沿江主要引水河道来水水质状况

工况	调水时段	河流	断面	水质类别	平均综合污染指数
方案1	2011年10月27日—30日	澡港河	青松桥	Ⅲ～Ⅳ	0.56
		德胜河	魏村闸	Ⅲ～Ⅳ	2.13
		新孟河	小河水闸	Ⅲ	2.2
方案2	2011年9月23日—29日	澡港河	青松桥	Ⅲ～Ⅳ	3.16
		德胜河	魏村闸	Ⅲ	2.16
		新孟河	小河水闸	Ⅲ～Ⅴ	2.64
方案3	2011年5月15日—19日、2011年11月23日—25日	澡港河	青松桥	Ⅲ～Ⅴ	0.96
		德胜河	魏村闸	Ⅲ～Ⅴ	0.65
		新孟河	小河水闸	Ⅲ～Ⅴ	0.87

4.4.3.2　京杭运河上游来水水质分析

本次常州地区调水试验期间,京杭运河上游来水水质见表4.4.3-2。经分析,京杭运河上游来水水质处于Ⅳ～劣Ⅴ类,主要超标项目为化学需氧量、氨氮和总磷。京杭运河接纳了上游污染源,加上沿程污染源影响,水质较长江来水差。

表 4.4.3-2　京杭运河上游来水水质状况表

工况	调水时段	断面	水质类别	平均综合污染指数
方案1	2011年10月27日—30日	九里	Ⅳ～Ⅴ	3.16
方案2	2011年9月23日—29日	九里	Ⅳ～Ⅴ	3.41
方案3	2011年5月15日—19日、2011年11月23日—25日	九里	Ⅳ～劣Ⅴ	4.30

4.4.3.3　沿江口门及京杭运河上游来水污染物通量分析

根据本次常州地区调水试验的水量和水质资料,选取化学需氧量和氨氮指标,采用面积包围法计算统计三种引水方案下京杭运河上游及沿江三处河道的污染物通量和日均污染物通量,见表4.4.3-3。

表 4.4.3-3　三种引水方案下京杭运河上游及沿江主要引水河道污染物量分析

工况	调水时段	河流	断面	化学需氧量 总量(t)	所占比例(%)	日均(t)	氨氮 总量(t)	所占比例(%)	日均(t)
方案1	2011年10月27日—30日	新孟河	小河水闸	119.7	23.2	29.9	2.56	25.3	0.64
		德胜河	魏村闸	86.6	16.8	21.7	2.28	22.4	0.57
		澡港河	青松桥	83.4	16.2	20.9	1.77	17.5	0.44
		京杭运河上游	九里	225.8	43.8	56.5	3.54	34.9	0.88

续表

工况	调水时段	河流	断面	化学需氧量 总量(t)	所占比例(%)	日均(t)	氨氮 总量(t)	所占比例(%)	日均(t)
方案2	2011年9月23日—29日	新孟河	小河水闸	26.7	3.6	4.5	0.63	3.8	0.1
		德胜河	魏村闸	148.0	20.0	24.7	4.52	27.3	0.75
		澡港河	青松桥	233.5	31.5	38.9	8.37	50.5	1.39
		京杭运河上游	九里	333.6	45.0	47.7	3.07	18.5	0.44
方案3	2011年5月15日—19日	新孟河	小河水闸	63.7	5.2	12.7	0.65	2.9	0.13
		德胜河	魏村闸	147.8	12.0	29.6	1.7	7.6	0.34
		澡港河	青松桥	108.0	8.8	21.6	5.91	26.4	1.18
		京杭运河上游	九里	910.8	74.0	182.2	14.14	63.2	2.83
	2011年11月23日—25日	新孟河	小河水闸	28.4	6.2	9.5	1.47	6.3	0.49
		德胜河	魏村闸	147.4	32.2	49.1	6.4	27.5	2.13
		澡港河	青松桥	169.1	36.9	56.4	9.15	39.3	3.05
		京杭运河上游	九里	113.3	24.7	37.8	6.26	26.9	2.09

由于各方案实施时间周期不同,为方便比较分析,选取指标的污染物日均通量进行比较分析。把沿江三条河道污染物日均通量累加计算,从计算结果来看,方案2仅靠泵引的污染物日均通量最小,常规调度自然引水次之,自然引水和泵引结合最大,说明在长江水质稳定的情况下,引入污染物通量与引入水量成正比。京杭运河上游引入污染物通量主要与上游来水大小及水质状况有关,三种方案条件下无明显可比性。

从各河道污染物贡献量来看,引入污染物主要来自京杭运河上游,约占40%以上;其次为澡港河,这主要与澡港河所处临江化工区存在区间污染源有关。

结 论

　　本书《太湖流域湖西区调水试验实践与研究》系根据太湖流域湖西区、太湖流域常州地区、常州主城区三次大规模调水引流的实施情况和分析成果编制而成。

　　本书在搜集湖西区自然地理、地形地貌、气象水文等各方面资料，调查湖西区河湖水系、水利工程、水环境、经济社会等各方面情况的基础上，介绍了湖西区四次调水引流的工作背景、目标任务、方案设计和成果分析。通过对研究区域出入境河道口门以及内部河网节点实施大规模、长时间、高频次水量水质同步监测，分类统计并研究了不同雨水情、不同工况出入境水量和水质的变化规律，以及研究了区域内部重要节点水量水质变化规律、重要干流沿程水量分配和水质状况，为湖西区水环境改善，制订生态治理措施提供科学依据。

　　试验结果证明：太湖流域湖西区具备天然的调水优势，通过沿江口门调入长江水，可有效改善流域内主城区的水环境，改善京杭运河等骨干河道的水质，同时也能增加太湖的来水量，在一定程度上改善太湖的水质。